MEUNERIE

BOULANGERIE, BISCUITERIE

SAINT-OUEN (SEINE). — IMPRIMERIE JULES BOYER

(Société générale d'imprimerie)

LES INDUSTRIES AGRICOLES ALIMENTAIRES
ET LE BROYAGE DES ENGRAIS

MEUNERIE

BOULANGERIE, BISCUITERIE

VERMICELLERIE, AMIDONNERIE, DÉCORTICATION DES LÉGUMINEUSES,
FÉCULERIE, GLUCOSERIE, RIZERIE, HUILERIE,
CHOCOLATERIE, FABRICATION DES CONSERVES ALIMENTAIRES,
FABRICATION DE LA MARGARINE ET DE LA MOUTARDE,
ET *BROYAGE DES ENGRAIS*

PAR

Ch. TOUAILLON Fils

(De la maison Touaillon fils, fondée en 1784)

Ingénieur mécanicien,
Ex-ingénieur et premier directeur des 40 moulins de Saint-Maur,
Inventeur de la machine à rhabiller au marteau et de l'étuve à farine,
Premier prix à toutes les Expositions nationales et universelles depuis 1844,
Membre du Jury hors concours aux Expositions universelles
de Londres 1862 et de Paris 1855, 1867 et 1878

La destinée des nations dépend de la manière
dont elles se nourrissent.
(BRILLAT-SAVARIN.)

DEUXIÈME ÉDITION, REVUE ET CONSIDÉRABLEMENT AUGMENTÉE

PARIS
LIBRAIRIE AGRICOLE DE LA MAISON RUSTIQUE
26, RUE JACOB, 26

1879

PRÉFACE DES ÉDITEURS

L'économie alimentaire est la branche la plus importante et la plus intéressante de l'économie sociale ; elle est cependant la plus négligée. Il y a lieu d'être surpris de l'insuffisance des notions sur la provenance et la valeur des substances alimentaires ; sur les travaux, les soins nécessaires pour les reproduire, les conserver, les épurer et les transformer. S'il est utile à tout homme de savoir le régime qui lui convient le mieux, c'est aussi un devoir, pour les administrateurs civils et militaires, d'apprendre à entretenir la santé de leurs administrés ; on verrait alors diminuer sensiblement la mortalité dans la population civile, dans l'armée, dans les établissements publics, dans les communautés, dans les prisons, etc.

Le livre de M. Touaillon a pour but de vulgariser les meilleurs principes d'économie alimentaire ; il est écrit dans un style clair, à la portée de tout le monde. L'auteur s'est abstenu à dessein de formules et de signes scientifiques dont on abuse trop souvent.

On a peu écrit sur les industries qui font l'objet de cet ouvrage depuis l'introduction du système de mouture actuel et le nouveau régime commercial qui les a presque complètement transformées ; il fallait pour traiter utilement ce sujet des connaissances spéciales et une longue pratique, non seulement de la construction et de la disposition du matériel, mais aussi de la fabrication des produits.

M. Touaillon se consacre exclusivement depuis de longues années à la construction des machines destinées à la mouture des grains et à l'étude de l'utilisation de leurs produits. Les nombreuses usines qu'il a établies ont fait connaître son nom de tous ceux qui s'occupent de cette importante spécialité ; aussi était-il naturellement désigné pour écrire l'ouvrage dont nous présentons aujourd'hui une nouvelle édition.

Cet ouvrage est un guide certain pour les propriétaires, les usiniers, les constructeurs et les ouvriers. Les propriétaires y apprendront les formalités à remplir pour obtenir les autorisations administratives, et les précautions à prendre avant de s'engager avec leurs locataires et leurs entrepreneurs. Les locataires y trouveront les moyens d'apprécier les usines et les conditions spéciales qui les intéressent davantage. Les ouvriers y puiseront des procédés et des conseils à l'aide desquels ils acquerront promptement de l'expérience sans le secours de contremaîtres souvent mal disposés.

Les mécaniciens consulteront avec fruit les parties du livre qui concernent la construction ; un glossaire spécial donnera aux hommes d'affaires et aux experts des renseignements et des bases d'une grande utilité, surtout pour l'étude des titres anciens. Le chapitre sur les prisées servira de règle à ceux qui sont appelés à remplir la délicate mission de priseurs ; il contient la législation, la jurisprudence et les instructions indispensables pour procéder sûrement. Enfin, cette œuvre, qui répond à la réputation si justement méritée de l'auteur et dont la première édition a eu un si légitime succès, sera appréciée des praticiens, et rendra de grands services à des industries de première nécessité.

INTRODUCTION

J'aurais pu trouver dans les industries qui font l'objet de ce traité la matière de plusieurs gros volumes ; chacune d'elles, en effet, si on voulait entrer dans tous les détails et toutes les circonstances de la fabrication, fournirait des éléments presque sans limites, car chaque fabricant imagine journellement des procédés particuliers. J'aurais pu aussi, comme cela se voit trop souvent, l'augmenter de nombreuses formules et de moyens anciens connus de tout le monde ; je me suis efforcé au contraire de condenser ce livre le plus possible, afin de le mettre à la portée du plus grand nombre.

Je n'ai pas eu la prétention d'apprendre aux praticiens ce qu'ils connaissent aussi bien que moi, mais seulement de propager des règles et des principes généraux applicables partout, laissant à chacun le choix d'apporter les modifications nécessitées par la différence qui existe dans les matières premières, dans l'utilisation des produits et dans les habitudes des consommateurs. En effet, il en est des industries agricoles comme de l'agriculture elle-même : ce qui convient sur un point ne convient pas ailleurs. Ceux qui ne se trouveraient pas suffisamment éclairés auront toujours la faculté dont on a usé jusqu'à présent vis-à-vis de moi largement, sans jamais me fatiguer, de me demander directement des renseignements plus complets. D'ailleurs, un ouvrage, quels que soient les détails qu'il contienne, ne peu dispenser celui qui a le projet de créer un établissement industriel de s'entourer des conseils d'un praticien éclairé, s'il ne veut pas s'exposer à commettre des fautes graves et souvent irréparables.

On remarquera que je ne me suis pas borné exclusivement à la partie industrielle et que j'ai également démontré l'injustice et l'absurdité des préjugés malheureusement trop populaires, que l'ignorance et le désir d'acquérir une popularité de mauvais aloi entretiennent depuis bien longtemps contre le commerce et la fabrication des denrées alimentaires de première nécessité. Ce n'est pas d'aujourd'hui que date cette lutte contre l'ignorance et la passion, il y a plus de trente ans que je l'ai commencée dans l'*Echo agricole*, de concert avec Pommier, dont je m'honore d'avoir été, pendant tout ce temps et jusqu'à ses derniers moments, le collaborateur et l'ami.

On trouvera, donc, dans les chapitres qui traitent du commerce des grains et de la meunerie, la preuve la plus incontestable qu'il n'existe aucune industrie plus loyale et plus honorable. La partie consacrée aux mélanges explique les erreurs nombreuses qui ont été trop souvent commises par les chimistes appelés à éclairer la justice. J'ai démontré l'utilité et l'indispensabilité des mélanges, et le manque d'intérêt que les fabricants auraient à adultérer leurs marchandises. J'ai cherché à atteindre un double résultat, et je m'estimerai très heureux si j'ai pu, simultanément, être utile aux fabricants et convaincre la justice qu'elle s'en rapporte trop absolument à des hommes qui, le plus souvent, manquent de l'expérience et des moyens indispensables pour procéder à des analyses sérieuses.

Cette édition devait paraître au moment de l'ouverture de l'Exposition; mais j'ai voulu qu'elle comprenne toutes les observations que devait m'inspirer l'examen des produits intéressant les industries qui composent mon ouvrage, c'est ce qui m'a retardé jusqu'à ce jour.

CH. TOUAILLON.

TABLE DES MATIÈRES

II. — BOULANGERIE

Le pain.

III. — BISCUITERIE

IV. — VERMICELLERIE

V. — AMIDONNERIE

VI. — DÉCORTICATION DES LÉGUMINEUSES

VII. — FÉCULERIE

VIII. — GLUCOSERIE

IX. — RIZERIE

X. — HUILERIE

XI. — CHOCOLATERIE

XII. — FABRICATION DES CONSERVES

XIII. — FABRICATION DE LA MARGARINE

XIV. — FABRICATION DE LA MOUTARDE

XV. — BROYAGE DES ENGRAIS

VOCABULAIRE

DE LA PRATIQUE DES COURS D'EAU, MOULINS, ETC.

J'ai réuni dans ce Vocabulaire tous les termes techniques qui ont servi depuis les temps les plus reculés à distinguer les parties constitutives des moulins et usines hydrauliques et les termes en usage aujourd'hui.

Ce manuel servira aussi bien aux personnes qui sont appelées à rechercher la signification des mots contenus dans des actes anciens qu'aux experts.

A

Abée. Débouché par lequel s'écoule l'eau qui fait tourner une roue d'usine. Ce mot vient du mot latin *abire*.

Abenevis (de *bene vis*). Permission de détourner l'eau pour faire tourner un moulin ou pour arroser un pré.

Aber (de *apertura*). Ouverture, embouchure de rivière, havre.

Accrue. Désigne dans quelques pays ce qu'ailleurs on appelle alluvion, atterrissement.

Achaneau, chanel, cheneau. Conduit d'eau, canal, rigole.

Acons. Petite barque, bachot.

Æstuarii. Soupiraux ménagés dans les aqueducs pour donner passage à l'air.

1

Affangissements. Amas de vases dans le lit des cours d'eau.

Affouillement. Excavation qui s'opère sous une berge ou dans les fondations des ouvrages hydrauliques par suite du choc ou de l'infiltration des eaux.

Aigage, aiguage, aiguerie. Droit d'aqueduc au travers du fonds d'autrui.

Ailes. Récepteur du vent dans les moulins à vent. Organe principal des ventilateurs.

On appelle *ailes* les côtes de certains tourillons des arbres de roues hydrauliques.

Aissau. Vannage ordinairement composé d'une seule vanne.

Alaisage. Opération qui a pour but de calibrer un cylindre à l'intérieur.

Alluchon. Dent d'engrenage en bois dur.

Alvets. (*Voy.* ALLUVION.)

Alluvion. C'est l'accroissement lent et imperceptible d'un héritage limitrophe du cours d'eau, de telle manière que l'esprit ne puisse pas discerner le moment de la réunion. Cette lenteur dans l'accroissement successif est, d'après la jurisprudence du Conseil d'État et de la Cour de cassation, le caractère le plus distinctif de l'alluvion.

Le Code Napoléon contient sur les alluvions plusieurs dispositions comprises dans les articles 556 jusqu'à 563 inclusivement.

Amont (*ad montem*). C'est le côté d'où descend le cours d'eau. Ainsi, Bercy est en amont de Paris. Les portes d'amont d'une écluse sont celles du bief supérieur.

Anche. Conduit en bois, tôle, ou zinc, dirigeant les produits de la mouture dans le récipient ou dans l'élévateur qui doit les conduire dans les bluteries. On appelle souvent du même nom les différents conduits qui servent dans les autres parties du moulin.

Anneau de roue, cordon. Cercle complet formé par les jantes ou les courbes d'une roue hydraulique.

Anille. Pièce de fer ou de fonte qui est scellée dans le boitard de la meule courante et au centre, elle sert à la tenir en équilibre sur le pointal du fer de meules. Il y a des anilles fixes et des anilles mobiles : l'anille fixe est serrée par des coins en fer, appelés papillons, à l'extrémité du fer de meules; elle était en usage dans l'ancienne mouture à la française; les anilles mobiles oscillent sur le pointal des fers de meules du système actuel.

Aqua caduca. Eau qui s'échappe par les fissures d'un aqueduc, d'une écluse, etc.

Aqueduc. Canal de petite dimension ordinairement couvert et souterrain destiné à conduire les eaux d'un point à un autre.

Arbalétrier. Pièce de bois inclinée qui sert à soutenir et à contreventer un cintre ou une ferme de charpente.

Arbre. Axe de la roue hydraulique.

Pièce principale des transmissions de mouvement. On appelle gros arbre ou gros fer la partie inférieure de l'arbre vertical, laquelle sert d'axe à la couronne ou hérisson qui entraîne les pignons des meules. On distingue tous les autres arbres en verticaux et en horizontaux, suivant leurs positions.

Arceau. Arche d'une très-petite ouverture.

Arc-boutant. Portion d'arc rampant, destinée à contre-butter les reins d'une voûte pour en empêcher l'écartement.

Arche. C'est l'espace voûté compris entre deux culées, ou entre une culée et une pile, ou entre deux piles d'un pont. — On nomme arche en plein cintre celle dont la courbure de la voûte représente un demi cercle. — On dit qu'une arche est surhaussée quand le sommet de l'arche est plus élevé que l'arche en plein cintre. On dit qu'elle est surbaissée quand son sommet est inférieur. — On nomme arches marinières celles que fréquentent ordinairement les bateaux.

Archure. Coffre circulaire ou à pans qui recouvre les meules de moulins et empêche la farine de se répandre et de passer ailleurs que dans l'anche. L'archure est destinée également à porter, soit l'engreneur, soit la trémie et l'auget alimentaire. Dans les anciens moulins on l'appelait *Cerce*.

Arête. Ligne de jonction de deux faces contiguës d'une pierre, d'une pièce de bois.

On appelle charpentes à vives arêtes celles dont les faces n'ont ni flaches ni aubier.

Arête d'un déversoir, c'est sa partie supérieure.

Arraser. Mettre de niveau et dans un même plan de hauteur une assise de pierres de taille, de briques ou moellons.

Arrière-bec. Extrémité d'aval d'une pile.

Arrière-fosse. C'est l'endroit où tombe l'eau qui passe par les vannes de décharge ou par le déversoir, pour être rendue ensuite par un canal de décharge à son cours ordinaire en aval de l'usine.

Artifices. Terme employé pour désigner l'ensemble des constructions et appareils destinés à changer le cours ou le niveau naturel des eaux, pour les faire servir aux besoins et aux usages de l'agriculture et de l'industrie.

Aspirateur. Appareil destiné à absorber la vapeur produite par l'action de la mouture et à la conduire dans une chambre où elle se condense. On applique aussi l'aspiration au nettoyage des blés et à l'épuration des gruaux.

Assemblage. Réunion de deux pièces de charpente.

Les assemblages sont de différentes formes et doivent être exécutés de manière à ne pas trop altérer la solidité des bois ; il faut en conséquence les affamer le moins possible et éviter de reporter la charge sur les parties dont les fibres auraient été coupées.

Assise. On nomme assise une rangée de pierres de taille posées de niveau. La hauteur d'une assise c'est la distance entre les deux lits des pierres qui la composent. Les assises doivent conserver la même hauteur dans toute leur étendue.

Attachement (*travaux par*). C'est-à-dire par attachement de dépenses, parce que les dépenses effectives sont payées d'après les rôles de journées, les états de fournitures et autres pièces justificatives.

Atterrissement. Amas de terre qui se forme par la vase et le sable que les cours d'eau déposent dans leur lit. Il ne faut pas le confondre avec l'alluvion dont l'accroissement se fait insensiblement et peu à peu. L'atterrissement, au contraire, est le résultat d'un débordement ou de tout autre cas fortuit.

Aube. Planche fixée aux coyaux et qui forme avec eux l'aubage, lequel reçoit le fluide dont le poids ou l'impulsion fait tourner la roue et entretient son mouvement de rotation.

Aubier. Couche tendre et blanche qui se forme sous l'écorce des arbres. Ce bois manque de force, se pourrit promptement; on doit s'abstenir d'en employer surtout dans la construction des beffrois.

Auge. Conduit de bois qui amène l'eau sur une roue hydraulique en dessus, de très-petite dimension.

Auge de la meule. C'est une bâche en bois ou tôle dans laquelle tourne la meule à repasser les marteaux à rhabiller.

Auget. Petite auge mise en mouvement par un rochet ou un excentrique et qui, placé à la partie inférieure d'une trémie, alimente soit les meules, soit les nettoyages, soit les bluteries, et permet d'en régler l'alimentation à volonté.

Auget émottoir. C'est le même auget que celui décrit ci-dessus, avec cette différence que le fond, au lieu d'être plein, est en tôle découpée, dont les ouvertures ont des dimensions calculées pour ne laisser passer que les grains et forcer les mottes à aller tomber à l'extrémité du plan incliné.

Aval (*ad vallem*). Direction de la vallée apposée à l'amont. C'est donc la direction de la vallée du côté où s'écoulent les eaux d'un ruisseau ou d'une rivière.

Avant-bec. Extrémité saillante d'une pile taillée en pointe ou de forme arrondie en avant d'un pont. L'avant-bec sert en même temps de contre-fort pour les pieds-droits qui supportent les arches.

B

Babillard. Arbre vertical muni de deux bras, dont l'un, agité par une lanterne, s'appelle *rochet*, l'autre, attaché au bluteau, s'appelle *baguette*.

C'est le babillard qui donne le mouvement au bluteau.

Bâche. Cuve en tôle ou en fonte dans laquelle on réchauffe l'eau destinée à l'alimentation des machines à vapeur, en y faisant passer, dans un tuyau et une bouteille, la vapeur d'échappement, si la machine est à haute pression. Si la machine à vapeur est à condensation, on recueille dans cette bâche l'eau qui a servi à condenser ; elle se trouve généralement assez chaude ; dans le cas contraire, on fait passer dans la bâche de la vapeur prise directement au générateur..

On appelle bâche la cuvette que l'on place dans les fosses des moulins pour protéger les engrenages contre l'humidité.

Bachinage. Bassin commun à plusieurs sources.

Bachot. Bateau plat sans quille.

Bacler. C'est fermer avec des chaînes, barres, bacs, bateaux et autres empêchements, le passage des rivières.

Bahut. Coffre dans lequel tombe la mouture ou le blé pour se répandre dans un ou plusieurs sacs qui y sont accrochés.

Baie. Petit renfoncement dans la côte ou l'embouchure d'un bras de mer, qui sert à faire marcher des moulins lorsque la mer monte et baisse.

Baie désigne, en architecture, toutes sortes d'ouvertures pratiquées dans les murs, comme portes, croisées, etc.

Baille-blé. Disposition au moyen de laquelle on règle l'alimentation des meules. Lorsque le distributeur est un auget, le baille-blé se compose d'un petit treuil ayant d'un côté un volant et de l'autre un rochet avec encliquetage; autour du treuil est enroulé un cordeau dont le bout, muni d'un crochet, supporte l'extrémité de l'auget. Ainsi, en tournant le volant dans un sens ou dans l'autre, on augmente ou on diminue l'inclinaison de l'auget et on fixe cette inclinaison au moyen de l'encliquetage. Un rouleau cannelé placé sur le porte-trémie maintient le cordeau et permet d'augmenter la pression de la touche de l'auget contre les côtes du frayon.

Lorsque le distributeur est un engreneur, le levier qui porte l'engreneur sert de baille-blé, car l'extrémité de ce levier repose sur une vis, au moyen de laquelle on l'élève ou on le baisse à volonté.

Bajoyers. Murs latéraux d'une écluse et d'un déversoir. On donne plus spécialement ce nom à des plats-bords en bois qui forment les côtés latéraux du coursier des roues hydrauliques.

Balance-bascule. Instrument qui sert à peser les marchandises, il a remplacé dans presque tous les moulins la balance à deux plateaux.

La balance-bascule, ayant deux plateaux inégaux en bois, est sujette à des inexactitudes. On doit la régler très-souvent.

Balisage. Balayement et nettoiement des cours d'eaux par le curage et l'enlèvement de leur lit de tout ce qui pourrait nuire au libre cours des eaux.

Balise. Pieu, fascine, tonneau ou autre signal placé hors de l'eau, à l'effet d'indiquer les endroits que la navigation doit éviter, soit par défaut de profondeur, soit par des roches ou autres écueils.

Banquette. On nomme ainsi les terres retroussées qui, après avoir été extraites des fouilles d'un canal, ne s'élèvent pas à une grande hauteur comme le cavalier.

Barbacane. Ouverture étroite en largeur et longue en hauteur, pratiquée aux pieds des murs de soutènement pour faciliter l'écoulement des eaux et par suite diminuer la poussée qui tend à les renverser.

Barrage. Établissement fixe ou temporaire de charpentes, planches, fascines et maçonnerie, pour arrêter l'eau. On appelle généralement barrage les déversoirs placés dans les grands cours d'eau soit pour les canaliser, soit pour former des chutes.

Barres. Bancs de sable ou de galets qui barrent l'entrée des rivières.

Bascule. Levier de la trempure. (*Voy.* BRANLE.)

Bas-fond. (*Voy.* BAISSIER.)

Bassin de retenue. (*Voy.* RÉSERVOIR.)

Bastian. Frayon de l'auget du moulin.

Batardeau. Digue ou barrage temporaire élevé au travers d'un cours d'eau pour détourner l'eau.

Bâti. Châssis en bois, en fer ou en fonte pour porter une machine ou un appareil.

Baveret. Canal en bois conduisant l'eau à une roue en dessus. On l'appelle auge dans certaines localités.

Beal. Dans le midi de la France ce mot est synonyme de bief.

Beffroi. C'est l'ensemble des pièces d'un moulin qui supporte les meules. Le beffroi est en bois ou en fonte. Souvent il est composé partie en bois et partie en fonte; ainsi, le soubassement qui porte les colonnes ou les poteaux, les colonnes, les poteaux, la plate-forme placée à la partie supérieure du soubassement, les boulons qui traversent les colonnes, les cuvettes dans lesquelles sont placées les meules gisantes, les croisillons qui relient les colonnes entre elles et toutes les charpentes en bois, en fer ou fonte qui servent à supporter les meules, forment le beffroi.

Berge. Bords escarpés d'une rivière.

Bétoire. Endroit où l'eau va s'absorber et se perdre.

Béton. Maçonnerie de petites pierres massivées dans un mortier de chaux hydraulique qui durcit promptement dans l'eau. Le béton est généralement employé dans la fondation des ouvrages hydrauliques.

Bief. Canal supérieur qui retient et contient l'eau nécessaire pour faire mouvoir un moulin. Lorsque plusieurs moulins se suivent sur un même cours d'eau, le bief inférieur de l'un devient le bief supérieur de l'autre.

On nomme aussi bief une portion de rivière ou de canal comprise entre deux écluses, entre deux barrages et autres ouvrages considérés comme points de délimitation.

Bisaiguë. Lame de fer formant à l'une des extrémités un ciseau plat et à l'autre un bec-d'âne en acier soudé et trempé, servant aux charpentiers pour faire des mortaises et dresser les bois. Au milieu de la lame de fer se trouve une poignée à l'aide de laquelle l'ouvrier dirige son outil.

Biseau. (*Voy.* CHANFREIN, PAN COUPÉ.)

Blocage. Construction d'une chaussée en pierres brutes de différentes grosseurs disposées grossièrement à côté l'une de l'autre.

Blocages. Menues pierres ou petits moellons qu'on emploie à bain de mortier pour faire une maçonnerie de remplissage.

Bluterie. Appareil pour diviser les différentes parties d'une mouture. (*Voy. le détail du blutage dans le traité.*)

Bluteau. Appareil qui servait à diviser les produits de la mouture ronde, dite française. Il se composait d'un conduit en étamine ou en soie incliné dans une huche qui recevait les produits du tamisage.

Le bluteau n'avait pas de mouvement rotatif, il était secoué en tête par un babillard auquel était attachée une lanière en cuir qui l'agitait vivement et donnait de la résistance au tissu de la poche. Ce système de blutage a disparu presque entièrement.

Blutoir. C'est un cylindre fixe recouvert de toiles métalliques, au centre duquel tourne un axe armé de brosses qui, en frottant les produits de la mouture contre la paroi intérieure de la chemise, force la farine à passer au travers. Ce système plus en usage en Angleterre qu'en France, donne des farines piquées et peu affleurées, dites farines fortes.

Bocquet. Bonde, écluse d'un étang.

Bodince. Rivière profonde dont on ne connaît pas le fond.

Boires. Communications que les marais, fosses ou chantepleures ont dans les rivières. On donne aussi ce nom aux fosses pratiquées sur le bord des rivières.

Bois. Parmi les bois propres aux constructions de tout genre, il faut établir trois distinctions principales :

1º Le bois en grume qui n'est dépouillé que de ses branches et quelquefois de son écorce.

2º Le bois d'équarrissage qui a été équarri sur ses quatre faces avec une légère tolérance aux angles.

3º Le bois équarri à vives arêtes.

On doit éviter l'emploi des bois gelifs, c'est-à-dire ceux qui ont des gerçures ou fentes causées par la gelée, ainsi que le bois carié ou vicié qu'on reconnaît à ses crevasses, roulures et nœuds pourris, et le bois qui n'est pas entièrement purgé de son aubier ou qui est piqué des vers.

Boisseau (*à blé propre, à blé sale, à boulange*). Ce sont des tremies servant de réservoirs aux différentes marchandises ci-dessus désignées.

Boitard. Pièce de fonte garnie à l'intérieur de coussinets en bronze et de boîtes à graisse; elle est fixée au centre de la meule gïsante et sert de collet au fer de meule.

On appelle aussi boitard la pierre qui forme le centre des meules et autour de laquelle on applique les carreaux; c'est dans le boitard et au centre que se trouve l'œillard de chaque meule.

Le boitard de la meule est généralement à 6, 8 ou 12 pans réguliers.

Boîte de la meule. C'était le boitard des anciennes meules gïsantes. Il se composait d'un cylindre en bois d'orme percé au centre.

Les panneaux de bois qui servaient de collet et empêchaient le fer de grener, s'appelaient boitillons, ils étaient eux-mêmes maintenus par des coins nommés faux boitillons; l'ensemble de ces pièces constituait le Bourrage.

Bonde. Rigole qui traverse la chaussée d'un étang et qui se ferme par une pièce de bois nommée pale. Quand on veut faire écouler l'eau par la bonde, on lève la pale au moyen d'une vis ou d'un levier.

Boucharde. Gros marteau dont les deux têtes sont formées en pointes de diamant régulières en acier. On s'en sert quelquefois pour dégrossir la pierre meulière. Dans certaines localités où la mouture est en retard et où les meules sont tendres, on rhabille encore avec des bouchardes.

Boulange. Matière qui vient d'être broyée par les meules. La boulange de blé est conséquemment composée des mêmes parties que le blé brut, mais moulu et transformé en sons, gruaux et farines.

La boulange des 1ers, 2es, 3es et 4es gruaux est la mouture de chacune de ces sortes avant leur blutage.

Bouldure. Fosse pratiquée dans le sous-bief d'un moulin pour retenir le poisson.

Boulon. Vis cylindrique ayant une tête ronde, carrée ou à pans d'un bout et à l'autre extrémité un écrou et souvent un contre-écrou. Certains boulons ont un écrou à chaque extrémité.

Bourbiers. Vannes de décharge qui tirent de fond.

Boutisses. Pierres de taille dont la plus grande longueur est placée dans l'épaisseur du mur. On n'en voit que le bout. La boutisse diffère du carreau en ce qu'elle présente moins de parements vus et qu'elle a plus de queue. Pour faire une bonne liaison, on pose les pierres de taille et même les moellons et les briques, alternativement, par carreaux et boutisses.

Bouttée. Pile d'un pont et autres massifs de maçonnerie dans un cours d'eau.

Branle, bascule ou trempure. C'est une pièce de bois formant levier placée au-dessus du beffroi, parallèlement à la braie de trempure. L'épée, ou fer de trempure, y tient son extrémité du côté de la Tampane. A l'extrémité opposée est un cordage qui sert à faire lever ou baisser l'épée de trempure. Quand on est au degré cherché, on enroule le bout du cordage sur la cheville fixée au palier du beffroi.

Braie. On appelle Braie deux traverses de charpentes placées dans le bas des piliers du beffroi parallèlement au grand arbre, l'une en amont, l'autre en aval ; elles soutiennent le pilier.

Partie de rivière resserrée entre deux digues.

Braie à sauter. Levier en bois dur servant anciennement au vermicellier pour élaborer sa pâte.

Brèche. Ouverture dans les berges laissant un passage à une partie des eaux et que l'on doit s'empresser de réparer, car elle s'augmente très-promptement.

Brise-glace. Pieux fortement réunis par des moises et terminés en amont par une pièce de charpente inclinée présentant au courant une arête armée d'une bande fer. Cette pièce inclinée soulève les glaçons, les divise et les brise. On place le brise-glace en avant des piles des ponts, des estacades et de toutes les constructions en rivière, lorsqu'elles sont trop faibles pour se défendre par elles-mêmes contre le choc des glaces.

Brive. Pont.

Brouette. Petit chariot à deux roues, poussé par un homme qui soutient les brancards. Cette machine sert dans les moulins pour transporter les sacs d'un point à un autre sur le même plancher.

Buise, buse, busard. Pièce de bois creusée ou assemblage de planches pour la conduite des eaux.

Burette à l'huile. Petit vase à goulot long au moyen duquel on verse de l'huile sur les parties frottantes des machines pour les lubrifier.

C

Cabestan. Machine composée d'un treuil sur lequel s'enroule un câble. Le nom de cabestan s'applique assi bien au châssis du treuil qu'à la machine entière. Lorsque le treuil est vertical on l'appelle, dans beaucoup d'endroits, *vindas*.

Câble, chable. C'est le cordage qui sert à monter les sacs dans un moulin.

Cabinet d'eau. Petit réservoir placé immédiatement en amont de la roue dans quelques dispositions d'usines et qui y verse l'eau par une vanne ordinaire.

Cage. On entend par ce mot le corps entier du bâtiment du moulin, et plus particulièrement la halle du beffroi et l'emplacement occupé par le mécanisme.

Caisson. Grande caisse en charpente bordée ou doublée en madriers et disposée de manière à pouvoir flotter. Dans certaines circonstances, on se sert de caissons pour mettre en place diverses parties de constructions hydrauliques qui doivent être établies sous l'eau. Ces portions d'édifices sont construites à terre dans l'intérieur du caisson que l'on met ensuite à flot pour être transporté à la place qu'il doit définitivement occuper.

On construit aussi des caissons sans fond dans l'emplacement même où la fondation doit avoir lieu. Après avoir dragué dans l'intérieur du caisson, à une profondeur suffisante, on y coule une maçonnerie de béton sur laquelle on élève ensuite l'édifice.

Cale. Petit support en bois mince, destiné à mettre d'aplomb les pièces diverses d'une construction.

Calibre. Modèle ou profil en bois pour régler l'inclinaison d'un talus d'une berge, etc.

Calotte de poêlette. Pièce de fonte qui recouvre la poêlette du fer de meule.

Canal. Tout cours d'eau creusé de main d'homme dans l'intérêt de la salubrité, de l'agriculture, de l'industrie et du commerce. Les canaux ont différentes dénominations qui dérivent de leur destination.

Le canal de dérivation est celui qui sert à faire passer un bras de rivière d'un bassin dans un autre.

Le canal de desséchement est celui qui est destiné à opérer le desséchement d'un marais en procurant l'écoulement des eaux.

Quand ce travail n'a pour objet que l'amélioration ou l'assainissement d'une propriété particulière, il peut être effectué sans autorisation, en se renfermant dans les dispositions du Code civil sur les cours d'eau et les servitudes qui en dérivent ; mais quand il s'agit d'un desséchement qui embrasse un certain nombre de propriétés publiques, communales et particulières, une autorisation de l'administration est indispensable.

Le canal d'irrigation a pour objet spécial d'amener les eaux sur les terrains que l'on veut arroser. On ne peut entreprendre un canal de cette nature sans autorisation de l'administration, surtout s'il y a nécessité de faire déclarer l'utilité publique pour parvenir à l'expropriation.

Le canal de flottage est destiné aux transports du bois par trains ou a bûches perdues.

Canal de décharge ; c'est celui qui reçoit par les vannes de décharge ou par le déversoir l'eau qui n'est pas nécessaire au mouvement de l'usine, et qui, par cette voie, se rend en aval à son cours ordinaire.

Canal de fuite, partie du bief en aval par où l'eau qui sort de la roue s'échappe.

Caniveau. Rigole qui traverse ou qui longe les chaussées.

Caractères. Dalles en pierre fixées dans le lit du canal de fuite, pour constater le niveau du sol gravier.

Carcasse. Châssis en bois à 4, 6 ou 8 pans, sur lequel on place, en la laçant, la chemise de la bluterie.

Cases. Séparations qu'on pose dans les huches, dans les bluteries à gruaux et dans les bluteries à sons pour séparer les différentes sortes de produits.

Cassis. Ont le même objet que le caniveau; cependant, ils se rapportent plus spécialement aux chaussées d'empierrement, cailloutis et gravelages.

Leur principal caractère est de traverser aussi les accotements pour conduire les eaux dans les fossés de la route.

Cercle. Bande de fer qui cercle les meules de moulin. Habituellement chaque meule a trois cercles; celui du milieu sert seul à consolider l'assemblage des carreaux. Les deux autres, qui sont en feuillard très-mince, protégent uniquement l'arête de la pierre et le plâtre qui forme la charge.

Chable. Cordage du tire-sac et du treuil à lever les meules.

Chaise. Bâti en bois ou en fonte qui sert à porter les arbres horizontaux ou verticaux.

La chaise à pont est celle qui est disposée pour recevoir le gros arbre vertical et souvent l'extrémité de l'arbre intermédiaire de la grosse transmission, et, dans ce cas, la chaise a la forme d'un plein cintre. On la distingue aussi par le nom d'arcature.

On appelle *chaise des meules* un plat-bord qu'on fixe au moyen de deux fiches en fer autour de la meule gisante pour empêcher la meule courante de couler sur le plancher lorsqu'on la lève au moyen de moufles.

Chambre d'écluse. Partie du canal comprise entre les deux bajoyers d'une écluse.

Chambre du râteau. Cloison circulaire qui entoure le râteau à boulange ou à gruaux.

Chambre à farine. Local fermé hermétiquement et dans lequel on fait le mélange des farines.

On a généralement dans un moulin une chambre pour les farines blanches et une chambre pour les farines bises.

Champ (de). On dit qu'une pierre, une brique, une poutre, une solive, sont posées de champ quand elles reposent sur la face la plus mince; elles ont alors moins d'assiette, mais leur force ou résistance sous la charge est plus considérable.

Chanfrein. Lorsqu'il n'y a pas nécessité d'exiger que les pierres et les bois soient taillés à vives arêtes chaque vive arête est remplacée par un très-petit pan coupé, nommé chanfrein. Généralement les bois ne sont chanfreinés que quand ils n'ont pas un équarrissage suffisant pour obtenir une arête vive sans flache ou sans aubier. Dans ce cas, le chanfrein est un palliatif qui ne doit être toléré que quand il n'en résulte pas d'inconvénient.

Chantepleure. Rigole ouverte dans la baie d'une rivière.

Chape. Enduit de ciment ou mortier hydraulique que l'on applique sur les voûtes pour les garantir de l'humidité et empêcher les eaux de filtrer dans les joints de la maçonnerie.

Chapeau. Pièce de bois de charpente servant à relier et recouvrir la tête des pieux. On donne plus spécialement ce nom dans les moulins à la pièce de bois posée horizontalement sur l'arrasement supérieur des poteaux dans lesquels glissent les vannes ; cette pièce de bois est percée d'autant de mortaises qu'il y a de vannes. C'est dans ces mortaises que passent les queues ou crémaillères des vannes au moyen desquelles on tient ces dernières à la hauteur nécessaire au débouché des eaux.

Chapelet. Machine élévatoire composée de godets attachés à une chaîne sans fin, mise en mouvement par la manivelle de la poulie qui la supporte.

Les chapelets sont ou verticaux ou inclinés, selon les circonstances.

Chapelle. Galerie d'aqueduc en forme de voûte.

On appelle chapelle de four la partie supérieure et légèrement cintrée des fours à cuire le pain.

Chardonnet. Parement courbe et vertical, formant une gorge dans laquelle tourne et s'appuie le poteau tourrillon d'une porte d'écluse.

Charpente. Ouvrage fait en bois de grande dimension.

On appelle aussi charpente l'art d'assembler les pièces de bois pour former des constructions ; mais, dans ce sens, il vaut mieux dire charpenterie.

On donne aussi le nom de charpente en fer à toutes les pièces de fer qu'on emploie dans la construction, là, où, précédemment, on ne se servait que de bois.

Chenal. La partie la plus profonde du courant d'un fleuve ou d'une rivière. Il s'applique également aux passes artificielles établies dans les rivières pour le service de la navigation.

Chéneau. Conduit de bois, de plomb ou de fonte ou de maçonnerie, qui recueille les eaux du toit et les dirige dans la gouttière.

Chevalets. Espèces de chevaux de frise qu'on place en travers

Chômage. C'est l'interruption d'un service habituel, d'un travail ordinaire. Les ouvriers chôment quand ils manquent de se rendre à l'atelier. Un moulin chôme quand il cesse de moudre. Un canal chôme quand la navigation est interrompue. On emploie aussi ce mot pour désigner l'indemnité due au meunier pour le temps qu'il a été empêché de travailler pour le service de la navigation ou du flottage.

Suivant l'arrêté du 28 juillet 1824, l'indemnité est fixée à 4 fr. pour 24 heures de chômage, quel que soit le nombre des tournants. Cette indemnité, qui est tout à fait dérisoire, s'applique exclusivement au chômage occasionné par le service habituel de la navigation ou du flottage. Mais, si le mouvement d'une usine est interrompu par d'autres causes, l'indemnité est plus conforme au dommage réel dont le meunier a souffert :

Deux arrêts du Conseil d'Etat du 5 juillet 1855 et du 6 juillet 1865 ont fixé à 4 fr. 75 cent. par cheval, soit fr. 19 par paire de meules l'indemnité à laquelle le meunier a droit pour chaque jour de chômage.

Chute d'eau. Différence de hauteur entre la surface des eaux du bief supérieur et la surface des eaux du bief inférieur. Cette hauteur doit se prendre lorsque les eaux ne sont pas agitées. On arrête conséquemment la roue hydraulique, on fait passer les eaux par les vannes de décharge pour les maintenir au niveau du déversoir et des repères; c'est alors seulement qu'on peut prendre la chute réelle.

Ciment. Il se compose de tuileaux concassés et pulvérisés qui, mélangés en proportion convenable avec la chaux grasse, font un mortier propre aux ouvrages fondés dans l'eau ; mais, on est forcé d'attendre qu'il soit durci à l'air avant de le couvrir d'eau, car il se délayerait.

Aujourd'hui, les travaux hydrauliques se font exclusivement avec des chaux hydrauliques artificielles ou naturelles, des pouzzolanes et des ciments cuits, dits ciments romains, que l'eau durcit.

Cintre. Appareil en charpente destiné à supporter les voussoirs pendant la construction d'une voûte.

Clapet. Soupape pratiquée dans une écluse et qui s'ouvre et se ferme par la seule action des eaux.

Clayonnage. Ouvrage fait de piquets et de menues branches reliées par des liens pour soutenir les terres d'une berge et la défendre contre l'attaque des eaux.

Clef. Pierre du milieu ou du sommet d'une voûte, et contre laquelle les deux côtés de cette voûte viennent s'appuyer. Elle est mise en place la dernière. On la choisit de bonne qualité. Les deux pierres voisines de droite et de gauche se nomment contre-clefs. Les autres pierres ou voussoirs se nomment claveaux. Quelquefois aussi on leur donne le nom de retombées, principalement quand il s'agit des voussoirs qui forment la naissance d'une voûte à partir de ses pieds-droits. Ainsi l'on dira : première retombée, deuxième retombée, etc.

Cheville. (*Voy.* ALLUCHON.)

Coffre. Coffre du coursier ; espace compris entre les deux bajoyers du coursier ; il ne doit avoir que la largeur exacte de la roue, afin qu'il s'échappe le moins d'eau possible par les côtés.

Coffre de bluterie. C'est la boîte qui renferme la carcasse de la bluterie et la vis et qui porte l'auget et tous les mouvements.

Col de Cygne. Pièce de fonte ou de bois qui forme la crête du coursier.

Collet. Coussinet vertical qui maintient les arbres debout.

Collier. (*Voy.* COLLET.)

Colonnes. Pièces principales d'un beffroi ; elles sont en bois ou en fonte *et* portent les meules.

On appelle colonne verticale la ramonerie cylindrique ou conique destinée à enlever la barbe et le germe des grains.

Comprimeurs. Cylindres horizontaux comprimant le blé avant son passage dans les meules. On a cru longtemps que les comprimeurs facilitaient le travail des meules, c'est une erreur ; mais ils remplissent une fonction également importante : ils écrasent les petites pierres ou mottes qui ont échappé, par leur volume égal à celui du grain, aux émottoirs et aux trieurs et les mettent dans l'impossibilité d'arriver entre les meules avec le grain. Les comprimeurs font donc partie du nettoyage et le complètent. Aujourd'hui cette séparation s'obtient en partie au moyen d'épierreurs inventés par M. Josse et tombés dans le domaine public, mais ceux-ci ne retirent pas les corps étrangers ayant la même densité que le blé, les comprimeurs seuls produisent ce résultat.

Compromis. Acte par lequel deux ou plusieurs personnes nomment un ou plusieurs arbitres pour décider une contestation ou procéder à une prisée.

Conduite. Suite de tuyaux ou d'aqueducs servant à la conduite des eaux.

Contraction de la veine fluide. « Lorsqu'un liquide contenu dans un canal réservoir s'échappe par un orifice pratiqué dans une des parois, les molécules fluides se dirigent de toutes parts vers cet orifice ou plutôt s'y précipitent comme vers un centre d'attraction. Dès lors, la convergence que prennent les divers filets d'eau dans l'intérieur du réservoir se continue encore à l'extérieur ; il est facile de remarquer que l'eau, dès sa sortie de l'orifice, se contracte graduellement en formant une espèce de pyramide tronquée dont la grande base est l'orifice d'où elle sort, et dont la petite base, qui correspond au maximum de contraction, est ce que l'on nomme section contractée.

« L'effet de la contraction est donc de réduire la section effective de l'orifice ou de donner une section moindre que celle qui doit entrer dans l'expression de la dépense réelle, car l'écoulement a lieu comme si, à cet orifice réel, on en eût substitué un autre de diamètre égal à celui de la section contractée et que le même fait ne se fût pas reproduit. Le phénomène dont il s'agit est très-sensible au passage d'un pont, d'un aqueduc, d'un déversoir, d'un vannage, et, dans ces diverses circonstances, la contraction de la veine fluide amène toujours une réduction assez notable dans le produit qu'on obtiendrait en calculant théoriquement le volume d'eau qui doit passer, dans l'unité de temps, par une section déterminée. » (Nadault de Buffon.)

Contre-fort. Massif ou gros pilier adossé aux faces intérieures ou extérieures de murs afin de les fortifier contre la poussée des terres, des voûtes, des eaux, etc.

Contre-fossé. Fossé établi en avant des dépendances du canal et pour les protéger.

Contre-pente. Pente en sens inverse formant interruption de la ligne de pente générale qui s'établit en un point du cours d'eau dans certaines circonstances anormales.

Contre-repère. Point fixe sur une construction invariable auquel le repère est rattaché par le nivellement qui sert de base au règlement de l'usine.

Contrescarpe du coursier. Mur de dehors du coursier qui fait face à la tampane.

Cordon. Rang de pierres formant saillie sur le mur d'une construction.

Corniche. (*Voy.* ENTABLEMENT.)

Corroi. Massif de terre glaise battue pour intercepter l'infiltration des eaux autour des ouvrages que l'on veut tenir à sec.

Corroyer. Action de faire un corroi. Il se dit aussi de l'action de bien pétrir la chaux et le sable avec une quantité d'eau convenable pour faire le mortier.

Corroyer le bois, c'est l'aplanir avec la varlope. Corroyer le fer, c'est le battre à chaud pour le condenser et le rendre moins cassant.

Cote. Chiffre qui indique les différences de niveau relevées dans les opérations de nivellement.

Couchis. (*Voy.* CINTRE.)

Courbes de la roue. Ce sont les jantes qui, réunies, forment les anneaux d'une roue hydraulique.

Couronne. Engrenage droit qui a pour axe le gros arbre vertical et qui entraîne les pignons des meules.

La couronne est le plus souvent dentée en bois.

Couronnement. Assise supérieure d'une construction, d'un édifice.

Courroie, double, simple. Bande de cuir qui sert à transmettre le mouvement d'une poulie à une autre. Lorsque la résistance dépasse la force du cuir simple, on applique, en les cousant, deux bandes l'une sur l'autre, ce qui forme une courroie double.

Coursier. Espace dans lequel la roue d'une usine hydraulique reçoit et utilise l'eau qui l'entraîne. Le fond est cintré suivant un axe concentrique à la roue. Il faut qu'il ne reste pas de jeu entre l'extrémité des aubes et la courbe du coursier contre lequel elles doivent presque frotter.

Courson. Endroit où il reste dans le lit d'un cours d'eau soit des pilotis, soit d'autres vestiges de moulins ou de quelques autres anciennes constructions. On l'appelle aussi *orbillion*.

Courue d'eau. Espace de temps pendant lequel l'eau coule des étangs ou réservoirs dans le cours d'eau qui sert à flotter le bois.

Coussinet. Coquille en bois dur, en fonte, et le plus souvent en bronze, dans laquelle tournent les tourrillons des arbres de transmission.

Couverseaux. Planches dont on couvrait les meules françaises, elles n'étaient pas clouées et reposaient sur la partie verticale de l'archure.

Coyau. Pièce de bois fixée aux jantes des roues hydrauliques, elle porte les planches des aubages qui y sont maintenues par des chevilles en bois ou des boulons en fer.

On appelle également coyaux des petits bouts de bois qu'on place sur le bord de la couverture d'un toit et qui la font avancer jusqu'au delà de l'entablement pour rejeter les eaux pluviales en avant du mur.

Crampon. Morceau de fer recourbé servant à relier les pierres de taille, à fixer et retenir fortement certains assemblages de charpente.

Crapaudine. Morceau de fer, fonte, bronze, et le plus souvent d'acier, destiné à recevoir l'extrémité du pivot d'une pointe d'arbre vertical. Dans certaines localités on donne le même nom au pivot lui-même qui alors, s'appelle crapaudine mâle, et la partie fixe crapaudine femelle.

Crèche, encrèchement. Enceinte formée de pieux et de planches destinées à préserver les fondations des ouvrages hydrauliques.

Les crèches font quelquefois partie du projet primitif de l'ouvrage qu'elles protégent ; mais souvent on ne les construit qu'après coup et lorsque des affouillements et dégradations qui n'avaient pas été prévus en ont fait reconnaître la nécessité.

Crémaillère de vanne. Tringle ou bande de fer ou fonte dentée qui, en s'engrenant dans le pignon ou la lanterne d'un cric sert à lever la palette des vannes à laquelle elle est fixée.

On appelle aussi cremaillère un coin en bois dur servant à lever ou baisser la meule courante au moyen d'un levier ou d'une pince.

Crible. Cercle en bois dont le fond en peau, en toile métallique ou en tôle découpée, sert à diviser et séparer les grains, les mottes et les balayures d'un moulin.

Crible émotteur. Partie du nettoyage destinée à retirer les mottes du grain.

Cric à débrayer les pignons de meules. C'est un petit cric dont le pied et la vis ou la crémaillère sont disposés de manière à permettre de lever ou de baisser les pignons de meules lorsqu'on veut les débrayer ou les embrayer.

Croisillon. Rayon ou rais en bois, fer ou fonte d'une poulie ou d'un engrenage. Certains croisillons ne sont pas droits, mais cintrés ou en S.

On appelle croisillon de la roue hydraulique un manchon à pans ou circulaire qui enveloppe l'axe, et dans les bras duquel les embrassures viennent se boulonner.

Cul-de-lampe. Coffre demi-circulaire qui forme les extrémités des élévateurs et renferme les poulies qui portent et donnent le mouvement à la courroie garnie de godets.

Culées. Massifs de maçonnerie construits sur les rives opposées d'un cours d'eau dans l'emplacement d'un pont et dont l'épaisseur doit être calculée de manière à pouvoir résister, d'une part, à la poussée des arches, et de l'autre à celle des terres qui ont été remblayées pour faciliter les abords de ce même pont.

Curage. Enlèvement des dépôts qui se forment dans le lit naturel ou artificiel des cours d'eau.

Cuvette. Cuvette des meules, cercle en fonte dans lequel est maintenue la meule gisante et qui porte les vis à niveler et à centrer.

Cylindre horizontal. Cylindre recouvert de toiles métalliques ou de tôles découpées, dont les ouvertures laissent passer les criblures seulement. Le bon grain sort à l'extrémité et se rend, ou dans le cylindre mouilleur, ou dans le boisseau à blé propre. On couvre des cylindres de tôle repoussée, elle forme des alvéoles qui retiennent les graines rondes et longues et les séparent des bons grains.

Cylindre mouilleur. Cylindre recouvert de tôle, de zinc ou de fer galvanisé qui, incliné d'environ 4 à 5 centimètres par mètre, reçoit en tête simultanément le blé nettoyé et un petit filet d'eau. La surface extérieure du blé s'hydrate en roulant dans l'intérieur de ce cylindre.

On peut remplacer le cylindre mouilleur par une vis mouilleuse produisant exactement le même effet.

Cylindre vertical. (*Voy.* COLONNE.)

D

Dalles. Pierres taillées ayant une grande superficie et peu d'épaisseur. On s'en sert très-souvent pour faire le sol du rez-de-chaussée des moulins.

Damage. Pilonnage des terres qui a pour objet d'éviter qu'il y ait des vides dans les digues, bâtardeaux et tous ouvrages destinés à contenir les eaux.

Dame. Petit cône en terre laissé pour témoin dans les fouilles pour le toisé du déblai.

Dans-œuvre. Expression usitée dans les métrés pour indiquer que la mesure d'un objet a été prise à l'intérieur, c'est-à-dire du dedans au dedans.

Dé. Cube de pierre taillée avec soin que l'on emploie pour servir de

2

base à des poteaux ou colonnes de fonte et pour terminer les extrémités des parapets et contre-butter la base des murs en ailes des ponts et ponceaux.

Débâcle. Départ soudain des glaces après leur rupture sur une rivière dont la surface avait été complétement prise par la gelée.

Débrayage. Appareil qui sert à réunir et à séparer deux engrenages ou deux parties de manchon, sans arrêter pour cela la transmission pricipale.

Décharge. Pièce de bois disposée obliquement pour supporter une charge placée au-dessus d'un vide.

Déchargeoir. Baie pratiquée dans le mur du moulin pour l'expédition des marchandises.

On place le déchargeoir à l'étage qui convient le mieux pour la mise en voiture ou en wagon des sacs que l'on glisse dans ces mêmes voitures et wagons au moyen d'une planche dite planche à charger.

On appelle aussi déchargeoir une écluse composée d'une ou plusieurs vannes tirées de fond pour opérer la vidange d'un ou plusieurs biefs.

Décintrement. Action d'enlever les cintres d'un pont. Il est prudent de ne pas opérer le décintrement d'une voûte immédiatement après la pose de la clef ; il faut autant que possible, au contraire, laisser au mortier le temps de prendre corps.

Décombres. Débris de construction ou de démolition comme menus plâtras, gravois et autres matières de nulle valeur.

Déversoir. Barrage ordinairement en maçonnerie dont le couronnement est arrasé au niveau légal de la retenue du bief, de manière qu'aussitôt que l'eau tend à dépasser ce niveau, elle s'écoule par-dessus. Chacune des extrémités du déversoir est flanquée d'un mur ou bajoyer plus élevé que son couronnement. L'eau qui s'écoule entre les deux murs forme une lame de peu d'épaisseur d'abord et qui n'augmente que si les vannes de la retenue demeurent fermées ou s'il survient une autre cause d'augmentation dans le volume de l'eau.

C'est le meilleur régulateur des usines hydrauliques, parce que le meunier, toujours intéressé à tirer le meilleur parti de l'eau, se garde bien de la laisser perdre par le déversoir, et, alors, les terrains voisins ne sont pas exposés aux inondations.

Néanmoins, comme les meuniers ont un autre intérêt qui consiste à augmenter la capacité de la retenue et la chute d'eau de leurs usines, leur arrive souvent de placer des planches ou hausses sur le déversoir et plus particulièrement la nuit. Dans ce cas, l'eau de la retenue excède bientôt la hauteur fixée par le repère, elle cause du remous qui nuit à l'usine et aux riverains d'amont ; il y a contravention.

Lorsque le moulin ne tourne pas, si les vannes de décharge sont fermées ou insuffisamment levées, l'eau passe en trop grande quantité sur le déversoir par suite de la grande surélévation ; il y a encore contravention. Dans les anciennes usines et sur les cours d'eau qui ne sont par réglés, le niveau du déversoir n'indique pas toujours le niveau de la retenue.

Devis. Description détaillée et circonstanciée de toutes les parties d'un travail projeté, et principalement des pièces et organes qui doivent composer le mécanisme d'une usine.

Le devis est la base principale des contrats à passer entre le propriétaire ou l'usinier et les entrepreneurs.

Le meilleur moyen pour éviter les contestations qui s'élèvent trop souvent sur l'exécution des devis, c'est d'y annexer des plans et dessins signés par les parties contractantes. Le mécanicien n'est tenu qu'à l'accomplissement de son devis. Si celui-ci n'est pas complet, le propriétaire n'a pas le droit de contraindre le constructeur à sortir de ses engagements même lorsqu'il établirait l'indispensabilité des objets qu'il réclame. En effet, la mouture ne se fait pas partout de même ; les moulins à petits sacs n'ont pas de nettoyages et de blutages compliqués comme les établissements de ceux qui sont en premières marques. Dans certaines localités on ne fait qu'une seule et même farine, ce qui simplifie beaucoup le mécanisme. Enfin le propriétaire ne doit accepter un devis que lorsqu'il a reconnu qu'il contient bien ce qu'il veut; mais, une fois le traité passé, il ne peut plus exiger de l'entrepreneur des choses qui n'y sont pas comprises, car il n'est pas meunier.

Digue. Massif de maçonnerie, de charpente ou de fascinage ayant pour objet de contenir les eaux et les soutenir à une hauteur déterminée pour les canaux, bassins, étangs, retenues de moulin, etc.

Distributeur. Appareil au moyen duquel on fournit et règle l'alimentation de certains organes.

Partie d'une turbine qui introduit l'eau dans les orifices de la roue motrice.

Dosse. On nomme ainsi, dans le débit ou sciage d'un arbre en madriers, planches ou voliges, les deux planches extrêmes dont une des faces était adossée à l'écorce. Elles ont moins de largeur que les autres planches et sont d'une qualité inférieure, parce qu'elles contiennent plus ou moins d'aubier.

Douelle. Face visible d'un voussoir faisant partie du parement intérieur d'une voûte et que, sous ce point de vue, on nomme quelquefois *intrados*.

Douille. Cylindre de métal creux dans lequel on fait entrer un autre corps cylindrique.

Douve. Dans la rivière, c'est le dessus, la crête de la berge. Dans certains pays, le fossé tout entier est désigné sous le nom de douve.

Drague. Outil ou instrument destiné à pêcher le sable, la vase et généralement les dépôts de matières qui encombrent les bassins des cours d'eau.

Duis. Traînée ou épis longitudinaux et parallèles au thalweg, établis sur les rivières pour en resserrer le courant et le diriger sur des roues d'usines hydrauliques dont la force motrice se trouve ainsi augmentée.

E

Eau. Liquide transparent, incolore, inodore, insipide, suceptible de mouiller et de dissoudre un grand nombre de corps ; il résulte de la combinaison de 88,91 parties d'oxygène avec 11,09 d'hydrogène. La pesanteur de l'eau à 4° centigrades au-dessus de 0 sert de terme de comparaison pour déterminer celle de tous les autres corps liquides et solides. Un litre d'eau pèse un kilogramme. Comme tous les liquides, l'eau se dilate par l'action de la chaleur. Elle entre en ébullition et se vaporise à 100 degrés centigrades de chaleur. Elle se congèle et passe à l'état de glace à 1 degré centigrade au-dessous de 0.

Eaux sauvages, folles. Grandes eaux arrivant subitement soit à la suite d'orages, soit par la fonte des neiges, soit parce que l'usinier placé en amont aura levé ses vannes de décharge trop précipitamment.

Ebergement. Opération accessoire du curage des cours d'eau qui consiste à raviver les talus des berges, en faisant disparaître tout ce qui fait saillie et obstacle au cours d'eau.

Échafaud. Assemblage de bois et de planches pour supporter les ouvriers qui travaillent aux constructions élevées. Les échafauds reposent sur des tréteaux, des perches ou des boulins. On nomme échafauds volants ceux qui ne sont maintenus que par des moyens de suspension.

Échafaudage. Construction des échafauds.

Échantignoles. Morceaux de bois qui, dans les combles, soutiennent les tasseaux des pannes.

Écluse. Ouvrage destiné à retenir et élever les eaux. Souvent on donne ce nom au bief d'amont des moulins.

Éclusée. C'est l'eau qui, après s'être amassée dans la retenue d'une écluse ou d'un bief est ensuite lâchée par les vannes jusqu'à ce qu'elle soit baissée au niveau du bief inférieur.

Certains cours d'eau sont trop faibles pour faire tourner simultanément les usines qui y sont établies; il devient nécessaire alors d'amasser les eaux dans le bief d'amont de chaque usine pour en augmenter le volume afin d'en obtenir une force motrice suffisante. Chaque usinier retient les eaux à son tour en fermant sa vanne mouloire complétement; quand le bassin est rempli, il met en marche tant qu'il peut donner à son récepteur une puissance suffisante pour travailler convenablement, puis chacun recommence successivement la même réserve et la même dépense ; c'est ce qu'on appelle marcher par éclusées.

Mais pour constituer un semblable régime, il faut un accord parfait entre tous les usiniers placés sur le même courant ; les proportions dans lesquelles les eaux sont employées à chaque établissement doivent correspondre et mettre successivement le même temps à dépenser les retenues. Autrement, si une usine d'amont augmentait démesurément son bassin alimentaire, les usines inférieures seraient privées d'eau pendant un temps plus long que par le passé, et, quand l'eau leur arriverait, leurs biefs de retenue ne pouvant pas la contenir, elles ne pourraient dépenser utilement l'éclusée entière et seraient obligées d'en perdre une partie par les déversoirs et les vannes de décharge. La circulaire du 23 octobre 1851, en prévision de difficultés et dans le but de les éviter, s'explique au sujet de la marche par éclusées dans les termes suivants. « Dans le cas où pour assurer la transmission régulière des eaux il serait nécessaire d'interdire les éclusées ou d'en régler l'usage, les ingénieurs auront à fixer, soit le niveau au-dessous duquel les eaux ne doivent pas être abaissées, soit la durée des intermittences. »

Dans tous les cas, que le cours d'eau soit réglé ou non réglé, les contestations au sujet des infractions à un état de choses ancien ou aux règlements administratifs sont de la compétence des tribunaux et doivent leur être soumises. On peut aussi s'adresser à l'administration pour obtenir un règlement légal quelle que soit la faiblesse du cours d'eau.

Écourues. C'est l'état d'un cours d'eau, alors que les retenues, barrages et pertuis sont ouverts et laissent son libre cours à l'eau. Celle-ci ne rencontrant plus d'obstacles est au plus bas possible, alors on peut effectuer les travaux, les réparations et curages que l'eau bandée ne permet pas de faire. Conséquemment, les usines que ces cours d'eau font mouvoir sont arrêtées.

En Bretagne et dans la Mayenne, on appelle ce temps de chômage celui des Écourues. Ces écourues durent quelquefois bien longtemps dans une saison où elles causent un grand préjudice aux meuniers qui n'ont droit à aucune indemnité.

Écrou, contre-écrou. Morceau de métal percé d'un trou taraudé et destiné à recevoir le pas en relief ou filet d'une vis. Le contre-écrou est une pièce entièrement semblable qui, serrée contre l'écrou, l'empêche de se dévisser.

Égout. Nom donné aux aqueducs qui dirigent les eaux vannes et corrompues d'un point à un autre.

Égrillard, égrelloir. (*Voy.* DÉVERSOIR.)

Élévateur. Chaîne sans fin sur laquelle sont fixés des godets qui prennent les marchandises d'un point inférieur pour les élever et les conduire dans les parties supérieures du moulin. C'est une véritable noria prenant des matières sèches.

Élide. (*Voy.* DIGUE.)

Embase. Renflement ménagé sur un arbre de transmission pour l'empêcher de jouer dans le coussinet ou le collet dans le sens de sa longueur.

Embrayage. Appareil ou disposition servant à séparer ou rapprocher deux engrenages ou deux parties de manchon pour arrêter et remettre en route les mouvements qui en dépendent.

Embrassures. Rayons en bois, fonte ou fer, reliant l'axe d'une roue hydraulique, d'un engrenage ou d'une poulie à la couronne et aux anneaux.

Embrèvement. Nom donné à l'entaille faite dans une pièce de bois pour recevoir le bout d'une autre pièce. Quelquefois l'embrèvement se fait sans tenon ni mortaise ; d'autres fois il a pour objet de soulager le tenon et de l'empêcher de rompre.

Empalement. Petite vanne. On applique aussi ce mot à l'ensemble des vannages d'une usine, alors on dit les empalements.

Empoutrerie. Poutre qui soutient le plancher du beffroi ; il y en avait à chaque beffroi de moulin ; elles formaient chapeaux sur les piliers.

Encadrement des meules. Pour empêcher les produits de la mouture de passer entre les planchers et la périphérie des meules gisantes, on les entoure d'un cintre en bois très-rapproché qu'on appelle l'encadrement de la meule.

Encaissement. Digues continues placées sur les deux rives d'un cours d'eau et qui régularisent son cours et sa profondeur.

Enchevêtrure des meules. Pièces de bois placées sur le plancher du beffroi pour porter la meule gisante.

Engreneur. Entonnoir en fonte, cuivre ou bois, qui remplace la trémie et l'auget alimentaires d'un moulin. Ce moyen, imaginé par M. Conti, a l'avantage de supprimer le bruit du frayon sur la touche de l'auget que l'engreneur remplace.

Enrayure. Assemblage de plusieurs pièces de charpente posées de niveau et qui, dans les combles, sont disposées de manière à retenir les autres pièces des fermes ou demi-fermes et à empêcher leur écartement.

Enrochement. Genre de fondation qui consiste à jeter dans l'eau une quantité de pierres suffisante pour s'élever à la hauteur de l'étiage. Après avoir dressé et arrasé la face supérieure de ce massif, on élève la construction soit à sec, soit avec mortier suivant les procédés ordinaires. On fonde sur enrochement lorsqu'on ne veut ou ne peut pas épuiser. Il ne faut pas confondre ce mode de fondation avec la fondation sur béton.

Ensachoir. Cylindre en bois ou en tôle dont la partie supérieure est fixée au plancher de la chambre à farine ou sous une bluterie et qui reçoit les marchandises pour les mettre en sacs. Un disque en tôle permet à l'ensacheur d'emplir à volonté le sac dont la gueule est retenue par une lanière et un manneton.

Entablement. Couronnement ou partie supérieure d'un ordre d'architecture. L'entablement est composé de trois membres principaux : l'architrave, la frise et la corniche.

Dans les constructions ordinaires on donne souvent le nom d'entablement à la simple corniche qui couronne l'édifice.

Entragues. Terrain situé entre deux rivières et au-dessus de leur confluent.

Entrait. Pièce principale d'une ferme ou d'un cintre. Elle se place horizontalement pour être assemblée avec les arbalétriers et le poinçon. Son objet est de s'opposer à l'écartement.

Entre-jou. Espace pour donner cours à l'eau qui fait mouvoir un moulin.

Entrepied. C'est la partie de la meule qui se trouve entre le cœur et la feuillure ; ces trois parties d'une meule forment trois cercles concentriques qui s'élargissent et se rétrécissent suivant que le rhabilleur le juge à propos.

Épart (*pièces d'*). Pièces de charpentes qui, avec les deux arbalétriers, forment le carré qui porte la roue d'un moulin pendant. Les pièces d'épart sont placées dans le sens de la largeur du cours d'eau ; les arbalétriers, qui portent les chaises du gros et du petit bout, sont dans la direction du cours d'eau. Dans quelques localités, le carré complet s'appelle le parc.

Épaulement. Rempart de terre et de fascines.

On donne le nom de mur d'épaulement aux murs qui soutiennent, soit une chaussée, soit un remblai qui s'éboulerait sans leur appui.

On appelle aussi épaulement :

La partie pleine entre deux mortaises,

La diminution faite à la longueur d'un tenon pour couvrir une mortaise,

Le collet qui enveloppe la noix d'une vis et qui sert à fixer le sommier.

Épée de vanne. C'est le manche de la vanne mouloire d'un moulin pendant. Le plus souvent, au lieu de se lever à l'aide d'une crémaillère et d'un cric, l'épée a une poulie placée à sa partie supérieure, dans laquelle passe le cordage d'un treuil qui sert à la faire fonctionner.

On appelle aussi Épée de trempure, une barre de fer posée verticalement en haut dans la branle et en bas dans la braye d'aval. Elle sert à soulever ou abaisser la meule courante par le mouvement qu'on lui donne avec la corde de trempure. (Ancienne mouture dite *française*.)

Éperon. Ouvrage en maçonnerie, ordinairement construit en pointe pour protéger les ouvrages hydrauliques contre le choc des glaces et des corps flottants entraînés par les eaux.

Epi. Sorte de barrage qui, partant de la rive d'un cours d'eau, forme une saillie sur son lit. Il a pour objet de défendre une rive contre l'action des courants et de diriger l'eau sur d'autres points.

Escabeau. Marchepied portatif et de peu de marches qui sert dans les moulins pour permettre aux ouvriers d'approcher et d'atteindre des objets trop élevés pour leur taille. Il doit y avoir un escabeau au moins à chaque étage.

Esponde. Maçonnerie sur laquelle une écluse est établie.

Essèvement. Dessèchement.

Estacade. Ouvrage de charpente ordinairement à claire-voie, dont on se sert pour intercepter le passage dans un bras de rivière, ou pour en détourner le cours.

Estanquette. Pièce de fer placée au centre de la partie inférieure de la presse à vermicelle et sous le moule, pour le mettre en état de résister à la pression du piston.

Ester. Canal où l'eau de la mer monte pendant le reflux. Plusieurs moulins marchent par le flux et le reflux de la mer qui emplit à chaque marée montante l'ester, lequel se vide à la marée descendante. On appelle ces moulins : Moulins à marée.

Étais. Pièces de bois posées de manière à empêcher un édifice, une partie d'édifice ou des terres de s'affaisser. Les étais se placent, soit verticalement, soit avec une inclinaison en forme d'arc-boutant.

Étamine. Étoffes claires de laine ou de poils de chèvre fabriquées exprès pour former des bluteaux ; on ne s'en sert plus en meunerie.

Étang. Amas d'eau sans courant, contenu en tous sens par une chaussée. L'étang ne peut se vider que par absorption, par évaporation et par écoulement donné à l'eau à sa partie inférieure à l'aide d'une bonde.

La hauteur variable des eaux contenues dans les étangs peut faire naître des contestations relativement à leurs limites. Le Code Napoléon a statué clairement à cet égard par l'article 558.

Étau. Presse en fer ou en bois dur ayant deux mâchoires se serrant par une vis ; on la fixe à un établi, à une barre, ou on la tient à la main ; on l'emploie pour serrer ou tenir les pièces ou objets qu'on veut façonner.

Étiage. État d'une rivière lorsque ses eaux sont basses. Ce mot dérive d'été, parce que c'est dans cette saison que les eaux sont habituellement plus faibles.

Étrésillon ou étançon. Pièce de bois posée à peu près horizontalement pour contre-butter les planches ou dosses destinées à soutenir les deux côtés d'une tranchée ou d'une fondation pour prévenir les éboulements. On étrésillonne également les murs ou parements de maçonnerie dont on craint le déversement.

Étrier. Lien de fer coudé à angle droit à deux endroits, qui sert à porter une poutre ou une solive dont on ne peut fixer les extrémités dans un mur ou sur un poteau.

Éveillures. Petits trous et vides qui caractérisent le silex molaire, dit silex caverneux, employé à la fabrication des meules de moulins.

Expert. Personne désignée par un juge, un administrateur ou des parties intéressées pour examiner et estimer certaines choses et en faire leur rapport.

On donne à tort la qualité d'experts aux priseurs; ceux-ci, opérant en vertu d'un compromis, décidant en dernier ressort et comme amiables compositeurs, sont de véritables *arbitres*. (Voir le chapitre Prisée.)

Expertise. Visite et opération des experts. En cas de partage entre les avis des experts, on désigne un tiers expert, la nouvelle opération faite avec lui se nomme tierce expertise.

Le magistrat n'est jamais lié par l'avis des experts; leur procès-verbal n'est qu'un document. La décision peut être prise contre l'avis de la majorité et même de l'unanimité des experts, quand le juge se trouve suffisamment éclairé pour adopter un avis contraire. Lorsqu'il s'agit d'indemnités réclamées pour travaux de dessèchement, ouverture d'une nouvelle navigation, construction d'un pont, suppression, déplacement et toutes modifications à apporter dans les moulins ou autres usines, réduction de l'élévation des eaux, ouvertures de routes, de rues, formation de place, alignements, terrains occupés pour prendre les matériaux nécessaires aux routes et aux constructions publiques, appréciation de dommages pour prises d'eau, pour services publics..... enfin, tous travaux d'utilité générale et dont la nécessité est reconnue par les ingénieurs des ponts et chaussées, les experts sont nommés, d'après l'article 56 de la loi du 16 septembre 1807, l'un par le propriétaire, l'autre par le préfet, et le troisième, s'il en est besoin, est de droit l'ingénieur en chef du département.

Cette législation, comme on le voit, a l'inconvénient de mettre la propriété immobilière à la discrétion de l'administration des ponts et chaussées.

La Société des agriculteurs de France, trouvant cette législation dangereuse pour la propriété, a, sur ma proposition, émis le vœu que l'article 56 soit modifié ainsi qu'il suit :

« Les experts seront nommés l'un par le propriétaire, l'autre par le préfet; en cas de partage les deux experts s'adjoindront un troisième expert; s'ils ne s'accordent pas sur le choix de celui-ci, il sera désigné par M. le président du tribunal de l'arrondissement, en dehors de l'administration. »

Ce vœu sera prochainement porté par les députés membres de la Société, à la Chambre, qui certainement votera dans un sens libéral.

F

Faîte. Ligne culminante d'un édifice. C'est ordinairement la pièce qui couronne la charpente de la toiture et qu'on recouvre avec des tuiles particulières ayant deux versants ; on les nomme tuiles faîtives ; elles font couler l'eau des deux côtés du toit.

Par analogie, on a donné le nom de faîte aux hauteurs qui séparent les bassins des cours d'eau.

Fascines. Piquets entremêlés ou chargés de pierres et de gravier pour former des épis, digues et autres ouvrages assez économiques et qui doivent avoir peu de durée.

C'est au moyen de fascines que, dans certaines positions, les meuniers forcent l'eau à se diriger sur leur roue hydraulique, surtout pendant l'étiage.

Faucardement. Action de faucher dans l'eau les joncs, roseaux et autres plantes aquatiques qui obstruent son cours, retardent son écoulement et font barboter les roues des usines hydrauliques. Quelques cours d'eau ont besoin d'être faucardés périodiquement et plusieurs fois chaque année.

Faucquart. Instrument composé de lames de faux attachées les unes aux autres et retenues par des goupilles qui leur permettent de fonctionner librement et que l'on traîne dans les rivières pour en couper les herbes.

Fauldage. (*Voy.* FAUCARDEMENT.)

Ferme. Assemblage de plusieurs pièces de charpente disposées pour former le comble et porter la couverture d'un édifice ou pour maintenir les cintres d'une voûte. Un cintre est composé de plusieurs fermes.

Fil. Veine ou petite fente naturelle qu'on observe souvent dans les blocs des pierres et qui les rend susceptibles de se diviser facilement. Les fils qui se trouvent dans la pierre meulière ou qui s'y forment pendant la préparation des carreaux, sont une cause de rebut.

Filliole. Rigole de distribution des eaux d'arrosage.

Flache. Partie d'une pièce de charpente qui, par suite de la forme du bois ou de ses défectuosités, n'atteint pas les surfaces d'équarrissage.

Fléau. Balancier en fer ou en acier aux extrémités duquel sont suspendus les deux plateaux d'une balance.

Flet, Fleon. Petit cours d'eau.

Flottage. Transport du bois sur l'eau. On distingue le flottage du bois par train et radeaux et le flottage à bûches isolées et libres.

La pratique du flottage à bûches libres donne lieu à beaucoup de règlements particuliers qu'on doit observer dans chacune des localités pour lesquelles ils sont faits.

Flotteur. Corps léger dont on se sert pour mesurer l'espace que parcourt une eau courante dans un temps donné.

Appareil placé en amont de la roue hydraulique pour indiquer à l'intérieur du moulin les variations qui surviennent dans le bief. Il se compose généralement d'une bouteille flottant dans un conduit vertical en bois et faisant agir une ficelle ou une chaîne munie d'un indicateur qui marque les variations sur une échelle métrique.

Appareil marquant la hauteur de l'eau dans la chaudière d'une machine à vapeur et sifflant lorsque l'eau dépasse le minimum ou le maximum qu'elle doit atteindre dans le générateur.

Fonçure de la roue. Planches fixées sur les anneaux de la roue hydraulique pour contenir l'eau dans les aubages et l'empêcher de se jeter dans l'intérieur du récepteur.

Fondation. Partie inférieure d'une construction destinée à supporter tous les points d'un édifice.

Comme de la résistance des fondations dépend la stabilité d'un ouvrage, le moindre vice dans cette partie importante de sa construction peut compromettre sa sûreté. Il faut donc apporter les plus grands soins dans l'assiette des fondations, et principalement lorsqu'il s'agit de constructions hydrauliques dont les bases sont plus que toutes les autres exposées à des agents destructeurs.

Les fondations, dans ce dernier cas, se font, selon les différentes natures de terrain, sur pilotis, sur grillage, sur béton, etc.

Force majeure. — C'est une force à laquelle il n'est pas possible de résister. La loi ne pouvant pas exiger l'impossible, personne ne répond du dommage causé par force majeure, ni de l'exécution des obligations qu'une circonstance de force majeure a empêché de remplir.

Force motrice. Puissance qui donne l'impulsion aux transmissions qui communiquent, avec plus ou moins de perte, la force motrice à l'objet qu'il s'agit d'entraîner ; tels sont le vent, l'eau, la vapeur, la force musculaire de l'homme et des animaux.

Il y a une distinction à faire entre le pouvoir absolu du moteur et l'effet réel produit par le récepteur ; car les récepteurs ne donnent qu'une partie de la puissance qu'ils reçoivent des moteurs. Il y a des dépenses en pure perte occasionnées par les frottements et les fuites. En conséquence, lorsqu'on veut préciser la force que nécessite un organe ou un appareil, la force ne peut s'entendre que de celle qui est réellement utilisée pour la mise en route de ces mêmes organes ou appareils. Un grand nombre d'ingénieurs et de savants ont voulu déterminer la puissance nécessaire pour entraîner des meules ; les ouvrages de mécanique indiquent même le travail que doit fournir chaque moulin proportionnellement à la force qu'on lui applique ; ces théories sont en désaccord avec la pratique. En effet, la nature des pierres, la différence dans la qualité du grain, et dans le genre de mouture et mille autres causes ne permettent pas de fixer des résultats. Le nombre des paires de meules attelées sur un même récepteur varie beaucoup ; la puissance par paires de meules varie également : une paire de 1m,30 de diamètre prendra six chevaux-vapeur, je suppose, dix suffiront à deux paires et douze à trois paires.

Comme il ne faut prendre pour base que la force utilisée, le rendement des moteurs différant beaucoup, on ne doit, dans tous les cas, compter que la force réelle que chaque paire dépense en moyenne pour faire une bonne mouture : les meules de 1m, 30, placées sur un seul jeu de trois à quatre paires de meules, prennent, sur des blés des environs de Paris, pesant de 75 à 77 kilogrammes l'hectolitre, environ 3 chevaux-vapeur 1/4, force utile, par chaque paire ; celles de 1m,40, de 3 chevaux 3/4 à 4 chevaux et celles de 1m,50, 4 chevaux 1/2; ces meules convertiront en moyenne, approximativement, 18, 21 et 24 hectolitres par 24 heures. Telles sont les quantités de force effective et de produits qui se rapprochent davantage de la vérité, dans le système de mouture adopté généralement aujourd'hui par toute la bonne meunerie.

Les machines à vapeur donnent au frein une force beaucoup plus considérable que celle à laquelle on doit les faire marcher habituellement ; ainsi, un récepteur destiné à donner 25 chevaux, marquera jusqu'à 50 chevaux au frein. J'aurais beaucoup à dire sur ce sujet, je ne puis que conseiller à ceux qui ne sont pas très-compétents de ne pas s'en rapporter à eux seuls pour l'achat d'une machine à vapeur, s'ils ne veulent pas s'exposer à des erreurs irréparables ; il y a des conditions de dimensions, de vitesses, de course, etc., etc., qui ne peuvent être déterminées que par un praticien.

Les mêmes auteurs commettent encore une autre erreur qu'il est bon de signaler : ils croient qu'on peut, sans nuire à la mouture, proportionner l'alimentation des meules à la puissance d'entraînement qu'on leur applique. Ils se trompent, car, tout moulin qui ne travaille pas avec une force et une alimentation suffisantes ne donne que de mauvais produits. Ainsi on fonctionnera très-mal avec les trois quarts et la moitié de la force nécessaire à une paire de meules, même en diminuant proportionnellement l'alimentation ; un tel travail occasionnera un grand préjudice au meunier ; il vaut mieux arrêter le moulin que de marcher dans cet état. Il ne faut pas non plus vouloir utiliser une exubérance de force pour augmenter le travail ; les résultats seraient également mauvais. Enfin les meules sont soumises à des vitesses et à une alimentation qu'on ne peut ni dépasser ni restreindre sans danger; le meunier seul sait les régler et rester maître de la force sans être dominé par elle.

La force d'un cheval-vapeur représente une puissance qui, dans chaque seconde, élèverait 75 kilogrammes à 1 mètre de hauteur d'une manière constante, cette valeur est exclusivement française. En Belgique, la force du cheval représente 100 kilogrammes élevés de la même manière ; le *horse power* anglais un peu moins. Conséquemment, lorsqu'on traite avec des étrangers, il est important de spécifier exactement dans les devis et marchés le type de convention qu'on adopte.

Forfait. Marché par lequel un entrepreneur s'engage à effectuer un travail à des conditions arrêtées d'avance. Souvent on stipule dans ces marchés une époque fixe pour la livraison et une indemnité dans le cas de retard. C'est un bon moyen pour ne pas être retardé par les mécaniciens.

Fossé. Fosse pour faire écouler les eaux ou pour clore et enfermer un terrain.

Les fossés qui bornent les héritages donnent lieu à de fréquentes contestations qui se résolvent par l'application des articles 666,667, 668, 669, du Code civil.

Foulenés. Moulin à foulon.

Fossetel. Petit fossé.

Frais. Dépenses occasionnées par la poursuite d'un procès. Le nom de dépens s'applique spécialement à la portion des frais que la partie condamnée doit rembourser à celle qui a gagné.

Franc-bord. Chemin de halage qui borde un canal, une rivière.

Frayon. Rochet vertical fixé sur le manchon d'anille de la meule courante et qui, en tournant avec elle, agite l'auget pour faire tomber les grains ou les gruaux dans l'œillard de la même meule. Dans l'ancien système le frayon était une pièce de bois dur, dont les angles étaient fortifiés par des touches en fer.

Aujourd'hui on le construit en fonte et fer.

Frein. Appareil servant à constater la puissance d'un moteur et la résistance d'une machine. Le meilleur frein est celui dont les formules ont été imaginées par Prony, il est indiqué dans tous les ouvrages de mécanique.

On appelle également frein un obstacle que l'on oppose au mouvement d'un moulin à vent et de toutes autres machines, soit pour les arrêter complétement, soit pour régler leur vitesse.

Frette. Cercle en fer dont on entoure les pièces de bois, les arbres des roues de moulins, les moyeux des roues de voitures, les pieux, les pilotis, etc., pour s'opposer à la disjonction des fibres et les empêcher de se fendre.

Frise. Partie de l'entablement entre la corniche et l'architrave.

Fruit. Inclinaison donnée aux faces intérieures d'un mur pour en diminuer l'épaisseur au fur et à mesure qu'on le monte.

G

Gâcheur. Principal ouvrier charpentier. C'est lui qui trace les coupes des bois d'assemblage pour former les ouvrages de charpente. Sa mission correspond à celle de l'appareilleur pour la coupe des pierres.

Garde-corps. Barrière en fer ou en bois placée le long d'un quai, d'un fossé, d'une fosse de moulin, pour empêcher les passants ou les ouvriers de tomber dans l'eau ou dans un précipice ou dans une machine.

Garde-fou. (*Voy.* GARDE-CORPS.)

Gardes de rivières. Agents choisis par le syndicat d'un cours d'eau pour veiller à l'exécution des règlements, empêcher les abus et verbaliser en cas de contravention. Ils sont chargés également du service de certains vannages de décharge.

Gare. Emplacement réservé pour mettre les bateaux en sûreté et permettre de les charger ou décharger sans gêner à la navigation.

Garouenne. Pièce de bois au bout de laquelle est une mortaise qui sert de moufle à une poulie de tire-sacs.

Gauchoir. Moulin à foulon.

Germe. Partie de la semence dont se forme la plante.

Le germe du froment est composé très-approximativement des mêmes principes que le grain lui-même ; il contient cependant plus de partie grasse. Dans le blé bien récolté et suffisamment mûr, le germe fournit des gruaux qui, remoulus, produisent une assez bonne farine ; mais plus on s'éloigne de l'époque de la récolte plus le rendement du germe diminue. Il arrive à rien le plus souvent à l'approche de la récolte suivante, ce qui fait que des semences qui ont plus d'une année perdent généralement leurs propriétés germinatives. Cet effet est produit par les alternatives de temps sec et humide. Le germe, n'étant pas complétement fermé mais seulement recouvert de petites feuilles superposées l'une sur l'autre et étant très-hygrométrique, subit toutes les variations de température presque instantanément, et, à force de prendre et de se débarrasser de l'humidité, il fermente, se transforme, se réduit progressivement. C'est cette conformation du germe qui explique l'effet si prompt des temps secs et humides sur le poids du grain. Celui-ci est trop bien renfermé dans ses différentes enveloppes pour varier si rapidement. C'est le germe seul qui en s'hydratant et en se séchant est cause des variations continuelles et subites dans le volume et conséquemment dans le poids du grain.

Godet. Petites auges en fer blanc, tôles ou cuir, qui, placées sur des chaînes sans fin, élèvent les produits de la mouture d'un point à un autre.

On appelle aussi godets les pots qui forment les aubages de certaines roues hydrauliques.

Gord. Pêcherie construite dans les rivières avec des rangs de perches et de piquets. Ils ne peuvent être établis sans autorisation. (Ordonnance de 1669.)

Gravelage. Ouvrage en gravier.

Gravier. Lit naturel de la rivière en parfait état de curage.

Gril. Claire-voie placée en amont de la vanne mouloire, afin d'arrêter les immondices charriées par la rivière et de les empêcher de causer des avaries au moteur. On l'appelle aussi râtelier.

Grillage. (*Voy.* GRIL.)

Grue. Machine en forme de potence, tournant sur elle-même, servant dans les moulins à l'enlèvement et à la mise en place de la meule courante avant et après le rhabillage.

Grume. Bois en grume, bois brut, tel qu'il vient d'être abattu, mais sans les branches.

Gué. Endroit d'un cours d'eau où, sauf l'époque des grandes eaux, on peut passer sans danger à cheval ou en voiture.

Gueule-bée. Une usine marche à gueule-bée, quand sa vanne motrice est levée de toute sa hauteur et au-dessus du niveau supérieur de l'eau dans le bief. C'est l'opposé de marcher à vanne plongeante.

Guillière. Pêcherie placée à la sortie d'un vannage. Elle est composée de barres en bois qui sont assez rapprochées pour retenir le poisson et principalement les anguilles que l'eau entraîne.

H

Haie. Clôture faite d'épines, de ronces, de sureaux ou autres arbres touffus ; c'est la haie vive. La haie sèche est composée de branchages entrelacés.

Le long des grandes routes, des rivières et des canaux, il n'est pas permis de planter des haies vives sans en avoir préalablement demandé et obtenu l'autorisation et l'alignement. La même règle est applicable à la petite voirie.

Halage (*chemin de*). Chemin réservé sur la rive d'un cours d'eau navigable pour le halage des bateaux.

Harpie. Machine en usage dans la fabrication des pâtes alimentaires; elle sert au vermicellier pour élaborer la pâte avant son introduction dans les cloches des presses.

Hausses. Planches mobiles que l'on superpose sur les vannes ou sur la crête d'un déversoir étroit, pour exhausser le niveau des eaux.

Hérisson. (*Voy.* COURONNE.)

Honoraires. Rétributions accordées à des personnes de professions honorables, pour des services passagers et temporaires ou pour des fonctions dont elles pouvaient se dispenser.

Hors-œuvre. Expression qui désigne la mesure d'un objet prise à l'extérieur, c'est-à-dire du dehors au dehors.

Hourder. Maçonner grossièrement en mortier hydraulique ou en plâtre.

Huche. Coffre destiné à recevoir des produits de mouture pour les distribuer dans des sacs accrochés à des portes de sortie. C'est également le coffre d'une petite bluterie.

Hydraulique. Science qui d'abord n'avait pour objet que la mécanique des eaux, mais qui embrasse aujourd'hui l'hydrostatique et l'hydrodynamique.

Dans le langage pratique on comprend sous ce nom le récepteur et l'ensemble du gros mécanisme d'une usine hydraulique.

Huisserie. Assemblage de pièces de charpente ou de menuiserie qui forment l'encadrement d'un *huis*, porte ou baie. On dit poteau d'huisserie, linteau d'huisserie.

I

Indicateur de vitesse. Appareil à force centrifuge semblable au régulateur d'une machine à vapeur et qui indique, au moyen d'une aiguille tournant sur un cadran, le nombre de révolutions que font les meules courantes en une minute. Lorsque la vitesse sort de la moyenne, soit en trop, soit en moins, une touche placée sur la douille des compas agite une sonnette d'avertissement.

On a l'habitude d'entraîner l'indicateur des moulins par une courroie, c'est un tort ; car, alors, il n'indique jamais la véritable vitesse du moment même, l'effet centrifuge des boules placées à la pointe des compas s'y oppose. Je donne toujours le mouvement à mes indicateurs, comme aussi aux régulateurs de mes machines à vapeur, par des engrenages sans courroies.

Iles et Ilots. Aux termes de l'article 560 du Code civil, les îles, îlots et atterrissements qui se forment dans le lit des rivières navigables ou flottables appartiennent à l'État, s'il n'y a titre ou prescription contraire.

Art. 561. Les îles et atterrissements qui se forment dans les rivières non navigables ni flottables appartiennent aux propriétaires riverains du côté où l'île s'est formée. Si l'île n'est pas formée d'un seul côté, elle appartient aux propriétaires riverains des deux côtés, à partir de la ligne qu'on suppose tracée au milieu de la rivière.

Pour l'intelligence de l'article 561, il faut admettre, dans le premier cas, que les deux bras séparés par l'île sont d'une largeur très-inégale ;

et, dans le second, qu'ils ont une section sensiblement égale; mais la nature se prête difficilement à ces fictions de la loi. Son application sera donc plus ou moins arbitraire.

Ingénieur. Dénomination commune à ceux qui inventent, qui tracent et qui dirigent des travaux et conduisent des usines nécessitant des connaissances et une aptitude spéciales.

Inscription de faux. Déclaration par laquelle on soutient qu'une pièce ou un titre est faux.

Instance. Demande formée en justice. On appelle première instance la poursuite qui se fait devant le premier juge. L'instance d'appel est la poursuite qui a lieu sur l'appel interjeté d'un premier jugement.

Interlocutoire. Jugement qui ne décide pas le fond de la question, mais ordonne seulement quelque chose pour l'instruction et l'éclaircissement du litige, comme une enquête, une visite des lieux, la levée d'un plan, une expertise, etc.

Intervention. Action par laquelle on intervient dans une contestation, dans un procès.

Intrados. Surface intérieure d'une voûte. L'intrados se compose des surfaces de *douelles* des voussoirs.

Irrigation. Arrosement procuré par des constructions en état d'opérer sur une certaine étendue de terrain. Une autorisation est nécessaire pour établir des travaux d'irrigation,

J

Jante. Partie de la courbe ou d'un anneau de roue hydraulique. (*Voy.* ces mots.)

Jantilles. Planches qui forment les côtés de la circonférence d'une roue à pots.

Jauge. Nom général donné à tout instrument qui sert à reconnaître, établir ou tracer des dimensions de capacité.

Jaugeage. Opération qui consiste à reconnaître le produit d'un cours d'eau dans un temps donné, soit à l'aide d'expériences directes, soit à l'aide de formules calculées d'après les expériences faites sur cette matière. On dit aussi, par abréviation, *jauge,* pour exprimer la même opération.

Jetées. Digues construites pour diriger les courants dans les fleuves et rivières.

Joc. Mettre le moulin à joc, c'est l'arrêter.

Joint. Espace qui sépare deux pierres de taille, deux carreaux de meules, et qui se trouve rempli par du mortier ou du plâtre.

Joint, réunion de tuyaux. Les joints d'une machine à vapeur sont toutes les ouvertures et les réunions de tuyauterie que l'on tamponne avec du mastic d'oxyde de plomb, pour empêcher les fuites de vapeur. On dit alors faire les joints.

On appelle joint universel, joint brisé, joint de Gardan, un appareil de suspension et de transmission de mouvement, composé de deux axes qui se croisent à angle droit, dont on fait un grand usage dans la mécanique et dans les instruments d'optique. On a essayé de l'appliquer à la suspension des meules; les résultats ont été mauvais.

Jointoiement. Travail qui consiste à remplir entièrement les joints des pierres avec du mortier, puis à frotter ce mortier et le râcler avec la truelle, ou mieux encore à le lisser avec un grattoir d'acier, de telle sorte qu'il ne reste pas de bavures sur le parement.

Si le jointoiement ne se fait pas à mesure que la construction s'élève et si on réserve ce travail pour l'effectuer après l'achèvement complet, il faut vider les joints, les gratter, les laver et les dépouiller de tous corps étrangers; ensuite on les remplit de mortier qu'on frotte et lisse avec un fer rond, jusqu'à ce que les remplissages des joints soient entièrement comprimés.

Jave. Eau dormante.

Javeau. Ile nouvellement formée dans une rivière.

Javelle. Petit courant d'eau qui se trouve entre la rive d'un cours d'eau et une petite île.

Jouée. (*Voy.* Bajoyer.)

Jouissance. Usage et possession de quelque chose avec ou sans titre. Le cultivateur jouit de la terre qu'il a défrichée et que personne ne réclame.

Juridiction. C'est le pouvoir d'appliquer les lois aux cas particuliers. La juridiction donne le droit de connaître, de juger, d'ordonner, mais non d'exécuter.

Jurisprudence. Uniformité non interrompue de plusieurs jugements ou arrêts dans des espèces semblables, ce qui tient lieu de loi parce que les lois positives n'ont pas pu tout prévoir.

Justification. On nomme ainsi les pièces qui servent à justifier, c'est-à-dire à prouver qu'une chose est telle qu'elle a été exposée.

L

Lac. (*Voy.* Étang.)

Lachure. (*Voy.* Éclusée.)

Laie. Marteau dentelé du tailleur de pierre et qui sert à terminer les parements.

Laisse des eaux. Trace que laisse l'eau à la hauteur où elle coule le long des berges. Cette trace est marquée par des mousses, des résidus vaseux dont l'empreinte s'attache aux murailles ou sur les herbes des berges. Dans les difficultés qui surviennent au sujet des hauteurs d'eau, ce sont les laisses qui fixent les experts et non l'état des cours d'eau au moment de la présence de ceux-ci ; car l'usinier accusé d'abus et d'usage de hausses, étant prévenu ou sur ses gardes, se renferme pour ce moment-là dans sa limite réglementaire.

Lancière, Lançoire. Vanne mouloire d'une roue à percussion.

Lanterne. Engrenage fixé sur l'axe des meules ; il était composé de deux tourteaux et de fuseaux en bois dur. Les alluchons du hérisson embrayant dans la lanterne, lui donnaient son mouvement de rotation ainsi qu'au fer de meule et, conséquemment, à la meule courante. Il existe encore des lanternes dans quelques moulins à petits sacs. On se servait également de lanterne pour faire marcher les bluteries et les tire-sacs.

Lavaille. Crue subite des eaux ; écoulement des eaux en grande quantité à la suite des orages et des fontes de neige.

Léage. Droit dû au seigneur pour rebâtir un moulin. Cette expression se trouve fréquemment dans les anciens titres.

Légalisation. Acte par lequel un officier public ou un magistrat atteste la vérité des signatures apposées sur une pièce produite, afin qu'on y ajoute foi.

Levée. Remblai fait ordinairement en terre ou gravier et revêtu de gazon, clayonnage, paillassonnage, etc., pour empêcher le débordement des eaux sur les terres qu'on veut protéger, et pour contenir le lit d'un fleuve.

Levier. Brin de bois arrondi qui sert à soulever et déplacer le corps contre lequel on agit, en faisant une pesée à l'aide d'un point d'appui très-rapproché du corps à mettre en mouvement. Le levier en fer est une pince.

Lézardes. Fissures, fentes ou crevasses qui surviennent dans les ouvrages en maçonnerie et qui indiquent l'inégalité des tassements, par suite d'une mauvaise fondation ou d'une construction vicieuse.

Liaison. C'est l'arrangement des pierres de telle sorte que les joints ne se rencontrent pas.

Libages. Bloc de pierre grossièrement équarri qu'on emploie habituellement dans les fondations et les massifs qui doivent offrir une résistance qu'on n'obtiendrait pas en employant des moellons ordinaires.

Les pierres de taille rebutées peuvent être employées comme libages.

Lice. Barrière ou garde-corps en bois.

Lien. Pièce de bois qui sert à lier ensemble diverses pièces d'une ferme.

Lierne. Pièce de bois qui sert à entretenir diverses parties d'un système d'assemblage de charpente.

Limousinage. Ouvrage de maçonnerie grossière en moellons et mortier.

Linteau. Pièce de bois placée horizontalement, au-dessus et en travers de l'ouverture d'une porte ou fenêtre, pour soutenir la maçonnerie supérieure. Les deux extrémités du linteau portent sur des poteaux montant ou sur des pieds-droits en maçonnerie. Quand un linteau doit correspondre à des ouvertures de grande dimension, on lui donne le nom de poitrail.

Lit. *Le lit d'une pierre*, c'est la face sur laquelle elle reposait dans la carrière. En bonne construction, toute pierre doit être placée de telle sorte que la pression qu'elle supporte soit perpendiculaire à son lit.

Le lit des eaux est le lieu ordinaire de leur écoulement et l'espace qu'elles couvrent dans leurs plus grandes crues périodiques. Mais il ne s'étend pas jusqu'aux points que peuvent atteindre les débordements accidentels et exceptionnels.

Livel. Niveau.

Lone. Bras de rivière où l'eau est morte, de sorte qu'il tend à s'atterrir.

Lumière. Ouverture faite dans une pièce de charpente et qui la perce de part en part.

M

Machine à soulager. Levrier, ou vis, au moyen duquel on maintient aux meules l'écartement qu'on veut leur donner. On lui donne le nom de trempure dans les moulins du système dit anglais.

Madrier. C'est en général une planche de dix centimètres d'épaisseur; quatre pouces mesure ancienne.

Main à farine. Pelle dont les bords sont relevés et qui sert dans les moulins pour régler les sacs et ramasser les marchandises.

Mal-façons. Les mal-façons proviennent des défauts de la matière employée ou des vices de construction.

Manchon. Pièce de fonte en une ou deux pièces qui relie deux arbres de transmission d'une manière permanente ou alternative.

On appelle manchon d'anille la griffe qui est fixée au fer de meule et entraîne la meule courante

Mannée et Monnée. Dans beaucoup de localités, les meuniers à petits-sacs vont avec des cheveaux, des ânes attelés ou non à des voitures, quéter la mouture chez les paysans auxquels ils rapportent les produits par les mêmes moyens; cela s'appelle chercher ou faire des mannées.

Marché. Acte par lequel sont réglées les obligations respectives de celui qui commande un ouvrage et de celui qui l'entreprend.

Marteau. Outil de percussion en fer, acier, cuivre ou bois muni d'un manche; il est plus ou moins pesant selon l'usage auquel il est destiné; il sert à enfoncer des clous, à forger et à travailler différentes matières.

Le marteau à rhabiller est tranchant aux deux extrémités et sert à pratiquer les ciselures sur la surface des meules et à faire les rayons.

Marchepied des rivières. (*Voy.* CHEMIN DE HALAGE.)

Martellière. Pertuis garni de vannes pour le passage des eaux. (*Voy.* VANNAGE.)

Matte. Digue d'enceinte qui a pour objet de mettre les terres à l'abri des inondations.

Mécanique. Structure ou composition d'une machine.

Sous un point de vue plus élevé, la mécanique est la partie des mathématiques qui a pour objet les lois de l'équilibre et du mouvement.

Mécanisme (*d'un moulin*) comprend : le récepteur, les gros mouvements et tous les organes attelés au moteur; c'est ce qu'on appelait autrefois les tournants virants et travaillants; ils constituent la presque totalité de la prisée.

Mélanges (*chambre à*). Pièce close du moulin, dans laquelle on vide les farines pour les mélanger et les ensacher ensuite à l'étage inférieur, au moyen de poches. Les chambres à mélanges doivent être placées de telle sorte que la farine se trouve ensachée à l'étage du chargeoir.

Mesures. C'est ce qui sert pour déterminer la quantité des grains. Les mesures sont assujetties au système décimal. On emploie habituellement dans les moulins le litre, le décalitre et le demi-hectolitre. Malgré l'égalité des mesures de capacité en usage pour les grains, il peut se trouver une différence sensible dans le résultat du mesurage, car il ne se fait pas de la même manière sur tous les marchés. Les uns se servent d'une palette plate dite raclette, les autres d'un rouleau pour passer sur la mesure; le mesureur peut varier beaucoup en inclinant plus ou moins la raclette, en traînant son rouleau et en changeant de vitesse. Il y a aussi dans le mode d'emplir la mesure des moyens d'en varier le contenu. Pour éviter ces inconvénients, il est bon d'acheter au poids et à la mesure et non au poids seul et à la mesure seule.

On ne doit jamais mesurer des grains sur le plancher d'un moulin, les vibrations font tasser le grain dans la mesure au préjudice du livreur.

Meulière. Pierre qui sert à la confection des meules. On donne aussi ce nom à des pierres poreuses employées dans des constructions hydrauliques; elles se lient parfaitement à l'aide des ciments.

Meule à repasser, à aiguiser. Dans chaque moulin on a une meule en grès montée sur châssis et entraînée par le mécanisme du moulin pour repasser les marteaux à rhabiller; elle fait partie de la prisée.

Meules de moulin. Chaque moulin se compose de deux meules. Une seule tourne, celle de dessus : c'est la courante qu'on appelait

Flanière dans l'ancien système, parce qu'elle était concave. La meule de dessous est la gïsante; c'était autrefois la *Boudinière*, parce que sa surface était convexe.

Meur. Marais, lieu marécageux. S'appliquait aussi à un petit hérisson placé à la tête de la huche qui servait à tendre le bluteau au point convenable.

Minot. C'est le nom donné dans nos provinces du Midi à la farine de 1ʳᵉ qualité, de là le nom de minoterie aux moulins du commerce et celui de minotiers à ceux qui les exploitent.

Les farines plus communes s'appellent CO dans les mêmes contrées.

Minute. Original des actes dont on délivre ensuite des grosses ou expédition.

Mire. Instrument en usage pour les opérations de nivellement. C'est une tige graduée que l'on tient verticalement et sur laquelle on fait glisser une plaque peinte de deux couleurs séparées en croix, ou du moins par une ligne horizontale.

Module d'eau. Le module est cette quantité d'eau qui, ayant une libre chute à sa sortie, s'écoule par l'effet de sa seule puissance à travers un orifice de forme quadrilatère rectangulaire. Cet orifice, établi de manière à ce que deux de ses côtés soient verticaux, doit avoir deux décimètres de largeur et autant de hauteur ; il est pratiqué dans une mince paroi servant d'appui à l'eau qui, toujours libre à sa surface supérieure, est maintenue contre cette mince paroi à la hauteur de quatre décimètres au-dessus du côté inférieur de l'orifice.

Avant l'adoption du système décimal, le module adopté en France était le pouce d'eau ; c'était le produit de l'écoulement par un orifice circulaire d'un pouce de diamètre, ayant une ligne de charge sur le sommet de l'orifice.

Moellon. Pierre brute de moyenne grosseur qu'on emploie ordinairement dans les massifs de maçonnerie.

Moins-value. Se dit de la diminution de valeur d'un objet, d'une pièce de mécanique ou d'un organe mécanique.

Moises. Longues pièces de bois accouplées et boulonnées qui servent à entretenir les pièces d'un ouvrage en charpente.

Monte-sacs ou tire-sacs. Appareil pour monter et descendre les sacs au dehors et dans l'intérieur du moulin.

Mortaise. Entaillure pratiquée dans l'épaisseur d'une pièce de bois, de fonte ou de fer, pour recevoir ou fixer un tenon fait à l'extrémité d'une autre pièce ou pour recevoir une dent. Dans ce dernier cas on dit aussi cabinet de la dent au lieu de mortaise.

Il est mieux de dire *la lumière* qui désigne une ouverture traversant l'épaisseur du corps dans lequel elle est pratiquée ; c'est le cas ici.

La mortaise, au contraire, n'a qu'une profondeur pénétrant en partie seulement.

Mortier. C'est un composé de chaux, de sable, ou de chaux et ciment qui, en durcissant, finit par faire corps avec la maçonnerie dont il a rempli les vides. Pour les travaux hydrauliques on emploie de préférence les mortiers qui durcissent le plus promptement dans l'eau.

Motifs. La rédaction des sentences arbitrales comme des rapports d'experts doit en contenir les motifs.

Motte-ferme. C'est, d'un héritage inondé, la partie qui n'a pas été couverte par les eaux.

Mouffle. Assemblage de plusieurs poulies qui se meuvent dans une même écharpe et qui servent à élever des fardeaux avec plus ou moins de force. On en fait usage dans les moulins pour lever les meules courantes et les recoucher. On emploie aussi des petites moufles pour tendre les courroies et en réunir les bouts.

Moulin. On donne ce nom à tous les appareils qui divisent les matières par pression, broyage ou frottement; il y a des moulins à meules, des moulins à cylindres, des moulins à noix, etc.

Moulin banal. Appartenait au seigneur; tous ses vassaux étaient obligés d'y faire moudre leurs grains moyennant une redevance.

Mouton. Masse pesante disposée entre deux montants pour être élevée à une grande hauteur et servir par sa chute à l'enfoncement des pieux pilots et palplanches.

Moyeu. Partie centrale d'une roue, d'un engrenage, d'une poulie, et qui est traversée par l'essieu ou par l'axe.

Muid de grain; il était composé de 12 setiers.

Mur. Ouvrage de maçonnerie destiné à enclore, limiter ou protéger un espace, une position, une propriété. C'est aussi le nom des portions d'une maison ou édifice qui supportent les planchers et la couverture e qui en déterminent avec les cloisons la distribution intérieure.

Mur de chute. Dans les écluses à sas qui ont pour objet de racheter la différence de hauteur entre deux biefs contigus, le mur de chute construit en travers de l'écluse, et dont le couronnement forme le radier des portes d'amont, indique la chute ou la différence de niveau entre les deux biefs.

Mur mitoyen. C'est un mur situé sur la limite de deux héritages qu'il sépare, ou de deux édifices qui se touchent.

Considérée comme clôture commune, on reconnaît la mitoyenneté du mur quand son chaperon a deux égouts. S'il n'y a qu'un égout, le mur, à défaut de titres contraires, est censé dépendre de l'héritage du côté duquel est l'égout.

Musoir. Extrémité arrondie d'une jetée, d'un épi, d'un pile de pont.

N

Nau. Pièce de bois creusée pour la conduite des eaux.

Nefe. Terrain situé entre les deux bras d'une rivière.

Nel. Barque, bateau.

Niage. Curage.

Niveau, nivellement. Le niveau est un instrument propre à donner une ligne parallèle à l'horizon. Dans les moulins, on se sert, pour dresser et niveler les arbres verticaux et horizontaux et les meules, du niveau à bulle d'air.

Nock. Nom donné autrefois par les dessécheurs aux petits aqueducs éclusés, construits dans le corps des digues, soit pour l'évacuation des eaux surabondantes, soit pour empêcher l'introduction des eaux débordées des rivières voisines.

Noe, noes, noue. Masses d'eau contiguës aux rivières et en communication avec leurs eaux. Elles reposent sur des terrains trop bas pour que l'épuisement puisse jamais s'en opérer entièrement.

On appelle aussi noues des tuiles concaves avec lesquelles on fait des canaux pour l'écoulement des eaux.

Noria. Chaîne sans fin, garnie de godets qui sert à élever les eaux et des matières divisées ou liquides.

O

Œillard. Ouverture par laquelle passe l'arbre de la roue d'un moulin.

Ouverture circulaire et centrale d'une meule ; dans la meule courante l'anille traverse l'œillard ; dans la meule gïsante l'œillard renferme le boitard qui y est scellé.

Orée. Entrée, embouchure, rive.

P

Pajotage. Submersion des aubes, des godets d'une roue hydraulique par le remous de l'eau du bief inférieur. Le pajotage nuit à la marche de la roue, parce qu'il oppose une résistance en sens contraire à la puissance de l'eau qui lui arrive du bief supérieur.

Pale. Petite vanne servant à ouvrir et fermer la chaussée d'un étang, la retenue d'un moulin.

Palées. Supports des ponts en bois, quand les supports ou points d'appui sont construits en charpente. Ils tiennent lieu de piles en maçonnerie.

Palette de vanne. (*Voy.* VANNAGE.)

Palier. Pièce de bois ou de fonte soutenant un coussinet d'arbre horizontal.

Palonnier. Morceau de bois ressemblant à un palonnier de voiture ; il s'attachait à l'extrémité supérieure du bluteau et servait au moyen des accouples à le retenir à la tête de la huche.

Pan. Partie d'un mur.

Dans les constructions en charpente, on nomme pan de bois l'assemblage qui compose le devant d'une maison, un refend, une cloison.

Panier. Cylindre sans fond en fer-blanc ou en zinc, évasé dans la partie supérieure et qu'on place dans l'œillard de la meule courante pour empêcher le grain de s'y amasser et pour faciliter son introduction entre les deux meules.

Panneau. Grand carreau de pierre meulière. On dit qu'un panneau est épanné sur une, deux ou trois faces, lorsqu'il est dressé grossièrement sur une, deux, on trois faces. S'il est dressé de la même manière sur toutes faces, c'est un panneau cloqueté.

Papillon. Partie de fer de meules qui dans l'ancien système passait dans l'anille.

Parement. Surface apparente d'une maçonnerie.

Parpaings. Pierres de taille équarries et de dimensions uniformes employées régulièrement et formant l'épaisseur totale d'un mur, d'où il suit que les parpaings ont deux parements vus.

Pas. Rondelle en acier ou bronze placée au fond d'une poelette et servant de crapaudine à un axe vertical.

Pas-le-roi. Ecluses et portes marines, au passage desquelles on payait au prince un certain droit.

Pente. La pente d'un plan incliné est déterminée par l'angle que ce plan forme avec l'horizon, c'est ce qu'on appelle angle de pente.

La pente d'une usine à l'autre se détermine par une ligne de niveau allant de la crête du déversoir de l'usine inférieure à la surface de l'eau sous l'axe de la roue de l'usine supérieure, lorsque celle-ci est arrêtée.

Péré. Revêtements inclinés de maçonnerie, construits ou plutôt appliqués sur les talus en terre qui ne se soutiendraient pas eux-mêmes, soit à raison de leur grande roideur, soit parce qu'ils sont exposés à lutter contre les cours d'eau qui pourraient les corroder et les affouiller.

Périmètre. C'est le contour qui termine une surface ou un solide.

Les périmètres des surfaces sont des lignes droites ou courbes. Les périmètres des solides sont des surfaces.

Pertuis ou porte marinière. C'est le passage qui est ménagé pour
les bateaux au milieu de l'écluse. Sur les cours d'eau flottables on
réserve toujours, dans les écluses des moulins, un pertuis pour le passage du bois ; c'est ce que les anciennes ordonnances appellent *Haul-
serrées*.

Pièce de garde d'amont, d'aval. Pieux fixés en avant des règles
pour les maintenir. Les règles, qui servent à lever tout le parc de la roue
des moulins pendants, glissent le long de ces pieux lorsqu'on baisse ou
lève la volée.

Pied-droit. Jambage vertical en maçonnerie supportant une voûte,
une plate-bande ou un poitrail.

Pierrée. Construction souterraine de pierres sèches dont les intervalles servent, selon les cas, à l'introduction ou à l'évacuation des eaux.

Pieu. Pièce de bois affûtée par une extrémité et souvent frettée et
sabotée de l'autre extrémité, qu'on enfonce en terre.

On appelle pieu de garde une forte charpente scellée contre les piles
formant le coursier d'une roue pendante qui soutient l'une des règles
du parc.

Piles. Massifs de maçonnerie fondés et construits dans le lit des
rivières pour porter les voûtes des ponts de pierre ou les travées des
ponts de fer ou de charpente.

Pilon. Synonyme de bonde d'étang.

Pilots. Pieux de petite dimension.

Pilotis. Assemblage des pieux ou pilots employés dans une fondation.

Pince. Levier en fer. Les pinces font partie de la prisée.

Pipe. Petit coin en fer que l'on serrait entre l'anille et les plats du
papillon pour les maintenir ensemble.

Pisé. Mur en terre grasse battue et comprimée dans des cases mobiles
qui permettent de l'exécuter par parties. Ce genre de construction ne
peut convenir que dans les pays méridionaux et dans les climats secs.
Si on construit en pisé dans le nord, il faut des avant-toits d'une grande
saillie.

Pivot. Pointe d'un arbre vertical. Elle est prise sur l'axe ou est postiche ; ce dernier mode est toujours préférable parce que, en cas de remplacement, il se fait instantanément sans avoir besoin de porter le fer à la
forge et de le tourner.

Planche. Long morceau de bois plat et mince, dont on fait un grand
usage dans les constructions de tout genre. Leur épaisseur est de 2, 3 ou
4 centimètres. Plus minces, on leur donne le nom de volige ; plus épaisses, on les appelle madriers ou bordages.

Planche à charger. Large planche ayant deux rebords longitudinaux ; elle est accrochée au seuil du chargeoir par un bout, et, de l'autre, repose sur la ridelle de la voiture en charge.

Plate-bande. Fer plat de diverses formes encastré ou appliqué sur deux joints, pour les unir fortement ou pour consolider les bois tranchés ou disjoints.

Plate-forme. Partie supérieure, plate et unie, d'une construction. On nomme particulièrement plate-forme, dans les constructions hydrauliques, le plancher de madriers posé sur un grillage pour recevoir la première assise de maçonnerie.

Plus ou moins-value. Différence en plus ou moins entre une estimation de la prisée faite à l'entrée en jouissance d'un locataire et celle faite à sa sortie du moulin.

Plumart. Coussinet en fonte, cuivre ou bois, dans lequel tourne le tourillon de l'arbre de la roue hydraulique d'un moulin de l'ancien système.

Poche en toile. Conduit en toile, de coutil le plus souvent, servant à diriger les marchandises d'un étage supérieur à un étage inférieur pour le service du nettoyage, du moulage et du blutage.

Poche à ensacher. Conduit en bois ou tôle, muni d'une soupape à l'intérieur et, à l'extrémité, de courroies qui y maintiennent le sac pendant qu'on l'emplit.

Poêlette. Gobelet en fonte ou bronze dans lequel pivote la pointe d'un arbre vertical.

Poinçon. Pièce de charpente placée verticalement au-dessus de l'entrait et dans laquelle s'assemblent les arbalétriers.

Poitrail. (*Voy.* LINTEAU.)

Pompe. Nom donné à toutes les machines qui servent à puiser et élever l'eau et à faire le vide à l'aide de clapets et de pistons.

Ponceau. Petit pont d'une seule arche.

Pont. Ouvrage construit en maçonnerie, en bois ou en fer pour traverser une rivière, un fossé large et profond, ou pour aller d'un bâtiment à l'autre.

Pont à bascule. Instrument de pesage servant à vérifier le poids des chargements des voitures, des wagons et des bestiaux. Chaque moulin devrait avoir un pont à bascule. Il servirait à contrôler les entrées et les sorties des marchandises.

Pont-d'arc. Chaise à pont portant la poêlette d'un arbre vertical. Cette forme permet de placer le tourillon de l'arbre horizontal et de le faire traverser sous la poêlette dans le même axe ; on dit aussi arcature.

Portant. Partie de la meule qui sépare les rayons.

Porte marinière. (*Voy.* PERTUIS.)

Porte-trémie. Châssis sur lequel repose une trémie et plus particulièrement la trémie alimentaire du moulin.

Porteur d'eau. Rigole d'arrosage.

Levée ou digue en terre sur le sommet de laquelle on creuse une rigole ou un ruisseau, dans le but de traverser un terrain trop bas pour y dériver naturellement un cours d'eau.

Portée d'eau. Volume que débite un cours d'eau dans un temps donné.

Poteau de vanne. Montant en bois dans la feuillure duquel glisse la palette de la vanne.

Potence à lever les meules. Appareil pour lever et recoucher la meule courante.

Pots de la roue. Aubages ouverts seulement dans le sens de la largeur du cours d'eau et qui forment la roue en dessus ou roue à pots.

Pouce d'eau. C'est la quantité d'eau qui s'écoule par une ouverture circulaire d'un pouce de diamètre, percée dans une mince paroi et dont le centre se trouve à sept lignes au-dessous de la surface du réservoir. Un pouce d'eau de fontaine produit, en 24 heures, 19 mètres cubes, 1953.

Poulie. Cercle en fonte, bois ou tôle fixé sur un axe, et dont la couronne reçoit une courroie ou une corde sans fin tendue qui sert à la mettre en communication avec une autre poulie. La transmission par des poulies convient surtout pour la mise en marche des appareils de nettoyage et le blutage qui nécessiteraient un grand nombre d'engrenages et d'arbres, mais je ne conseille à personne d'entraîner des meules par des poulies et conséquemment des courroies, ce système occasionne une perte de force sensible et a d'autres inconvénients que je signalerai plus loin.

Dans les moulins à vapeur, cependant, il faut donner le mouvement de la machine à la grosse transmission, par une courroie, surtout si la machine doit fonctionner en même temps qu'un moteur hydraulique, sans cela il y aurait des contractions qui occasionneraient des désordres fréquents dans les principales commandes ; mais, alors, les fers de meules auront des pignons et non des poulies.

Poussée des voûtes. Effort que fait une voûte pour écarter et renverser ses pieds-droits ou supports. On combat la poussée en donnant aux culées une épaisseur suffisante.

Poutre. Longue et forte pièce de bois équarri ordinairement, destinée à porter les solives du plancher.

Poutrelle. Longue et forte pièce de bois équarri employée pour la fermeture des pertuis ou des écluses.

Pouzzolane. Argile desséchée soit naturellement, soit artificiellement, et employée dans la composition des mortiers hydrauliques. La véritable pouzzolane est une cendre volcanique qu'on extrait aux environs de Pouzzole, en Italie.

Préparatoire. Jugement qui tend à éclaircir une affaire en ordonnant qu'on fournira des défenses, des copies ou communications de pièces. Il ne concerne que l'instruction de l'affaire, tandis que le jugement *interlocutoire* préjuge le fond, ou du moins est rendu après avoir déjà examiné le fond.

Prise d'eau. Moyen de prendre l'eau et de la détourner en tout ou en partie de son ancien cours, pour l'employer à de nouveaux usages.

Procédure. Instruction judiciaire d'un procès.

Procès-verbal. Ce nom s'applique aux descentes de juges, visites et rapports d'experts, constatation de délits et contraventions et, en général, à tous les actes dressés par ceux qui ont qualité pour établir ou certifier un fait.

Production. On nomme ainsi l'assemblage de titres, papiers ou procédures, qu'une partie produit en justice, pour appuyer sa demande ou sa défense, ou pour prouver la vérité de ses allégations.

Prorogation. Signifie une continuation de délai.

Provision. C'est ce qu'on adjuge préalablement à une partie souffrante en attendant le jugement définitif et sans préjudice des droits réciproques au principal.

On appelle aussi provision un à-compte versé sur des frais et honoraires.

Protestation. Déclaration faite contre la fraude, l'oppression ou la violence, ou contre la nullité d'une procédure, d'un jugement ou de tout autre acte.

Puisard. Fosse creusée pour recevoir et absorber des eaux superflues ou infectes.

Q

Qualité des matériaux. La bonne qualité des matériaux à fournir et employer est une des principales conditions des devis. Elle exige de fréquentes vérifications sous le rapport de leur pesanteur spécifique, de leur résistance à la pression et des autres signes qui peuvent en faire reconnaître les vices et les qualités.

Question de droit, de fait. La solution de la question de droit est donnée par la loi ou la jurisprudence. La solution de la question de fait dépend des circonstances particulières de l'affaire.

Pour résoudre la première, on recherche les articles de lois et de règlements qui doivent servir de base à la décision.

Pour résoudre la seconde, il faut établir l'exactitude de la chose, ou la vérité du fait.

La rédaction des jugements et sentences doit contenir l'exposition sommaire des points de droit et de fait.

Question préjudicielle. On appelle ainsi toute question qui, dans une contestation, doit être jugée avant les autres, parce que celles-ci seraient sans objet si la solution de la question préjudicielle est de nature à mettre fin aux débats ou à fixer la direction de la discussion.

Queue de renard. Petite planche que l'on introduit d'un bout dans la fusée du fer de meule et qui reçoit à l'autre bout un niveau d'eau. On met cette planche de niveau sur un premier point correspondant avec l'une des vis de la poêlette, puis successivement sur les autres points correspondant aux autres vis que l'on serre ou desserre jusqu'à ce que le fer soit parfaitement d'aplomb.

Dans certaines localités, on lui donne aussi le nom de traînard.

Queue d'aronde ou d'ironde (terme d'assemblage). Entaille en forme de queue d'hirondelle servant à retenir l'extrémité d'une pièce de bois qui est taillée dans la même forme et qui s'y emboîte.

Quevès. L'écluse qui donne de l'eau à la roue.

R

Rabot. Petite règle en bois dressée sur l'étalon ou régulateur en fonte et qu'on passe sur le cœur de la meule pour l'entretenir.

Racineaux. Pièces de bois destinées à supporter les fondations sur un sol de mauvaise consistance. Sur les racineaux on étend ordinairement une plate-forme de madriers.

Radier. Plancher en pierre ou en bois, compris entre les piles d'un pont ou entre les bajoyers d'une écluse, sur lequel l'eau coule et qui est destiné à empêcher que la force du courant dégrade les fondements des piles ou des bajoyers. — Par extension, on appelle radier la partie du bief qui donne l'eau immédiatement à la roue d'une usine hydraulique, parce que cette partie est ordinairement composée d'un plancher en maçonnerie ou en bois.

Rapide. On désigne ainsi les points où le courant est beaucoup plus vif et oppose un grand obstacle aux navires qui remontent.

Quand un *rapide* est caractérisé, il interrompt la ligne navigable.

Rapport d'expert. C'est le témoignage que rendent, par ordre de justice, les experts qui ont été nommés d'office ou choisis par les parties pour visiter, examiner, mesurer ou apprécier quelque chose. Le rapport doit être motivé et signé de tous les experts. En cas de désaccord le rapport en fait mention mais sans désigner les noms des experts dissidents.

Les juges ne sont point astreints à suivre les avis des experts, si leur conviction s'y oppose. (Art. 233 du code de procédure civile.)

Il suffit de voir les rapports des experts pour se convaincre que trop

DE LA PRATIQUE DES COURS D'EAU, MOULINS, ETC.   47

souvent, au lieu d'agir avec indépendance, ils croient devoir se constituer les défenseurs officieux de ceux qui les ont choisis. En agissant ainsi, ils trompent la magistrature et trahissent leur devoir.

Râtelier. (*Voy.* GRILLE, GRILLAGE.)

Ravin, ravine. Suivant l'Académie française, le mot ravin est le lieu que la ravine a cavé ; ainsi la ravine serait le torrent accidentel dont le ravin est le lit. Quelquefois aussi on donne le nom de ravine à un petit ravin. A cet égard, il faut suivre les usages des lieux.

Les ravins ne doivent pas être confondus avec les cours d'eau qui sont constamment alimentés par des sources. L'eau ne coule dans les ravins, et dans la plupart des torrents, qu'à la suite des pluies, orages et fontes de neige ; ils sont à sec la plus grande partie de l'année. La législation sur les eaux pluviales leur est donc plus applicable que celle qui concerne les cours d'eau constants.

Le lit des ravins appartient incontestablement au propriétaire des deux rives ; mais quand il sert de limite à la propriété, chaque riverain, s'il n'y a titre contraire, est propriétaire de la moitié du lit. Il peut couper à son profit les arbres, arbustes, broussailles et autres productions qui croissent sur les talus de sa rive jusqu'au fond du ravin, c'est-à-dire jusqu'à la ligne séparative des deux héritages.

Rayère ou reillère. Conduit qui amène l'eau sur une roue en dessus ; on l'appelle aussi *baveret*.

Raze. Petit canal.

Récipient. Auges circulaires ou vis destinées à recevoir la boulange qui sort des meules et à la conduire à l'élévateur. On emploie souvent, à la place de la vis, une chaîne sans fin, sur laquelle on fixe des petits tasseaux en bois. La boulange est portée par la chaîne sans fin, et, les tasseaux, en traînant sur le fond de la boîte, la poussent au conduit de sortie ; cet appareil s'appelle ramasseur.

Récusation. C'est l'action par laquelle on refuse de reconnaître un juge, un arbitre, un expert, un témoin.

Il arrive souvent que le juge se récuse de lui-même, pour des motifs qui ne lui sont même pas opposés.

Référé. C'est le rapport d'un fait qui exige une prompte décision, et sur lequel le juge peut prononcer provisoirement.

Reffoul. Décharge d'un étang ou d'un canal.

Reflux ou remous. Mouvement de l'eau qui, rencontrant quelque obstacle, remonte contre son cours.

Règle d'amont, d'aval. Ce sont les pièces de bois verticales qui servent à élever le carré de charpente ou le parc qui porte la roue d'un moulin pendant ; elles obéissent à des vérins placés sur le premier plancher du moulin.

Règlement d'eau (*Usines hydrauliques*). La loi du 12-20 août 1791 charge les administrations de départements de chercher et d'indiquer les moyens de procurer le libre cours des eaux, d'empêcher que les prairies ne soient submergées par la trop grande élévation des écluses des moulins et par les autres ouvrages d'art établis sur les rivières ; de diriger, enfin, autant qu'il sera possible, toutes les eaux de leur territoire vers un but d'utilité générale d'après le principe des irrigations.

La loi du 6 octobre 1791 a attribué à l'autorité administrative le droit de régler les eaux des moulins et des usines, en les fixant à une hauteur qui ne nuise à personne.

Tous les actes faits par l'administration pour l'exécution des dispositions prescrites par les deux lois de 1791 sont de véritables règlements d'eau, soit qu'il s'agisse de régler la hauteur de retenue ou d'en partager le volume entre plusieurs usiniers, soit qu'il s'agisse de répartir les eaux au profit de l'irrigation et de fixer les jours et heures de leur épanchement dans les prairies.

L'article 645 du Code civil porte que les règlements particuliers et locaux sur l'usage des eaux doivent être observés.

Cette obligation, imposée aux usages des eaux, ne veut pas dire que ces sortes de règlements particuliers et locaux doivent être perpétuels : l'administration est toujours investie par les lois de 1791 du droit de régler les eaux, soit quand les anciens règlements sont tombés en désuétude, parce qu'ils étaient incomplets, soit parce que des changements survenus dans l'état des lieux en ont rendu l'application impossible, soit, enfin, quand les parties intéressées s'accordent à demander un meilleur ordre de choses, les nouveaux règlements deviennent obligatoires en vertu de l'article 645 précité.

Regonfle, regard. Ces mots sont utilisés dans quelques lieux pour indiquer la surélévation des eaux dont le cours est arrêté par quelque obstacle. Ces expressions sont souvent employées dans la même acception que le mot *remous*.

Reins d'une voûte. On nomme reins d'une voûte l'extrados de la voûte comprise entre sa naissance et la clef.

Rejointoiement. Opération qui consiste à remplir en bon mortier les joints des pierres d'un vieux mur lorsqu'ils ont été dégradés par le temps et l'humidité.

Remblais. Masses de terre rapportées sur le sol pour l'exhausser et former, soit une levée, soit des digues ou autres ouvrages en relief, soit pour remplir les excavations, en former un terre-plein derrière les murs de revêtement.

Renard. Dans les travaux hydrauliques, lorsqu'il se manifeste dans les digues et batardeaux en terre et même dans les ouvrages de maçonnerie des portes d'eau par des orifices que le courant augmente rapidement si l'on n'y porte pas un prompt remède, on leur donne vulgairement le nom de renard.

Repentie. La décharge d'un moulin.

Repère. Tout signe de reconnaissance tracé sur un bâtiment, sur un arbre, etc., auquel le nivellement d'un cours d'eau a été rattaché. Particulièrement, c'est la disposition spéciale établie pour déterminer le niveau d'un bief. Dans chaque département, la forme usitée pour les repères varie. Tantôt c'est un pieu enfoncé jusqu'à refus, tantôt une borne, dont la face porte une échelle graduée en centimètres ; zéro indique le point ordinaire de la tension des eaux.

Le *repère de maximum* indique le niveau jusqu'auquel les eaux peuvent être tenues au plus haut.

Le *repère de minimum* indique le point au-dessous duquel les eaux ne doivent pas baisser dans certains bassins où existent des prises d'eau dont le service doit toujours être assuré.

Réservoir. Lieu destiné pour tenir des eaux en réserve, jusqu'à ce qu'il soit utile ou nécessaire d'en faire usage. Les biefs supérieurs de la plupart des usines hydrauliques, les bassins à flot des ports de mer, les bassins de retenue pour opérer des chasses, sont de véritables réservoirs.

Résiliation. Cassation d'un bail, d'un contrat, d'un marché, d'une concession, d'une entreprise, soit par le consentement des parties, soit par l'autorité compétente.

Responsabilité. Condition de celui qui doit répondre et être garant de ses travaux et fournitures.

Retenue (*Bassin de*). *Voy.* RÉSERVOIRS, ÉCLUSES, CHASSES.

Retraite. On nomme ainsi en maçonnerie le reculement d'une assise, et la quantité dont cette assise se trouve en arrière du parement de l'assise précédente.

Retombée. Ce nom se donne, *en appareil*, aux voussoirs inférieurs d'une voûte. La première retombée est le voussoir qui s'applique immédiatement sur le pied-droit ; le lit inférieur de ce voussoir est la naissance de la voûte. Le voussoir qui s'appuie sur la première retombée se nomme deuxième retombée et ainsi de suite.

Revêtement. Maçonnerie qui soutient les terres d'un rempart du côté extérieur de la place, ou d'un quai, d'une levée, d'une digue et de tous autres ouvrages dont il importe de défendre et soutenir les parements extérieurs. C'est en ce sens que l'on dit murs de revêtement, murs de soutènement.

Rigole. Petite tranchée ou légère dépression disposée pour faciliter l'écoulement des eaux.

Risberme. Ouvrage en talus ou glacis, et quelquefois avec des ressauts, s'élevant par degrés ; ordinairement ils sont construits en fascinages. On s'en sert pour protéger le pied des jetées, murs de quais, épis et autres ouvrages exposés à l'action des flots ou des courants.

Rochet. Roue dentée, dont les dents en frappant sur la touche d'un auget, lui donnent le mouvement saccadé nécessaire pour pousser la marchandise sortant d'une trémie.

Rotonde de beffroi. Dans un beffroi circulaire, c'est la partie en maçonnerie ou en fonte qui porte le beffroi des meules.

Roue. C'est une des principales puissances employées dans la mécanique. Les roues sont susceptibles de beaucoup de modifications selon l'emploi qu'on en veut faire. Ainsi l'on reconnaîtra des différences très-sensibles entre les roues de charrettes, de moulins, de pendules, etc., quoique toutes aient la même propriété de tourner sur un axe ou essieu.

Rouet. Nom généralement donné à l'engrenage placé sur l'axe de la roue hydraulique ; on l'appelle souvent le grand rouet. Lorsqu'au lieu d'être une roue droite, c'est une roue d'angle, on l'appelle rouet d'angle.

Rouleau. Cylindre en bois ou en fonte, tournant sur lui-même au moyen d'un axe et de deux coussinets et destiné à maintenir une courroie dans une direction forcée.

Ru, ruet. Petit ruisseau.

Ruisseau. Cours d'eau d'un faible volume. A l'aide de barrages et pertuis on parvient à introduire sur de faibles ruisseaux le flottage à bûches perdues ; d'autre fois, en formant des réservoirs et des retenues d'eau, on peut y établir des usines qui tournent par intervalles et par éclusées. Généralement les eaux des ruisseaux sont très-faciles à dériver dans l'intérêt des irrigations.

S

Sablière. Pièce de bois posée à plat sur la maçonnerie, et supportant un assemblage de charpente, comme une cloison, un comble.

Sabot. Armature de fer qui enveloppe la pointe des pieux et pilotis qui doivent être enfoncés en terre à une grande profondeur ; les sabots sont principalement nécessaires quand on redoute la dureté du sol. Faute de sabot, la pointe du pieu s'émousse et s'aplatit au point de ne pouvoir plus pénétrer. On doit donc armer de sabots tous les pieux que l'on veut battre au refus.

Sas d'écluse. C'est, dans une écluse, l'espace compris entre les portes d'amont et d'aval. C'est dans cet intervalle que le bateau introduit s'élève ou s'abaisse pour passer d'un bief à un autre.

Saut (Le). Est l'endroit du bief où se forme la chute d'eau qui tombe sur la roue.

Section. La section d'un cours d'eau, ou un point déterminé de son cours, est une surface terminée par la ligne variable que l'on obtiendrait en coupant transversalement son lit par un plan vertical. Elle peut avoir la forme d'un rectangle, d'un trapèze ou d'une figure irrégulière terminée intérieurement par une courbe concave. Lorsqu'on représente la section d'une rivière, il est presque toujours nécessaire d'y figurer les hauteurs ou les divers niveaux que l'eau y occupe dans les différentes saisons. — La partie de la section occupée par un état déterminé des eaux se désigne sous le nom de périmètre mouillé.

Semelle. Pièce de bois ou planche qui sert à fortifier une poutre.

Seing-privé. Signature que les parties apposent aux écrits et actes passés entre elles sans l'intervention d'un officier public et qui marque qu'elles reconnaissent pour véritable ce qui y est énoncé.

Servitude. Charge imposée sur un héritage pour l'usage et l'utilité d'un héritage appartenant à un autre propriétaire.

Setier (Septier anciennement). Il était de 12 boisseaux pour toutes les céréales, excepté pour l'avoine dont le setier était de 24 boisseaux.

Seuil. Pierre ou pièce de bois placée au bas d'une baie pour servir de battement à une porte. Dans les ouvrages hydrauliques on donne le même nom aux bois ou pierres disposés sur le radier pour recevoir les portes, poutrelles, aiguilles, vannes, etc.

Sole. Est, en chapenterie, toute pièce de bois posée à plat, servant de pied à une machine. — On nomme ces pièces de bois racineaux, quand, au lieu d'être plates, elles sont carrées. Soles du beffroi (les) sont deux poutres parallèles à celles dites empoutreries qui soutiennent par le bas l'assemblage du beffroi.

Sole gravière. Poutre qui sert de seuil à la vanne mouloire.

Soleil distributeur. Appareil à force centrifuge, remplissant les mêmes fonctions que les augets alimentaires. Le soleil est exactement le même principe que l'engreneur Conti ; il a, comme ce dernier, l'avantage d'alimenter sans bruit.

Solive. Pièce de bois, de brin ou de sciage, équarrie et destinée à porter les planchers. On détermine sa grosseur d'après la longueur de sa portée. On pose les solives toujours de champ et à distance égale entre elles. Autrefois les solives étaient apparentes, aujourd'hui elles sont presque toutes masquées par les plafonds.

Sommation. Acte par lequel on interpelle quelqu'un de dire ou de faire quelque chose.

Soubassement de beffroi. Maçonnerie portant le beffroi du moulin.

Souche. C'est la valeur d'une prisée que le locataire est autorisé à remplacer par un mécanisme nouveau.

A la fin du bail le propriétaire obligé de tenir compte au locataire sortant des améliorations que celui-ci a effectuées dans le moulin, n'a à rembourser que ce qui dépasse le montant de la Souche. Si la prisée

estimée à fr. 5,000, à l'entrée, vaut 30,000 fr. à la fin du bail, le propriétaire, ou le locataire entrant, ne remboursera que 25,000 fr., c'est
donc le locataire qui a modifié la prisée qui supportera l'anéantisse-
ment de la prisée de souche.

Ces arrangements entre propriétaire et locataire doivent être l'objet de
clauses spéciales dans le bail; le locataire n'a pas le droit, sans conventions
expresses de transformer le matériel complètement, sans y être autorisé
par le propriétaire, même si le bail l'autorisait à faire les améliorations
nécessaires pour se tenir au niveau du progrès.

En effet, un propriétaire ne peut être exposé à rembourser une somme
considérable pour des travaux que le locataire a faits dans son seul intérêt, somme que souvent il serait dans l'impossibilité de payer.

Sonde. Instrument dont on se sert pour percer la terre à une grande
profondeur.

Dans les travaux hydrauliques et d'usines, il est souvent nécessaire de
sonder pour connaître d'avance, soit la qualité du sol sur lequel on veut
asseoir des fondations, soit la nature des terrains à déblayer, soit les
nappes d'eau souterraines qui, lorsqu'elles sont mises à jour à l'aide d'un
trou de sonde s'élèvent au-dessus de la surface du sol.

Sonnette. Assemblage de charpentes portant au sommet une poulie
dans la gorge de laquelle on passe une corde, tenant en suspension le
mouton dont on se sert pour enfoncer les pieux, pilots et palplanches sur
la tête desquels on le laisse tomber à plusieurs reprises.

Sous-œuvre. C'est le dessous d'une construction. On dit reprendre
un édifice en sous-œuvre pour exprimer qu'on reconstruit et remplace
les parties inférieures mal assurées, sans toucher aux parties supérieures
qui se trouvent reposer sur de nouvelles bases quand la réparation est
terminée.

Surplomb. On dit qu'un mur est en surplomb quand il se déverse
et qu'il n'est plus d'aplomb. C'est un signe de mauvaise construction ou
de vétusté. Lorsqu'un mur surplombe de plus de la moitié de son épaisseur, il y a péril imminent, parce que le déplacement du centre de gravité suffit pour entraîner sa chute.

Syndic. Mandataire délégué par tous les usiniers d'un même cours
d'eau pour la conservation de leurs intérêts et l'exécution des règlements.

T

Tableau d'une vanne. C'est l'encadrement formé des deux piliers
montants, de la traverse ou chapeau et du seuil.

Talus. Amas de terre élevé de chaque côté d'un canal pour en former
le lit.

Tambour. Poulie très-large destinée à entraîner des organes ayant une poulie folle et une poulie fixe ; de telle sorte qu'on peut faire passer la courroie d'une poulie sur l'autre sans qu'elle tombe.

Tampane. C'est le pignon du bâtiment de l'usine que le grand arbre traverse et qui forme un des côtés du coursier où tourne la roue.

Tampon. Bonde d'un étang.

Tarare. Machine qui sert à nettoyer les grains. Il les émotte et les ventile seulement.

Tassement. Effet d'abaissement produit dans les constructions par la compression successive des parties qui supportent les rangs ou étages supérieurs.

Témoin. Petit prisme ou cône en terrain naturel, surmonté autant que possible de son gazon et qui sert à constater la profondeur des fouilles et des déblais de terres extraits d'un lieu pour être transférés dans un autre.

Tendeur. Rouleau ou tambour placé à l'extrémité d'un levier au moyen duquel on donne aux courroies plus ou moins de tension.

Tenon. Extrémité d'une pièce de bois taillée et réduite environ au tiers de sa largeur pour entrer dans une mortaise et y être fixée au moyen d'une cheville.

Tête. On désigne dans les travaux des ponts et chaussées les deux faces d'un pont qui regardent l'amont et l'aval de la rivière par tête d'amont et tête d'aval. Ainsi, quand on parle des têtes d'un pont on entend les deux faces extérieures, ou parois verticales, parallèles à l'axe de ce pont.

Terre-morte. Vases, graviers, qui encombrent un cours d'eau et qui doivent être enlevés dans un curage.

Thalweg. Ce mot désigne la ligne d'égout ou la ligne la plus basse de la vallée, et, par analogie, la ligne la plus profonde d'une rivière, la ligne où la navigation trouve le plus grand tirant d'eau.

Tierce-opposition. C'est le droit accordé par la loi à un tiers, lequel n'a été dans un jugement ni partie ni représenté, de former opposition audit jugement en ce qui l'intéresse.

Tirasses. Petites plaques de fer percées de trous qu'on attachait au palonnier du bluteau. Elles servaient à roidir le bluteau ou à le lâcher à volonté.

Tire-bourre. Petit instrument semblable à celui qu'on emploie pour retirer la bourre des fusils et qui sert dans les moulins à dégarnir les boîtes à graisse des boitards pour renouveler cette graisse.

Tiers. Ce mot est fréquemment employé dans les lois et règlements, et notamment dans le Code civil, pour désigner celui qui n'a point été partie dans l'acte dont il s'agit ou dans une enquête.

Tiers-arbitre. Les tiers-arbitres sont des personnes choisies pour départager les premiers arbitres. Quelquefois le tiers-arbitre est nommé d'office. D'autres fois les arbitres ont reçu de leurs commettants le pouvoir de choisir eux-mêmes le tiers qui doit les départager. Ce tiers est obligé par la loi de se ranger à l'une des deux opinions.

Tirant. Pièce de charpente et quelquefois de fer placée dans une construction de manière à empêcher l'écartement des parties qui la composent.

Titre. Acte qui confère une qualité, un droit.

Toisé. Ce mot, qui tire son origine des anciennes mesures, est encore quelquefois employé dans les travaux, comme synonyme de métré, lors même qu'on ne s'est pas servi de la toise.

Tôle piquée, percée. Tôle en feuilles employée pour le nettoyage des grains. La tôle piquée sert exclusivement pour garnir les colonnes verticales et les ramoneries; on l'emploie aussi pour le mondage et le perlage des grains. On l'appelle également tôle-râpe.

La tôle percée sert pour émotter et cribler. Elle est percée d'ouvertures longitudinales ou rondes de différentes dimensions qui font des criblures de différentes sortes.

Torrent. Courant d'eau impétueux qui se forme ordinairement à la suite des orages et de la fonte des neiges.

La plupart des torrents sont entièrement à sec pendant les sécheresses.

Tourillon. Partie des arbres de transmission qui est maintenue dans es coussinets; cette partie est toujours tournée.

Les tourillons des roues hydrauliques entrent dans le cœur de l'axe et y sont fixés par des boulons et des frettes.

Tourteaux. Anneaux en bois qui ferment de chaque côté les pots d'une roue en dessus; ils remplacent les jantes des roues de côté.

On appelle également tourteaux des croisillons de forme discoïdale en fonte, qui reçoivent l'extrémité des embrasures d'une roue.

Traînée. On nomme ainsi une sorte d'épi très-allongé en rivière et peu oblique au courant. Ce nom vient de ce que ceux qui les entreprennent, presque toujours sans autorisation, les prolongent successivement, en luttant pied à pied avec le fleuve pour obtenir l'effet qu'ils se proposent. Quand l'administration croit devoir autoriser une traînée, il faut avoir grand soin de déterminer sa longueur et sa saillie en rivière.

Les traînées qui n'ont pas été autorisées sont de véritables contraventions qui peuvent être poursuivies devant l'autorité compétente, selon que les cours d'eau sont ou non navigables ou flottables.

Train de malheur. Herse en fer, à laquelle on attelle un cheval ou un bateau traîné par un cheval, et que l'on fait passer dans les cours d'eau pour arracher les roseaux, les pierres, et abattre tous les fonds qui sont trop élevés et nuisent à l'écoulement des eaux.

Trait. Représentation exacte des dimensions de diverses parties d'une construction de charpente.

Transmission (*grosse, intermédiaire*). Réunion d'organes pour transmettre la puissance du moteur aux diverses machines à mettre en mouvement. On distingue trois sortes de transmissions.

1º La grosse transmission ; c'est celle qui est reliée au moteur et dont la force de résistance doit égaler au moins celle du moteur lui-même.

2º La transmission intermédiaire ; c'est celle qui reçoit son mouvement de la grosse transmission, mais qui se divise pour aller entraîner un ou plusieurs appareils ; la puissance de cette transmission de mouvement est proportionnée au travail qu'elle doit produire.

3º Transmission directe ; c'est celle qui appartient exclusivement à chaque appareil.

Comme chaque appareil doit avoir une vitesse spéciale, c'est au moyen de transmissions intermédiaires qu'on parvient à la lui donner.

Les courroies entrent dans les combinaisons des transmissions.

Dans un moulin, la grosse transmission se compose des engrenages, arbres et courroies qui forment ce qu'on appelle un, deux ou trois harnais, et du gros arbre vertical.

Quelques récepteurs marchant à une très-faible vitesse exigent quatre harnais pour arriver à donner la vitesse normale aux organes à entraîner.

Trappe. Ouverture pratiquée dans les planchers des moulins pour donner passage aux sacs qui sont élevés par le tire-sacs. Les trappes doivent être fermées par leurs deux volets toutes les fois que le tire-sacs ne fonctionne pas.

L'ouvrier qui accroche le sac ne doit jamais rester au-dessous de la trappe tout le temps que celui-ci monte ; il s'exposerait à le recevoir sur lui. Cette chute du sac est fréquente, elle peut provenir du glissement de la gueule dans le nœud coulant du câble, d'une déchirure complète de la gueule, de la brisure du câble ou du cordeau de tension de la courroie du tire-sacs et de l'inexpérience de l'ouvrier qui fait monter ou descendre le sac, toutes circonstances qu'il est impossible au chef de l'établissement d'empêcher de se produire. Il n'est donc pas responsable des accidents qui arrivent aux ouvriers victimes de leur imprudence. Ceux-ci ne peuvent s'en prendre qu'à eux-mêmes, car la précaution que nous recommandons ici, est le premier principe de leur métier, celui qu'on leur inculque au début de leur apprentissage.

Cependant je voudrais qu'un règlement affiché dans chaque usine, près des trappes rappelât sans cesse cette précaution si salutaire.

Travée. On nomme travée, un assemblage de bois dont les deux extrémités reposent sur des culées et piles en maçonnerie, ou sur des palées de charpente ; sous chaque travée le libre écoulement des eaux est assuré.

Les travées sont pour les ponts de bois, ce que sont les arches pour les ponts en maçonnerie.

Trémie. Caisse en bois qui sert de récipient aux marchandises et en facilite l'arrivée ou l'écoulement dans les augets, les distributeurs ou les engreneurs.

Treuil. Machine dont on se sert communément pour soulever ou traîner les fardeaux. Son emploi est susceptible de beaucoup de combinaisons.

Trompe. Espèce particulière de voûte construite en surplomb, ou plutôt en saillie sur le nu du mur qui la supporte.

Turbine. Récepteur hydraulique horizontal.

Turcie. Levée de terre ou de pierres en forme de quai, pour empêcher les inondations.

U

Usage. Droit non écrit qui s'introduit imperceptiblement par le tacite consentement de tous, et qui, par une longue habitude, acquiert souvent la force et l'autorité de la loi.

Usine hydraulique. Établissement industriel dont l'eau est le principal moteur.

V

Vacation. Temps que les experts ou priseurs emploient pour remplir une mission qui leur est confiée. Les vacations sont de trois heures. Elles sont taxées à 8 fr. pour ceux qui opèrent dans le département de la Seine, dans le lieu de leur domicile ou dans la distance de 2 myriamètres. Au delà de 2 myriamètres, il est alloué à titre de frais de voyage et de nourriture, 6 fr. par myriamètre d'aller et retour; les experts des départements n'ont droit dans les mêmes conditions qu'à 6 francs par vacation et à 4 fr. 50 par myriamètre. Une vacation est due pour prestation de serment et une aussi pour le dépôt de rapport ou de sentence.

Vanne. Planche ou assemblage de plusieurs planches réunies par des barres ou des plates-bandes en fer; on la fait mouvoir dans des coulisses ou rainures pratiquées dans des poteaux ou des piliers en pierres. La vanne sert à arrêter totalement ou à régler la quantité d'eau qu'on veut tirer d'un courant ou d'un étang. Le cadre de la vanne entièrement en pierres de taille s'appelle Portière.

Dans certaines contrées on donne le nom de ventillerie aux différents vannages d'une usine ; on dit petite ou grande ventillerie et aussi une ventillerie composée de 1, 2, 3, 4, 5, etc. portières, et aussi la 1re ou la 4me portière.

La Pale c'est la palette de la vanne, elle se monte ou descend au moyen de la queue. On dit également Volet au lieu de Pale.

Ventilateur. Axe en fer ou en bois sur lequel sont fixées des ailes en tôle ou en bois qui, à des vitesses différentes, insufflent ou aspirent l'air. Le ventilateur est un des principaux organes des nettoyages et des aspirateurs.

Vérins. Machine composée d'une vis et d'un écrou que l'on fait tourner avec des leviers et qui sert à lever de grands fardeaux. C'est au moyen de vérins qu'on lève les règles qui portent le carré de charpente sur laquelle repose la roue d'un moulin pendant.

Vis à niveler, à centrer. Vis traversant le carré qui supporte la meule ou le croisillon de la cuvette et qui sert à niveler la meule.

La vis à centrer est fixée au moyen d'une équerre en fonte sur le plancher ou elle traverse le bord de la cuvette en fonte.

Vis mouilleuse. Vis en tôle ou zinc tournant dans une auge dont le fond est garni de l'une ou de l'autre de ces mêmes matières et qui sert à mouiller les blés. Elle remplit exactement le même objet que le cylindre mouilleur.

Vitesse (*de l'eau*). Espace que parcourt une eau courante dans un temps déterminé. Cette vitesse se calcule ordinairement à raison de tant de mètres ou de centimètres par seconde. Dans un même cours d'eau, les vitesses propres aux divers filets fluides dont il se compose ne sont jamais identiques. La vitesse superficielle, mesurée au milieu du courant, dans l'endroit qu'on appelle le fil de l'eau, est toujours la plus grande. Les vitesses de fond sont relativement d'autant moindres, que la hauteur d'eau est plus forte. Il y a une vitesse particulière qu'on nomme vitesse moyenne ou théorique, parce qu'étant multipliée par la section elle donne le produit du cours d'eau. La vitesse de l'eau dans les canaux naturels ou artificiels, ne suit pas le rapport des pentes elle augmente beaucoup avec le volume des eaux.

Volant. Anneau en fonte d'un poids relativement important et qui emmagasine la puissance pendant sa rotation pour la régulariser et la mettre en état de répondre à des résistances subites interrompues.

Volige. Planche mince.

Volée. Se dit également, dans certaines localités de la roue hydraulique d'un moulin à eau et du récepteur d'un moulin à vent.

Voussoir. Claveau ou pierre taillée en coupe qui entre dans la composition d'une voûte.

Voûte. Corps de maçonnerie disposé en plein cintre ou en courbe plus ou moins surbaissée pour établir une communication entre des points donnés, ou recouvrir et protéger des espaces qui doivent rester vides.

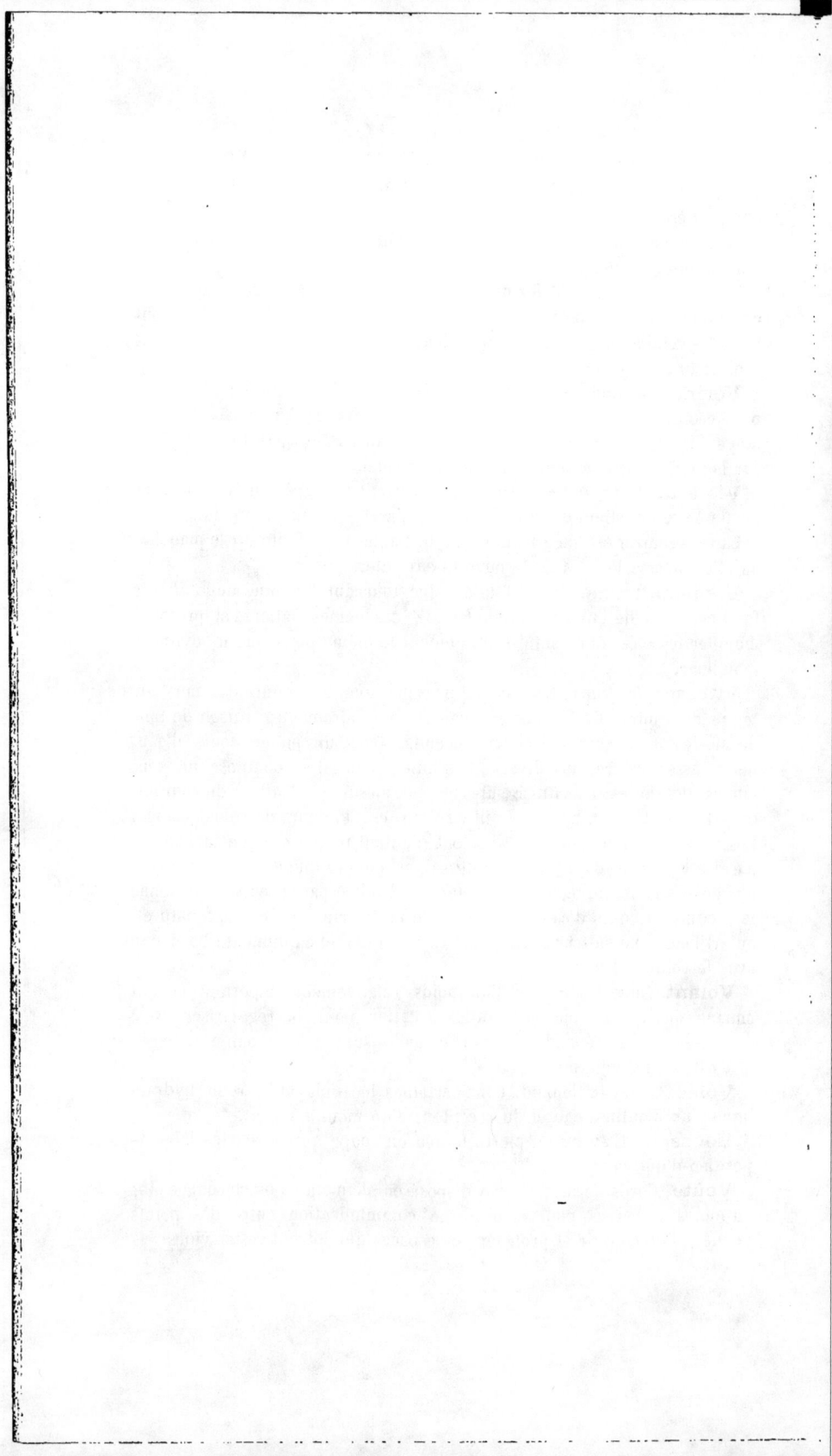

INDUSTRIES

AGRICOLES ALIMENTAIRES

DE L'ALIMENTATION

> Ce n'est pas ce qu'on mange qui nourrit, mais ce qu'on digère et ce qu'on utilise dans le sens le plus heureux à la conservation, au développement et au perfectionnement de l'homme.
>
> BOUCHARDAT.

La nourriture est le premier et le plus impérieux besoin des animaux. Ceux-ci sont ou carnivores ou frugivores ou herbivores. Le tube intestinal de chaque espèce est en rapport avec la durée du séjour que les aliments doivent y faire pour leur utilisation. Ainsi, chez les carnivores, il est plus court que chez les frugivores et chez ces derniers plus réduit que chez les herbivores. La raison de ces différences se comprend facilement : il est évident que les substances herbacées, qui renferment une très-petite proportion de matière nutritive et qui se digèrent très-lentement, doivent être prises en plus grande quantité et séjourner plus longtemps dans le canal alimentaire que la chair musculaire, dont la digestion est très-prompte et dont presque toute la masse est composée de matières nutritives.

L'homme étant omnivore, se trouve pourvu d'un appareil digestif dont le développement est intermédiaire; sa mâchoire garnie de dents incisives, canines et molaires, démontre qu'il est doué de la faculté de prendre sa nourriture simultanément dans le règne animal et le règne végétal. En effet, sans admettre complétement les théories alimentaires présentées par la science, on doit reconnaître que le régime qui convient le mieux à l'homme est celui qui se compose du mélange de substances animales et végétales. Dans quelles proportions doit-il consommer ces différents aliments? C'est là une question que chacun doit résoudre pour lui-même en s'observant et en suivant son propre instinct de conservation.

Plusieurs physiologistes ont déterminé la quantité et la nature des aliments nécessaires pour réparer la déperdition que l'homme éprouve dans les actes de la respiration, par ses déjections et ses excrétions; ils ont voulu fixer les rations normales qui conviennent pour entretenir la vie et les forces; ces principes que la science a la prétention d'ériger en lois absolues, sont souvent en désaccord avec l'expérience.

En effet, si on a pu parvenir à estimer approximativement les quantités d'azote et de carbone journellement brûlés et expulsées par la respiration et les excrétions, on a tort de s'en rapporter trop exclusivement aux analyses chimiques pour établir la valeur nutritive des substances destinées à remplacer ces pertes. La valeur nutritive d'une substance ne peut être appréciée à l'avance par la proportion d'azote qu'elle contient; elle dépend de la forme autant que de la composition. A côté de l'analyse chimique, il faut la preuve physiologique que cet azote est sous forme assimilable. D'ailleurs les réactifs que la chimie emploie ont plus de puissance que les sucs divers sécrétés par les organes de la digestion, ils décomposent des matières que ces organes rendent intactes.

L'hygiéniste doit donc se défier des théories, c'est parce que j'ai reconnu, par des expériences longuement et soigneusement suivies, les dangers de certains préceptes, que j'ai pris la détermination de les combattre. Leur application produit cet état de dégénération des enfants élevés hors de la maison paternelle, dans les pensions, les séminaires, les maisons d'apprentissage, etc...., elle entretient une grande mortalité dans l'armée et parmi tous les pensionnaires de l'Etat. C'est surtout dans les prisons que ses effets sont désastreux.

Les phénomènes de la digestion sont aujourd'hui clairement démontrés par les magnifiques travaux de Claude Bernard ; il a établi que l'estomac n'est pas, comme on l'a cru longtemps, le seul organe qui effectue le travail de métamorphose de l'aliment. La décomposition commence dans la bouche, se continue dans l'estomac et se poursuit au-delà de l'intestin. Chacun de ces organes a donc son rôle spécial. La bouche commence la digestion des féculents ; la viande n'est attaquée que dans l'estomac ; les parties grasses dans l'intestin qui achève également la décomposition des matières féculentes déjà modifiées dans la bouche. Il y a donc trois digestions qu'il est très-important de distinguer si on veut se composer un régime alimentaire convenable ; sans cela on mangera à tout hasard, par routine, accumulant ici trop de viande, là trop de graisse ou de féculents ; alors l'équilibre fonctionnel n'existera pas et la maladie viendra. Mais, si les facultés digestives diffèrent essentiellement suivant la destination de l'organe, les fonctions sont absolument liées à la constitution de chaque sujet ; un aliment qui conviendra à l'un sera nuisible à l'autre. Les régimes doivent toujours varier suivant les âges, les sexes, les tempéraments, l'exercice, les climats, les saisons, la corpulence et l'habitude.

Un examen plus approfondi m'entraînerait sur le domaine de la thérapeutique, qui serait déplacée ici ; je dois me borner à émettre quelques conseils pour régler l'hygiène alimen-

taire des adultes en bonne santé : Il n'existe pas d'aliment
complet. La ration alimentaire de l'homme n'est convenable que lorsqu'elle est variée, mélangée et alternée de
pain, de viandes, de poisson, de fromage, de fruits et de
légumes. Enfin, l'aliment doit être complexe pour satisfaire
à la nécessité du grand nombre de principes immédiats qui
constituent l'animal supérieur, nécessité qui comprend la
fonction et l'entretien de ces principes dans le corps de
l'animal dont ils sont les parties constituantes avec les principes d'origine minérale. Les principes immédiats doivent être
aussi semblables que possible à ceux qu'il s'agit de remplacer
et de perpétuer durant la vie de l'animal. Le fait que les car-
nassiers se nourrissent de chair crue et que l'homme peut s'en
nourrir, la possibilité de l'alimentation d'un animal supérieur
par des principes immédiats identiques aux leurs se trouve
par là démontrée. Je viens de dire que l'homme pourrait se
nourrir de viande crue ; cela est vrai, mais il doit s'en abstenir.
S'il est reconnu que la viande est d'autant plus nutritive et
facilement assimilable quelle s'éloigne le moins 'ɔ sa composition naturelle, on sait aussi qu'il est dangereux de la consommer saignante comme on en a constaté trop généralement
l'habitude. Les animaux au moment où on les abat, sont souvent atteints de maladies terribles qui se transmettent non-
seulement à ceux qui en manipulent la viande, mais aussi à
ceux qui la consomment sans lui avoir fait subir une cuisson
suffisante pour détruire les bactéries charbonneuses et décomposer les germes et virus contagieux. Il aut que la viande
ait été soumise dans toute son épaisseur à une chaleur prolongée de, au moins, 100 degrés centigrades.

La viande bouillie est indigeste et appauvrie par l'ébullition,
elle ne transmet pas au bouillon ce qu'elle a perdu de sa valeur
nutritive. La meilleure manière est de manger la viande rôtie,
non piquée. Il est donc regrettable que les Français aient

contracté et conservent la mauvaise habitude du pot-au-feu, habitude malheureusement adoptée pour nos soldats qui mangent la soupe et le bœuf deux fois par jour. En campagne ce mode de préparation a, en outre, pour l'armée, l'inconvénient d'exiger un temps très-long. La troupe après une journée de fatigue et d'émotions rentre exténuée, mourant de besoin; il lui faut cependant aller chercher le combustible et la viande qu'il n'est pas toujours facile de réunir ; ce n'est qu'après quatre à cinq heures que la cuisson est suffisante, tandis que pour un rôti on n'a besoin que de quelques minutes.

Le régime exclusif du bouilli s'aggrave, en outre, du manque de variété qui en augmente l'insuffisance et dégoûte le soldat.

Quand donc le pot-au-feu aura-t-il disparu de notre régime? Il y est maintenu par une routine bien impardonnable, aujourd'hui que ses inconvénients sont connus. Certainement le bouillon est très-agréable, mais il ne convient qu'aux gens riches qui donnent le bouilli à leurs domestiques, c'est une boisson de luxe n'ayant aucune valeur nutritive.

Il faut user sobrement des graines légumineuses, car, quoiqu'elles soient plus riches en substances azotées et grasses que les céréales, elles sont d'une digestion laborieuse et s'assimilent difficilement; on doit les consommer, en tout cas, de préférence à l'état vert dans leurs saisons. Lorsqu'elles mûrissent, leur sucre se transforme en matière amylacée et disparaît complétement à partir de la maturation. Si on les mange sèches, il est bon de les mettre en purée après décortication; sans cela leurs coques sortent intactes du tube digestif, qui ne les reçoit pas assez divisées par la mastication. Enfin, les légumineuses sèches deviennent un mauvais aliment, si on en fait un trop fréquent usage ; elles fatiguent les organes de la digestion.

Cependant, en cet état, elles forment la base de la nourriture des écoliers et des pensionnaires de l'Etat. On s'est dit

que puisqu'elles contiennent le double de matières azotées que
le pain, elles devaient constituer un aliment plus riche que lui.
C'est là une grosse erreur. En effet, si on soumet des hommes
au régime du bon pain, ils se tiennent longtemps en bonne
santé ; si on les nourrit uniquement de haricots ou autres
légumes secs, ils meurent après quelques jours d'un usage
exclusif.

Le riz, le maïs, le sarrasin, la pomme de terre, les patates,
les ignames et autres plantes tuberculeuses contiennent moins
de matières azotées que les légumineuses, mais ils jouent un
rôle utile dans l'alimentation humaine. Il en est de même des
légumes herbacés qui s'associent facilement aux viandes dont
ils modifient agréablement la saveur.

Il est sage de suivre son appétit spécial pour certains
aliments ; lorsqu'il n'est pas déplacé, c'est un indice qui a sa
valeur, même lorsque l'aliment désiré ne rentre pas dans la
catégorie de ceux qu'on consomme habituellement. Il arrive
souvent que le mauvais état des voies digestives émousse
l'appétit au moment même où la nutrition aurait besoin qu'il se
manifestât avec énergie, et, dans ce cas, il est utile de
l'exciter ; alors on doit s'empresser de prendre un aliment
désiré qui aura pour effet d'amener les sucs gastriques à
l'estomac, comme l'eau vient à la bouche à la vue d'un mets
préféré.

En bonne santé il faut s'abstenir d'exciter l'appétit par des
moyens artificiels, surtout par ces prétendus appétissants al-
cooliques qui donnent aux organes une énergie de peu de durée, pour les laisser ensuite dans un état d'atonie qui s'aggrave
progressivement. Ils produisent d'ailleurs un effet opposé à
celui qu'on attend de leur usage. L'absinthe, le bitter, le ver-
mouth, etc., pris avant le repas, sont des poisons. Il n'existe
qu'un liquide qui mérite la qualification d'apéritif, c'est l'eau
fraîche pure en petite quantité (1/4 de verre) une demi-heure

avant le repas. L'eau fraîche (4° à 10°) stimule l'appétit, les sécrétions salivaire et gastrique, et active les contractions péristaltiques ; c'est ainsi qu'elle favorise la digestion. L'exercice et l'eau fraîche sont les meilleurs remèdes contre la paresse de l'estomac.

Enfin il faut toujours rester sur son bon appétit ; une alimentation surabondante produit les mêmes résultats qu'une alimentation insuffisante. En effet, ceux qui mangent trop meurent de faim comme ceux qui ne mangent pas assez ; parce que en cas d'excès les aliments traversent l'appareil digestif sans être digérés.

MEUNERIE

CHAPITRE PREMIER

LÉGISLATION DES CÉRÉALES

Le commerce des céréales à l'intérieur n'est soumis en France à aucune restriction ; la circulation des grains y est parfaitement libre.

Depuis le 1er septembre 1861, l'exportation des grains et farines provenant des céréales est exempte de tous droits ; les mêmes denrées sont soumises, à l'importation, aux droits suivants :

Froment, épeautre et méteil.

	Grains 100 kil.	Farines 100 kil.
Par navires français et par terre	0 50	1 »
Par navires étrangers.	1 »	1 50

Seigle, maïs, orge, sarrasin, avoine, grains perlés et mondés.

Par navires français.	Exempts.	Exempts.
Par navires étrangers.	0 50	0 50

Sons de toutes sortes de grains.

Par navires français, les 100 kilog.	Exempts.
Par navires étrangers. , ...	0 50

Pain, biscuit de mer, grains mondés ou perlés, gruaux, semoule en gruaux et fécules indigènes.

Par navires français	1 »
Par navires étrangers.	1 50

Riz en paille.

Par mer	par navires français.	des pays hors d'Europe. .	0 25
		du cru des pays d'Europe.	0 25
		d'ailleurs. . . . . , .	1 75
	par navires étrangers	1 75
Par terre	du cru des pays d'Europe.	0 25
	d'ailleurs	1 75

Riz en grains.

Par navires français. .	des pays hors d'Europe. .	0 50
	d'ailleurs.	2 »
Par navires étrangers et par terre	2 »

Sagou, salep, fécules exotiques.

Par navires français. .	des pays hors d'Europe. .		1 »
	d'ailleurs.		2 50
Par navires étrangers et par terre.			2 50
Par mer	par navires français.	des pays hors d'Europe. .	5 »
		du cru des pays d'Europe.	5 »
		d'ailleurs.	7 »
	par navires étrangers.	7 »
Par terre	du cru des pays d'Europe.	5 »
	d'ailleurs	7 »

Les surtaxes de pavillon sont :

1° De 75 c. par 100 kil. pour les arrivages des pays d'Europe et du bassin de la Méditerranée ;

2° De 1,50 par 100 kil. pour les arrivages des pays hors d'Europe, en deçà des caps Horn et Bonne-Espérance ;

3° De 2 fr. par 100 kil. pour les pays au delà des caps.

Il y a trois sortes de pavillons :

1° Ceux qui, par suite de traités, sont exempts de toutes surtaxes à titre absolu : ce sont les pavillons d'Autriche, Belgique, Italie, Pays-Bas, Portugal, Suède et Norvége, et Zollverein.

2° Ceux qui n'en sont exemptés que dans l'intercourse directe seulement et sont frappés de la surtaxe dans tout autre cas : ce sont les pavillons d'Angleterre, Chili, Danemark, Espagne, États-Unis, Russie, Brésil, Costa-Rica, Empire ottoman, Équateur, Guatémala, Mexique et autres petites Républiques de l'Amérique du Sud.

3° Ceux dont les puissances n'ayant pas de traité de navigation avec la France sont, dans tous les cas, frappés de la surtaxe, même dans l'intercourse directe. La Grèce seule est dans ce cas.

N.B. La surtaxe de pavillon s'ajoute, lorsqu'il s'agit d'arrivages des entrepôts et d'ailleurs, à la surtaxe d'entrepôt qui est de 3 fr. par 100 kil. à l'égard des marchandises des pays hors d'Europe. Les marchandises d'Europe n'ont pas de surtaxe d'entrepôt.

Lorsque la réexportation en farine donne droit au remboursement des acquits, il y a toujours à payer le droit sur la quantité d'issues provenant du blutage, bien que celui-ci ait été fait à 10, à 20, à 30 pour cent.

Dans notre édition de 1867, nous avons fait ressortir la différence entre ce nouveau régime et les législations antérieures; nous avons démontré que la variabilité de l'échelle mobile entretenait dans l'esprit des acheteurs et des vendeurs une grande incertitude, qui ne permettait pas alors au commerce de raisonner des opérations sérieuses.

En effet, n'étant pas fixés sur ce que seraient les droits à l'entrée et à la sortie au moment de l'arrivée des marchandises à l'époque des livraisons à effectuer, l'acheteur et le vendeur préféraient s'abstenir que de risquer leur avoir dans des entreprises hasardeuses. Lorsque les prix s'élevaient en France, le commerçant, craignant qu'un centime de différence, qui pouvait survenir dans le prix moyen régulateur et modifier spontanément les droits, l'exposât à payer un droit plus fort que celui sur lequel il avait basé ses calculs, n'osait pas acheter des grains à l'étranger. Il avait également à se préoccuper de la faculté laissée par la loi, à l'administration, de suspendre le fonctionnement de l'échelle mobile. Alors la hausse progressait rapidement et occasionnait des souffrances aux consommateurs. Si les prix étaient bas, on craignait pour les mêmes motifs de vendre au dehors ; les grains tombaient à des prix qui constituaient le producteur en perte.

Nous avions comparé, dans la même édition, les prix moyens du blé depuis 1848 jusqu'en 1851, avec ceux des récoltes des années 1863, 1864 et 1865 et démontré que, depuis le nouveau régime, les prix moyens avaient été supérieurs à ceux des récoltes précédentes, à quantités égales. Mais alors nous ne pouvions opérer que sur une période de cinq années. Aujourd'hui nous avons les résultats de quinze années ; ils sont exposés dans le tableau officiel ci-contre, qui coïncide très-approximativement avec le travail annuel qui, commencé dans ma famille depuis 1784, est continué très-soigneusement par moi.

Ce tableau prouve que le prix le plus bas a été de 16 fr. 41 c. l'hectolitre, et le plus élevé de 26 fr. 64 c. Si nous remontons à l'époque où l'échelle mobile n'avait jamais été suspendue, nous trouvons 13 fr. l'hectolitre comme minimum et 35 fr. comme maximum, c'est-à-dire, d'un côté, avilissement et perte pour le producteur, et, de l'autre côté, souffrance pour le consommateur.

	RÉCOLTES	PRIX MOYENS	COMMERCE EXTÉRIEUR SPÉCIAL	
			IMPORTATION	EXPORTATION
	hectolitres	par hectol.	hectolitres	hectolitres
1861	75.116.287	24,55	15.719.961	1.646.063
1862	99.292.224	23,24	7.285.903	3.067.391
1863	116.781.794	19,78	2.997.186	4.641.871
1864	111.274.018	17,58	1.906.717	4.446.077
1865	95.571.609	16,41	1.666.630	8.451.300
1866	85.131.455	19,61	1.700.949	7.562.555
1867	83.005.739	26,19	16.841.126	4.478.713
1868	116.783.000	26,64	16.969.083	4.295.708
1869	107.941.000	20,33	12.069.896	6.939.678
1870	Etat de guerre	25,56	12.258.000	2.395.000
1871	69.276.419	25,65	21.937.000	3.531.000
1872	120.803.459	23,15	7.332.000	16.151.000
1873	81.892.667	25,62	11.313.000	9.833.000
1874	133.130.163	25,11	16.214.000	8.090.000
1875	100.634.861	19,32	9.093.000	12.280.319
			155.205.068 97.809.675	97.809.675
Excédant en 15 ans. . . .			57.395.393	
Moyenne annuelle			3.826.359	

Table title: FROMENT

La loi de 1861 a donc profité simultanément à la production et à la consommation.

La réforme commerciale en Angleterre a produit les mêmes effets : la moyenne, qui de 1826 à 1846 était de 57 sh. 4 par quarter, est descendue de 1847 à 1867 à 52 sh. 6.

On était en droit d'espérer que le commerce des grains, libre de toutes entraves, se développerait ; que la France, placée dans une situation exceptionnellement propice, deviendrait le centre d'un commerce considérable. Elle est entourée de voisins besoigneux : la Belgique, la Hollande, l'Allemagne, l'Italie et une partie de la Prusse ont souvent des récoltes insuffisantes ; la Suisse et l'Angleterre ne produisent jamais assez. Cette dernière seule importe annuellement depuis 20 jusqu'à 30 millions d'hectolitres qu'elle va chercher au loin ; aucune nation n'est mieux située que la France pour fournir à ces besoins. Quelles villes mieux placées que Marseille, Bordeaux, Dunkerque, le Havre, Nantes, etc., etc., pour de grands entrepôts de grains à la disposition des pays dont la production est insuffisante ? Cependant la dernière législation n'a pas encore produit ces résultats, parce qu'elle n'a pas donné la sécurité, sans laquelle on ne trouve pas de crédit. Or, il faut de l'argent, beaucoup d'argent pour opérer sur les grains.

Il existe en outre des préjugés absurdes que l'ignorance et la passion ont de tout temps entretenus contre le commerce des grains et farines ; ceux qui opèrent sur ces marchandises en France sont exposés à des dangers continuels qui effrayent les capitalistes. Il est de toute nécessité que cet état de choses cesse et que les négociants en grains soient assurés de trouver de la part de l'autorité une protection égale à celle dont elle couvre toutes les autres classes de la société. Mais la magistrature et l'administration ont toujours, au contraire, cherché à se populariser en attribuant au commerce la cherté des grains et en poursuivant ceux qui exposent leurs capitaux pour aller au loin chercher ce qui manque pour compléter l'alimentation des populations.

Lorsque le prix du pain s'élève, les meuniers et les boulangers sont invariablement soumis à des mesures exceptionnelles, arbitraires et vexatoires qui ont pour principal effet d'animer la population contre eux. Cette tendance est si générale qu'un Préfet de police, que je ne nommerai pas, parce qu'il a été pendant trente ans l'honneur du Parlement français, s'est laissé aller à rendre, pendant l'épidémie cholérique de 1832, une ordonnance contre les boulangers *qui empoisonnaient le pain.* Quand le pouvoir anéantit à ce point la raison chez

les hommes d'une telle valeur, que ne doit-on pas craindre
du plus grand nombre, qui manque d'intelligence et d'instruction ?

La mesure la plus urgente à prendre, si on veut que le régime
libéral produise tous ses effets, c'est l'abrogation des articles 419
et 420 du Code pénal. Tant que ces dispositions, votées à une
époque où on croyait encore à l'accapareur, ce croquemitaine
des ignorants, existeront, le commerce des grains ne se développera pas et nous n'aurons en France que des blatiers.

Rappelons ici ces deux articles :

(419) « Tous ceux qui, par des faits faux ou calomnieux semés
à dessein dans le public, par des sur-offres faites aux prix que
demandaient les vendeurs eux-mêmes, par réunion ou coalition
entre principaux détenteurs d'une même marchandise ou denrée, tendant *à ne pas la vendre, ou à la vendre à un certain prix*,
ou qui par des voies ou moyens frauduleux quelconques, auront opéré la hausse ou la baisse du prix des denrées ou marchandises ou des papiers et effets publics au-dessus ou au-dessous des prix qu'aurait *déterminés la concurrence naturelle et
libre du commerce*, seront punis d'un emprisonnement d'un mois
au moins, d'un an au plus, et d'une amende de cinq cents fr.
à dix mille fr.

« Les coupables pourront de plus être mis, par l'arrêt ou
jugement, sous la surveillance de la haute police pendant deux
ans au moins et cinq ans au plus. »

(420) « La peine sera d'un emprisonnement de deux mois
au moins et de deux ans au plus, et d'une amende de mille
francs à vingt mille francs, si ces manœuvres ont été pratiquées
sur grains, grenailles, farines, substances farineuses, pain,
vin ou toute autre boisson.

« La mise en surveillance qui pourra être prononcée sera de
cinq ans au moins et dix ans au plus. » -

Qui donc osera opérer sur une échelle importante, en pré-

sence d'une loi qui expose les commerçants à avoir jo... n...le-
ment à défendre leur fortune, leur liberté et leur honneur
contre le zèle, souvent exagéré du ministère public? *Quel ca-
pitaliste lui en fournira les moyens ?*

Est-ce que tout détenteur ou acheteur à livrer d'une marchandise ne cherche pas toujours, par ses paroles, sa correspondance, ses agents, enfin, par tous les moyens en son pouvoir
à pousser les cours dans le sens de son intérêt?

Est-ce que tout commerce ne consiste pas à acheter bon
marché et à vendre le plus cher possible?

Qui peut déterminer la limite du bénéfice légal et fixer le
commencement de la cupidité ?

Qu'on définisse le commerce tel qu'il se fait partout et sur
toutes les marchandises, on se trouvera en plein dans les articles 419 et 420, qui exposent plus particulièrement le négociant en grains aux amendes, à la prison et à la surveillance
de la haute police pendant dix ans !

Peut-on soutenir que ce commerce soit libre?

Il suffit de faire connaître les habitudes en usage dans les
pays où le commerce des grains est complétement sans entraves pour démontrer que les mêmes moyens seraient très-
dangereux en France sous l'empire de la législation dont je
demande le rapport.

Prenons, par exemple, une maison anglaise bien posée : elle
a des agents sur tous les points où elle peut acheter et vendre ;
chaque jour, après la bourse, des circulaires imprimées au siége
même de la maison sont adressées à tous les correspondants ;
ces circulaires contiennent non seulement les cours, mais des instructions pour agir en hausse ou en baisse, suivant l'intérêt
de la maison. Souvent il est nécessaire de persister long temps
dans le même sens, soit par des sur-offres, soit en vendant au-
dessous des cours, soit même en s'entendant avec d'autres
maisons pour opérer dans un intérêt commun. La réussite est

toujours incertaine, car les haussiers ont à lutter contre les baissiers. Cette lutte à armes égales, maintenant les prix dans des limites raisonnables, ne peut que profiter au consommateur.

Supposons qu'une maison semblable s'établisse en France, (elle tombera si elle ne se sert pas des mêmes moyens), mais alors si ses circulaires ont été recueillies par un membre du parquet, si ce magistrat peut établir que cette maison s'est entendue avec des confrères et *que le but a été atteint,* il poursuivra et compromettra les accusés, même quand ils seraient acquittés, car on sait ce que devient la maison la plus solide le jour où son chef est en arrestation seulement comme prévenu.

Les dispositions des articles 419 et 420 ne sont pas dangereuses uniquement parce qu'elles ne peuvent fixer, par des termes précis, la limite qui sépare la spéculation légale de l'opération coupable, elles sont en outre en opposition avec les sages principes qui servent de base à notre législation pénale. Ici, exceptionnellement, la tentative n'est punissable que lorsqu'elle a réussi. Le texte de la loi et la jurisprudence de la Cour de cassation sont formels :

« Considérant, dit un arrêt du 24 décembre 1812, que les tentatives et les délits ne sont, ainsi que le déclare textuellement l'article 5 du code pénal, considérés comme délits que dans les cas déterminés par une disposition de la loi ; qu'à la différence de l'article 401 du code, qui punit d'emprisonnement et d'amende les vols non spécifiés dans la première partie du chapitre II livre III, et les larcins, et de l'article 405 qui soumet, en termes formels, aux peines qu'il prononce, quiconque aura escroqué ou *tenté* d'escroquer la totalité ou partie de la fortune d'autrui, l'article 419 ne parle que de ceux qui *auront opéré* la hausse ou la baisse, etc., etc., sans rien dire de ceux qui auraient *tenté* de produire cet effet ; qu'il n'est suppléé à ce silence de l'article 419 sur la tentative du délit qui en est l'objet, par la disposition d'aucune autre loi... »

Ainsi le commerçant habile et chanceux, qui, bien renseigné sur l'état des récoltes dans les pays de production, sur la situation des marchés régulateurs, sur les besoins des voisins, aura prévu des mouvements en hausse ou en baisse et combiné ses ventes en conséquence, est seul passible des peines portées par les articles 419 et 420. Celui qui aura spéculé dans le sens inverse, par les mêmes moyens, ne peut être poursuivi !

Quelques bons esprits, peu familiarisés avec la science économique craignent des abus ; leurs craintes sont chimériques, en voici la preuve : le commerce des grains est entièrement libre en Angleterre depuis 1846, les capitaux et le crédit ne lui manquent jamais ; cependant, malgré des besoins incessants considérables, la consommation n'a eu encore aucune occasion de se plaindre d'actes blâmables. L'accaparement des grains, en effet, n'est pas possible ; les facilités de transport permettant, aujourd'hui, d'envoyer immédiatement des masses sur toutes les places qui offrent le moindre bénéfice, une hausse ne peut subsister longtemps sur un même point ; il faut donc se hâter de faire disparaître ces dernières et puissantes entraves, si on veut que la loi de 1861 atteigne le but que les législateurs se sont proposé.

Elle a cependant été très-critiquée, depuis sa promulgation, parce que le Français est trop habitué à la réglementation ; on lui attribue une dépréciation préjudiciable au producteur. Le tableau qui précède répond à ces accusations.

Quelques-uns ont prédit que le libre échange nous inonderait de blés américains et entretiendrait des prix ruineux pour notre agriculture. Nous avons répondu déjà que les tarifs élevés des chemins de fer aux Etats-Unis et les autres frais qui grèvent la marchandise ne rendraient l'exportation pos-

sible que lorsque l'écart entre les prix américains et les
nôtres permettrait de la faire dans des conditions rémunéra-
trices; ces charges nous mettent à l'abri des engorgements.
Le même tableau démontre que les plus fortes importations
coïncident avec nos plus faibles récoltes et nos prix les plus
élevés; conséquemment les importations ont été un véritable
bienfait pour la consommation, sans porter préjudice à la
production qui a trouvé une compensation dans l'élévation de
la moyenne, depuis la suppression de l'échelle mobile.

L'agriculture française n'a pas le droit de se plaindre,
attendu qu'elle ne produit pas suffisamment encore pour la
consommation nationale; il nous manque annuellement, environ 4,000,000 d'hectolitres, il faut bien les prendre quelque part. Quatre millions c'est peu ; s'il nous les fallait régulièrement tous les ans, nous les trouverions facilement;
mais sans les blés d'Amérique où aurions-nous pris les 22 millions d'hectolitres dont nous avons eu besoin en 1871, et les 16
à 17 millions que nous avons importés chaque année en 1867,
1868 et 1874?

Où l'Angleterre prendrait-elle les 25 à 30 millions d'hectolitres qu'il lui faut tous les ans? C'est l'avenir qui nous inquiète
disent les pessimistes. Je ne partage pas davantage ces
craintes. Les blés reviennent à fr. 17 l'hectolitre dans les ports
d'embarcation des Etats-Unis, les frais les élèvent très-
approximativement à 22 francs; or nos prix moyens en
France ont été de 22 fr. 60 c. dans la période de 1861 à
1875. D'un autre côté, la production du froment aux
Etats-Unis étant en moyenne de 100 millions et la population
de 34 millions d'habitants, il ne reste pas à exporter des quantités inquiétantes pour nous, car il faut d'abord prendre la
consommation locale. Enfin, la population s'élevant sans cesse
dans des proportions considérables, ira plus vite que la production. C'est grâce à des prix élevés résultant du défaut des

récoltes étrangères que leurs exportateurs peuvent réaliser des bénéfices.

Mais supposons un instant que la production devienne excessive; elle ne pourrait pas inonder nos marchés longtemps, car la valeur vénale s'abaisserait promptement au-dessous du prix de revient. Il y a une loi qui régit les rapports de la production et de la consommation; aucun pouvoir humain ne peut en modifier ni en entraver le fonctionnement.

Les prix cesseront d'être rémunérateurs lorsque l'offre dépassera la demande. Il faudrait dans ce cas, diminuer la production.

En définitive la législation de 1861 a, pour toujours, mis le consommateur à l'abri des disettes et l'agriculteur à l'abri des prix ruineux. La preuve est faite depuis quinze ans, elle est convaincante.

Certainement le libre échange et les moyens de transport ont modifié les bases sur lesquelles, sous le régime de l'échelle mobile, le commerce établissait ses combinaisons. Le marché n'est plus limité à quelques régions; il embrasse désormais le monde entier. Les prix ne s'établissant plus d'après notre seule récolte, mais d'après les besoins et la production de l'univers, le négociant doit se tenir au courant de la situation générale. Il y parvient au moyen de ses relations et de la presse commerciale généralement bien renseignée. J'avoue que les premières années de ce régime ont occasionné une perturbation qui n'a pas été sans causer un préjudice considérable à ceux qui n'étaient pas habitués à opérer en dehors d'un rayon très-étroit; les progrès s'établissent rarement sans causer préjudice à quelqu'un.

La Russie possède, comme les Etats-Unis, des étendues immenses de terre favorable à la culture du blé; elle semble avoir l'avantage par sa position. C'est une erreur, elle est encore moins à craindre que l'Amérique du Nord : la traversée de la mer Noire est aussi longue que celle de New-York et le blé doit arriver à Odessa par eau ou par chemin de fer, même par chariots, quand il vient de la Pologne russe.

Certainement le coût du transit n'est pas aussi élevé en Russie qu'aux Etats-Unis, mais les deux pays ne travaillant pas contre leur propre intérêt, proportionneront leurs productions à la demande.

La même raison guidera tous les autres producteurs qui sont, après les Etats-Unis et la Russie, l'Inde, l'Australie, le Chili, la Hongrie, etc., etc.

La place de Paris étant appelée à devenir le centre d'un grand commerce de grains, je fais suivre ce chapitre du règlement qui régit son Marché au blé :

MARCHÉ AU BLÉ DE PARIS
Règlement du 19 avril 1878

§ Ier. — *Commission du Règlement*

Art. 1. — La Commission du Règlement est composée de neuf membres élus au scrutin, conformément à la décision de la réunion du commerce du 14 juin 1873. Elle est investie de pleins pouvoirs pour établir le Règlement du Marché, en surveiller l'exécution et diriger le fonctionnement des expertises.

Art. 2. — La Commission est renouvelable tous les ans, par tiers et par voie de roulement. Elle nomme son bureau, composé d'un président, d'un vice-président-trésorier et d'un secrétaire.

Art. 3. — Un directeur nommé par la Commission et soumis à sa surveillance, est chargé de l'administration. La Commission et le directeur sont irresponsables ; leurs décisions ne peuvent donner lieu à aucune instance en justice.

§ II. — *Qualité du blé.*

Art. 4. — Le blé doit être d'essence tendre et de bonne qualité.

Art. 5. — Sont admis :

1° Tous les blés français et d'Algérie,

2° Les blés étrangers suivants :

Blés d'Australie et de la Nouvelle-Zélande ,

— de Californie et de l'Orégon ,

Blés du Chili,

— de l'Amérique du Nord ,

— d'Italie, d'Espagne et Portugal ,

— d'Angleterre, de Belgique et de Hollande ,

— de Danemark, d'Allemagne et des contrées de l'Autriche ayant fait partie de l'ancienne Confédération germanique.

Sont exclus : les blés dans les sortes dites mitadins, poulards ou gros blés, les blés de printemps dits blés de mars, et tous les blés qui, par leur nature, sont d'une valeur commerciale inférieure à la bonne qualité exigée par l'article 4.

Art. 6.—La présence dans le blé de plus de deux pour 0/0 de grains durs ou demi-durs, mitadins, poulards ou gros blés; plus de trois pour $^0/_0$ de criblures de petit blé, blé cassé, grains, graines ou autres corps étrangers se rencontrant naturellement avec le blé.

Toutefois le poids total de tout ce qui est corps étranger au blé ne doit pas excéder deux pour cent.

Art. 7. — Le présent Marché a pour base le poids de soixante-dix-sept kilogrammes nets par hectolitre.

Une tolérance de deux kilogrammes est accordée au livreur, mais il aura à faire les bonifications suivantes :

1 pour 0/0 si le blé pèse entre 77 k. et 76 k. $^1/_2$
2 » 0/0 » 76 k. $^1/_2$ et 76 k.
3 » 0/0 » 76 k. et 75 k. $^1/_2$
4 » 0/0 » 75 k. $^1/_2$ et 75 k.

Le mesurage à la trémie conique est le seul mode admis pour la vérification du poids spécifique du blé.

§ III. — *Livraison.*

Art. 8. — Le blé ne peut être mis en livraison que par une maison de Paris ; il doit avoir été préalablement expertisé et reconnu livrable sans nouvelle expertise tant qu'il sera resté pur de tout mélange.

Le livreur devra justifier de la première expertise.

Art. 9. — Le magasinier est avisé par la Commission de l'acceptation de chaque lot de blé ; il en fait mention sur ses livres ; il indique à la Commission les numéros de transferts et l'avertit toutes les fois qu'un mélange aura été opéré sur un lot de blé accepté.

Art. 10. — Le réceptionnaire peut demander une expertise sur , ... et sain et le poids naturel qui doit remplir les conditions prescrites par l'article 7.

Art. 11. — Une contre-expertise sur-l'état sain du blé peut être demandée par les deux parties.

§ IV. — *Expertise*

Art. ^{1} — Tout lot de blé proposé à l'expertise doit être déposé dans un des magasins généraux agréés par la Commission.

Le blé doit former une couche parfaitement homogène d'un mètre au plus de hauteur, la livraison en sacs n'étant point admise. Le poids doit avoir été reconnu par le magasinier.

Art. 13. — Toute demande d'expertise doit être faite l'avant-veille du jour de l'expertise, avant quatre heures, sur une formule imprimée que la Direction délivre gratuitement.

Art. 14. — Tout lot de blé soumis à l'expertise doit se trouver dans les conditions du Règlement au moment de la demande d'expertise ; dans le cas contraire, le magasinier constatera sur la déclaration que la marchandise n'a pu être échantillonnée ; cette déclaration deviendra nulle et le prix de l'expertise restera acquis à la Commission.

Art. 15. — Le prélèvement d'échantillons est fait par les ouvriers du magasin, sur les indications d'un préposé de la Commission.

Le déclarant peut assister à ce prélèvement et à la vérification du poids naturel.

Art. 16. — L'échantillon total de chaque lot, objet d'une expertise, doit être de un ou deux kilogrammes.

Il est prélevé par sondage pratiqué par quantités égales à cinq endroits différents.

A chaque place où aura été pris un échantillon, il sera prélevé un demi-hectolitre dont le poids sera constaté à un décagramme près, au moyen de la balance à plateaux.

La vérification terminée, le magasinier remplit et signe la formule de garantie qui est au verso de la déclaration. Il remet cette pièce au préposé de la Commission en même temps que les cinq échantillons prélevés, notant sur chaque enveloppe le poids naturel correspondant. L'enveloppe qui les réunit doit mentionner le numéro d'entrée et porter le cachet du magasin.

Art. 17. — Le blé est expertisé par trois experts pris, à tour de rôle, sur la liste arrêtée tous les ans par la Commission.

Art. 18. — Le Directeur institué par l'article 3 règle le service des manutentions et des expertises de façon à ce que personne ne puise être juge de sa propre marchandise.

Les parties n'ont pas droit de récusation.

Art. 19. — Le Directeur, assisté d'un des membres de la

6

Commission, soumet aux experts les échantillons de chaque lot. Les lots ne sont désignés, sur le procès-verbal d'expertise, que par le numéro d'ordre, la provenance et le poids naturel moyen.

Art. 20. — Les experts vérifient le chiffre de la moyenne du poids naturel, et, après examen des échantillons, déclarent par la voie du scrutin secret et à la majorité, que le blé est livrable aux conditions du marché ou non livrable. Les experts signent ensuite le procès-verbal avec le directeur et les membres de la Commission surveillant l'expertise, sans avoir à spécifier leurs motifs de refus.

Art. 21. — La décision des experts est souveraine et les déclarants prennent l'engagement de s'y conformer. Cette décision est immédiatement soumise aux intéressés.

Les quantités déclarées livrables sont affichées au siége de la commission.

Art. 22. — Il est créé une adhésion au marché de Paris, moyennant une cotisation de 50 fr. par an.

L'année commence au 1er janvier. A partir du 1er avril, le prix de la cotisation est doublé.

L'adhésion donne droit aux avantages stipulés aux articles 23 et 31.

Art. 23. — Le prix de l'expertise est de 5 centimes par 100 kilogrammes sur la quantité déclarée par les adhérents, et de 10 centimes pour les non adhérents.

Les prix sont doubles pour les demandes faites le dernier jour du mois.

De simples échantillons pourront être expertisés en payant un droit de 5 francs. Ils devront être de deux kilogrammes au moins et être contenus dans des sacs plombés et cachetés.

Tout versement fait pour demande d'expertise reste irrévocablement acquis à la Commission.

Art. 24. — Le blé peut être présenté à l'expertise préalablement par une maison de Paris.

Deuxième expertise et contre-expertise pour avarie :

Art. 25. — En cas d'expertise pour cause d'avarie les parties déclarent se soumettre à l'article 21 du règlement.

Art. 26. — Les experts n'ont à juger que l'état sain ou l'état d'avarie, ainsi que le poids naturel du blé.

Art. 27. — L'expertise pour cause d'avarie est faite par trois experts. En cas de contre-expertise, cinq experts sont appelés.

Art. 28. — La demande d'expertise pour avarie doit être faite, sous peine de déchéance, au plus tard le lendemain de l'arrêt de la filière, avant deux heures ; la demande de contre-expertise, le jour même de l'expertise avant quatre heures.

Les intéressés doivent s'enquérir du résultat de l'expertise au siége de la Commission.

Art. 29. — Si la marchandise est déclarée refusable, le réceptionnaire peut opter pour le remplacement immédiat ou pour la résiliation au cours du jour. Il doit faire connaître son option au siége de la Commission le jour même avant quatre heures du soir, à défaut de quoi il est censé opter pour la résiliation dont le règlement doit se faire immédiatement. Le cours du jour est fixé par le membre de la Commission présidant l'expertise. Toutefois, pour les lots expertisés après la fin du mois sur lequel la livraison est due, le cours de résiliation sera celui du disponible coté à midi le premier jour du mois suivant.

Art. 30. — Les lots déclarés refusables ne peuvent plus être mis en livraison et sont signalés aux magasiniers.

Art. 31. — Les droits de perception sont fixés pour les adhérents :

A cinq centimes pour l'expertise simple ;

A dix centimes pour la contre-expertise.

Ces droits sont doublés pour les non-adhérents.

Les frais de perception sont supportés par celle des parties qui aura succombé.

§ V. — *Exécution des engagements.*

Art. 32. — Les lots mis en livraison devront être affichés la veille à quatre heures au siége de la Commission.

Art. 33. — La livraison s'effectue par lots indivisibles de 25,000 kilogrammes environ, à l'aide de formules imprimées (dites *filières*), délivrées par la Commission. Cette filière doit être accompagnée du certificat d'expertise ; elle ne peut circuler qu'avec des visas du Directeur et du magasinier.

Art. 34. — La filière doit être remise à la direction la veille de la livraison, avant trois heures et demie du soir.

Art. 35. — La filière est la représentation effective de la marchandise ; elle sert d'offre réelle de livraison et se transmet, par voie d'endossement, par l'entremise de liquidateurs agréés par la Commission.

Art. 36. — Toute livraison doit être faite aux jours, heures et dans le local indiqués par la Commission.

Ce local est accepté par les contractants comme seul domicile élu pour toutes les livraisons. Les intéressés doivent s'y trouver afin d'endosser immédiatement les filières qui leur sont présentées ; faute de quoi, ils sont considérés comme prenant livraison de la marchandise.

Art. 37. — Les livraisons doivent s'effectuer par ordre de dates des contrats ; l'endos ne peut être donné que sur le mois dont la filière porte l'estampille.

L'endos se donne avec indication du prix de vente.

Art. 38. — Il y a d'office livraison le second jour de chaque mois pour la liquidation du mois expiré ; les filières destinées à cette liquidation sont seules visées ce jour-là par la direction jusqu'à deux heures et demie, à l'ouverture de la séance d'endossement.

Toute filière déposée apres l'heure prescrite sera reportée à la séance d'endossement suivante.

Art. 39. — La liquidation est scindée en deux opérations : celle de l'endossement et celle du paiement des factures.

L'heure réglementaire est celle de l'hôtel des Postes ; elle est absolument précise.

Art. 40. — Tout créateur de filière ou endosseur, dont l'absence au siége de la Commission aura été constatée à l'ouverture de la séance du paiement des factures, sera passible d'une amende de vingt-cinq francs.

Art. 41. — Après la séance d'endossement, le liquidateur délivre à l'arrêteur un duplicata de la filière ; la liquidation terminée, la filière est déposée aux archives.

Art. 42. — Si l'un des endosseurs vient à suspendre ses payements, l'endos fait par lui devient nul et les intéressés règlent entre eux au cours du jour fixé par trois membres de la Commission.

Art. 43. — Dès que la marchandise est arrêtée, le destinataire est tenu de donner immédiatement reçu de la filière. A moins d'une demande d'expertise d'avarie, il doit payer la facture le lendemain avant quatre heures, contre remise d'un bon de livraison reproduisant toutes les indications de la filière ; si le destinataire le préfère, le payement peut s'effectuer au magasin contre remise de la marchandise.

En cas d'expertise le payement a lieu sans escompte et sur le poids naturel constaté.

Art. 44. — En cas d'expertise pour avarie, la constatation du poids naturel est faite par la Commission, et les parties peuvent y assister.

Si la constatation a lieu sans l'intervention de la Commission, elle doit être faite dans les vingt-quatre heures de l'arrêt de la filière.

Art. 45. — A defaut de payement, la marchandise sera vendue, après mise en demeure, à la Bourse du lendemain, aux frais, risques et périls de qui de droit.

Art. 46. — Si, au jour de l'échéance, le vendeur n'a pas fourni la marchandise qu'il devait livrer, l'acheteur aura le droit, dès le lendemain, de le mettre en demeure, par lettre chargée ou par sommation d'avoir à lui livrer dans le jour suivant au plus tard, et en se conformant aux dispositions des art. 36 et 48.

Le défaut de livraison donnera droit à l'acheteur, soit de considérer le marché résilié pour la quantité non livrée, avec dommages-intérêts fixés sur le cours du jour de la mise en demeure, soit de faire racheter le lendemain à la Bourse, par un courtier assermenté, aux risques et périls du vendeur.

Ne pourront être valablement fournis aux rachats que les blés remplissant les conditions du Règlement.

Art. 47. — Les livraisons partielles (par 25,000 kil.) devront être reçues, suivant les art. 35 et 36, après mise en demeure, jusqu'à l'expiration du délai fixé par l'art. 46, ladite sommation conservant tout son effet pour le surplus, conformément au même art. 46.

Art. 48. — Tout rachat ou revente devra être dénoncé dans les vingt-quatre heures au vendeur ou au récipiendaire en défaut, et chaque intéressé devra transmettre cette dénonciation dans un délai de vingt-quatre heures.

Art. 46. — Le vendeur peut livrer une quantité différant de cinq pour cent en plus ou en moins de 25,000 kil. L'excédant ou le manquant, ainsi que la différence du poids naturel, se règlent au cours du jour de la livraison.

Art. 50. — Toute réclamation pour manque de poids sur la marchandise livrée devra être faite dans les huit jours du payement de la facture et être accompagnée d'un bulletin de pesage délivré dans les cinq jours du payement, sous peine de déchéance.

Les constatations de poids, tant à l'entrée qu'à la sortie, seront établies d'après la tare réelle des toiles.

Art. 51. — Les frais de magasinage, pesage et manutention se répartissent de la manière suivante :

Le livreur aura à sa charge : l'entrée avec le pesage et mise en couche, le magasinage et l'assurance jusqu'à la livraison.

Il devra accorder un jour de magasinage en cas de transfert et cinq en cas d'enlèvement.

Le réceptionnaire aura à sa charge : la sortie avec pesage, réglage et mise en sacs, ou ceux de transfert avec ou sans pesage.

Art. 52. — L'exécution des engagements s'effectue suivant le mode prescrit par la Commission de règlement auquel les parties adhèrent.

Art. 53. — Les parties devront faire élection de domicile à Paris, le siége de la Commission en tiendra lieu, et tous les avertissements, lettres chargées ou significations y seront valablement délivrés ou notifiés.

Art. 54. — Le présent règlement remplace dès ce jour celui du 12 mai 1874.

Paris, le 3 mai 1878.

Nota. — Les dispositions du présent Règlement sont applicables aux marchés aux seigles et avoines de Paris, sauf le Titre II, qui est spécial au marché au blé.

Les Titres II des marchés aux seigles et avoines n'ont pas été modifiés.

ADMISSION TEMPORAIRE DES BLÉS

La loi de 1861 a laissé subsister les acquits remboursables ; le meunier, de même que sous le régime de l'échelle mobile, est remboursé des droits qu'il a payés à l'entrée des grains étrangers, à la condition de sortir 70 kil. de farine par 100 kil. de blé. Le décret du 25 août 1861, autorisait la sortie par tous les points de la France, cette faculté facilitait un échange entre les importateurs du Midi et les exportateurs du Nord et de l'Ouest. Elle a soulevé de la part de l'agriculture des plaintes qui ont inspiré le décret du 18 octobre 1873, lequel exige que la réexpédition des farines ne s'effectue que par les bureaux de douane de la direction par laquelle l'importation du blé a eu lieu.

C'est là une mesure qui nuit en même temps à l'importation des blés, à la sortie des farines et à la marine. Elle est également contraire aux intérêts de l'agriculture, car le meunier qui recevait une prime de Marseille écoulait plus facilement ses farines à l'étranger et pouvait payer plus cher le blé qu'il achetait dans la contrée.

L'agriculture profitait également du bon marché des issues, provenant d'une plus grande quantité de grains moulus. Il lui importe d'ailleurs beaucoup que les farines françaises, les meilleures du monde, entrent dans les habitudes des nations qui ne récoltent pas leur suffisance.

Ce que la Douane pouvait perdre était largement compensé par les droits de toutes sortes provenant d'un grand mouvement d'importation et d'exportation. Le Trésor, en définitive, n'était pas lésé et tout le monde y gagnait. Cet état de choses a été changé par le décret du 18 octobre 1873, encore en vigueur. Il faut désirer que la législation de 1861 soit prochainement rétablie.

La Douane elle-même a compris tout ce qu'il y avait d'exclusif dans ce décret, elle a déjà pris sur elle de tolérer la sortie des farines par les bureaux des deux directions limitrophes de celle par laquelle s'est effectuée l'entrée des blés. C'est un retour à la loi du 5 juillet 1836, mais ce n'est pas assez; il faudra revenir au décret du 25 août 1861.

CHAPITRE II

CÉRÉALES

On comprend sous le nom de céréales, dans le commerce et en agriculture, les graminées qui, se cultivant par leurs graines, jouent un rôle immense dans l'alimentation humaine. Ce sont :

Le froment,

Le seigle,

L'orge,

Le maïs,

Le riz,

L'avoine,

Et le sarrasin, quoiqu'il appartienne à une autre famille.

Les fruits de toutes les céréales sont composés des mêmes éléments nutritifs, mais dans des proportions très-différentes. Ils contiennent : 1° des substances organiques azotées : *glutine,* albumine, caséine et fibrine ;

2° Des substances organiques non azotées : amidon, dextrine, glucose et cellulose.

Indépendamment de ces principes, ils contiennent encore une huile fluide, une graisse plus consistante, une huile essentielle et une essence odorante variant dans chaque espèce.

Les matières minérales sont des phosphates de chaux et de

magnésie, des sels de potasse et de soude et enfin de la silice.

Quelle est l'origine du froment et des autres céréales? C'est là une question de botanique agricole qui n'a pas été résolue. Les uns affirment qu'ils n'ont pas de types sauvages croissant spontanément ; rien ne prouve qu'on les ait rencontrés quelque part sans culture.

Buffon affirme que le grain dont l'homme se nourrit n'est point un don de la nature, mais le grand, l'utile fruit des recherches de son intelligence dans le premier des arts.

Les naturalistes qui ont embrassé la manière de voir de Buffon ne sont pas d'accord sur la plante qui aurait été la souche première du froment cultivé. Les uns penchent pour l'œgilops, d'autres pour l'ivraie, d'autres pour l'épeautre, d'autres pour le chiendent, etc., etc.

Latapie, directeur du jardin botanique et directeur de l'école centrale de Bordeaux, qui a voyagé en Sicile en 1773, assure qu'il a cultivé, grain à grain, l'*œgilops ovata* qui y croît en plus grande abondance que partout ailleurs et qu'ayant eu soin de ressemer les graines qui provenaient de ces semis plusieurs fois de suite, il n'avait pas tardé à voir la plante s'allonger de *facies* et même de caractères génériques.

Les expériences d'un savant de la valeur de Latapie méritent une attention sérieuse, les amateurs d'agriculture, de physiologie végétale et de botanique peuvent les répéter. A l'appui de ses assertions il y a cette coïncidence vraiment curieuse que les plaines de la Sicile sont présentées par la mythologie comme la patrie de Cérès.

Dans sa Physiologie végétale et de botanique, Raspail accepte les expériences de Latapie et admet que l'*œgilops* est la source première du froment cultivé.

Raspail va plus loin. Il ne se borne pas à soutenir que l'*œgilops* par une bonne culture se transforme en froment, il assure que ce dernier, mal cultivé, peut retourner à sa première rusticité, qu'alors la plante perdra tous les caractères systématiques ; tous jusqu'au port et au *facies*, à ce point que nul n'osera plus lui donner le nom de blé (*Physiologie végétale*, 1833).

Il résulte évidemment des diverses opinions que nous venons de citer que les nombreuses variétés des céréales sont le produit de la culture, du climat et de la nature du sol, et que la botanique ne reconnaît qu'une espèce de chaque céréale.

Je n'entreprendrai pas ici la description de ces principales variétés, quoique je reconnaisse qu'elle serait intéressante pour mes lecteurs ; mais cela m'entraînerait à déterminer leur mode de végétation, leur composition, la nature du terrain, le genre de culture qui leur convient ; enfin il me faudrait faire un véritable cours d'agriculture, travail trop considérable pour le cadre restreint qui convient à ce livre ; d'ailleurs il existe. Un des membres de la Société centrale d'agriculture de France a publié récemment sur les plantes alimentaires un traité très-complet ; cet ouvrage est le résultat d'études qui ont coûté à l'auteur plus de vingt années d'un labeur incessant. J'ai été à même d'en apprécier l'exactitude au moyen de la collection, unique peut-être, que je possède, de tous les grains qui ont été admis aux Expositions universelles de 1862, 1867 et 1878. Je suis d'avis que l'ouvrage de M. Heuzé est parfait sous tous les rapports. M. Heuzé était plus que tout autre capable d'atteindre un semblable résultat ; c'est un agriculteur émérite doublé d'un agronome consciencieux ; son œuvre restera. Tous ceux qui s'occupent de la culture, du commerce et de l'utilisation des plantes alimentaires et surtout des céréales et de leurs dérivés, feront bien de lire son livre, qui justifie largement son titre de *Cours d'agriculture pratique*.

Je me bornerai donc à distinguer les variétés des céréales par leur densité, leur composition moléculaire, leur cohésion, conditions qui seules intéressent ceux qui se livrent à leur transformation et auxquels mon traité est destiné.

FROMENT

Parmi les céréales, la plus importante de toutes est, sans contredit, le blé ou froment qui fournit à l'homme, sous forme de pain, dans une grande partie du globe, une excellente nourriture. Il occupe le premier rang parmi les autres céréales qui lui sont inférieures tant au point de vue de la panification que de la valeur alimentaire. Il doit cet avantage au *gluten*, substance organique particulière découverte pas Beccaria, qui joue le rôle important dans la panification ; c'est à lui que la pâte doit la propriété de lever. Cette substance d'un blanc grisâtre, molle, collante, insipide, d'une odeur spermatique, très-élastique, n'existe pas dans les autres céréales. Le seigle en contient un peu, mais il n'a pas la même extensibilité que celui du blé ; ses parties ne se réunissent pas et ne se séparent pas de l'amidon par le lavage. Aussi le pain fabriqué avec de la farine pure de seigle est très-compacte, ses éveillures sont excessivement petites, ce qui le rend indigeste.

D'après M. Peligot, qui a fait les recherches les plus complètes sur la composition du froment et qui pour ses analyses a adopté la méthode qui me semble la meilleure, sa composition moyenne est de :

Eau.	14. 0
Matières grasses.	1. 2
— azotées insolubles (gluten).	12. 8
— — solubles (albumine).	1. 8
Dextrine.	7. 2
Amidon.	59. 7
Cellulose	1. 7
Sels minéraux.	1. 6
	100. »

Ces moyennes sont le résultat des analyses consignées dans le tableau suivant faites sur des blés de quatorze provenances et de qualités différentes :

Dans la meunerie on distingue, en tout, cinq variétés principales : les blés blancs, les blés rouges, les blés bigarrés, les blés demi-durs et les blés durs ou glacés.

Les blancs, quand ils sont bien faits et secs, sont les plus estimés ; ils produisent le pain le plus blanc et le plus nutritif. Ils donnent, il est vrai, à l'analyse, un peu moins de matières azotées que les blés rouges à poids égal, mais leur gluten a plus d'extensibilité, le pain est plus développé ; il trempe mieux et se combine plus facilement avec les liquides sécrétés par les organes de la digestion.

Les blés rouges ont le son plus épais que celui des blés blancs; leur farine a une teinte beurrée qui plaît à la pâtisserie ; elle a aussi plus de corps.

Les blés demi-durs produisent des farines de gruau pour la pâtisserie et la boulangerie de luxe ; ce sont eux qui fournissent les semoules pour la fabrication des pâtes alimentaires.

Les blés durs ou blés glacés sont peu cultivés en France où le climat ne leur convient pas. Cependant autour de Clermont-Ferrand on cultive une sorte de blé rouge glacé dont on extrait des semoules qui conviennent à la vermicellerie, industrie qui a été très-florissante dans cette partie de l'Auvergne.

L'Algérie nous envoie des blés glacés qui donnent des semoules à la vermicellerie de Lyon et de Marseille; ces semoules sont loin de valoir celles qui proviennent des blés durs de la mer Noire, nous en ferons ressortir la différence plus tard. Dans tous les cas, les blés de cette sorte ne conviennent pas à la boulangerie, parce que leur farine ne peut pas s'affleurer, et, aussi, parce que le pain qu'elle ferait serait gris, trop ferme et ne pourrait supporter la comparaison avec le pain de blé tendre et demi-dur.

ANALYSE DES BLÉS

	N° 1 Blé blanc de Flandre	N° 2 Hardy-White	N° 3 Touselle blanche de Provence	N° 4 Blé Polish Odessa	N° 5 Blé Hérisson	N° 6 Poulard roux	N° 7 Poulard bleu conique (année moy°)	N° 8 Poulard bleu conique (année tr.-séch°)	N° 9 Miladin du Midi	N° 10 Blé de Pologne	N° 11 Blé venant de la Hongrie	N° 12 Blé d'Égypte	N° 13 Blé d'Espagne	N° 14 Blé de Taganrock
Eau	14,6	13,6	14,6	15,2	13,2	13,9	14,4	13,2	13,6	13,2	14,5	13,5	15,2	14,8
Matières grasses	1,0	1,3	1,3	1,5	1,2	1,0	1,0	1,2	1,1	1,5	1,1	1,1	1,8	1,9
Mat. azotées insolubles dans l'eau	8,3	10,5	8,1	12,7	10,0	8,7	13,8	16,7	14,4	19,8	11,8	19,1	8,9	12,2
Mat. azotées solubles (albumine)	2,4	2,0	1,8	1,6	1,7	1,9	1,8	1,4	1,6	1,7	1,6	1,5	1,8	1,4
Mat. soluble non azotée (dextrine)	9,2	10,	8,1	6,3	6,8	7,8	7,2	5,9	6,4	6,8	5,4	6,0	7,3	7,9
Amidon	62,7	60,8	66,1	61,3	67,1	66,7	59,9	59,7	59,8	55,1	65,6	58,8	63,6	57,9
Cellulose	1,8	1,5	»	»	»	»	1,5	»	1,4	»	»	»	»	2,3
Sels	»	»	»	1,4	»	»	1,9	1,9	1,7	1,9	»	»	1,4	1,6

N° 1. Blé blanc de Flandre dit blasé, récolté à Vienne, en Dauphiné, en 1841. De la collection de M. O. Leclerc Thouin.
N° 2. Blé d'origine écossaise, très-blanc, cultivé par M. Vilmorin, à Verrières, depuis 1839. Ce blé a été récolté en 1843.
N° 3. Blé très-tendre, très-blanc, récolté en 1842.
N° 4. Blé mêlé venant de la Pologne russe : il m'a été donné par M. P. Darblay.
N° 5. Blé tendre, semé en mars 1842.
N° 6. Blé demi-glacé, récolté en 1840 dans le département de la Loire-Inférieure.
N° 7. Blé demi-glacé, récolté à Verrières en 1844, par M. L. Vilmorin.
N° 8. Le même, de la récolte de 1846.
N° 9. Blé demi-glacé.
N° 10. Blé demi-glacé. Cultivé aux environs d'Avignon.
N° 11. Blé que j'ai rapporté de Vienne, en Autriche, en 1845. C'est le blé qu'on emploie pour la confection du pain, à Vienne. Il vient de la province de Bana, en Hongrie.
N° 12. Blé à petits grains rouges, inégaux et raccornis.
N° 13. Blé donné par M. P. Darblay comme étant très-commun sur le marché de Paris. C'est un mélange de blé tendre et de blé dur.
N° 14. Blé très-dur donné par M. P. Darblay comme étant également très-abondant à Paris.

La cellulose et les cendres sont à déduire de l'amidon pour les blés n°s 3, 5, 6, 11, 12; la cellulose est à déduire pour les blés n°s 4, 8, 10 et 13.

Les blés contiennent d'autant plus de gluten qu'ils sont plus secs et plus durs. Les farines absorbent à leur tour au pétrissage une quantité d'eau proportionnée à la quantité de gluten. qu'elles contiennent.

Ces faits devraient valoir aux blés durs la première place ; il n'en est rien. Les blés tendres seront toujours préférés aux blés glacés, qui ne peuvent faire que du pain de ménage.

On a dit et on répète souvent que cette préférence du consommateur pour la blancheur du pain est une manie, un préjugé ; je ne suis pas de cet avis.

En effet, le pain provenant de farine de blé tendre est plus savoureux ; il est plus développé et conséquemment plus digestif ; enfin il est plus nutritif *à poids égal* que celui qui provient de blés durs. Si les farines de ces derniers ont la propriété de retenir plus d'eau, c'est au profit du boulanger dont le rendement en pain est plus fort ; le consommateur n'y gagne rien.

Le mélange des farines de blés tendres et de farines de blés durs produit toujours un mauvais résultat : la farine de blé tendre très-affleurée se pétrit plus facilement ; la pâte fermente plus promptement que celle provenant du blé dur qui est beaucoup plus ronde ; elle reste à l'état de granules non utilisés qui font du poids et non du pain. On les retrouve facilement dans la mie au moyen du microscope. Il ne faut donc pas s'étonner si l'usage du pain provenant des blés glacés ne s'est pas étendu, et si, à mesure que l'agriculture fait des progrès en Algérie, le blé tendre s'y propage.

D'abord le colon en tire un plus grand prix sur le marché ; puis cette espèce est plus productive et n'appauvrit pas le sol autant que le blé glacé. L'épi n'étant pas barbu comme celui du blé dur, la paille est préférable pour la nourriture du bétail. Quant à la France, elle ne peut produire les blés de cette sorte. L'administration de la Guerre emploie cependant une quantité considérable de blés durs d'Afrique pour le pain du soldat ; cela tient à ce qu'elle s'est mise dans l'obligation d'appliquer et de continuer un système condamné par l'expérience. Voici à quelle occasion : Napoléon III, par un décret du 15 août 1853, décida que la farine destinée au pain de la troupe serait désormais blutée à 20 %. Sous la Restauration, l'extraction était de 10 %. Louis-Philippe l'avait élevée à 15 %. C'était pour l'armée un véritable bienfait qui avait, il est vrai, pour conséquence, de charger un peu la partie du budget de la guerre destinée aux subsistances militaires. Cette augmentation de dépense ne fut pas du goût de l'administration, qui chercha le moyen d'éluder le décret impérial, tout en conservant à son auteur le mérite de sa bonne intention. On présenta comme un équivalent au blutage amélioré le mélange d'une certaine quantité de blé dur avec les blés du pays ; le blé dur, a-t-on dit à l'Empereur, étant plus riche en gluten, nous réduirons l'extraction des issues à 12 % ; les 8 % de son qui resteront en plus dans le pain de munition seront largement compensés par le tant pour cent de gluten apporté en plus par le blé dur. Depuis cette époque on suit les mêmes errements au préjudice du régime du soldat dont le pain contient plus d'eau et de son que celui qu'on lui fournissait avant même le décret précité. Aussi ce pain mal levé et trop humide ne trempe pas dans la soupe, pour laquelle le soldat est forcé d'acheter du pain de boulanger. Cela est regrettable.

Pour me fixer sur la valeur du gluten des différents blés, j'ai fait des expériences qui m'ont appris qu'elle était très-variable et que la richesse alibile du pain n'est pas en rapport avec la proportion de gluten, mais plutôt avec l'élasticité et l'extensibilité de ce dernier.

Le blé blanc, qui n'a pas plus de 10 à 11 % de gluten, produit des farines dont le pain est plus nutritif que la farine des blés durs qui en contiennent jùsqu'à 18 et même 20 % ; il est plus développé, plus digestif et s'assimile mieux ; c'est là un fait incontestable.

Les blés bigarrés sont un mélange naturel de blés de variétés et de couleurs diverses. Certains cultivateurs trouvent ce mélange avantageux et prétendent obtenir un meilleur rendement au battage. Mais, à la mouture, les effets sont souvent mauvais, ainsi que je le démontrerai lorsque je m'occuperai du mélange des blés au moulin. D'ailleurs, ces blés n'étant pas de même nature ne mûrissent pas également.

Les blés se classent en blés de choix, et blés de première, deuxième et troisième qualité.

Le blé de choix est celui qui réunit le poids, la sécheresse, la finesse et la régularité du grain.

La première qualité est celle qui satisfait aux conditions que je viens d'énumérer, mais à un degré moindre. Le poids perd 2 kilog. environ par hectolitre.

La deuxième qualité perd également 2 kilog. sur la précédente, elle comprend des blés qui manquent de finesse.

Le blé marchand est celui qui contient moitié environ de chacune de ces sortes : la première et la deuxième qualité.

Enfin, la troisième qualité est celle dont les blés d'une couleur terne, manquent de sécheresse, de poids et de propreté.

L'acheteur expérimenté apprécie exactement la qualité du blé à la vue, à la main et à l'odorat. Il examine d'abord si le grain est bien fait, si la raie qui partage les lobes a ses bords bien relevés, s'il contient des corps étrangers, si la barbe n'est pas charbonnée, s'il est attaqué par les insectes. Il reconnaît le degré de sécheresse à la facilité avec laquelle la main entre dans le sac ou dans le tas. Si le blé n'est pas coulant, s'il ne laisse pénétrer que les premières phalanges des doigts il est gourd ; dans cet état il ne pétille pas lorsqu'on le fait sauter dans la main.

On doit s'assurer également à la mâche que le blé n'a pas mauvais goût.

Tels sont les moyens en usage pour connaître l'état réel et la valeur du blé.

On construit des balances qui rendent des services aux personnes n'ayant pas encore acquis l'expérience nécessaire pour apprécier ainsi le poids des grains ; la plus exacte est celle inventée par mon père en 1810 et exécutée par *Chemin*, l'un des plus habiles balanciers de Paris.

Comme elle est d'un prix assez élevé, on a essayé de lui substituer des appareils peu coûteux qui ne peuvent la remplacer. Je suis d'avis qu'une dépense de ce genre est promptement amortie par les avantages qu'on en retire.

Altération du froment

Lorsque je m'occuperai du nettoyage des blés, je désignerai les corps étrangers qui doivent être éliminés du bon grain avant la mouture ; mais, dans ce chapitre, je vais me borner à indiquer les différentes maladies qui altèrent les grains et en rendent les produits malsains. Elles proviennent ou de champignons parasites (microphytes) qui se développent sur la plante et sur le grain, ou d'insectes (microzoaires).

Les parasites sont de variétés innombrables. L'air est continuellement chargé de leurs germes invisibles qui viennent se déposer sur tous les corps. Ils altèrent dangereusement nos aliments et principalement le pain, ainsi qu'on le verra à l'article boulangerie.

Les champignons connus sont désignés ordinairement sous les noms de carie, de charbon, de rouille et d'ergot.

La carie pénètre dans la plante près de la racine et transforme la fécule du grain en une poussière noire et fétide ; le grain se ride et passe insensiblement du blanc sale au gris obscur. L'odeur caractéristique de la carie ne permet pas de la confondre avec le charbon. Le grain carié se détache rarement de l'épi avant le battage ; mais, sous l'action du fléau, la poussière qu'il contient se répand quelquefois sur le bon blé, dans la rainure duquel elle se loge ; alors elle passe avec lui sous la meule et donne à la farine une teinte violacée qui produit du pain terne et âcre, cause d'une des plus affreuses maladies qui affligent l'humanité, la pellagre des céréales qu'il ne faut pas confondre avec la pellagre du maïs. En effet, cette dernière, décrite à l'article que j'ai consacré au maïs, est le lot exclusif du pauvre, se montre à tout âge même chez l'enfant à la mamelle ; la pellagre du pays à blé, au contraire, attaque indistinctement les individus qui ne manquent de rien et ont un régime et une existence très-confortables.

La marche de la pellagre par la carie est généralement plus rapide que celle de la pellagre par le verdet. Elle est devenue, il est vrai, plus rare au fur et à mesure que les nettoyages se perfectionnent et fournissent les moyens au minotier de séparer du bon grain la plus grande partie, sinon la totalité des grains cariés. Il n'en est pas de même chez les meuniers à petits sacs qui sont, presque tous, encore privés de ces instruments. Le cultivateur veut éviter le déchet qui est la conséquence d'un bon nettoyage, il en résulte que sa farine lui revient chargée de nombreuses impuretés qui rendent le pain délétère. Le cultivateur intelligent vend ses blés cariés et achète à la place des farines de bonne qualité.

La carie se produisant surtout par les spores qui adhèrent au blé de semence, l'agriculteur devra ou changer les semences, ce qui serait plus sage, ou soumettre les grains destinés à cet usage au chaulage efficace et inoffensif imaginé par Matthieu de Dombasle.

Le charbon est un champignon de forme sphérique qui convertit le périsperme du blé et des autres graminées en une poussière noire, abondante, pelotonnée, très-visible à l'œil nu.

Lorsque le blé est sur pied, les vents disséminent en grande partie la poussière du charbon sur les grains non charbonnés, qui se colorent extérieurement. Le fléau détache cette poussière, crève les grains qui sont restés pleins, et toute cette poudre vient se fixer en léger duvet à la brosse du blé, que, dans cet état, on appelle blé bouté ou moucheté ; il perd alors considérablement à la vente.

Le charbon se reproduit rapidement. Il est essentiel de ne pas semer du blé charbonné, il faut même en brûler la paille ; sans ces précautions on ne parvient pas à s'en débarrasser.

La rouille se développe à la surface des organes de la plante sous la forme de pustules ovales très-petites. Au début, on voit des taches blanchâtres qui donnent par suite une poussière jaune très-ténue, formée de capsules sphériques privées de pédoncules qui couvrent rapidement les feuilles du froment et quelquefois les graines. Jamais ce champignon ne devient noir comme la carie et le charbon. L'air transporte au loin les sporules. On ignore les causes qui déterminent la rouille, elle est attribuée, à tort, aux brouillards, aux brumes et aux fortes rosées. C'est le résultat de l'implantation de petits champignons microscopiques de la famille des urédinées. On ne connaît aucun remède pour la détruire. Le seul soin à prendre c'est d'en débarrasser le froment par un bon nettoyage, car son mélange avec la farine en altérerait promptement la qualité.

L'ergot affectant plus particulièrement le seigle, je le décrirai lorsque je m'occuperai de cette céréale.

Les insectes qui attaquent les blés et les farines sont très nombreux ; ceux qui sont connus appartiennent aux ordres suivants :

1° Les aptères, insectes sans ailes.

2° Les coléoptères, ordre d'insectes dont les deux ailes supérieures, dures, épaisses, courtes, servent d'enveloppe aux inférieures qui sont membraneuses et se replient en travers sous elles, dans l'état de repos. L'ordre des coléoptères se divise en quatre sections, d'après le nombre d'articles de leurs torses.

3° Les diptères, insectes caractérisés par deux ailes derrière lesquelles est un appendice appelé balancier, et par une bouche organisée pour la succion seulement.

4° Les hyménoptères, comprenant les insectes qui ont pour caractères trois paires de pattes, la bouche conformée pour la succion et armée de mandibules distinctes. Les ailes au nombre de quatre, sont membraneuses, transparentes et divisées en grandes cellules. Les ailes supérieures sont toujours les plus grandes, elles se croisent horizontalement sur le corps pendant le repos ; les pattes sont pourvues de cinq articles aux torses. Les femelles ont l'abdomen terminé par une tarière ou un aiguillon.

5° Les lépidoptères, insectes subissant des métamorphoses complètes ; c'est-à-dire, offrant successivement l'état d'œuf, celui de chenille et enfin de papillon. Les chenilles changent ordinairement quatre fois de peau (et à chaque fois grandissent beaucoup) avant de passer à l'état de chrysalide. Mais la plupart se renferment pour cela dans un cocon formé de filaments très-fins qui sont la soie et au centre duquel se trouve la chrysalide. D'autres, dites à chrysalide nue, ne font qu'attacher ou pendre la chrysalide, elles ne se métamorphosent que sous terre, où elles passent l'hiver dans un état de mort apparente. De la chrysalide sort le papillon.

6° Les orthoptères, classe qui comprend les insectes dont les ailes sont pliées longitudinalement.

7° Les thysanoures, ne subissant pas de métamorphose ; dont la bouche est disposée pour broyer et dont l'abdomen est terminé par trois filets servant à sauter ; la femelle porte en outre une tarière. Les anneaux de l'abdomen sont pourvus de fausses pattes.

Le cadre trop restreint de ce livre ne me permet pas de décrire tous les insectes qui, appartenant à ces différentes classes, peuvent être nuisibles à l'agriculture ; je ne m'occuperai que de ceux qui causent des ravages sérieux et presque continuels et qu'il est intéressant de combattre et de détruire.

Mite ou ciron. — Dans la famille des aptères, nous trouvons la mite ou ciron ; trop petit pour être aperçu à l'œil nu. Il est d'une forme ovoïde, presque blanc partout, à l'exception de la partie antérieure qui est roussâtre. Il a sur le corps quelques poils longs et roides ; ses pattes au nombre de huit, dont les deux premières, plus longues, sont terminées par une petite vessie qui, en se contractant, fait l'office d'une ventouse et lui permet de se fixer contre les objets sur lesquels il marche.

Cet insecte fait de très-grands ravages dans les magasins et les boulangeries pendant la saison des chaleurs ; le froid l'engourdit et suspend son action.

La présence de la mite se manifeste dans les farines et les gruaux dont elle fait sa nourriture, par une sorte d'agitation qui cause de petits éboulements à la surface de ces matières réunies en tas ; les farines qui en contiennent une certaine quantité se reconnaissent à une odeur de miel et à une saveur amère très-prononcée dans le pain qui en en est fabriqué.

Rien ne peut empêcher la venue et le développement de la mite dans la farine ; ce qu'il y a de mieux à faire, c'est d'employer cette farine le plus promptement possible. On essaye bien de rouler les sacs ou de les vider, de pelleter la marchandise, mais ce sont là des moyens sans efficacité. Le pain fait avec de la farine contenant de la mite n'est nullement malfaisant, l'animal est complétement détruit par la chaleur du four. Le ministère public a poursuivi à plusieurs reprises des meuniers et boulangers convaincus d'avoir vendu et employé des farines chargées de mites; les tribunaux ont invariablement, et avec raison, refusé de considérer leur mélange comme frauduleux. En effet, c'est un mal naturel qu'il n'est pas possible d'empêcher et duquel le meunier souffre le premier, car sa marchandise se place plus difficilement.

Barbot. — Parmi les coléoptères, je citerai un gros insecte noir mat, un peu plus petit que le hanneton, et dont les élytres sont lisses; les naturalistes l'appellent blaps géant. Il est connu vulgairement sous le nom de barbot. On le trouve fréquemment dans les bluteries où il recherche les farines échauffées qui, séjournant entre les planches et autres parties du coffre, s'altèrent. Le barbot marche lentement, se tient dans les lieux obscurs et un peu humides ; il craint la lumière et répand une odeur fétide.

Ténébrion de la farine. — Vient ensuite le ténébrion de la farine. Il a le dos brun noir un peu luisant et le ventre brun marron; le dessus du corps est finement pointillé et les élytres ont chacune neuf stries peu profondes. La larve de cet insecte est connue sous le nom de ver à farine; elle ressemble effectivement aux lombrics par sa forme étroite, allongée, cylindrique, elle est d'une grosseur égale dans toute son étendue. Sa peau est lisse, crustacée et d'une couleur jaunâtre plus ou moins brune ; sa marche est lente, elle s'opère en glissant. Le ténébrion à l'état d'insecte vole le soir ou pendant la nuit et se cache le jour dans les fentes des murailles ou des boiseries, ou sous la farine.

Charançon. — La calandre du blé, ou le charançon, est malheureusement trop connue pour qu'il soit nécessaire d'en faire une description complète ; on sait que son corps, d'un brun obscur, a de $0^m,003$ à $0^m,004$ de longueur sur $0^m,001\ 1/2$ de largeur. Le corselet est fortement ponctué, les élytres ont des lignes profondes et nombreuses.

Le charançon est assez agile, il fuit la lumière, le bruit et

l'agitation; si on veut le saisir, il se laisse tomber et fait le mort
jusqu'à ce qu'il croie le danger passé.

C'est surtout sous la forme de larve que la calandre exerce
le plus de ravages. Elle occupe alors l'intérieur d'un grain de
blé, elle s'y développe en se nourrissant de la substance farineuse. C'est aussi dans le grain que la calandre se métamorphose. Lorsqu'un premier grain n'a pas suffi, elle en prend
un autre ; dans tous les cas, le premier grain est tellement
vidé qu'un autre est toujours indispensable pour subvenir à
l'insecte.

La larve est blanche, longue de 0^m,002 1/2, sa tête est
jaune et écailleuse, son corps est composé de neuf anneaux.

La calandre s'accouple au printemps. La femelle pond un
seul œuf à la fois sur la surface, mais le plus ordinairement
dans la rainure de chaque grain, jusqu'à ce qu'elle ait terminé
sa ponte, qui va jusqu'à six mille œufs.

L'éclosion survient cinq ou six jours après la ponte, selon
l'élévation de la température ; la larve commence immédiatement ses ravages jusqu'à sa mort, et, si elle n'est pas tour-
mentée, elle peut, en une année, produire un déchet de 65 à
75 pour cent.

Quand la calandre du blé a fait sa ponte de bonne heure,
elle peut subir toutes ses métamorphoses en soixante jours.
L'éclosion de l'insecte est subordonnée à la température; dans
les environs de Paris, c'est ordinairement au mois de juillet.
La ponte, commencée au printemps, se continue souvent en
août et septembre ; les individus qui naissent dans l'arrière-
saison, et qui n'ont pas eu le temps de s'accoupler, se cachent
l'hiver et se mettent à l'abri des froids les plus rigoureux. La
calandre se tient très-rarement à la surface des tas de grains;
c'est à quelques centimètres en dessous de la partie supérieure
des couches qu'elle vit, s'accouple et pond.

Apate menu. — On trouve souvent aussi dans les boulangeries un insecte plus petit mais plus agile que le charançon. Il est d'une couleur rougeâtre ; sa larve est jaunâtre, elle a douze anneaux distincts. Sa forme est celle d'un petit ver un peu renflé et courbé en arc ; sa consistance est molle ; sa tête, munie de deux mâchoires solides et tranchantes, est, ainsi que les six pattes, écailleuse, dure et d'une couleur jaune et brun foncé. Cet insecte est l'apate menu ; comme le charançon et tous les individus de cette famille, il simule le mort quand on le touche.

L'apate menu est très-commun dans le biscuit militaire.

Trogossite caraboïde. — Dans le midi de la France, le trogossite caraboïde exerce de grands ravages dans les blés. Cet insecte est très-sensible au froid. Sa forme est allongée, aplatie ; il est de couleur noirâtre en dessus, brun en dessous avec des stries lisses sur les élytres ; son corselet est cordiforme avec un bord saillant. La larve, que l'on désigne vulgairement sous le nom de cadelle, a, lorsqu'elle a atteint son plus grand accroissement, environ $0^m,018$ de longueur sur $0^m,002$ de largeur. Sa tête est noire, écailleuse, armée de mandibules arquées, tranchantes et dures ; elle seule attaque le blé, qu'elle ronge extérieurement contrairement aux charançons, auxquels un seul grain suffit souvent. Quant à l'insecte parfait, il ronge le biscuit, se nourrit des larves de la calandre du blé, de la teigne et de l'apate menu, et, si cette nourriture lui manque, il dévore ses semblables.

Le trogossite caraboïde s'attaque de préférence aux blés en tas et rarement à celui qui est en sacs ; on doit donc, dans les contrées où il fait ses ravages, mettre les blés en sacs aussitôt la récolte.

Teigne des grains. — Dans la famille des lépidoptères, on trouve d'abord la teigne des grains, l'un des ennemis les plus redoutables de nos approvisionnements. Cet insecte, bien connu, a des mœurs qui, jusqu'à présent, n'ont pas été bien décrites. La chenille ne vit pas dans l'intérieur du grain, mais elle réunit par des fils plusieurs grains autour d'elle, laissant entre eux un espace suffisant pour pouvoir circuler librement. Par ce moyen les grains qu'elle ronge ne peuvent lui échapper en roulant. Elle construit un fourreau de soie blanche qui l'enveloppe et qu'elle traîne avec elle. Elle ne sort de ce vêtement que la partie antérieure de son corps, pour ronger les grains qu'elle a accumulés autour d'elle.

Lorsque le blé est resté un certain temps sans être remué, la surface du tas forme une croûte épaisse et compacte.

Parvenue à tout son accroissement, la larve quitte le tas de blé et se met à l'abri dans les fissures des murailles et les joints des planches, où elle se file une coque qui a la forme et la dimension d'un grain de blé, qu'elle recouvre de poussière et de débris de son ou de farine. C'est dans cette retraite qu'elle subit toutes les phases de sa transformation.

Œcophore granelle. — L'œcophore granelle, est confondu, à tort, avec la teigne des grains, mais il s'en distingue par sa couleur d'un jaune sale uni, par la forme de ses ailes qui, dans les moments de repos, sont beaucoup plus aplaties et ne se relèvent pas en toit ; enfin par ses palpes, qui sont très-apparents, tandis que dans l'autre ils ne s'aperçoivent que difficilement.

La chenille des œcophores ne vit pas, comme celle des teignes de grains, dans un fourreau de soie qu'elle traîne avec elle, mais elle pratique un trou imperceptible dans le blé, s'y introduit, en ronge la partie farineuse sans en changer la forme apparente.

Cet insecte se multiplie considérablement, ravage surtout les blés en épis et continue ses dégâts dans les gerbes ; il y a donc nécessité de battre promptement les blés qui en sont infestés.

Les blés attaqués par la chenille des œcophores ont besoin d'être séparés des grains intacts avant d'être mis en mouture, car le pain qui proviendrait de farine d'un semblable mélange serait malsain. Cet épurement est d'ailleurs rendu facile par les nettoyages actuels, car les grains évidés sont extraits par les ventilateurs et les aspirateurs.

Les insectes qui attaquent le froment sur pied sont trop connus ; ils se trouvent décrits dans tous les ouvrages d'agriculture et ne peuvent trouver place dans cet ouvrage exclusivement destiné au commerce et à la transformation des grains.

SEIGLE

L'origine du seigle est aussi inconnue que celle du froment. Le seigle est presque exclusivement en usage dans de nombreuses contrées de l'Allemagne, de la Russie, de la Prusse et de la Suède. La Belgique et la France en consomment encore dans des localités où les terrains lui conviennent, mais son usage y diminue progressivement. Le rendement du seigle, sa valeur alimentaire comparativement à celle du froment, son prix relativement élevé, déterminent les producteurs à le vendre pour la distillation et à en employer le prix à l'acquisition de froment qui fournit un pain meilleur ; c'est pour cela qu'une partie de notre seigle va dans le Nord, en Belgique et en Angleterre où il est transformé en alcool.

En France on cultive 3 variétés : le seigle d'automne, celui de mars et celui de Saint-Jean.

Voici sa composition immédiate moyenne d'après M. Malagutti :

Matières azotées.	10,70
Amidon.	66,60
Matières grasses.	2,00
Ligneux et cellulose.	3,15
Sels terreux	1,95
Eau.	15,60
	100,00

La composition du seigle s'écarte donc sensiblement de celle du blé ; son gluten n'a pas les mêmes propriétés, on ne peut le séparer de l'amidon par le lavage. Le seigle pèse de 70 à 72 kilogrammes l'hectolitre, les qualités supérieures atteignent 75 kilogrammes. Il contient plus du double de dextrine que le blé, particularité qui explique la consistance un peu gluante du pain fait avec sa farine. Ce pain a une couleur brune, est compacte et attire fortement l'humidité, il a un goût de violette très-prononcé. Dans quelques départements on sème un mélange d'environ deux tiers de froment et un tiers de seigle, qu'on appelle méteil ; mais ce mélange offre des inconvénients sérieux parce que, le seigle mûrissant avant le froment, il faut attendre ce dernier pour moissonner, ou bien, couper le tout avant que le blé soit suffisamment mûr. Toutefois la farine de méteil donne un pain qui est supérieur au pain de seigle pur.

A Paris et dans les villes où la panification est soignée, on emploie la farine de seigle pour faciliter la fabrication du pain fendu.

Altérations du seigle. — Le seigle est assujetti plus communément que les autres céréales à une altération qui en rend l'emploi quelquefois dangereux ; c'est l'ergot, végétation qui prend en effet la forme de l'ongle pointu qui vient à la partie postérieure de la patte de certains animaux. L'ergot est un corps le plus souvent courbe, long de $0^m,01$ à $0^m,04$, épais de $0^m,001$ à $0^m,004$, qui occupe la place du grain dans l'épi et qu'on rencontre aussi, mais beaucoup plus rarement, dans les épis de blé, d'avoine, de maïs et d'ivraie. Dans le seigle il conserve une analogie grossière de forme avec le grain ; ce qui l'a fait considérer à tort comme une maladie de celui-ci. Mais, après un examen attentif, on reconnaît qu'il offre, dans sa longueur, trois angles mousses séparés en dehors de l'épi et non point contre son axe, comme on le voit sur le sillon du grain.

L'ergot est conique à son extrémité inférieure qui adhère

au centre de la fleur à la place du hile de grain, mais sans continuité des fibres. Son extrémité inférieure est conique ou tronquée, elle dépasse de beaucoup les enveloppes florales. Elle est surmontée, dans le seigle et le blé surtout, d'un corps jaunâtre ou gris, de forme variable, soit prismatique triangulaire, soit arrondie à son extrémité libre, un peu renflée ou non. Ce corps adhère légèrement à l'ergot, dont la surface, au contraire, est d'une teinte brune ou noire voilée par une seule couche blanchâtre, très-fugace, n'existant souvent qu'au sommet.

La surface de l'ergot est assez fréquemment fendillée en long ou en travers, elle laisse voir le tissu intérieur, qui est d'un blanc grisâtre, homogène, compacte. Les cellules du tissu sont noires à la surface, remplies de fines granulations et tapissées d'une mince couche homogène noirâtre, anguleuse. Les cellules du reste de la masse, qui est blanche homogène, sont polyédriques, à angles arrondis, quelquefois bifurquées, larges de 6 à 10 millièmes de millimètre environ, très-adhérentes entre elles et difficiles à isoler. Elles sont, comme on le voit, six à huit fois plus petites que les cellules du grain de seigle et autres céréales et ne contiennent pas comme elles un mélange de gouttes d'huile et de grains d'amidon ; elles ont, au contraire, tous les caractères des cellules du tissu non filamenteux ou cellulaire serré des lichens et des champignons.

L'ergot en a aussi la composition immédiate et renferme entre autres principes beaucoup de substances azotées, un principe particulier appelé ergotine et de la fungine (cellulose des champignons).

Il n'est donc pas le résultat de l'hypertrophie de la graine, comme on le croit communément, mais un champignon qui se développe dans l'ovaire avant l'épanouissement de la fleur. Il constitue d'abord une masse jaune grisâtre, molle, gluante quelquefois ou presque diffluente, formée entièrement de cellules filamenteuses de mycélium cryptogamique, simples ou ramifiées, plus ou moins grosses, contenant des gouttes d'huile et supportant des conidies.

La masse grisâtre, une fois saillante hors des enveloppes, commence à se durcir à sa base et à devenir d'un noir violacé à la surface. Le tissu même est alors constitué par des cellules devenues petites, polyédriques, à angles arrondis, ayant tous les caractères des cellules du tissu cellulaire des cryptogames. La surface noirâtre est voilée d'une espèce de duvet fugace disparaissant facilement au moindre contact ; ce sont de véritables spores (corps reproducteurs des cryptogames). L'ergot est donc incontestablement un champignon, mais de la pire espèce ; il détermine une affection appelée ergotisme, dont les symptômes se bornent quelquefois à des vertiges, des spasmes, des convulsions ; mais, le plus souvent, il occasionne un engourdissement des pieds et des mains, qui se flétrissent, perdent le sentiment et le mouvement et se séparent du corps par gangrène sèche. Lorsque la maladie est arrivée à ce point, la mort survient promptement.

Mais si les effets de l'ergot sont si pernicieux, rien n'est si facile que de s'en préserver en le séparant du bon grain par un simple criblage ; car, ainsi que je l'ai dit plus haut, l'ergot étant beaucoup plus volumineux reste sur la grille du crible ou va tomber à l'extrémité du trieur avec les mottes.

ORGE

La production de l'orge en France est inférieure à celle du seigle ; cette céréale a deux variétés principales qui sont : l'orge carrée ou esturgeon et l'orge de mars ou orge plate ; elle est très-répandue dans le nord de l'Europe, où elle entre pour une part considérable dans l'alimentation. Mais, en France, elle sert principalement à la nourriture des bestiaux et à la fabrication de la bière.

En Allemagne, l'orge mondé, c'est-à-dire privé de son enveloppe, est employé dans les potages. Lorsque cet orge mondé subit quelques minutes de plus l'action de la meule, il s'arrondit et constitue l'orge perlé, qui sert à la fois en médecine et pour préparer certains aliments légers. (Orge est du genre féminin, on dit de la belle orge, mais transformée elle devient du genre masculin, on dit du bel orge perlé, mondé.)

Pour perler l'orge on emploie des moulins qui ont une seule meule en grès d'une qualité spéciale ; cette meule fonctionne verticalement ou horizontalement dans une enveloppe ou archure formée de tôle râpe ou de toile métallique. On nettoie d'abord les grains dans des appareils qui les débarrassent des corps étrangers ; on les divise ensuite en deux grosseurs qu'on travaille séparément et on les passe dans un premier moulin qui les monde. De ce premier ils vont dans un deuxième dans lequel ils sont perlés au degré voulu. Certains fabricants ont un troisième moulin pour obtenir les plus petites dimensions. Plus les grains perlés sont petits et régulièrement sphériques, plus ils ont de valeur. En dernier lieu on les divise dans un trieur qui fait trois sortes, soit trois grosseurs.

En Allemagne et en Russie on coupe le grain transversalement au moyen d'un appareil spécial ; on obtient ainsi de chaque grain trois parties à peu près égales que des moulins arrondissent ensuite, ce qui permet d'obtenir de très-beaux produits et un grand rendement.

L'orge germée et moulue constitue le malt qui, dans les contrées où on consomme beaucoup de bière, forme une industrie spéciale.

Enfin, la farine d'orge a besoin d'être mélangée d'un tiers de farine de froment, au moins, pour être panifiée, et, encore, le pain qui en résulte est lourd et grossier.

En Espagne, en Algérie et en Orient, l'orge est la nourriture habituelle des chevaux.

L'orge pèse de 63 à 66 kilogr. l'hectolitre, il se compose en moyenne des éléments suivants :

Matières azotées	13. 4
Amidon et dextrine	63. 7
Matières grasses	2. 8
Ligneux, cellulose	2. 6
Substances minérales	4. 5
Eau.	13. »
	100. »

MAÏS

Le maïs est originaire du Nouveau-Monde ; il a été apporté en Europe par Christophe Colomb. Il forme, dans certaines contrées de l'Afrique, de l'Asie méridionale et de l'Espagne, la base de la nourriture des populations ; il sert également à la subsistance publique dans quelques localités des Landes, des Pyrénées, du Jura, du Doubs et de la Provence. Il se plaît dans les terrains sablonneux. On cultive huit ou dix sortes de maïs qui sont :

Le maïs quarantain, le maïs à bec, variétés hâtives à petits grains ; le maïs d'été qui tient le milieu entre ces espèces précoces et les espèces tardives suivantes : le maïs d'automne à gros grains, le maïs de Pensylvanie, à gros grains également, mais dont les épis sont les plus longs ; le maïs blanc tardif ; le maïs blanc de Virginie, à grains aplatis ; le maïs Cusco, d'un blanc jaunâtre et d'un aspect farineux dans toute la masse de son périsperme.

Les grains du maïs Cusco sont plus volumineux que les précédents ; chacun des granules d'amidon de cette variété semble être entouré d'un réseau de matière azotée. Le périsperme des autres variétés est glacé et ne présente qu'au centre des portions opaques et farineuses. Il existe plusieurs sous-variétés, violettes, rougeâtres ou panachées.

Le maïs contient une forte proportion de substances grasses qui varie de 7 à 9 pour 100 du poids du grain, la farine qu'on en tire est généralement colorée et a une odeur toute spéciale lorsqu'elle est fraîche. Quand elle est préparée depuis plus ou moins longtemps, elle rancit. Dans les contrées où le maïs remplace le pain, on en forme de la polenta ou bouillie très-épaisse faite uniquement avec de l'eau ou du lait et un peu de sel; c'est la meilleure manière de le consommer. On a essayé de le mélanger avec de la farine de blé, dans une proportion de 25 à 50 pour 100, mais le pain cuit mal, reste compacte et manque de cohésion.

Le maïs contient les substances suivantes :

Amidon	59. »
Dextrine et sucre	1. 50
Albumine.	12. 80
Matières grasses.	7. »
Ligneux et cellulose	1. 50
Matières minérales.	1. 10
Eau	17. 10
	100 »

La proportion exceptionnelle de matières grasses qu'il possède lui fait une place particulière parmi les céréales.

Cependant l'usage, loin de se développer, diminue progressivement; partout où on peut cultiver ou se procurer du froment on délaisse le maïs pour le pain de froment qui est appelé à devenir un jour la base de la nourriture de toutes les nations civilisées.

Les matières grasses du maïs contractent une odeur *sui generis* et une saveur plus ou moins amère provenant surtout des principes âcres renfermés dans le germe qui se divise

8

sous les meules et se mélange aux autres produits de la mouture.

On a eu l'idée de séparer toute la matière embryonnaire des parties farineuses de l'amande, par une mouture ronde qui décortique le grain, mouillé préalablement, roule les matières grasses et résinoïdes sans les broyer et réduit la masse farineuse en semoules de diverses grosseurs qui sont ensuite séparées et épurées dans un sas et dans une bluterie. On comprend que la matière roulée ne traverse pas le tamis, elle tombe à l'extrémité du sas ou de la bluterie avec la pellicule du grain.

Le résultat de cette mouture est de jeter dans les issues la matière huileuse qui rend l'aliment éminemment respiratoire ; ce mode lui fait donc perdre une de ses principales propriétés tout en le rendant plus sain et plus agréable.

M. Pasteur a fait récemment à la Société centrale d'Agriculture de France la communication d'un système d'extraction de la farine de maïs, imaginé, dit-il, par M. Chiozza, pour séparer d'une manière complète les germes huileux de la matière amylacée du maïs. Voici en quoi consiste ce procédé : on laisse pendant un temps suffisant le maïs en grains au contact d'une dissolution de gaz sulfureux ; le périsperme du grain abandonne peu à peu à la dissolution une matière résino-albumineuse phosphatée à laquelle le grain de maïs doit sa dureté ; le germe au contraire n'éprouve aucune altération dans ses propriétés physiques.

La matière abandonnée par le périsperme et représentant 6 p. % de son poids paraît jouer le rôle de ciment entre les grains d'amidon et le réseau du gluten qui constituent ce périsperme.

Par suite du traitement précédent, le grain de maïs éprouve un ramollissement complet. Il suffit alors de le soumettre à une légère pression pour séparer le germe du périsperme réduit en farine sans le diviser. On parvient ainsi, au moyen des procédés mécaniques les plus élémentaires de broyage, de tamisage et de séchage à obtenir, d'un côté, les germes huileux, presque intacts, mélangés aux pelures, de l'autre, la farine pure que les mailles du tamis peuvent débiter en grains d'une finesse extrême.

La quantité totale de farine représente plus de 67 °/₀ du poids du maïs, elle a reçu déjà des applications nombreuses. Grâce à la grande proportion d'amidon qu'elle contient, grâce à la blancheur et la petite quantité de son gluten, elle a pu remplacer la fécule dans beaucoup d'industries. Légèrement torréfiée, elle paraît susceptible d'être substituée, dans les brasseries, à une partie du malt de l'orge. Enfin les germes huileux mis à part peuvent être employés à l'extraction de l'huile, ou mélangés aux pelures; ils constituent un excellent produit pour l'alimentation du bétail.

Ce procédé de M. Chiozza a les mêmes inconvénients que le système de mouture que je viens d'indiquer tout à l'heure, il prive également les produits du maïs des corps gras ; mais la communication de M. Pasteur n'est pas moins intéressante, elle explique les effets de l'acide sulfureux sur les grains de maïs et la préférence que donnent à cet acide les fabricants d'amidon de maïs, qui opèrent sur le grain entier *depuis fort longtemps*, contrairement à la croyance de l'illustre savant, ainsi qu'on le verra au chapitre *Amidonnerie*.

Aucune espèce de grain n'engraisse les animaux plus rapidement que le maïs; mais on l'emploie rarement seul; les Anglais le mélangent avec des fèves ou des pois qui donnent plus de solidité à la graisse et plus de fermeté à la viande. Aux États-Unis, le maïs est à si bas prix qu'on le livre exclusivement aux bestiaux à l'engrais; aussi la viande des porcs d'Amérique se fond, pour ainsi dire, quand on la fait cuire.

Le maïs est souvent attaqué par un insecte qui lui cause de

grands ravages. C'est une chenille qui ressemble beaucoup à celle qu'on trouve dans la silique des haricots, quoiqu'elle soit plus grosse. Grise d'abord, elle devient verte lorsqu'elle atteint son plus grand développement. L'enveloppe de la chrysalide est lisse, de couleur brune foncée. Elle se compose de quatre anneaux et se termine par un petit fil très-court. L'insecte parfait a le corps velu et d'une couleur gris-clair ; la poitrine est couverte d'un duvet soyeux ; les ailes ressemblent à des plumes, leurs antennes sont plus ¦grêles. Cet insecte a été placé, par M. Descans, agriculteur à Breix, qui l'a étudié avec beaucoup de soin et de persévérance, dans la classe des lépidoptères de la famille des Sélicornes, du genre des phalènes ou celui des ptérophores.

Il n'attaque le grain qu'à l'état laiteux, ce qui porte à croire que l'éclosion de l'œuf n'a lieu qu'à la fin de juillet ou au mois d'août. Cette indication de M. Descans est précieuse ; elle pourra mettre le cultivateur à même de préserver sa récolte des attaques d'un parasite aussi nuisible, en semant le grain de bonne heure, ainsi que cela se fait pour garantir les haricots de leur ennemi. Il est certain que ceux-ci ne sont véreux que lorsqu'ils viennent dans l'arrière-saison.

Le maïs est en outre sujet à une altération qui occasionne à l'homme une grave maladie, la pellagre, véritable fléau qui règne continuellement en Espagne, dans la Gallicie et les Asturies, dans toute la haute Italie, d'où il s'est répandu, avec la culture du maïs, jusqu'aux portes de Rome ; enfin, dans les départements du sud-ouest de la France, où le pauvre se nourrit presque exclusivement de maïs.

La pellagre est causée par une moisissure appelée le verdet. Le verdet ne devient apparent que plusieurs semaines après la récolte ; il s'introduit dans le maïs en épi par la base du rachis qui supporte les grains et pénètre dans ceux-ci par leur point d'attache. Arrivé entre le germe et la fécule il s'y accumule et les transforme en sa propre substance. Il en a déjà dévoré une partie avant d'apparaître sous forme d'une petite tache verte au milieu du sillon de la face supérieure du grain. Le verdet continuant ses ravages tant qu'il reste de la fécule à transformer, la tache verte s'agrandit, se gonfle, et, la membrane extérieure qui la recouvre venant à se rompre, les spores se répandent et propagent l'altération.

La mouture favorise singulièrement la propagation du verdet. N'y eût-il dans un hectolitre de maïs qu'un seul grain d'altéré et ce grain ne renfermât-il qu'un millimètre cube de verdet, comme il contient huit millions d'organes reproducteurs dans un millimètre cube, la meule et le blutoir les répartiront dans la farine Or, comme chaque spore peut devenir grand'mère dans les vingt-quatre heures, on peut se faire une idée de la progression et on ne sera plus étonné du goût détestable qu'acquiert rapidement la farine et de la répugnance qu'elle cause à ceux dont elle est le principal et quelquefois l'unique aliment.

Le verdet est produit par un champignon appartenant au genre *penicillium ;* un botaniste, pour le distinguer et le caractériser, lui a ajouté le nom de *perniciosum ;* il est propre au maïs.

Le seul moyen de le détruire et de l'empêcher de se propager est d'étuver le maïs dans des fours dont la chaleur est au moins à 100 degrés. Ce procédé est coûteux, il détruit le germe ou l'embryon, il rend les enveloppes du grain inertes, indigestes et très-friables; elles se divisent suffisamment, sous l'action des meules, pour traverser les tissus des bluteries et se mélanger avec les farines.

D'un autre côté, la chaleur fait évaporer l'huile en grande partie, et, ce qui en reste se rancit sous l'influence de l'élévation de la température. Ainsi, dans les deux cas, soit qu'on veuille se débarrasser de l'âcreté naturelle du grain par la mouture, soit qu'on mette le grain à l'abri du verdet au moyen de la touraille, on enlève une des principales richesses de l'aliment, qu'on rejette ainsi dans la classe des aliments presque exclusivement féculents.

Le verdet est d'autant plus dangereux qu'il ne modifie pas le volume du grain et que, par conséquent, on ne peut pas, comme pour l'ergot, séparer, au moyen d'un crible, les grains attaqués de ceux qui ne le sont pas.

La pellagre est une affection de nature encore peu connue et qui se manifeste d'abord par des symptômes du côté de la peau suivis d'altération grave de la muqueuse digestive et de ses fonctions; puis par des troubles du système nerveux central. Cette maladie est lente, mais elle n'est pas moins terrible, et lorsqu'elle arrive à sa plus haute période, elle se manifeste par des symptômes cérébraux, du vertige et un violent délire auxquels la mort seule peut mettre fin. L'impôt énorme dont est grevée la mouture du blé en Italie a obligé la classe pauvre à renoncer au froment pour se nourrir de maïs; ce changement d'alimentation a développé, dans le Milanais et le Piémont, la pellagre d'une manière bien funeste à la population.

Le maïs a ses partisans et ses détracteurs, et, comme presque toujours, tous tombent dans l'exagération. Certainement le maïs rend des services à de nombreuses populations privées de froment, mais, partout où il est possible de cultiver ce dernier à sa place, on doit le faire et non pas remplacer le froment par le maïs, comme le voudraient des enthousiastes, de bonne foi sans doute et que je ne confonds pas avec certains charlatans, qui, ambitionnant les succès du Racahout et de la Revalescière, présentent le maïs ou ses extraits comme une panacée.

RIZ

Le riz, ainsi que toutes les autres céréales, produit un grand nombre de variétés; on le cultive en Europe, en Afrique,

en Amérique, en Chine, au Japon, au Bengale, en Perse, etc.,
partout où les atterrissements des fleuves et où les irrigations
artificielles joignent à la chaleur du climat les conditions d'humidité permanente. On n'en admet dans le commerce, en
France, que deux sortes, celles de la Caroline et du Piémont.
La première est plus estimée; le grain est blanc, transparent et
bien formé ; celui de la seconde est un peu jaunâtre et opaque.
Le riz après le battage reste couvert d'une balle très-adhérente
au grain qui ne peut s'enlever complétement qu'à l'aide de
machines puissantes.

La décortication du riz nécessite un matériel compliqué qui
se compose de meules, de pilons agitateurs et de polisseurs qui
le glacent et lui donnent le brillant exigé par les consommateurs. Je donnerai, de ces appareils, une description détaillée
dans le chapitre décortication. Après le glaçage, on trie les
grains dans des cribleurs qui séparent les cassés de ceux qui
sont restés entiers et qui divisent ces derniers en plusieurs
sortes. Les brisures sont transformées en farine ou vendues
pour la distillation; on en fait aussi un amidon qui, sans valoir
l'amidon du blé, convient à certaines industries; la fabrique de
Lyon en consomme une très-grande quantité. La pâtisserie
emploie de la farine de riz ; les vinaigriers s'en servent pour
mélanger dans la moutarde de table et la rendre plus douce ;
enfin, elle entre dans un grand nombre de mélanges. On a
essayé d'introduire une certaine quantité de riz cuit dans la
pâte à pains, mais, comme il ne contient pas de gluten, il donnait un pain plat, indigeste et aqueux.

Les chimistes et les hygiénistes sont très-divisés sur la puissance nutritive du riz; les uns, considérant que dans beaucoup
de contrées il paraît être la base de l'alimentation de l'homme,
prétendent qu'il est très-nourrissant; ils lui concèdent alors une
certaine supériorité sur les autres céréales. Les autres, s'appuyant sur les analyses qui démontrent que les matières azotées

et grasses y sont dans de très-faibles proportions, en concluent que sa réputation nutritive est très-usurpée. Je n'ai pas été à même de me livrer sur le riz à des expériences aussi concluantes que celles que j'ai faites sur le blé, le seigle et l'orge; cependant il y a, ce me semble, des deux côtés, exagération. Le riz cuit est un aliment sain et de facile digestion, mais son usage exclusif ne peut donner une nourriture suffisante à l'homme; il faut l'associer à des matières animales et végétales grasses et plus azotées. C'est ce que font les naturels des Indes orientales qui y mêlent du *kari*, mets composé de viande, de poissons et de légumes; les populations qui ne professent pas la religion mahométane le mangent cuit avec du porc.

D'ailleurs, ceux qui ont habité l'Inde et la Chine déclarent que la quantité de riz que les habitants engloutissent dans leur estomac est énorme, qu'il serait impossible aux Européens d'en manger autant à la fois; il faut donc en conclure que, malgré ses qualités, le riz est trop peu nutritif et l'insalubrité des rizières trop grande pour qu'on désire que la culture de cette graminée prenne de l'extension.

D'après Payen le riz desséché contient les éléments ci-après :

Amidon	86.	90
Matières grasses.	»	80
— azotées.	7.	50
Gomme et sucre.	»	50
Ligneux	3.	40
Matières minérales.	»	90
	100.	00

Voici comment on prépare le riz à Java : on le lave, on le lanchit en le versant dans l'eau bouillante, où on le laisse quelques minutes. Sortant, de cette eau bouillante, il est versé dans un cône fait en bambou nommé *koukouss'ann* et aussitôt remis sur une sorte de chaudière ou marmite d'une

forme spéciale, propre à cet usage, contenant de l'eau bouillante.
Sur cette marmite vient s'adapter le cône en bambou, sans
cependant que le riz et l'eau soient en contact, la vapeur seule
devant faire cuire le riz. Aussitôt ... à oint, le grain est retiré du feu et versé dans un panier *ad hoc*, en bambou également, un peu plus haut que large et un peu évasé. Il est séché
et refroidi en le remuant et l'agitant à l'aide d'une sorte d'éven-
tail en bambou, nommé *képies*, qui le met au point où il doit être.

Ce mode de préparer le riz est celui qui convient le mieux
également pour la cuisson des légumes et des graminées; il est
préférable aussi de les faire cuire à la vapeur. Mais, si on emploie l'eau chaude, elle doit être très-bouillante afin qu'avant
de se refroidir elle dilate et gonfle les grains et qu'elle crève
les cellules contenant la matière féculente et la farine qui constituent l'amande. Les grains alors absorbent la vapeur d'eau
au point que leurs propriétés physiques en sont changées et que
eurs qualités nutritives en sont accrues.

Si on emploie l'eau, il ne faut mettre que la quantité voulue
pour seulement humecter la masse qui doit être plutôt imbibée
que mouillée. L'eau perd ses qualités propres et se combine
avec elle et en augmente la valeur nutritive.

C'est toujours une mauvaise chose que de faire tremper les
grains, de les faire infuser dans une quantité d'eau plus grande
que celle qui peut s'assimiler à eur amande ; cette eau enlève une part quelconque des principes solubles dont elle s'en-
richit en appauvrissant la substance. En effet, l'infusion n'est
faite que dans le but d'extraire de la matière soumise à l'action d'un liquide, qui est le plus souvent l'eau bouillante, certains principes qui lui sont propres, pour enrichir ce liquide
avec lequel elle est mise en contact pendant un temps variable;
ainsi : le thé, le café, etc.; l'eau est chargée des principes qu'elle
leur emprunte, elle les en a dépouillés. Elle prend souvent la
couleur et toujours le goût des matières soumises à l'infusion ;

celles-ci ont diminué de valeur chimiquement et physiologiquement tout à la fois.

Le procédé des trempages est donc une pratique essentiellement défectueuse, pour la nourriture de tous les animaux y compris l'homme ; on ne doit abreuver les substances que de l'eau qui peut s'y assimiler. Cela explique, je le répete, la supériorité du procédé de cuisson du riz tel qu'il est pratiqué à Java.

SARRASIN OU BLÉ NOIR

Le sarrasin, appelé vulgairement blé noir, est une plante annuelle de la famille des polygonées et du genre renouée.

Je l'ai placé avec les graminées parce que dans beaucoup de pays et notamment dans le Dauphiné, en Bretagne, en Franche-Comté, en Bourgogne, en Sologne, il forme la base de la nourriture de populations nombreuses. Le grain est moulu dans des moulins ordinaires qui le transforment en farine très-piquée. Mais la mouture ronde dite à gruaux est celle qui convient si on veut des produits supportables.

Cette farine ne contenant pas de gluten n'est pas panifiable ; mais on en fait des galettes et des flans qui sont une ressource immense pour des contrées où le froment et le seigle ne viendraient pas bien.

Voici la composition du sarrasin :

Amidon, sucre, etc.	64,00
Matières azotées	13,10
— grasses	3,90
Ligneux et cellulose	3,50
Sels minéraux	2,50
Eau	13,00
	100,00

Il pèse de 60 à 65 kilog. l'hectolitre.

AVOINE

L'avoine dont on connaît une cinquantaine d'espèces, presque toutes originaires d'Europe, a été pendant longtemps la principale nourriture des habitants de nos provinces de l'Ouest et d'une partie de la population nécessiteuse de l'Angleterre ; elle constituait un aliment lourd et indigeste. Aujourd'hui elle est réservée pour les bestiaux et principalement pour le cheval, dont elle provoque l'appétence et auquel elle procure dans les climats froids et tempérés une salutaire excitation.

Elle convient également très-bien aux animaux des races bovine, ovine et porcine dont elle rend la chair plus succulente. Les volailles la mangent avec avidité. Elle renferme, séchée avant l'analyse, les éléments suivants :

Amidon.	60,57
Matières azotées.	14,39
Dextrine et substances congénères	9,23
Matières grasses.	5,50
Cellulose et tissu végétal	7,06
Matières minérales	3,25
	100,00

Impropre à faire le pain, elle se prête à des préparations diverses, dont les unes sont médicinales et dont les autres constituent un aliment que son principe aromatique rend agréable. On en fait des gruaux ou granules concassés irrégulièrement au moyen de meules horizontales ou de cylindres cannelés ; en cet état elle est propre à la préparation de tisanes rafraîchissantes et à la confection de bouillies dont les Bas-Bretons sont très-friands. Des grains entiers sont consommés en potages au lieu et place du riz dont l'usage diminue et tend à disparaître complétement en France.

Mais il faut préalablement débarrasser l'avoine de sa pellicule et surtout de la barbe qui recouvre l'amande ; cette barbe irriterait la gorge des consommateurs très- désagréablement et finirait par leur occasionner des laryngites. On doit donc, avant tout, étuver l'avoine soit dans des fours, soit dans des tourailles. On la décortique ensuite dans des moulins à perler l'orge, ou dans des ramoneries verticales et coniques plus longues que celles qui entrent dans la composition des nettoyages des moulins à farine. En sortant de la ramonerie le grain est, en dernier lieu, soumis à l'action de meules brosses munies d'un ventilateur. C'est par ces moyens qu'on traite industriellement l'avoine et qu'on la met en état d'entrer dans le régime hygiénique de l'homme.

CHAPITRE III

CONSERVATION DES GRAINS ET DES FARINES

Les végétations cryptogamiques et les insectes ne sont pas les seuls ennemis des grains et des produits farineux , la fermentation est un agent destructeur très-puissant.

Depuis un temps immémorial on a cherché les moyens de détruire et d'arrêter le développement de cette cause d'altération ; le seul efficace est de soustraire les grains et farines au contact de l'air et de l'humidité. Pour y parvenir, bien des systèmes ont été essayés.

Les anciens accumulaient leurs grains dans des silos creusés à mi-côte des collines et dans des citernes. On a retrouvé en Égypte des caveaux construits en granit contenant encore des blés bien conservés. Les Romains avaient aussi des citernes et des silos bâtis avec grand soin dans lesquels ils mettaient leurs récoltes à l'abri de l'air et de la température atmosphérique ; il existe encore dans la province d'Oran des greniers de ce genre en très-bon état et dont les maçonneries sont encore d'une solidité étonnante.

Les Maures en Espagne établissaient leurs silos dans des roches compactes ou des maçonneries, quand le terrain l'exigeait.

Les Chinois creusent des caveaux dans des terrains secs qu'ils garnissent de paille de riz ; les Arabes dans des puits qu'ils appellent *matamores*.

Les différents peuples qui habitent les côtes de la Méditerranée conservent leurs blés dans des fosses carrées taillées dans le roc ou dans le tuf ; ils en tapissent également les parois avec de la paille. La même méthode est usitée à Malte, en Sicile, en Italie et en Espagne ; elle conserve parfaitement pendant un grand nombre d'années. Mais la nature des terrains, l'imperméabilité des surfaces et l'état de siccité des grains jouent un rôle décisif dans le résultat des différents modes de conservation.

Dans les terrains et maçonneries poreux, perméables à l'air atmosphérique et à l'eau sous forme de liquide ou de vapeur, les blés les plus secs s'avarient promptement ; il se forme dans les greniers une couche extérieure de blé moisi qui s'épaissit progressivement et finit par gâter la totalité du contenu.

Dans quelques localités on prétend que cette couche est utile à la conservation du grain ; il arrive, en effet, quelquefois, que, lorsqu'on l'enlève on trouve en assez bon état le blé qu'elle recouvrait ; mais, comme il est impossible de l'extraire entièrement et d'empêcher le blé pourri de se mêler au reste, il lui communique son mauvais goût.

Il est difficile d'édifier des maçonneries réellement imperméables, même en employant les meilleurs ciments ; on comprend alors que les silos n'aient réussi que dans des terrains invariablement secs, comme ceux qu'on rencontre dans les pays méridionaux où le succès de l'ensilage est dû à la réunion des conditions suivantes : l'imperméabilité du terrain et des constructions et la siccité des grains. Tous les essais tentés dans nos contrées, dont le sol et les grains sont plus humides, ont échoué.

Frappé de ces difficultés, M. Doyère imagina des souterrains en maçonnerie, garnis à l'intérieur de revêtements

en tôle galvanisée, ou recouverte d'une couche épaisse
d'un vernis bitumineux. Cette tôle forme un revêtement dont
l'étanchéité est parfaite, d'une grande résistance et ne pouvant se fissurer. Mais ce procédé est incomplet comme ceux
qui l'ont précédé ; il ne comprend pas le vide, seul moyen de
détruire les causes de fermentation et de rendre impossible
l'existence des plantes et insectes parasites. M. Doyère, qui
a avancé la question en l'étudiant avec beaucoup de soin et
de persévérance, et aux travaux duquel je me plais à rendre
justice, a cru que les blés renfermés dans des greniers complétement hermétiques exhalaient de l'acide carbonique en
suffisante quantité pour absorber l'oxygène ; c'est là une grande
erreur : les blés ne produisent de l'acide carbonique que lorsqu'ils sont déjà altérés, et, dans cet état, ils ne doivent pas
être destinés à la conservation ; car, même dans l'atmosphère
inerte, la fermentation continuerait. Un inconvénient des silos
de M. Doyère, c'est qu'ils occasionnent une double dépense :
celle de la maçonnerie qui protége la tôle et la tôle elle-
même.

M. le docteur Louvel a inventé un moyen de conservation qui
n'a aucun des inconvénients que je viens de signaler ; son appareil se compose d'un cylindre en tôle supporté par un trépied
en fer, fonte ou bois peint et goudronné. Le grain y est introduit par un trou d'homme placé à la partie supérieure ; on
l'en retire par une anche placée à la partie inférieure. Une
prise d'air fermant par un robinet sert à l'aspiration, qui se
fait au moyen d'une pompe aspirante et foulante portative.

Lorsque le cylindre a reçu son approvisionnement, on fait le
vide, non pas complet, c'est inutile, mais on raréfie l'air jusqu'au degré suffisant, indiqué par un manomètre fixé à l'appareil. Ainsi, les cylindres de M. Louvel sont aussi imperméables que les silos de M. Doyère, ils n'ont pas besoin d'abri,
ne nécessitent aucune maçonnerie, peuvent être placés par-

tout ; le blé y est préservé du feu, de la fermentation, des insectes et des végétations cryptogamiques. Ils réunissent conséquemment toutes les conditions d'économie, de simplicité et d'efficacité, résultats qu'on n'obtient pas au moyen des systèmes essayés précédemment. Un effet bien important et qui résulte des nombreuses et persistantes expériences faites tant par l'honorable inventeur que par une commission nommée par le ministre de la guerre, c'est que le vide ne tue pas seulement les parasites et ne se borne pas à arrêter la fermentation, il dessèche aussi les grains ; ainsi, des blés naturellement frais sortent de l'appareil plus secs que lorsqu'on les y a introduits.

M. Louvel prouve que le prix de la conservation par son système ne coûte que 70 à 90 centimes par hectolitre et par année, suivant la capacité des appareils, dépense bien minime relativement à celle du magasinage ordinaire qui, dans les entrepôts, revient, sans les peltages, roulement des sacs, etc., à plus de 2 francs par hectolitre.

Le grenier vertical conservateur de M. Huart, de Cambrai, adopté par la manutention militaire à Paris, convient pour la conservation des grains dans les entrepôts et les usines qui possèdent un moteur. Il se compose de grandes trémies terminées par des cônes renversés. Le blé est jeté dans un crible ventilateur et émotteur placé au-dessus du sol ; il se rend dans un élévateur qui le monte à la partie supérieure de la trémie. Un conduit placé à l'extrémité du cône laisse sans cesse écouler le grain qui, étant nettoyé et remonté ainsi continuellement, est toujours en mouvement.

Chaque appareil peut recevoir, cribler et ventiler 100 à 200 hectolitres à l'heure sans interruption dans les opérations qui se renouvellent chaque fois qu'on le juge convenable.

J'ai dit, tout à l'heure, que quels que soient les moyens de conservation qu'on adoptera, on doit choisir des denrées de bonne qualité et aussi sèches que possible ; la vente d'ailleurs en est toujours plus facile en tout temps. Les grains relativement lourds devront être préférés.

Le blé ne peut s'étuver artificiellement; il faudrait, pour y parvenir, l'exposer à une chaleur qui dépasserait 75 degrés, limite hors de laquelle le gluten se coagule, perd son extensibilité et son élasticité et produit, dans cet état, des farines impropres à la panification. Quant à la farine, il est préférable de prendre pour sa conservation des farines marchandes bonnes et bien fabriquées; mais toutes les sortes peuvent maintenant être étuvées au degré que l'on veut. La farine doit cette disposition à son état de division qui lui permet de recevoir promptement l'action directe de surfaces chauffées.

L'étuvement est devenu facile au moyen de l'appareil que j'ai créé et qui est adopté maintenant par ceux qui se livrent aux expéditions lointaines. Mais il ne m'appartient pas d'exposer moi-même les propriétés de mon invention, ce livre n'est pas plus une réclame pour moi que pour ceux dont je recommanderai les travaux; la vérité est mon seul guide. J'ai en vue uniquement l'instruction de tous, sans préoccupation d'intérêt personnel; c'est pourquoi je vais me borner à rapporter l'opinion de deux hommes éminents: l'un, M. Pommier, savant économiste et agronome distingué, fondateur de l'*Écho agricole*, dont je m'honore d'avoir été pendant vingt ans le collaborateur et l'ami; l'autre est M. Payen, l'illustre chimiste, toujours bienveillant pour les inventeurs, auxquels il prodiguait ses excellents conseils avec empressement. Il a suivi avec intérêt mes travaux pendant de longues années et les a encouragés avec une bienveillance que je n'oublierai jamais.

Voici ce que dit Pommier de mon étuve, dans le *Dictionnaire du commerce* de Guillaumin, à l'article *Minoterie :*

« L'étuvage des farines n'est pas une opération aussi simple qu'on pourrait le supposer au premier abord.

« On estime que la farine contient, en moyenne, de 10 à 15

pour cent d'eau. L'eau étant, avec la chaleur, la principale
cause de la fermentation ou de la décomposition des matières
végétales ou organiques, il devient nécessaire, si on veut conserver longtemps la farine ou l'exporter dans les colonies, d'en
extraire l'humidité dans la plus forte proportion possible, au
moyen de l'étuvage, et, c'est précisément là que l'opération
présente des difficultés.

« La farine de froment tendre contient, dans la proportion
moyenne de 10 pour 100 environ, un corps élastique connu sous
le nom de *gluten*. Cette substance, nécessaire à la bonne panification, perdrait tout ou partie de son élasticité, si la température de l'étuve excédait 60 ou 70 degrés. La farine, dans ce
cas, ne produirait plus qu'un pain lourd, mal levé et d'une
digestion difficile.

« La farine de froment possède en outre des propriétés très-
hygrométriques.

« L'expérience a démontré que les étuves fermées, semblables à celles employées pour sécher les amidons, les fécules et
autres matières qui ne contiennent pas de gluten et ne sont pas
douées de propriétés aussi hygrométriques que la farine de froment, ne pouvaient s'appliquer convenablement à cette dernière,
qui perdrait ses caractères panifiables en restant longtemps
exposée à l'action réunie de la vapeur d'eau et d'une température très-élevée.

« La farine de froment doit être séchée très-promptement sur
des surfaces chauffées dans des locaux ouverts, permettant à
la vapeur de s'éloigner et d'aller se condenser au dehors.

« La température de ces surfaces chauffées ne doit pas dépasser 60 à 70 degrés centigrades, afin d'éviter l'altération du
gluten.

« On a donc imaginé des demi-cylindres ou gouttières doubles
entre lesquelles on introduit de la vapeur ou de l'air chaud.
La farine est promenée dans la gouttière extérieure au moyen de

vis dont les filets sont garnis de poils de sanglier, et, lorsqu'elle a parcouru sept à huit de ces gouttières, longues d'environ 2 mètres à 2ᵐ,50 chacune, elle passe sur des appareils entièrement semblables, dans lesquels, au lieu de vapeur, d'air chaud, on fait circuler de l'eau aussi froide que possible ; la farine perd ainsi la température qu'elle avait prise. Puis elle tombe dans les sacs ou dans les barils qui doivent la contenir.

« Ce système est celui qui est aujourd'hui presque exclusivement adopté. Cependant il offre encore des inconvénients graves. On ne peut tenir les gouttières au même degré de température dans toute leur longueur ; la chaleur est plus forte à l'arrivée de l'air chaud ou de la vapeur, qu'à sa sortie ; on ne peut, non plus, utiliser un retour d'eau condensée dans le générateur. Le prix d'une étuve de ce genre est très-élevé ; on calcule qu'elle ne doit pas coûter moins de 45 à 50,000 fr.

« Nous avons vu à l'Exposition agricole de Paris une machine très-simple exposée par M. Touaillon, constructeur à Paris, et cette machine nous a paru posséder tous les avantages du système que nous venons de décrire, sans en avoir les inconvénients.

« Voici en quoi ce nouveau procédé consiste :

« Cinq plateaux horizontaux circulaires et à double fond reçoivent, par le moyen d'un serpentin disposé dans l'intérieur, de la vapeur chauffée au degré voulu par un générateur de la force de deux chevaux. .

« La condensation, au moyen d'un retour d'eau, revient incessamment se réchauffer dans le générateur. La farine tombe au centre d'un premier plateau horizontal ou elle est poussée circulairement à la circonférence par un rateau à 4 branches muni de palettes excentriques inclinées en conséquence. Elle arrive par une anche sur le deuxième plateau ayant aussi un rateau semblable au premier, mais dont les palettes sont inclinées dans un sens inverse. Alors la farine est promenée de la circonférence

au centre et du centre à la circonférence jusqu'au cinquième
plateau. Elle parcourt donc la surface de ces 5 plateaux ayant
chacun 2 mètres de diamètre, et, lorsqu'elle sort du dernier elle
est étuvée. On peut, à volonté, varier la chaleur.

La farine est ensuite refroidie dans une chambre à ensacher
où on la met en barils ou en sacs.

« L'avantage de ce procédé est dans sa simplicité, dans la régularité de la température et dans la modicité de son prix. L'appareil, sans le générateur, coûte fr. 7,500, et 9,000 avec le générateur. Ceux qui possèdent déjà une machine à vapeur peuvent
utiliser leur vapeur d'échappement.

« Une farine est considérée comme suffisamment étuvée lorsqu'elle a perdu moitié de son humidité naturelle. Si on voulait aller
au delà et lui faire subir trop longtemps l'action de la chaleur,
on altérerait la qualité de la marchandise, ainsi que nous l'avons
indiqué plus haut. L'appareil d'étuvage de M. Touaillon nous paraît le plus naturel, le plus efficace et le plus économique
sous tous les rapports. »

M. Payen, en sa qualité de secrétaire perpétuel de la Société
centrale d'agriculture de France, a cru devoir appeler l'attention de cette société sur mon invention, dans une séance de
rentrée.

Il l'a fait en ces termes :

« Les temps froids et la saison exceptionnellement humide
de 1860 ont amené dans la maturation et la rentrée des grains
des perturbations plus ou moins considérables, suivant les localités et les soins donnés à la récolte.

« Mais de l'excès même de ce mal passager, plusieurs améliorations réelles ont surgi, durables sans doute et d'un haut
intérêt.

« C'est ce que nous nous proposons ici d'établir en peu de
mots.

« Et d'abord, l'adoption générale de la méthode qui garantira désormais nos moissons contre les chances, parfois désastreuses, des altérations que les pluies occasionnent.

« Cette méthode, qui, même employée par le beau temps, permet de moissonner quelques jours avant la maturité ultime, d'assurer la plus favorable maturation du grain après la mise en moyettes et prévient les déperditions dues à l'égrenage, ne se propageait que trop lentement dans nos campagnes, malgré les pressantes incitations des sociétés d'agriculture et des cent voix de la presse agricole par ses organes les plus accrédités. Il ne fallait rien moins qu'une nécessité suprême menaçant les récoltes d'une destruction totale, pour vaincre les résistances et cette force d'inertie partout opposée aux progrès. Chaque fermier sait aujourd'hui, par sa propre expérience, comment on peut sauver les récoltes au milieu des intempéries les plus redoutables, comment, en tout cas, on peut abriter instantanément les produits, et se réserver le temps nécessaire aux opérations ultérieures de la mise en meules ou du battage. Cette utile pratique agricole, généralement appréciée, est enfin entrée dans le domaine des faits accomplis.

« Deux autres améliorations, non moins importantes, au double point de vue des intérêts de l'agriculture et de l'hygiène, se préparent ; elles seront comptées un jour parmi les conséquences heureuses d'une de ces grandes nécessités qui rendent forcément les hommes industrieux. Ce n'était pas tout, en effet, d'avoir garanti les grains contre une altération rapide et profonde, la plupart se sont trouvés, après le battage, tellement humides encore, qu'il était difficile et, dans quelques localités, impossible de les moudre. Parmi ces derniers, il s'en trouvera sans doute une certaine quantité dont on ne pourra prévenir les altérations ni tirer parti autrement qu'en les livrant aux distilleries.

« Ces divers inconvénients, plus ou moins graves, ne pourront heureusement compromettre la subsistance publique, mais

ils se traduiront, chez un grand nombre de propriétaires ou
de fermiers, en pertes ou retards de mouture assez préjudica-
bles à leurs intérêts pour fixer l'attention générale sur les
moyens de se soustraire à de pareils dommages.

« La dessiccation des blés, si utile d'ailleurs au point de vue
d'une longue et complète conservation, constitue la base la
plus certaine de la solution du problème; mais elle exige plusieurs conditions difficiles à remplir économiquement, faute
d'ustensiles ou d'appareils convenables, à la portée des cultivateurs, ou susceptibles d'être assez rapidement construits pour
qu'on les emploie à temps cette année.

« Parmi les appareils qui assurent ainsi la conservation des
grains avec leurs qualités alimentaires et même leur propriété
germinative, tout en chassant les insectes au dehors et effectuant la dessiccation par un courant d'air froid, on peut citer en
première ligne le grenier rotatif Vallery, puis les silos aéra-
teurs, vases prismatiques en tôle trouée, qui sont employés en
Angleterre, et dans lesquels on détermine à volonté par un tube
central, également percé de trous, une insufflation d'air froid à
l'aide d'une soufflerie mécanique (système Devaux).

« L'introduction chaque jour plus étendue des moteurs économiques et des machines diverses dans nos exploitations agricoles permettra d'y installer aussi et d'y faire fonctionner les
agents auxiliaires de l'épuration et de la dessiccation des céréales; mais en attendant, et surtout cette année, il faudra que
chacun, dans l'intérêt de sa fortune et du bien-être général,
s'ingénie, avec une énergique persévérance, à garantir ses
grains contre toute altération spontanée, soit au moyen de cri
bles, tarares et ventilateurs, soit par de fréquents pelletages,
seul procédé efficace qui soit à la portée de tous.

« Quoi qu'on fasse cependant, par suite de cet état de choses,
une grande quantité de grains moulus, encore humides,
donneront et ont donné déjà des farines plus chargées d'eau

qu'elles ne le sont en moyenne dans les années ordinaires.

« Indépendamment de quelques difficultés qui en résulteront, relativement à la mouture, des inconvénients de plusieurs genres se rencontreraient dans l'emmagasinement et l'emploi des produits ; ils pourraient même acquérir une certaine gravité si des dispositions nouvelles, assez promptement réalisables, ne devaient se propager et n'eussent été déjà mises en pratique avec succès.

« C'est là une innovation remarquable que je me suis proposé de signaler à l'attention de la Société d'agriculture ; elle est intéressante à plus d'un titre, car elle semble devoir résoudre à la fois deux des grands problèmes qui préoccupent en ce moment l'administration, ainsi que les industries de la mouture et de la boulangerie. Il s'agit non-seulement d'assurer la conservation des farines et de régulariser leur rendement à la panification, mais encore de prévenir les déperditions et les dangers résultant de diverses altérations spontanées des farines : attaques des insectes, fermentations et moisissures qui, surtout durant les années humides, occasionnent un notable déficit dans les quantités et la valeur nutritive de cette substance alimentaire.

« La dessiccation des farines susceptible de réaliser tous ces avantages n'est pas chose nouvelle : on la pratique en grand dans quelques villes maritimes pour le commerce d'exportation, et plusieurs meuniers habiles l'ont introduite dans leurs opérations habituelles.

« Mais les appareils construits en vue de l'effectuer étaient trop compliqués, les procédés trop incertains ou trop limités dans leurs effets pour répondre aux nécessités présentes ; d'ailleurs on n'avait pas encore songé, que je sache, à régler invariablement les proportions de substance sèche et d'eau qui seules peuvent régulariser le rendement des farines usuelles en pain de première et deuxième qualité. Voici dans quelle

direction et par quels moyens simples et efficaces ces importantes questions ont été abordées et résolues par un de nos
ingénieurs habiles dans la construction des machines et ustensiles appliqués à plusieurs industries agricoles.

« Après avoir reconnu que l'eau hygroscopique des farines
varie cette année entre 20 et 12 centièmes, ce qui doit faire
osciller leur rendement en pain blanc ordinaire entre 130 ou 133
pour 100 de leur poids, M. Touaillon s'est proposé de réduire
la proportion d'eau à 6 centièmes du poids total, et de la maintenir régulièrement à ce taux auquel correspondrait un rendement également fixe des farines à la panification.

« Le nouvel appareil construit pour atteindre ce but est
composé de cinq plateaux en tôle forte de fer, étamés à leur
superficie et bordés d'une hausse cylindrique en tôle mince intérieurement étamée.

« Ces plateaux forment chacun un vase plat, circulaire, large
de 2 mètres, muni en dessous d'un double fond, et chauffé à
volonté par une injection de vapeur qu'un tube contourné en
spirale et percé de trous, distribue entre les deux fonds.

« La durée de l'étuvage dépendant des proportions d'eau, qui
nécessitent un plus long parcours par un séjour plus prolongé,
correspond aux produits respectifs de 200 à 400 kilog. par
heure pour des farines contenant 12, 15, 18 ou 20 centièmes
d'eau.

« L'auteur a pensé que les conditions les plus favorables au
maintien de l'état de siccité, comme au mesurage et à l'emmagasinement économique des farines, seraient réunies si l'on
recevait les produits de l'étuvage, dans des sacs confectionnés
avec des toiles imperméables semblables à celles qui, depuis
un certain nombre d'années, sont devenues d'un usage général
pour former les bâches recouvrant un très-grand nombre de
voitures chargées de grains, de farines et de diverses autres
productions agricoles ou horticoles.

Voici la formule :

On fait deux solutions, 1° une solution composée de 20 kilog. de sulfate de cuivre cristallisé dans 100 litres d'eau ; 2° une solution composée de 20 kilog. de savon dans 100 litres d'eau.

On plonge la toile dans la solution de savon on la tord pour enlever l'excès de liquide, on la plonge dans la dissolution de cuivre et on laisse sécher. Dautres se contentent de tremper le sac dans un lait composé seulement d'eau et de farine et de les faire sécher ; cette préparation suffit très-souvent.

« Ces remarquables perfectionnements, en voie déjà d'une large réalisation, nous ont semblé dignes de fixer quelques instants l'attention de la Société d'agriculture de France ; s'ils se propagent et se généralisent, encouragés par les puissants témoignages de votre sympathie, ils pourront un jour acquérir les proportions d'un véritable bienfait public. »

Nous croyons devoir faire suivre cette appréciation de M. Payen du rapport fait par le jury de l'Exposition de 1867, sur notre système d'étuvement des farines.

Rapport du jury de l'Exposition de 1867

Le jury de la classe 67 a examiné attentivement les farines étuvées qui ont été soumises à son appréciation. Plusieurs échantillons ont été trouvés en bon état, mais rien n'établissait ni leur ancienneté ni le prix de revient de l'étuvement. Un seul exposant a produit un échantillon d'une authenticité incontestable, c'est M. Touaillon, constructeur de moulins à Paris et membre du jury des classes 50 et 67. La farine de M. Touaillon, était renfermée dans un grand bocal bouché seulement avec du papier; il portait le cachet officiel de l'Exposition universelle de 1862.

La même farine avait déjà été examinée indubitablement par le jury international de cette Exposition, qui avait enlevé un cachet authentique appliqué au concours de Paris en 1860 et l'avait remplacé par celui de la commission impériale que nous avons trouvé intact ; conséquemment la farine étuvée par le procédé de M. Touaillon datait de 1860. Cependant nous l'avons trouvée dans le plus parfait état de conservation, elle était plus blanche que les farines exposées cette année par le même producteur M. Darblay, attendu que les farines de supérieure qualité, en vieillissant, acquièrent de la blancheur.

Nous avons voulu connaître le système employé par M. Touaillon, qui nous a montré un modèle de l'appareil qu'il a inventé.

Il se compose de plusieurs plateaux à doubles fonds superposés et chauffés à la vapeur, sur lesquels, au moyen de bras munis de palettes excentriques s'inclinant à volonté, la farine est promenée alternativement du centre à la circonférence et de celle-ci au centre, automatiquement, sans frais de main-d'œuvre et presque sans frais de chauffe, puisque, la chaleur ne devant pas dépasser 70°, on peut utiliser la vapeur d'échappement des machines employées à entraîner les meules et que dans les moulins à eau privés de machines à vapeur un générateur de deux chevaux suffit pour un appareil qui fournit de 350 à 400 kilog. de farine étuvée à l'heure.

La conservation des farines si longtemps cherchée est donc enfin trouvée ; le système de M. Touaillon ne laisse rien à désirer, il est déjà en usage depuis plusieurs années dans la plupart des maisons qui se livrent au commerce de l'exportation, notamment chez MM. Darblay père fils et Béranger, qui nous ont déclaré en être satisfaits sous tous les rapports.

Nous ajoutons que le prix de l'appareil inventé par M. Touaillon est relativement peu élevé; les étuves imparfaites dont on se servait précédemment revenaient, pour la même quantité, de 60 à 70,000 fr. ; la machine de M. Touaillon ne coûte que la dixième partie de cette somme.

Il nous a paru intéressant de refermer ce bocal de M. Touaillon, et d'y appliquer un nouveau cachet ; nous y avons apposé celui du Ministère de l'agriculture, du commerce et des travaux publics, et nous avons dressé un procès-verbal de cette opération ; on pourra ainsi, plus tard, s'assurer de la plus longue durée de cette farine qui, nous le répétons, date déjà de sept années.

M. Touaillon étant hors concours pour avoir accepté les fonctions de juré, qu'il remplit invariablement à toutes les expositions depuis celle de 1851, nous avons cru cependant devoir signaler cette importante invention, conformément aux nstructions portées en tête du catalogue de la classe 67.

Convenu et rédigé par les membres du jury.

Paris, le 4 août 1867.

Pour le jury de la classe 67,

Signé : ELSNER DE GRONOW, *vice-prés.*

PORLIER, *rapporteur.*

Enfin, la Société des agriculteurs de France a fait ouvrir en 1876 le bocal que le jury de 1867 avait de nouveau fermé ; le *Journal d'Agriculture pratique* a rendu compte des circonstances de cette expérience en ces termes :

« Dans notre numéro du 20 décembre 1860, nous avons publié un rapport fait à la Société centrale d'agriculture par M. Payen, sur le procédé d'étuvement nouvellement inventé par M. Touaillon. Une modification importante a été apportée par M. Touaillon ; nous croyons devoir la signaler, car elle permet d'appliquer le système industriellement, c'est-à-dire de faire un travail continu et automatique ; elle le complète très-heureusement.

« En effet, avec un seul plateau, il fallait varier continuellement les palettes du râteau afin de promener la farine du

centre à la circonférence et de la circonférence au centre sur
la surface chaude jusqu'à ce qu'elle soit suffisamment étuvée ;
l'ouvrier chargé de la surveillance et de la direction de la machine n'ouvrait la porte du conduit de sortie que lorsque le
degré de siccité était atteint, il ne le fermait que quand le
plateau était complétement vide ; alors il versait une nouvelle
charge de farine humide et recommençait l'opération ; il
fallait beaucoup de temps pour étuver une faible quantité de
marchandise.

« Il était très-difficile de varier à volonté le degré de chaleur, point essentiel cependant, car le gluten et les matières
amylacées perdent leur qualité propre si on les soumet, dès
le début, aux degrés de chaleur qu'elles doivent subir définitivement et progressivement pour être convenablement étuvées.

« L'étuve à un seul plateau ne pouvait donc être considérée
que comme un appareil de laboratoire qui avait besoin d'être
perfectionné pour devenir praticable. M. Touaillon, ayant observé qu'il fallait, pour retirer 5 à 6 $^o/_o$ d'eau d'une farine de
qualité moyenne, que celle-ci parcourût cinq fois le plateau
unique, a composé l'étuve actuelle de cinq plateaux qui s'ali-
mentent alternativement au moyen de cinq râteaux fixés sur
l'arbre vertical. La matière à étuver, poussée par ces mêmes
râteaux, du centre à la circonférence sur le premier plateau,
le moins chaud, et de la circonférence au centre sur le
deuxième, un peu plus chaud, et ainsi de suite sur les cinq
plateaux, sort, du dernier plateau tenu au degré de chaleur
le plus élevé, suffisamment sèche ; alors un élévateur la prend
et la monte dans une chambre où elle se refroidit ; enfin, elle
est mise dans des sacs en toile imperméable ou dans des barils bien clos pour être expédiée.

« Ainsi constituée, l'étuve passe 400 kil. de farine également-
ment sèche par heure, sans main-d'œuvre, au lieu de 80 kil.
irrégulièrement étuvés qu'on obtenait dans le principe.

« De la farine Darblay ainsi étuvée fut enfermée, en 1860, dans un bocal qui a été exposé à Londres en 1862. A la fin de l'Exposition, ce même bocal fut scellé du cachet du Ministère de l'agriculture. En 1867 il fut ouvert de nouveau par le jury, qui reconnut que la farine était parfaitement conservée.

« Ces sept années étaient certainement suffisantes pour prouver l'efficacité du moyen ; cependant, le jury fit apposer un nouveau cachet du Ministère afin de continuer l'expérience. Mais il fallait un terme ; M. Touaillon demanda, l'année dernière, à la Société des agriculteurs de France de vouloir bien vérifier l'état de la farine renfermée depuis ces seize années ; une commission, composée de MM. le baron Thénard, Barral et Hervé Mangon, a ouvert le vase et fait fabriquer avec la farine du pain et des brioches qui ont été distribués à la dernière séance de la Société aux assistants ; ces messieurs les ont trouvés d'un goût aussi frais que s'ils provenaient de farine nouvelle.

« La seule différence c'est que la farine étuvée avait repris, comme on devait s'y attendre, l'eau qu'elle avait perdue à l'étuvement, et que, conséquemment, le rendement a été sensiblement plus fort.

« Sur la proposition de la commission et de l'assemblée, la Société a décerné à M. Touaillon son grand prix.

« Ainsi, au moyen de ce procédé, les farines françaises peuvent désormais être expédiées dans les contrées les plus éloignées et attendre dans les entrepôts le moment de leur emploi sans crainte d'échauffement ; c'est là un avantage qui profitera aussi bien à l'agriculture qu'à la meunerie, car on sait que les farines françaises ont la préférence sur tous les marchés du monde. »

CHAPITRE IV

MEUNERIE

PARTIE HISTORIQUE

Je ne remonterai pas à la première origine des moulins, qui date, dit-on, du temps de l'empereur Auguste ; ce n'est guère que vers la fin du quatrième siècle que l'usage s'en est répandu en Europe. La mouture est restée à l'état de barbarie jusqu'au milieu du dix-huitième siècle, époque à laquelle on adopta la mouture économique, qui consistait à repasser les gruaux dans les meules. Parmentier affirme qu'en 1709 on ne tirait d'un setier de blé pesant 240 livres que 90 livres de farine. « Faut-il s'étonner, dit-il, si les disettes étaient si fréquentes et si les animaux, auxquels on donnait à manger les gruaux, regorgeaient de nourriture lorsque les hommes n'avaient pas de pain ? »

La mouture économique fut donc un véritable progrès. Mais c'est seulement depuis l'adoption du *système dit anglais* que la transformation des grains a atteint une grande perfection ; il m'a paru intéressant de dire comment ce système a été importé et perfectionné en France.

Fils d'un riche meunier de Provins, mon père, qui faisait ses

études dans un des principaux établissements de Paris, se
plaisait à passer annuellement ses vacances à suivre le travail
des nombreux moulins de la Vallée, exploités en grande partie
par son père. Sa précoce intelligence lui fit comprendre vivement tout ce qu'il y avait de défectueux dans le travail de
cette époque; il se promit donc de chercher les moyens de
l'améliorer, lorsqu'il serait rentré dans la maison paternelle,
ce qui eut lieu en 1807. Il se consacra alors tout entier à la
meunerie.

Le premier, et longtemps avant qu'il fût question du système
dit anglais, mon père avait remplacé les meules de 6 pieds par
des meules de 1^m,30 rayonnées; il avait réuni sur chacune de
ses roues deux paires de meules de ce diamètre au moyen
d'une couronne dentée en bois entraînant deux lanternes ou
pignons des fers de meules. Il avait apporté également au
nettoyage et aux bluteaux des modifications sensibles ; à
l'aide de ces améliorations, il s'était créé une marque exceptionnelle.

Pendant les vingt-cinq années qu'a duré l'interruption des
communications entre la France et l'Angleterre, l'industrie
anglaise avait fait de notables progrès; la nôtre, au contraire,
était restée stationnaire ; mais, les événements de 1815 ayant
rétabli les relations entre les deux nations, les Anglais, toujours empressés de tirer parti de leur savoir comme de leurs
produits, vinrent promptement en France offrir leurs services
et leurs machines.

Deux ingénieurs habiles de cette nation, qui s'étaient asso-
ciés pour y fonder des ateliers de construction, allèrent se
fixer à Lyon, où ils se livrèrent d'abord à la construction des
bateaux à vapeur. Ces mécaniciens s'appelaient l'un Atkin,
l'autre Steel. Ils ne furent pas heureux dans leurs débuts ; le
premier bateau qu'ils construisirent éclata au premier essai, et
au moment où Steel, déjà privé d'une jambe par un accident

terrible, tenait sa jambe de bois appuyée sur le levier de la soupape, que la trop grande pression de la vapeur faisait lever. Steel voulait à tout prix atteindre la vitesse qu'il avait garantie, ce désir le rendit téméraire. C'est alors qu'eut lieu une explosion dont le souvenir n'est pas encore complète- ment effacé dans la ville de Lyon, et qui fit près de quatre cents victimes.

La mort de Steel et l'accident qui en fut la cause ruinaient Atkin; ils l'obligèrent à chercher fortune ailleurs. N'ayant plus les moyens de faire de grandes entreprises, il résolut de se livrer à la construction des moulins américains, que ses com- patriotes avaient importés en Angleterre depuis quelques an- nées déjà. Dans ce but, il monta un petit atelier à Dampierre près Dreux, espérant, en se plaçant dans la vallée de la Beauce, réussir plus promptement. Mais il ne put faire sortir les meuniers de cette contrée de leur routine; il comprit bien- tôt qu'il devait chercher ailleurs des hommes mieux disposés à apprécier les avantages du système qu'il préconisait, et qu'il ne les rencontrerait que parmi ceux qui étaient portés au progrès par leur instruction et leur intelligence.

On lui parla de mon père comme remplissant ces conditions. Il se rendit en effet à Provins et fut fort étonné de trou- ver les moulins munis déjà d'une partie des organes qu'il présentait comme inconnus en France.

Atkin avait trouvé son homme, il savait aussi le parti qu'il pouvait tirer de l'influence et de la réputation de mon père, il fit donc tous ses efforts pour le décider à lui confier la trans- formation de son moulin. Mais mon père voulait voir, avant tout, et juger le système américain par expérience; il con- seilla à Atkin d'établir un moulin spécimen. Ce dernier, alors, retourne à Dampierre, loue dans le village même un moulin dans lequel il substitue, à l'ancien mécanisme très-défectueux, un mécanisme dit à l'anglaise. Mon père alla visiter le nouvel établissement qui, sans être aussi complet qu'on aurait pu le désirer, présentait néanmoins les éléments principaux de la mouture nouvelle ; la supériorité des moyens mécaniques était suffisamment appréciable.

Satisfait de ce qu'il avait vu, il essaya de faire partager sa conviction à ses deux amis MM. Benoît et Dézobry, meuniers à Saint-Denis, qui crurent d'abord à de l'exagération, mais consentirent cependant à aller avec lui visiter le moulin de Dampierre.

MM. Benoît et Dézobry ébranlés, mais pas encore convaincus, prirent le parti de se rendre en Angleterre, où, accompagnés de mon père, ils visitèrent un grand nombre d'établissements montés à l'américaine.

Ils revinrent en France décidés à substituer ce système au mécanisme français. Mais il se présentait un obstacle, c'est qu'il fallait se résoudre à une interruption de fabrication et à un chômage de plusieurs mois ; c'était ruineux pour des fabricants ayant à servir une clientèle qu'ils devaient perdre indubitablement s'ils cessaient de l'alimenter.

Mon père, pour faire cesser cet obstacle, leur conseilla de construire des moulins à vapeur et de ne convertir leurs moulins à eau que quand les premiers fonctionneraient, ce qui eut lieu.

Les nouveaux moulins furent donc établis chez M. Benoit d'abord et presque simultanément chez M. Dézobry ; ceux-ci engagèrent tous leurs confrères à les visiter. MM. Truffant et Hamot de Pontoise, Destors de Gonesse, Périer frères, aux Bons-Hommes à Passy, etc., les imitèrent successivement ; c'est ainsi que la mouture américaine s'introduisit en France.

Cela se passait de 1817 à 1822 ; l'adoption du nouveau système est restée limitée plusieurs années à un petit nombre d'établissements, tous placés dans les environs de Paris. C'était une grosse affaire comme dépense ; d'un autre côté, les

10

moteurs à vapeur, très-coûteux, consommaient à cette épo-. que jusqu'à 100 kilogr. de charbon par force de cheval et par heure. Les nouvelles roues hydrauliques occasionnaient aussi des travaux d'eau considérables ; enfin, rien des anciens moulins ne pouvait être utilisé, pas même les constructions qui ne se trouvaient plus en harmonie avec le nouveau système ; on comprend donc l'hésitation de beaucoup de propriétaires de moulins.

Un autre motif arrêtait aussi un grand nombre de meuniers et de propriétaires de moulins qui possédaient les moyens nécessaires, c'est qu'au début les produits n'étaient pas recherchés par la boulangerie. La farine était molle et piquée. Ces défauts provenaient de ce que nous avons manqué dans le principe d'ouvriers rhabilleurs en état de tenir les meules anglaises en bon moulage.

D'un autre côté, les premiers qui se sont montés avaient eu le tort de copier trop servilement les Anglais en adoptant leurs blutoirs à brosses, qui ne pouvaient que donner des farines piquées et divisées irrégulièrement.

La boulangerie française, qui attachait une grande importance à la qualité et à la blancheur de la farine, continuait donc à donner la préférence aux farines provenant de la mouture économique.

Comme on le voit, il devenait nécessaire de compléter le système anglais et de le modifier de telle sorte qu'il répondît aux habitudes, aux goûts, et même aux caprices de la consommation.

Ce complément mit quelques années à se produire, il fit la fortune de ceux qui l'imaginèrent et l'appliquèrent les premiers ; je veux parler de la *bluterie* et des nettoyages actuels. Ce sont là certainement les perfectionnements les plus efficaces et qui selon moi marquent le véritable point de départ de la mouture perfectionnée. La bluterie était déjà en usage dans le Midi, mais à l'état d'enfance ; le principe seul existait ; en germe si l'on veut, mais c'est ce germe qui, en se développant entre les mains d'hommes d'une grande intelligence, leur a permis d'élever la fabrication française au premier rang, tandis que la meunerie anglaise au contraire est restée depuis dans l'état primitif dont elle sortira difficilement.

Ce furent MM. Darblay frères, meuniers à Chagrenon, et M. Thirouin, meunier au moulin de l'hospice à Étampes, qui perfectionnèrent et appliquèrent les premiers la *bluterie*. Cela se passait en 1825 ou 1826.

Déjà, depuis quelque temps, MM. Thirouin et Mainfroy possédaient des meules de 1ᵐ,30 ; quant à MM. Darblay, reculant d'abord devant une réforme trop radicale, ils avaient adopté un système mixte qui n'était pas encore tout à fait le système dit anglais.

Dès ce moment la meunerie française, jalouse de la supériorité des marques Darblay et Thirouin, suivit leur exemple ; elle atteignit promptement l'incontestable supériorité qu'elle a conservée depuis. M. Thirouin, souffrant et peu ambitieux, quitta les affaires après avoir recueilli la juste récompense de son travail et de son intelligence ; M. Darblay aîné se retira également de bonne heure. Quant à M. Darblay jeune, qui est resté jusqu'à son décès à la tête de sa maison, il l'a élevée à une puissance inouïe.

Telles sont les circonstances qui ont produit le système de mouture actuel, et les différentes phases que cette industrie a parcourues depuis le petit moulin de Dampierre jusqu'aux magnifiques moulins de Saint-Maur, dans lesquels je me suis efforcé de réunir les appareils les plus complets et les plus perfectionnés. Cet établissement, le plus vaste connu, est resté depuis 1838 jusqu'à sa récente expropriation par la ville de Paris, un type parfait et complet ; je serai toute ma vie fier de l'avoir édifié.

En terminant cette courte notice, je dois rappeler les services signalés rendus à la meunerie par un ingénieur anglais,
M. Eastwood, qui, le premier, perfectionna tous les appareils
recommandés par Oliver Evans, et en créa plusieurs de vraiment remarquables.

On lui doit les récipients circulaires, les cylindres comprimeurs, le tire-sacs à courroie et de nombreux perfectionnements
aux principaux organes de la mouture et à la distribution générale du travail de la transformation. Ses beffrois et grosses
transmissions furent, dès le début, d'une exécution soignée que
les autres constructeurs étaient loin d'atteindre. Tous ceux qui
ont connu M. Eastwood lui reconnaissent une grande intelligence
et le considèrent avec raison comme l'ingénieur qui a le plus
contribué à perfectionner les organes de la mouture et à les
propager non-seulement en France, mais dans le monde entier
pendant tout le temps qu'il est resté placé à la tête des ateliers
de Chantemerle. Eastwood fut également le premier hydraulicien
de son temps.

Je dois aussi une mention à M. Conty, l'inventeur de l'engreneur qui a conservé longtemps son nom. L'engreneur Conty
est un très-bon appareil alimentant régulièrement les meules
et ne produisant pas le bruit des anciens augets ; il reste
lement en usage.

C'est M. Niceville qui a construit les premiers nettoyages à
colonne; il avait expérimenté depuis plusieurs années ce système dans les grands moulins de Metz qu'il exploitait, lorsque
Quartier et Corrège en firent l'application au tarare-batteur,
qui existait déjà. La colonne, qui est le seul organe de nettoyage en état d'enlever le germe et la barbe du blé, a conservé longtemps la forme cylindrique ; c'est moi qui ai commencé à lui donner la forme conique qui permet de rapprocher
les surfaces de la partie mobile et de la chemise au fur et à
mesure que les crevures de la tôle s'émoussent.

Gravier, mécanicien à Meaux, avait précédé MM. Niceville, Quartier et Corrège. Avant les perfectionnements apportés par eux, ses nettoyages étaient très-estimés et considérés comme ce qui existait de plus parfait, ce fut un homme intelligent et consciencieusement dévoué à la meunerie.

De même que mon père auquel j'ai succédé, je me suis consacré entièrement à la meunerie. La commission de l'Exposition de 1867, dans son rapport rédigé sous la direction de M. Michel Chevalier, a constaté les perfectionnements que j'ai apportés dans cette grande industrie, en ces termes (tom. 11, pag. 3, chapitre v).

« La France, pendant longtemps, n'a exporté à l'étranger que des grains, et, depuis un demi-siècle elle a reçu de l'Amérique des grains et surtout des farines. Les perfectionnements considérables introduits, depuis vingt ans environ dans la meunerie française, ont permis au commerce des grains et farines de notre pays d'apporter de nombreuses modifications dans ses transactions. C'est ainsi que la France a pu, dans ces dernières années expédier en Angleterre des farines en quantités considérables, qui ont été regardées comme supérieures en qualité aux farines originaires d'Amérique. La meunerie est redevable à M. Touaillon fils de la plupart des changements ou des perfectionnements qui ont permis à la France d'occuper sur les marchés européens le premier rang par sa mouture.

« C'est, en effet, à ce praticien habile et éclairé que l'on doit la disparition de ces vieilles habitudes, de ces préjugés surannés de ces pratiques vicieuses que Parmentier et Cadet de Vaux ont cherché à combattre, il y a bientôt un siècle, avec une persévérance digne des plus grands éloges ; c'est lui qui, s'engageant plus avant dans la route suivie par son père en 1807, préconisa les avantages de la mouture américaine, qu'on désignait alors sous le nom de *système anglais*. Cette mouture nouvelle consistait principalement dans la supériorité des

moyens mécaniques, la substitution des meules de 1ᵐ30 de
diamètre et rayonnées aux meules anciennes de 6 pieds, et dans
l'emploi de la vapeur pendant les temps de chômage, c'est-à-dire
lorsque l'eau, par sa rareté dans la belle saison, ne permettrait
plus aux roues hydrauliques de fonctionner. Mais ces importants changements ne furent pas les seuls qu'adopta la meunerie française intelligente. Après avoir modifié ou rendu
constante sa force motrice, perfectionné ses roues hydrauliques, etc. ; elle adopta d'abord la bluterie et ensuite tous
les moyens propres à nettoyer les grains rapidement et bien.
C'est à l'aide de ces nouveaux engins mécaniques que
MM. Darblay, Truffaut, Rabourdin, etc., sont arrivés à
produire constamment des farines qui ont rendu désormais
célèbre la meunerie française, parce qu'elles se distinguent
toujours par leur homogénéité, leur bonté et leur blancheur
remarquables, malgré les qualités variables des blés qui les
fournissent.

« La France n'est pas la seule nation qui ait exposé d'importantes collections de farines. L'Autriche se distinguait des
autres pays par ses magnifiques produits provenant de la mouture ronde ou mouture à gruaux. Toutefois, si les farines de
la Hongrie brillaient par leur éclat, si on était en droit de les
regarder comme les plus belles de toutes celles qui avaient été
exposées, on ne peut oublier qu'elles résultaient d'une mouture spéciale qui consiste à ne pas en extraire au delà de 10
à 12 %/₀ du blé du premier jet.

« Nonobstant, ces farines attestaient bien, par leurs qualités
remarquables, que la meunerie autrichienne et surtout hon-
groise a adopté assez récemment les procédés de nettoyage
et de blutage en usage en France dans les principales meuneries.

« La Prusse et la Russie pratiquent aussi la mouture ronde,
mais leurs farines, quoique de belle qualité, ne peuvent sou-

tenir la comparaison avec celles de la Hongrie. Les farines envoyées par l'Amérique étaient piquées et avaient été obtenues à l'aide d'une mouture ronde. Les produits provenant de l'Espagne attestaient une mouture bien comprise et qui a fait des progrès remarquables depuis 1862. La meunerie anglaise n'avait envoyé aucun de ses produits.

« La meunerie française n'est pas parfaite dans tous les départements ; mais si un grand nombre d'usines appellent de nombreux perfectionnements, nous pouvons, avec équité et d'une manière générale, la placer au premier rang parmi toutes les meuneries. Il n'en est aucune, en effet, qui soit de nos jours aussi largement dotée sous le rapport de la bonne disposition et de l'installation des grandes usines. C'est le mécanisme parfait qu'on y observe, c'est le mode ingénieux de rhabillage, ce sont les divers engins propres au nettoyage et au blutage qu'on y voit fonctionner, etc., qui ont permis jusqu'à ce jour à MM. Darblay, Rabourdin, Rouzé-Aviat et tant d'autres, d'obtenir du premier jet ces proportions de farine qui étonnent les meuniers les plus habiles de l'Angleterre et de l'Autriche et de pouvoir livrer à l'agriculture, en faveur de l'alimentation des animaux domestiques, des sons remarquables à la fois par leur largeur extraordinaire et leur grande légèreté.

« Les farines, dans les circonstances ordinaires ne peuvent conserver indéfiniment leurs qualités. Pour qu'elles restent panifiables pendant plusieurs années, il faut qu'elles aient été étuvées, c'est-à-dire exposées pendant un temps déterminé à une température qui ne dépasse pas 65°.

« Toutefois, jusqu'à ce jour, l'étuvement des farines a bien peu répondu à l'attente du commerce et des exportateurs, ainsi que le prouve l'état des farines exposées par l'Amérique. Bien pénétré de l'importance qu'aurait l'étuvement des farines, si, par ce procédé, ces produits pouvaient se conserver longtèmps sans altération, M. Touaillon s'est imposé la mission d'expérimenter ce moyen de conservation. Après diverses tentatives, il a reconnu que le plus simple et le plus efficace consiste à posséder un appareil ayant plusieurs plateaux à double fond superposés et chauffés par la vapeur, sur lesquels, au moyen de palettes excentriques, s'inclinant à volonté, la farine est déplacée alternativement du centre à la circonférence et réciproquement, sans frais de main-d'œuvre et sans frais de chauffage puisqu'on peut utiliser la vapeur d'échappement des machines employées pour mettre les meules en mouvement.

« Ce procédé peut être considéré comme parfait. Une farine étuvée à l'aide de l'appareil précité a été exposée à Paris en 1860 et à Londres en 1862. Le bocal qui la contenait a été scellé : 1° avec un cachet du ministère de l'agriculture et du commerce ; 2° avec un cachet officiel de l'Exposition de Londres. Ce dernier cachet a été rompu en présence du jury, le 24 avril dernier.

« Après un examen attentif, la farine a été trouvée dans le plus parfait état de conservation. Cette constatation a confirmé de nouveau la supériorité du procédé de M. Touaillon sur les étuves qui ont été proposées depuis un siècle. Ce moyen d'étuvement a été mis en pratique avec le plus grand succès depuis plusieurs années, dans la plupart des maisons qui se livrent au commerce d'exportation et notamment chez MM. Darblay. Le prix de l'appareil inventé par M. Touaillon n'est que 6 à 7,000 francs ; un générateur de la force de deux chevaux suffit pour un appareil pouvant étuver 300 à 400 kilogrammes de farine à l'heure. D'après les faits constatés par M. Porlier, sécrétaire de la classe 67, la farine contenue dans le bocal cacheté en 1862 provenait de l'usine de Corbeil, mais elle était plus blanche que les farines exposées cette année par la même meunerie, attendu que les farines de qualité supérieure acquièrent toujours de la blancheur en vieillissant.

« En résumé, la meunerie française a une grande importance. »

RÉGLEMENTATION DES EAUX ET FORMALITÉS A REMPLIR POUR OBTENIR LES AUTORISATIONS ADMINISTRATIVES ; INDEMNITÉS.

A l'exception du riz, toutes les céréales ont besoin d'être divisées pour être propres à l'alimentation humaine ; le riz lui-même, qui se consomme le plus souvent cuit en grain dans un liquide, est, quelquefois aussi, réduit en farine pour la fabrication de certaines pâtisseries et pour des mélanges divers et des applications industrielles.

Cette transformation des céréales s'effectue à l'aide de moulins mus par des manéges, par le vent, par l'eau ou par la vapeur ; je ne parle pas des moulins à bras, qui n'ont jamais assez de force pour atteindre les grains suffisamment.

Les moulins à farine ne sont assujettis à aucune autorisation lorsqu'ils sont situés hors des villes ; mais, une ordonnance du 9 février 1825 place ceux qui sont dans ce dernier cas dans la deuxième classe des ateliers dangereux et insalubres, à cause du bruit et de la poussière qu'ils occasionnent.

Ce règlement s'applique à tous les moulins qui sont, en outre, soumis à des règles spéciales suivant le moteur qui leur est appliqué.

Les moulins à vent et ceux marchant par manéges attelés de chevaux, mulets ou bœufs ont une rotation irrégulière et une puissance trop faible pour donner de bons produits ; on ne doit les établir que lorsqu'on se trouve dans l'impossibilité d'appliquer des moteurs à eau ou à vapeur.

MOULINS A EAU.

Il existe trois sortes de moulins à eau :

1° Les moulins à nef, moulins flottants placés dans le lit des rivières et dont les roues à aubes très-larges sont mues par la force naturelle du courant. Les obstacles que ces moulins apportent à la marche des bateaux et les dangers de toute sorte qu'ils présentent lors des débacles de glaces et pendant les grandes eaux, ont déterminé l'administration, non-seulement à ne plus accorder d'autorisation nouvelle, mais encore à faire disparaître complétement les moulins de cette nature qui subsistent encore.

2° Moulins pendants ; ceux-ci sont construits dans le lit des rivières sur piles ou sur pieux ; leurs roues sont portées par des charpentes disposées de manière à permettre de les lever ou descendre suivant que les eaux de la rivière montent ou baissent. Les usiniers s'efforcent par des épis ou des jetées de diriger le plus possible le courant sur la roue motrice ; ces empiétements forment le plus souvent des écueils gênants et même dangereux pour la navigation,

3° Les moulins fixes : ce sont ceux dont la cage est fondée sur terre et dont la roue marche dans un coursier fixe.

Les moulins à nef et les moulins pendants sont presque tous établis sur des rivières navigables ; les moulins fixes sont placés sur des bras non navigables de rivières navigables et sur des cours d'eau non navigables.

Cours d'eau navigables et flottables

Les cours d'eau navigables et flottables sont la propriété de l'État, il en résulte naturellement qu'il n'est permis à personne d'user de leurs eaux sans avoir obtenu une autorisation ; on ne peut, à plus forte raison, élever ni posséder une construction, ni un ouvrage hydraulique quelconque, ni sur le lit de ces eaux ni sur leurs rives sans cette condition.

Ces principes sont consacrés par une législation très-ancienne maintenue successivement par des édits, lois et règlements nombreux, qui commencent à l'édit de 1566 et s'arrêtent au décret du 25 mars 1852.

Conséquemment, pour la création d'établissements nouveaux sur les cours d'eau navigables, il faut l'autorisation du souverain donnée par décrets rendus en la forme des règlements d'administration publique. Cette demande d'autorisation doit être adressée au préfet en double expédition, dont une sur papier timbré, avec les titres de propriété des rives et terrains destinés à recevoir les bâtiments ; le préfet prend un arrêté par lequel il ordonne le dépôt de la demande à la mairie de la commune où les travaux doivent être exécutés, et prescrit une enquête en fixant le jour de son ouverture. Cet arrêté est affiché aux portes de l'église et de la mairie pendant vingt jours à partir de celui auquel le préfet en a ordonné l'ouverture. Au plus tard dans les trois jours qui suivent ces vingt jours, toutes les observations orales ou écrites doivent être déposées au secrétariat de la mairie. A l'expiration du délai de vingt-trois jours, le maire dresse procès-verbal de l'apposition des affiches, il y joint les oppositions, mentionne les observations verbales qui ont pu être faites, donne son avis accompagné le plus ordinairement de celui du conseil municipal.

Ce procès-verbal est adressé au préfet qui le transmet à l'ingénieur en chef des ponts et chaussées, lequel confie à l'ingénieur ordinaire de l'arrondissement le soin d'instruire l'affaire sur rapport administratif.

Cet ingénieur, après avoir averti cinq jours à l'avance les pétitionnaires, les opposants et toutes personnes dont la présence lui paraît utile, se rend sur les lieux. Il procède à la visite, dresse les plans et nivellements nécessaires, reçoit les observations, rédige son rapport qu'il soumet à l'ingénieur en chef, qui le remet à son tour au préfet avec son propre avis.

Une seconde enquête, portant sur les propositions des ingénieurs, s'ouvre alors à la mairie ; elle est soumise aux mêmes règles que la première, mais elle ne dure que quinze jours. Cette seconde enquête est communiquée aux ingénieurs, et, si elle a pour résultat de modifier leur avis et leurs propositions, une troisième enquête de quinze jours doit s'ouvrir sur les propositions modifiées.

Après toutes ces formalités, le préfet donne son avis ; s'il est favorable, l'autorisation est accordée par un décret.

Lorsque l'établissement sollicité est de nature à étendre ses effets au delà du territoire de la commune, les enquêtes prescrites doivent avoir lieu dans toutes les communes que cet établissement peut atteindre, qu'elles appartiennent ou non au département ; cependant les intéressés doivent être sur leur garde, car, un arrêt du conseil d'État, en date du 18 novembre 1854, décide qu'il suffit, pour la régularité, que l'enquête ait lieu dans la commune où se trouve le siége de l'établissement, alors même que les travaux à autoriser devraient s'étendre sur le territoire d'une autre commune.

L'administration a le droit de percevoir, au profit du Trésor, des redevances sur les autorisations qu'elle accorde pour les usines et les prises d'eau sur les rivières navigables ou flottables.

Il faut d'ailleurs se reporter aux circulaires du 23 octobre 1861 et du 27 juillet 1852 pour connaître toutes les formalités administratives qui doivent être remplies pour arriver à une autorisation définitive.

Les oppositions qui sont faites par des tiers, dans le but de subordonner la demande à certaines conditions ou restrictions et même de la faire rejeter complètement, sont de deux sortes:

ou les motifs exigent une application des dispositions du droit commun, ou ils sont de nature à être résolus par l'autorité administrative.

La première espèce d'opposition comporte l'examen de questions de propriétés, de servitude, d'interprétation, de convention, qui sont de la compétence exclusive de l'autorité judiciaire. Dans ce cas, l'administration surseoit jusqu'à décision de l'autorité judiciaire, ou elle statue, sous la réserve des droits que cette autorité pourra proclamer ultérieurement. La réserve n'en existerait pas moins, encore bien qu'elle n'aurait pas été exprimée. Les oppositions qui n'ont trait qu'au régime des eaux étant du ressort de l'autorité administrative sont, en conséquence, souverainement jugées par la décision qui intervient sur la demande d'autorisation.

L'acte qui accorde ou refuse l'autorisation n'est pas attaquable par la voie contentieuse ni de la part du pétitionnaire, ni de la part des tiers intéressés qui sont intervenus dans l'instruction administrative, à moins que cet acte ne soit entaché d'excès de pouvoir ou n'ait pas été précédé des formalités requises. Quant aux tiers intéressés, qui n'ont pas été appelés ou qui n'ont pas comparu dans l'instruction, ils peuvent adresser un recours au conseil d'État par la voie de la tierce opposition.

L'administration, en accordant l'autorisation, impose des travaux et des conditions auxquels il faut se soumettre très-rigoureusement. A l'expiration du délai fixé pour l'achèvement des travaux, l'ingénieur ordinaire se transporte sur les lieux et vérifie, en présence de l'autorité locale et des intéressés, si les dispositions prescrites ont été observées et il rédige un procès-verbal de récolement. Si les conditions imposées par le décret d'autorisation n'ont pas été observées, le ministre peut, sauf recours au conseil d'État, ordonner la destruction des ouvrages non autorisés.

Le préfet lui-même a le droit d'ordonner et d'effectuer immédiatement la destruction de toute construction qui, excédant les limites de l'autorisation donnée, serait nuisible à l'intérêt public.

Les travaux effectués au delà des prescriptions d'un décret d'autorisation donnent aussi ouverture à une action civile devant les tribunaux ordinaires de la part des tiers que ces entreprises peuvent léser.

Les règles prescrites pour les établissements nouveaux ne sont également applicables aux usines anciennes que toutes les fois qu'il s'agit d'une innovation susceptible de modifier le régime des eaux ; mais comme on peut se trouver en désaccord avec l'administration sur l'importance et l'effet de certains changements et de réparations qu'on se propose de faire, il est prudent, dans tous les cas, d'en donner préalablement avis au préfet, même lorsque ces travaux ne devraient avoir aucune influence sur le régime des eaux ; on se mettra ainsi à l'abri d'ennuis sérieux et de difficultés de la part de l'administration et des voisins.

Les autorisations données sur les cours d'eau navigables étant précaires, révocables et subordonnées aux besoins de la navigation et aux exigences de l'intérêt public, l'administration conserve toujours le droit de porter atteinte au fonctionnement des établissements, de les mettre en chômage, de les modifier et de les supprimer même par un simple arrêté préfectoral qui peut être déféré au ministre des travaux publics, mais, ne saurait être attaqué devant le conseil d'État que pour incompétence ou excès de pouvoir.

Les chômages, modifications ou suppressions, ne donnent lieu à une indemnité que dans les cas suivants :

1° Si l'usine est antérieure à l'édit de 1566 ;

2° Si l'autorisation n'a été accordée dans l'origine qu'à titre onéreux et sous la condition d'un capital versé dans les caisses de l'Etat.

3° Si l'usine est entrée aux mains des détenteurs actuels ou de leurs auteurs au moyen d'une vente nationale contenant garantie de la jouissance des eaux.

Lorsqu'il s'agit d'un dommage temporaire, l'indemnité est réglée par le conseil de préfecture ; si les dommages sont permanents, l'autorité administrative règle l'indemnité applicable à la perte de la force motrice, l'autorité judiciaire règle l'indemnité applicable aux terrains et aux bâtiments.

L'indemnité est toujours fixée d'après la valeur actuelle de l'usine sans tenir compte toutefois des modifications qui auront pu être introduites dans les autorisations prescrites.

Les intérêts de l'indemnité ne sont dus qu'à compter du jour de la demande.

Lorsque les dommages résultent de travaux autres que ceux qui se rattachent au service de la navigation, les indemnités se règlent par les mêmes dispositions que pour les autres biens du domaine privé.

Le propriétaire d'une usine régulièrement établie sur un cours d'eau navigable peut, en cas de troubles de la part des tiers et notamment des riverains inférieurs, intenter une action possessoire, attendu que la possession n'est précaire qu'à l'égard de l'administration et non à l'égard des tiers.

Deux arrêts du conseil d'État du 5 juillet 1865 et du 6 juillet 1865, rendus entre la Compagnie du canal de Saint-Quentin, d'une part, et MM. Beaussire et Lacour, d'autre part, a fixé la base des indemnités dues pour les chômages causés aux moulins. Je crois utile de citer ces arrêts *in extenso* ; ils représentent la jurisprudence actuelle du conseil d'État et peuvent, à l'occasion, servir devant toute autre juridiction. Les mêmes bases sont également applicables aux expropriations ; dans ce cas on capitalise les indemnités.

Arrêt du Conseil d'État sur le chiffre de l'indemnité due par jour et par cheval :

« Considérant qu'il résulte de l'instruction et notamment de

l'expertise ci-dessus visée que le prix de la mouture d'un hectolitre de blé doit, après défalcation des frais de rhabillage des
meules, de graissage des machines et autres frais qui ne sont
pas faits pendant le chômage, être estimé à un franc ; que, si
l'on admet, comme l'ont fait d'un commun accord la Compagnie et le sieur Beausire, qu'une paire de meules moud, par
jour, vingt hectolitres de blé, et exige une force de quatre
chevaux, il s'ensuivra que l'inaction, pendant un jour, d'une
force d'un cheval, fait perdre à l'usinier une somme de cinq
francs ; que sur cette somme il n'y a lieu de faire qu'une diminution d'un vingtième, à raison de la coïncidence des chômages causés par le canal et ceux que nécessitent les réparations des ventilleries du moulin et certains jours fériés ; que
l'indemnité par jour et par force de cheval se trouve ainsi
fixée à 4 fr. 75 c. »

*(Voir également l'arrêt rendu le 6 juillet 1866 entre les
mêmes parties.)*

Cours d'eau non navigables ni flottables

Une autorisation est également nécessaire pour établir une
usine sur les cours d'eau non navigables ni flottables.

Les formes à suivre pour l'instruction des demandes d'autorisation, les règles de compétence pour statuer sur les oppositions ou autorisations, les recours au conseil d'État et aux
règlements de police sont les mêmes que pour les rivières navigables. Jusqu'en mars 1852, les autorisations appartenaient
au souverain seul statuant en son conseil d'État ; mais le décret de décentralisation a compris, parmi les objets sur lesquels
les préfets statuent seuls, l'autorisation, sur les cours d'eau
non navigables ni flottables, de tout établissement nouveau, la
régularisation des établissements anciens non pourvus d'auto-

risation régulière et les modifications apportées aux règlements déjà existants.

Les préfets rendent compte au ministre des travaux publics des arrêtés qu'ils prennent en matière d'autorisation d'usines. Le ministre peut annuler et réformer ceux de ces actes qui seraient contraires aux lois et règlements ou qui donneraient lieu aux réclamations des parties intéressées. Les préfets, en vertu du même décret, procèdent aux règlements d'eau qui sont précédés des mêmes formalités que les arrêtés d'autorisation et soumis aux mêmes recours. Dans tous les cas, les droits des tiers sont et demeurent réservés.

Les arrêtés préfectoraux rendus pour régler le régime des usines ne peuvent cependant contenir que des dispositions d'intérêt général. Les préfets conséquemment n'ont pas à intervenir dans les contestations particulières qui sont de la compétence exclusive de l'autorité judiciaire.

La suppression d'une usine ordonnée par l'autorité administrative donne lieu à indemnité lorsqu'elle est située sur une rivière non navigable ni flottable, quelle que soit la date de la création de cette usine. Quant aux règles et aux bases qui doivent servir à fixer l'indemnité, elles sont les mêmes que pour les établissements situés sur des cours d'eau du domaine public.

Clauses résolutoires

L'autorisation d'une usine sur un cours d'eau navigable et flottable est subordonnée à la condition, dite clause résolutoire, que voici :

« Si à quelque époque que ce soit, dans l'intérêt de la navigation, de l'agriculture, du commerce, de l'industrie ou de la salubrité publique, l'administration reconnaît nécessaire de prendre des dispositions qui privent le concessionnaire, d'une manière temporaire ou définitive, de tout ou partie des avan-

11

tages à lui concédés, le concessionnaire n'aura droit à aucune indemnité et pourra seulement réclamer la remise de tout ou partie de la redevance qui lui est imposée. » Cette clause est de plein droit dès qu'il s'agit des eaux domaniales sur lesquelles les concessions ne sont que des faveurs éminemment précaires et qui ne peuvent jamais donner un droit opposable au domaine. Mais, ce qui est incompréhensible, c'est qu'une clause à peu près semblable soit également insérée dans les autorisations concernant les eaux non navigables ni flottables.

L'administration a plusieurs fois varié à cet effet, elle est aujourd'hui fixée dans le sens de la clause de non-indemnité dont voici la formule ordinaire :

« Le permissionnaire ne pourra prétendre à aucune indemnité ou dédommagement quelconque si, à quelque époque que ce soit, pour l'exécution de travaux dont l'utilité publique aura été légalement constatée, l'administration reconnaît nécessaire de prendre des dispositions qui le privent, d'une manière temporaire ou définitive, de tout ou partie des avantages résultant de la présente permission, tous droits antérieurs réservés. »

Il ressort clairement de ces derniers mots : *tous droits antérieurs réservés,* que la clause résolutoire s'applique exclusivement aux droits nouveaux résultant du règlement d'eau même où elle est insérée ; ainsi ces droits seuls, s'ils venaient à être supprimés, ne donneraient lieu à aucuns dédommagements. Quant aux droits antérieurs reposant sur le titre primitif de l'usine et sur d'autres concessions antérieures où il n'aurait point été inséré de clause semblable, leur suppression totale ou partielle entraînerait toujours, et dans tous les cas, le payement d'une indemnité proportionnelle.

On ne comprend pas l'avantage que l'administration trouve à affecter d'une manière si grave le grand nombre d'usines qui sont alimentées par les forces motrices des cours d'eau non navigables. Certainement les lois n'ont pas reconnu aux riverains la propriété de ces cours d'eau d'une manière complète et absolue, mais elles leur confèrent des droits d'usage qui forment une partie intégrante de la propriété ; partie séparée, si l'on veut, mais qui représente une valeur dont on ne devrait pas être dépossédé sans indemnité préalable.

J'avoue que la force des choses obligeait à conférer à l'administration un droit d'élection et d'attribution dans le cas de l'emploi des forces motrices hydrauliques, car il fallait qu'elle pût choisir parmi les riverains celui qui possède la chute la plus élevée et qui est le plus en état de l'utiliser. On ne viole en effet aucun principe, lorsqu'on permet à un riverain d'ajouter à la force qu'il possède les fractions de la force motrice qui appartiennent à ses voisins ; on ne leur cause d'ailleurs nul dommage puisqu'on ne prend qu'une chose dont ils ne se sont jamais servis et dont ils ne peuvent tirer aucun parti ; mais, si l'administration a le droit de diriger les eaux, je ne trouve nulle part une législation qui l'autorise à imposer des clauses résolutoires. Elle fait, il est vrai, très-rarement usage des droits qu'elle s'est attribués et les avantages qu'elle en tire sont loin de compenser les inconvénients. En effet, combien de fois se trouve-t-elle dans l'obligation de supprimer une usine sur un cours d'eau navigable ? Pas une fois sur mille, cependant elle fait peser sur la propriété entière des usines hydrauliques une instabilité qui en réduit considérablement la valeur vénale et diminue évidemment les droits de mutation. Qui donc, donnera un prix aussi élevé pour une usine supprimable sans indemnité, que pour une usine supprimable avec indemnité ? On produit ainsi une dépréciation aussi préjudiciable au gouvernement qu'à l'industrie, et on porte une atteinte à la propriété qu'on tient perpétuellement dans une situation précaire.

Espérons que l'administration des travaux publics, qui prépare dans ce moment un Code rural, profitera de la circonstance pour retirer des clauses aussi importunes qu'impopulaires.

Curage

Le curage et l'entretien des rivières navigables ou flottables et la réparation des ouvrages qui s'y rapportent : levées, barrages, pertuis, écluses, sont à la charge de l'État ; mais les usiniers peuvent être appelés à y contribuer ; la part contributive de chacun est fixée par des règlements d'administration publique. Les frais de conservation d'une digue, mis à la charge des riverains par des usages anciens et des règlements, doivent être répartis entre les dits riverains et les usiniers qui profitent de la retenue des eaux de cette digue.

Le curage et l'entretien des cours d'eau non navigables ni flottables sont réglés par la loi du 14 floréal an XI, qui est ainsi conçue :

« Art. 1ᵉʳ. Il sera pourvu au curage des eaux et rivières non navigables, à l'entretien des digues et ouvrages d'art qui y correspondent, de la manière prescrite d'après les anciens règlements ou d'après les usages locaux.

« Art. 2. Lorsque l'application du règlement ou le mode consacré par l'usage éprouvera des difficultés, ou lorsque des changements survenus exigeront des dispositions nouvelles, il y sera pourvu par le gouvernement dans un règlement d'administration publique rendu sur la proposition du préfet du département, de manière que la quotité de la contribution de chaque imposé soit toujours relative au degré d'intérêt qu'il aura aux travaux qui devront s'effectuer. »

Il ressort du texte précis de cette loi que, partout où l'application des règlements n'éprouve pas de difficultés, il n'y a pas lieu à l'intervention de l'administration.

Lorsque les rivières ne sont pas utilisées pour l'irrigation des terres et servent exclusivement aux usiniers, elles doivent être entretenues par ces derniers, qui sont obligés de faire le curage en aval de leurs moteurs.

Si les riverains se servent de l'eau pour irriguer ou pour d'autres usages, ils contribuent aux dépenses de curage des cours d'eau proportionnellement à la longueur de rive possédée par eux.

Un arrêt du Conseil d'État du 6 novembre 1864 statue dans ce sens : « Considérant qu'il résulte d'un usage local ancien que les frais d'entretien de la rivière doivent être supportés exclusivement par les usiniers et que cet usage n'a été abrogé ni modifié par aucun règlement rendu dans la forme des règlements d'administration publique... »

Toutes les tentatives faites dans certaines vallées pour assujettir les riverains aux travaux d'entretien des rivières sont partout restées impuissantes contre l'opposition et la force d'inertie des populations, qui savent bien que les usiniers seront toujours contraints par leur intérêt d'assurer le libre cours de leur rivière.

En présence de la diversité des usages, des besoins et des circonstances locales dans lesquelles les cours d'eau sont placés, l'Administration et les Tribunaux doivent faire la part des vœux des populations et s'éclairer des observations contradictoires puisées dans les localités mêmes.

Ils devront également s'inspirer des mêmes principes et faire la part des mêmes circonstances lorsqu'ils auront à intervenir dans les difficultés qui peuvent survenir entre riverains et usiniers sur l'utilisation des eaux de certains courants peu abondants et dont le volume d'eau est insuffisant pour entraîner au moins une paire de meules. Les meuniers alors marchent par éclusées ; cette faculté leur appartient à la condition de ménager dans une juste mesure le droit des riverains et des usiniers d'aval. Un arrêt de la Cour de cassation, en date du 19 janvier 1874, fixe la jurisprudence sur ce point ; le voici :

« La Cour, — Sur le premier moyen de cassation, tiré de la violation de l'article 644, C. civ. : — Attendu que le propriétaire dont l'héritage est traversé par un cours d'eau non dépendant du domaine public peut user des eaux, à leur passage, aussi bien pour ses établissements industriels que pour ses exploitations agricoles ; qu'aucune loi ne lui interdit de faire marcher ses usines par éclusées, pourvu qu'il ménage, dans une juste mesure, le droit des riverains inférieurs ; et que, si des réclamations s'élèvent sur le mode de jouissance qu'il emploie pour utiliser le cours d'eau à son profit, il appartient aux Tribunaux, en prononçant suivant les circonstances, de concilier l'intérêt de l'agriculture avec le respect dû à la propriété ;

« Attendu, en fait que si le sieur Cazenave, dont les fonds sont traversés par le ruisseau de Saint-Pastous, a creusé un réservoir où, pendant l'été, il retient l'eau par intervalles périodiques pour mettre en mouvement son moulin, il est déclaré par l'arrêt attaqué : 1° que ce procédé, loin de nuire aux usines inférieures, leur procure la force motrice sans laquelle elles ne pourraient marcher durant la même saison ; 2° que l'eau qui sort du bassin quand le moulin fonctionne, n'est point chargée de matières étrangères qui la rendent impropre à ses usages ordinaires ; 3° que celle qui s'échappe par les interstices des vannes, quand le moulin est au repos, est suffisante pour les besoins agricoles et ménagers des propriétés situées en aval, et que dans le cas où, par une cause quelconque, il cesserait d'en être ainsi dans l'avenir, Cazenave serait tenu de prendre les mesures convenables pour laisser toujours courir une aussi grande quantité d'eau qu'à présent ;

« Attendu que ces déclarations écartent complétement les causes de dommages qui étaient alléguées à l'appui de l'action formée par Pergé et Fontan et tendant à ce que l'eau fût rendue dorénavant à son cours naturel ; que la prétention des demandeurs d'être seuls juges de leur droit est inadmissible ; et que dans ces circonstances, en repoussant leur réclamation, et en autorisant Cazenave à se servir de l'eau comme par le passé, pour la mise en mouvement de son moulin, la Cour de Pau n'a point violé le principe de l'article 644, et n'a fait qu'user du pouvoir d'appréciation qu'elle tenait de l'article 645 ; — Rejette. »

CHAPITRE V

MOTEURS

MOTEURS HYDRAULIQUES

Je suppose la chute d'eau acquise après examen soigneux des titres par un notaire ou un jurisconsulte expérimenté, je suppose l'autorisation obtenue, il faut maintenant lui appliquer le récepteur le plus convenable.

Ce choix n'est pas aussi facile que beaucoup d'usiniers le croient : il est tout aussi dangereux de prendre un système qu'on a vu réussir ailleurs, comme de suivre certaines formules vieillies et erronées admises par des théoriciens n'ayant jamais pratiqué.

Il n'existe aucun récepteur hydraulique présentant des avantages applicables à toutes les situations ; ce n'est que lorsqu'on connaît le volume d'eau, ses variations, la chute et l'emplacement de l'usine projetée que l'on peut fixer son choix.

Avant d'acquérir la chute, on s'est fixé nécessairement sur le volume de l'eau, en établissant, si le cours d'eau n'est pas trop considérable, un barrage ou déversoir dont la crête est formée d'un plat bord pouvant s'élever ou se baisser à volonté. Lorsque l'eau a passé plusieurs heures sur ce déversoir parfaitement de niveau et qu'elle s'est maintenue pendant ce temps au même point dans le bief supérieur, on place en amont, et à un mètre de distance au moins, un pieu parfaitement de niveau avec la partie supérieure du plat-bord ; c'est sur la tête de ce pieu qu'on prend attentivement, au moyen d'une mesure métrique, l'épaisseur de la veine fluide.

Ce livre étant destiné surtout aux ouvriers je me suis abstenu complétement de formules algébriques dont on abuse généralement ; je ne donnerai donc pas les règles scientifiques à l'aide desquelles on trouvera le volume de l'eau en connaissant l'épaisseur, la largeur de la lame et la vitesse du courant.

La table ci-jointe, qui donne en litres les dépenses effectuées par des orifices en déversoir, pour un mètre de large, suffira pour permettre à tous de déterminer la puissance théorique d'un cours d'eau.

Le volume d'eau étant trouvé à l'aide de cette table, on le multipliera par la chute et on divisera le produit par 75, le quotient représentera le nombre de chevaux-vapeur, force théorique ou brute.

Exemple : Une lame d'eau a $0^m,20$ d'épaisseur et 2 mètres de largeur, on cherche dans la première colonne le chiffre 20, on trouve sur la même ligne dans la deuxième colonne le chiffre 160,3 qui est la dépense en litres pour 1 mètre de largeur ; comme il y a 2 mètres, on multiplie $160^{lit},3$ par 2^m ; on trouve $320^{lit},6$ par seconde. La chute étant de $1^m,50$, on multiplie $320^{lit},6$ par 1^m50 ; le produit est $480^{km},90$ qui, divisé par 75, donne 6 chevaux 41 centièmes, force brute.

Lorsque le cours d'eau est très-faible, il existe un moyen bien simple d'en trouver le volume par seconde, c'est de le faire écouler dans un vaisseau (tonneau, baquet ou autre) dont on jauge la capacité ; on voit à l'aide d'une montre combien de temps ce vaisseau a mis à s'emplir. Lorsqu'on ne sait pas cuber la capacité réelle du vaisseau, on le vide avec un seau dont on a reconnu la dimension exacte au moyen d'une mesure métri-

TABLE DES DÉPENSES D'EAU

EFFECTUÉES PAR LES ORIFICES EN DÉVERSOIR DE 1 MÈTRE DE LARGE

SANS COURSIER

ÉPAISSEURS de la lame d'eau en centimètres au-dessus du déversoir	DÉPENSES en litres par seconde sur 1 mètre de large	ÉPAISSEURS de la lame d'eau en centimètres au-dessus du déversoir	DÉPENSES en litres par seconde sur 1 mètre de large	ÉPAISSEURS de la lame d'eau en centimètres au-dessus du déversoir	DÉPENSES en litres par seconde sur 1 mètre de large
centim.	litres	centim.	litres	centim.	litres
5	20,0	23	197,4	41	470,9
6	26,2	24	211,0	42	488,3
7	33,1	25	223,7	43	513,7
8	40,5	26	237,9	44	523,5
9	48,4	27	251,5	45	541,6
10	56,7	28	265,0	46	559,8
11	65,4	29	279,5	47	577,9
12	74,3	30	294,0	48	596,8
13	83,7	31	307,1	49	615,2
14	93,5	32	324,6	50	633,2
15	103,8	33	340,0	51	653,3
16	114,7	34	355,6	52	672,6
17	125,3	35	371,3	53	691,8
18	137,0	36	386,9	54	711,8
19	148,5	37	403,7	55	731,7
20	160,3	38	420,1	56	751,8
21	172,6	39	436,9	57	771,9
22	185,0	40	453,9	58	792,5
				59	812,9
				60	833,5

que quelconque. Si on n'a pas un litre sous la main on prend le premier vase venu, on le tare et on y ajoute un kilogramme d'eau qui représente un litre ; on marque la hauteur à laquelle arrive ce kilogramme et on a ainsi une mesure suffisamment exacte.

La chute, c'est la distance qui existe entre la surface des eaux dans le bief supérieur et la surface des eaux dans le bief inférieur ; mais comme les eaux se dépriment en approchant de la crête du déversoir, il faut prendre pour point de départ le niveau de la surface d'amont à la tête du pieu que j'ai conseillé de placer à un mètre au moins en amont.

S'il existe au bief supérieur une vanne de décharge, on trouvera à l'aide de la table suivante la dépense d'eau par seconde et sous diverses pressions.

Exemple : Une vanne verticale de 1^m,50 est levée de 0^m,20, hauteur prise sur le seuil ou à la crémaillère de la vanne, la pression d'eau est de 0^m,50 sur le centre de l'orifice. On cherche le nombre 0,20 dans la première colonne, on suit jusqu'à la cinquième colonne qui indique les quantités d'eau sous 0^m,50 de pression et on trouve 377 litres pour 1 mètre de large. Comme la vanne a 1^m,50, on multiplie ce résultat par 1^m,50 et on obtient la dépense, toujours en supposant la contraction complète ; alors, comme pour les dépenses d'eau en déversoir, on multiplie par la chute, on divise par 75 et le quotient donne le nombre en chevaux.

Dans les cas où la contraction n'est pas complète, on multiplie les résultats trouvés au moyen de la table par l'un des facteurs suivants :

Pour une vanne verticale :

1,035 si la contraction n'a lieu que sur 3 côtés
1,072   —   —   — 2 —
1,125   —   —   · — 1 —

Les récepteurs hydrauliques doivent être divisés d'abord en 3 classes générales. La première comprend ceux sur lesquels l'eau agit dès le commencement de sa chute jusqu'à sa descente par son propre poids ; la deuxième se compose des récepteurs sur lesquels l'eau agit par percussion et en vertu d'une vitesse acquise.

Dans la première classe, il faut placer les roues à augets et les roues de côté ; dans la seconde les roues pendantes, les roues à palettes planes frappées en dessous, les roues à la Poncelet. Les turbines forment la troisième classe.

TABLE DES DÉPENSES D'EAU

EFFECTUÉES PAR UNE VANNE VERTICALE DE 1 MÈTRE DE LARGE SOUS DIVERSES PRESSIONS SUR LE CENTRE DE L'ORIFICE (LA CONTRACTION ÉTANT COMPLÈTE)

DÉPENSES EN LITRES PAR SECONDE POUR DES CHARGES OU PRESSIONS D'EAU DE :

OUVERTURES ou hauteurs verticales de la vanne en mètres.	0m,10	0m,20	0m,30	0m,40	0m,50	0m,60	0m,70	0m,80	0m,90	1m,00	1m,10	1m,20	1m,30	1m,40	1m,50	2m,00	2m,50	3m,00	3m,50	4m,00
	lit.	lit.	lit.	lit.	lit.	lit.	lit.	lit.	lit.	lit.	lit.	lit.	lit.	lit.	lit.	lit.	lit.	lit.	lit.	lit.
0m,05	44	62	76	88	98	107	116	124	131	138	145	151	157	162	168	191	214	235	251	268
0m,06	53	75	91	107	117	128	139	148	157	165	175	181	187	194	201	229	257	281	301	321
0m,07	61	86	106	122	136	148	161	172	183	192	201	210	218	226	233	267	299	327	350	374
0m,08	69	98	120	139	155	170	184	196	207	219	229	248	249	258	266	305	341	374	400	427
0m,09	78	109	135	156	174	191	208	220	236	246	257	267	279	289	300	343	382	420	450	481
0m,10	86	122	149	173	193	212	228	246	259	272	285	298	310	321	332	380	424	466	500	533
0m,11	.94	133	164	189	212	230	249	267	284	299	314	327	340	353	365	418	466	511	550	587
0m,12	102	145	178	206	230	251	272	291	309	326	341	356	371	384	397	455	507	557	599	640
0m,13	110	157	192	222	249	272	294	314	334	352	368	385	401	416	429	492	549	602	647	693
0m,14	119	168	206	238	267	292	316	338	359	379	396	414	431	446	462	510	590	648	697	745
0m,15	126	179	220	255	285	312	338	361	384	405	424	443	461	477	493	566	631	693	747	799
0m,16	134	190	234	271	304	330	360	385	409	432	452	472	491	509	526	603	673	739	797	852
0m,17	142	201	248	287	322	350	382	414	434	456	478	501	521	540	558	638	715	784	847	905
0m,18	150	213	262	304	340	370	403	432	459	481	506	529	551	571	589	677	757	830	896	958
0m,19	158	223	276	324	358	392	425	454	483	510	534	558	580	601	621	715	789	876	946	1011
0m,20	167	235	291	337	377	414	447	485	509	536	562	586	610	627	654	753	841	922	996	1065
0m,21	»	247	305	354	396	431	470	512	534	563	590	615	640	664	687	790	884	968	1046	1118
0m,23	»	271	334	388	431	472	515	550	585	616	646	674	701	726	757	865	968	1060	1146	1224
0m,27	»	318	392	454	509	559	594	645	688	724	758	791	823	853	883	1016	1136	1245	1345	1437
0m,29	»	340	421	487	516	602	619	693	735	777	815	850	884	916	949	1092	1220	1337	1444	1514
0m,31	»	364	449	521	583	635	694	741	787	831	871	909	945	980	1014	1167	1305	1429	1544	1650
0m,33	»	388	477	555	622	676	737	789	839	884	927	969	1007	1043	1079	1242	1389	1521	1644	1756
0m,35	»	415	507	588	650	717	782	837	889	938	983	1027	1067	1103	1145	1317	1473	1614	1743	1863
0m,37	»	436	534	622	696	758	826	885	910	981	1040	1086	1128	1169	1210	1392	1557	1706	1843	1969
0m,39	»	462	564	653	734	798	872	933	991	1045	1096	1145	1189	1232	1276	1468	1611	1798	1943	2076
0m,41	»	»	591	688	772	840	913	981	1042	1097	1152	1203	1250	1298	1341	1543	1725	1890	2042	2182
0m,43	»	»	620	722	809	881	961	1028	1093	1151	1208	1262	1311	1361	1407	1618	1809	1982	2142	2289
0m,45	»	»	649	754	847	920	1005	1076	1114	1204	1265	1321	1372	1424	1472	1694	1894	2075	2242	2394
0m,47	»	»	677	787	885	961	1050	1124	1194	1257	1321	1380	1433	1488	1537	1769	1978	2167	2341	2504
0m,49	»	»	706	820	922	1002	1095	1172	1245	1311	1377	1438	1494	1551	1603	1815	2062	2250	2440	2614
0m,50	»	»	733	853	940	1023	1115	1194	1271	1337	1405	1468	1525	1585	1635	1882	2104	2305	2490	2669

Les récepteurs hydrauliques sur lesquels le fluide agit uniquement par son poids doivent être préférés à moins de circonstances exceptionnelles, parce que le rendement sera toujours sensiblement plus élevé.

Roue à auget en dessus

A partir de 3 mètres 50, il convient de donner la préférence à la roue à augets recevant l'eau par dessus son sommet ; c'est, sans contredit, de tous les systèmes, celui qui donne le plus d'effet utile ; il a en outre l'avantage de ne pas nécessiter de coursier.

On doit mettre le plus de légèreté possible dans la construction de ces roues, surtout lorsqu'elles doivent recevoir un faible volume d'eau, car, si elles dépassent certaines dimensions, elles deviennent trop lourdes ; le meilleur moyen est de les construire entièrement en fer.

Roue de côté

Les roues de côté doivent être appliquées à des chutes au-dessous de 3 mètres. Ces roues, lorsqu'elles sont convenablement exécutées, donnent souvent d'aussi bon résultats que les roues en dessus ; elles sont, le plus souvent, à aubes planes et contenues dans un coursier courbe. On a exagéré beaucoup, il y a quelques années, la largeur de ces roues. Dans le but de conserver la chute au point le plus élevé possible, on élargissait la tranche d'eau, et le volume admis dans chaque aubage ne représentait que le 1/4 ou le 1/5 de sa capacité.

L'expérience a démontré qu'on pouvait au contraire remplir les aubages jusqu'aux 2/3 et qu'alors, si la circonférence de la roue égalait en vitesse celle de l'eau affluente, on obtenait de ces roues de 60 à 70 pour 100 d'effet utile. Il est démontré aussi qu'il est avantageux d'augmenter le diamètre et de multiplier le nombre des aubages ; dans tous les cas, il faut toujours donner un diamètre ayant au moins 2 fois 1/2 la chute. L'excès dans la largeur a en outre l'inconvénient d'augmenter la perte d'eau qui se produit inévitablement entre l'extrémité des aubages et le coursier.

Roue Sagebien

Un ingénieur français, M. Sagebien, a imaginé une roue de côté, à aubes immergentes et à niveau maintenu dans les aubes, qui n'a ni contre-aubes ni fonds, ce qui lui permet de dépenser depuis 200 jusqu'à 10,000 litres d'eau par 'seconde. Mais pour obtenir le maximum de rendement, il est préférable d'établir la roue pour une dépense de 600 à 700 litres par seconde et par mètre de largeur.

La roue Sagebien a rendu, dans plusieurs établissements, jusqu'à 85 pour 100 ; cet effet extraordinaire provient, de la disposition des aubes dans lesquelles l'eau arrive sans éprouver ni contraction, ni dénivellation, ni secousse, de sorte que, le niveau du volume de l'eau qui pèse sur les aubes se trouve maintenu à la hauteur de la chute.

Je doute que M. Sagebien ait tiré de son invention les profits qu'il méritait, car il a été audacieusement contrefait dès le principe ; mais ce qu'on ne pourra lui enlever, c'est le mérite d'avoir apporté dans la disposition des moteurs hydrauliques un perfectionnement considérable.

Roues à percussion

La deuxième classe des moteurs hydrauliques comprend :
1° Les roues à aubes planes frappées en dessous. Elles n'ont généralement pas de. coursier, l'eau leur arrive par une buse

en bois placée souvent à une très-grande distance ; ces roues n'ont pas de vitesse déterminée, mais les vitesses et les dépenses sont énormes ; elles n'utilisent guère plus de 30 pour 100 du travail absolu.

2° Les roues pendantes. J'ai dit déjà que ce système était appliqué exclusivement sur des cours d'eau puissants et très-variables. Les roues pendantes se montent et se baissent à volonté. Leur effet utile est excessivement faible ; mais, comme les courants sur lesquels elles sont placées roulent un volume d'eau superflu, on donne au récepteur et à leurs palettes beaucoup de profondeur et de largeur ; on parvient par ce moyen à réunir de grandes forces.

3° Roues à aubes courbes ou roues à la Poncelet ; c'est la meilleure des roues en dessous. Le vannage est incliné et préférable aux vannages verticaux, la disposition des couronnes de ce système permet à la roue de marcher à sa vitesse normale quand elle est noyée d'une quantité égale aux 2/3 de la largeur de ces couronnes. La roue à la Poncelet rend, lorsqu'elle reste dans les conditions de vitesse qui lui sont propres, en effet utile, 50 à 60 pour 100 ; c'est beaucoup plus que les autres roues à percussion. Mais elle est arrivée au moment où les roues de côté, ou roues à poids d'eau, rendant jusqu'à 75 pour 100, commençaient à être appliquées ; l'adoption en est restée conséquemment très-restreinte. Cependant la découverte de M. Poncelet rend des services dans quelques circonstances, notamment, lorsque des conventions anciennes, le partage des eaux avec un voisin qui puise de fond, l'exiguïté du terrain ou autres causes, s'opposent aux changements des coursiers et des orifices.

Turbines

La turbine est un récepteur hydraulique marchant horizontalement ; elle est au rodet ce que la roue verticale à aubes planes frappées en dessous est à la roue Sagebien. En effet, le rendement du rodet varie de 18 à 24 pour cent, les bonnes turbines rendent de 65 à 78 pour cent.

Le principe de la turbine est dû à Belidor; mais c'est M. Burdin, ingénieur des mines d'une grande valeur, qui appliqua le premier une roue de ce genre dans la manufacture royale d'armes de Saint-Étienne (de 1828 à 1829). A cette époque, la Société d'encouragement lui décerna une médaille d'or et un prix de 2000 francs pour les perfectionnements qu'il avait apportés à la turbine de Belidor.

M. Fourneyron, élève de M. Burdin et son collaborateur, compléta les expériences de son maître et apporta à la turbine des perfectionnements qui lui valurent de la même Société un grand prix, qu'il reçut en 1833. M. Fourneyron avait pris un brevet le 15 janvier 1832 ; il se sépara de M. Burdin et chercha à vulgariser la turbine qu'il avait ingénieusement modifiée.

M. Fourneyron monta quelques turbines en Alsace ; mais c'est seulement après qu'il eut installé les quatre moteurs de Saint-Maur que l'adoption s'en développa considérablement. Il fallait la grande intelligence de mon père pour saisir les avantages d'un système si différent des autres roues hydrauliques ; il n'hésita pas ; après en avoir étudié les différentes combinaisons avec son illustre ami Arago, il l'appliqua aux moulins de Saint-Maur. Il fournit ainsi à M. Fourneyron une excellente occasion de faire connaître la combinaison à laquelle il doit sa célébrité et sa fortune.

Mais le prix élevé auquel M. Fourneyron tenait ses machines devait nécessairement lui créer promptement des concurrents. Tous les hydrauliciens cherchèrent à perfectionner à leur tour la turbine Burdin et à lui appliquer des principes nouveaux ; MM. Combes, Kœchlin, Gentilhomme, Passot, Fontaine et autres imaginèrent les turbines qui portent leurs noms. Mais elles ne présentèrent de l'intérêt que sous le point de vue scientifique, car, à l'exception de la turbine Fontaine, elles n'entrèrent pas dans la pratique. M. Fontaine, au contraire, est parvenu à obtenir longtemps une préférence justifiée par le bon marché relatif de ses machines, par les perfectionnements qu'il a apportés à la roue imaginée par Euler père en 1751 ; enfin, par son pivot qu'il a eu l'heureuse idée de placer entièrement hors de l'eau. Mais aujourd'hui les turbines Fourneyron et Fontaine tombées dans le domaine public ont été très-modifiées ; les systèmes, quoique basés sur les données d'Euler père et fils, de Bélidor, de Burdin, de Girard et autres, sont nombreux. On doit rechercher celui qui convient le mieux à la chute du cours d'eau.

Les turbines offrent des avantages dans certains cas, quoique leur rendement soit toujours inférieur de 7 à 10 pour cent à celui des bonnes roues verticales; mais elles peuvent fonctionner sous l'eau sans que l'effet utile diminue sensiblement ; on peut conséquemment les placer au niveau des plus basses eaux d'aval et utiliser en tout temps la chute totale dont on dispose. Toutes les fois que l'élévation des chutes nécessiterait des roues à augets d'une grande dimension ou que les variations du cours d'eau en aval seront grandes et fréquentes, on donnera la préférence aux turbines, elles exigent peu d'espace et permettent le plus souvent de diminuer le nombre des engrenages intermédiaires. Lorsqu'on a un récepteur hydraulique à exporter au loin, on trouvera dans la turbine un appareil dont la pose est facile et qui arrive sans avaries, contrairement aux roues verticales difficiles à monter et qui se détériorent invariablement pendant le voyage.

C'est aussi à la turbine qu'il faut donner la préférence lorsqu'on veut utiliser comme force motrice l'eau de la mer ; elle seule permet de marcher lorsque l'étang se remplit et se vide. On ferme la bâche alternativement par des vannes placées l'une en amont l'autre en aval. On parvient ainsi à diminuer sensiblement la durée de chômage de chaque marée et on souffre moins des *mortes-eaux* inévitables aux époques de *quadrature.*

On voit que le choix d'un récepteur hydraulique demande un examen attentif et approfondi qui devra porter sur de nombreuses considérations dont il faudra tenir compte.

MOTEURS A VAPEUR

Les moulins à vapeur, qui ont acquis une très-grande importance depuis quelques années, sont soumis comme usines à vapeur à des formalités et mesures prescrites par le décret du 25 janvier 1865, qui a remplacé l'ordonnance royale du 22 mai 1843. On devra donc toujours, avant d'établir un moteur à vapeur, consulter ce décret fixant les conditions spéciales aux chaudières de chaque catégorie.

Il dispense de toute autorisation ; désormais, une simple déclaration au préfet du département suffit. Elle devra indiquer :

1º Le nom et le domicile du vendeur des chaudières ou leur origine ;

2º La commune et le lieu précis où elles sont établies ;

3º Leur forme, leur capacité et leur surface de chauffe ;

4º Le numéro du timbre exprimant en kilogrammes par centimètre carré la pression effective maximum sous laquelle elle doit fonctionner ;

5º Enfin le genre d'industrie et l'usage auquel elles sont destinées.

Les chaudières sont divisées en trois catégories basées sur la capacité de la chaudière et sur la tension de la vapeur.

Les ingénieurs des mines ou, à leur défaut, les ingénieurs des ponts et chaussées, sont chargés soit par eux, soit par les agents sous leurs ordres et sous la direction des préfets, de la surveillance relative à l'exécution des mesures prescrites par le décret du 25 janvier 1865. Ils constatent les contraventions qui sont poursuivies et réprimées conformément à la loi du 21 juillet 1856.

Les formalités à remplir pour l'autorisation d'établir des usines hydrauliques sur les cours d'eau et l'exécution des règles imposées par le décret précité pour l'établissement des machines à vapeur sont, comme on le voit, très-compliquées ; elles nécessitent des connaissances spéciales et une grande habitude qu'on ne trouvera que chez des praticiens à l'expérience desquels on devra toujours recourir, si on veut éviter des lenteurs et surtout des erreurs qui, dans la plupart des cas, peuvent devenir très-préjudiciables. L'administration ne peut pas guider les usiniers ; il faut donc que leurs demandes et leurs déclarations soient préparées par des hommes compétents, et, plus particulièrement, par des ingénieurs qui les dirigeront en même temps dans le choix des meilleurs moteurs à adopter suivant les circonstances. C'est là un point essentiel.

Choix d'un moteur à vapeur

Le choix d'une machine à vapeur demande tout autant d'attention et d'expérience que le choix d'une roue hydraulique. Les premiers moulins du système dit anglais établis en France furent attelés à des machines à vapeur, mais ces débuts ont été malheureux. MM. Benoist, Desobry, Perrier frères et autres ont été forcés d'abandonner ce mode d'entraînement trop coûteux alors et qui ne leur permettait pas de soutenir la concurrence avec la mouture à eau. En effet, les premières machines à vapeur consommaient jusqu'à 8 kilogrammes de charbon par force de cheval par heure ; elles étaient en outre très-compliquées et se dérangeaient fréquemment. Les progrès qui ont été apportés depuis à la construction de ces appareils les ont, pour ainsi dire, transformés ; leurs principaux inconvénients ont en grande partie disparu. Aujourd'hui, les machines à vapeur sont solides, à l'abri des réparations et des chômages fréquents, elles sont simples et faciles à conduire ; leur consommation en combustible est excessivement réduite. Elles forment un récepteur régulier, n'étant pas, comme les récepteurs hydrauliques, exposé aux grandes et basses eaux et aux glaces.

Certainement le combustible, le salaire du chauffeur et l'entretien général des machines à vapeur occasionnent des frais importants, mais ces moteurs ont l'avantage de marcher en tout temps, et, ce qui est le plus avantageux, ils permettent de placer les établissements où l'on veut, sur le point le plus convenable pour la réception des grains et l'écoulement des produits et, de trouver, par la suppression d'une partie des frais de transport, une large compensation aux dépenses de chauffage.

Les machines à vapeur destinées à entraîner des meules ont besoin d'être disposées tout différemment que pour d'autres fabrications. Il faut qu'elles soient combinées de manière à dominer l'action centrifuge des meules et à annihiler l'effet du point mort de la bielle ; c'est là une condition essentielle sans laquelle on ne marchera pas régulièrement ; les constructeurs devront donc s'appliquer à établir leurs volants en conséquence.

Les systèmes de machines à vapeur sont nombreux, chaque constructeur a, pour ainsi dire, le sien, qu'il présente comme supérieur à ceux de ses confrères ; je les distinguerai en deux classes seulement : les machines à condensation et les machines sans condensation.

Les premières consomment moins de combustible et plus d'eau que les autres ; on les préférera toutes les fois qu'on sera sur un point où l'eau est abondante et le combustible d'un prix élevé. Les machines sans condensation, au contraire, consomment peu d'eau et plus de combustible ; elles conviennent aux localités où ce dernier est plus commun et l'eau plus rare.

Quel que soit le système, on appliquera une détente variable par le régulateur et à la main afin de proportionner la consommation du combustible à la puissance utilisée.

Les machines verticales ne sont pas exposées comme les machines horizontales à s'ovaliser, et, parmi les machines verticales à condensation, les meilleures sont celles qui ont un balancier et deux cylindres munis d'une double enveloppe ; ces machines ne prennent pas plus de 1 kilog. 1/2 par force de cheval par heure en moyenne, les machines puissantes ne dépassent pas 1 kilogramme. Leur unique inconvénient, c'est leur complication et les soins particuliers qu'elles exigent ; il est vrai qu'ils ne constituent pas une difficulté pour un bon conducteur.

Il ne faut pas cependant s'exagérer les inconvénients des machines horizontales. J'en ai construit qui marchent depuis longues années sans qu'il soit survenu du jeu entre le piston et le cylindre ; cela dépend beaucoup des soins apportés à la construction et à l'entretien. Ces machines sont préférées souvent à cause de leur solidité et de leur simplicité.

Les générateurs sont plus particulièrement exposés à des accidents qui occasionnent de longues réparations, et, comme il importe de mettre toujours les moulins à l'abri des chômages, le meilleur moyen est de diviser les chaudières de telle sorte qu'une partie étant en réparation, l'autre suffise pour marcher au complet. Je conseille donc des chaudières en double lorsque les machines auront moins de 20 chevaux ; au-dessus, il suffira d'avoir une chaudière supplémentaire d'un tiers seulement. Ainsi pour une machine de 25 chevaux, on aura 3 chaudières de 15 chevaux l'une, bien séparées, afin que chacune puisse se refroidir indépendamment des autres et être nettoyée, raccommodée ou remplacée sans nuire au fonctionnement des autres. On disposera ainsi toujours de 30 chevaux de surface de chauffe sur les 45 chevaux ; tandis que, si on doublait, il faudrait deux générateurs de 30, formant ainsi 60 chevaux au lieu de 45. Je ne saurais trop insister pour qu'on prenne cette précaution dès le principe ; si on attend le premier accident, on s'exposera à de grandes difficultés et à des dépenses beaucoup plus fortes que si les dispositions avaient été prises avant la mise en route.

On s'abstiendra de marier un moteur hydraulique à un moteur à vapeur, sur un même jeu, à l'aide d'engrenages ; il se produirait promptement des contractions qui occasionneraient des désordres graves et fréquents dans les gros mouvements ; il convient, dans ce cas, de ne pas reculer devant une perte de force et d'accepter la transmission par courroies.

Telles sont les règles principales qu'il faut suivre pour les machines à vapeur.

Je ne dis rien des dispositions réglementaires concernant les fumivores, parce que je n'en connais pas qui puissent satisfaire l'administration et les industriels. Ceux connus ont des inconvénients nombreux, ne permettent pas de monter en vapeur, et, quand on voit les cheminées des établissements publics vomir sans cesse des flots de fumée noire au milieu des quartiers centraux de Paris, on se demande si l'article 19 du décret du 29 janvier 1865 n'est pas prématuré, puisque l'administration elle-même ne peut en exécuter les prescriptions. On doit, à son exemple, attendre que le programme recommandé soit exécutable. D'ailleurs les bons chauffeurs savent diminuer considérablement la fumée et conséquemment la consommation du combustible ; cela dépend entièrement de la manière de placer la houille dans le foyer : on en met peu à la fois et toujours en avant et après avoir repoussé le charbon incandescent. Je le répète, les bons chauffeurs ne produisent que peu de fumée.

Dans beaucoup de moulins à eau, la machine à vapeur ne fonctionne que par intermittences ; pendant les bonnes eaux et dans les moments de mouture insuffisamment rémunératrice, on laisse le récepteur à vapeur en repos. Il est bien important, alors, si on est en hiver, de vider complètement la chaudière et toutes les parties de la machine dans lesquelles la vapeur circule pendant le fonctionnement. Sans cette précaution, l'eau en se congelant ferait éclater les principaux organes et les détruirait.

On ne doit confier la conduite d'une machine à vapeur qu'à un chauffeur dont on connaît la capacité ; il peut, s'il est habile, apporter dans la consommation du combustible et dans les frais d'entretien une économie très-sensible. Il saura qu'il faut se tenir toujours à la plus haute pression, parce que c'est en cet état que l'introduction est au point où la consommation de vapeur est moindre. Il ne mettra en route que lorsqu'il sera au degré de pression le plus élevé et s'y maintiendra, même si la machine par suite de l'arrêt d'une partie des appareils à entraîner, avait peu de force à dépenser. Il réglera son feu de manière à ne pas dépasser la pression normale.

Quant au nettoyage des chaudières, il dépend de la nature des eaux employées ; le chauffeur est bien vite fixé sur ce point. Lorsque le moteur à vapeur est au chômage, la machine doit être soignée et entretenue en parfait état de nettoyage et de graissage ; chaque jour le chauffeur tournera le volant de manière à varier la situation du piston et de la bielle.

Le meunier peut prévoir les sécheresses par des observations très-faciles, et, conséquemment, se préparer à l'avance à utiliser sa machine à vapeur :

Le débit des rivières en été ne dépend pas des pluies d'été, mais seulement de la provision d'hiver.

Quand la saison froide (1er novembre au 30 avril) a été plu-
vieuse, les sources et les cours d'eau sont abondants pendant
la saison chaude (1er mai au 31 octobre). Si au contraire la saison froide a été très-sèche, les sources et les cours d'eau sont
réduits pendant la saison chaude à des débits très-faibles. Conséquemment, pas d'eau ou de neige pendant l'hiver, pas de
bonnes eaux en été. Alors même qu'il tomberait pendant l'été
des pluies diluviennes, ce pronostic n'en conserverait pas
moins toute sa valeur. La sécheresse d'une année réagit nécessairement sur l'année suivante.

MOTEURS A GAZ ET A AIR CHAUD

Les moteurs à gaz ne peuvent donner qu'une puissance très-
réduite et peu utilisable pour la mouture ; je ne dois pas cependant les délaisser complètement.

On nomme moteur à gaz un moteur fondé sur l'emploi
d'un mélange détonant composé d'air et de gaz d'éclairage,
dans certaines proportions. L'oxygène de l'air brûle les matériaux combustibles du gaz d'éclairage, cette combustion
produit soudainement une quantité de chaleur qui dilate les
gaz, en augmente la pression et permet ainsi de produire un
travail mécanique :

« Dans les machines à vapeur, dit M. Armengaud, la chaleur est tenue d'opérer la transformation préalable de l'eau en
vapeur, puis d'augmenter la tension de cette vapeur. Cette
vaporisation s'opère en dehors du cylindre moteur, assez longtemps avant l'action du fluide sur le piston.

« Pour les moteurs à air chaud, l'échauffement qui dilate
l'air est produit par un foyer spécial également indépendant
du cylindre. Toute autre est cette communication de la chaleur
dans les moteurs à gaz. Ici la chaleur est développée dans
l'intérieur même du cylindre et au sein de la masse gazeuze

qui doit fournir le fluide moteur. Bien plus, elle n'est produite qu'au moment où ce fluide dilaté va entrer en action. Il n'y a donc pas d'emmagasinement de chaleur.

« Les avantages qui s'attachent à ce mode de production instantanée de chaleur sont évidents ; les moteurs à gaz conviennent aux opérations où le travail est intermittent et où l'on ne peut attendre l'emmagasinement de la force motrice, qui se fait dans les chaudières à vapeur ordinaires. »

Il n'y a pas d'avantages sans inconvénients. Où sont les inconvénients ? « La chaleur développée par l'inflammation du mélange (au moyen d'un bec de gaz ou d'une étincelle électrique) se transmet trop vite à l'air en excès et aux produits de la combustion, de telle sorte que ce n'est pas une expansion que l'on obtient, comme avec de la vapeur ou avec l'air chaud, mais bien une explosion soudaine dont on ne peut qu'atténuer la violence par l'augmentation des matelas d'air. »

« De là des effets brusques, peu compatibles avec l'allure régulière que doit avoir une machine. D'autre part, la chaleur tend à s'échapper de la masse gazeuse aussi rapidement qu'elle y avait pris naissance et elle passe en grande partie dans les parois du cylindre avec une vitesse qui, en vertu de la loi de Newton, est proportionnelle à la différence des températures des milieux interne et externe, laquelle est extrêmement considérable. Il en résulte un échauffement du cylindre difficile à éviter même avec les enveloppes à circulation d'eau.

« Il faut tâcher de retenir le plus de force de la chaleur développée, non sous sa forme de chaleur, mais en lui permettant de se transformer le plus promptement possible en travail.

« Dans les machines à piston, ce travail se manifeste principalement sous la forme d'une augmentation de volume ; mais la capacité dont on dispose a une section forcément limitée, et le résultat ne peut être obtenu qu'en permettant au piston de se déplacer avec une extrême rapidité. Il faut conclure de là que les moteurs à gaz doivent être des machines à grande vitesse.

« La grande difficulté qui s'oppose à l'utilisation complète du calorique en travail gît précisément dans cet état particulier, en quelque sorte instable, fugitif, sous lequel se trouve la chaleur émanée spontanément du mélange enflammé, état inconciliable avec l'inertie des mécanismes dont on dispose pour la transformation en travail extérieur. La conséquence à laquelle conduit cette considération, c'est que, dans la recherche du problème du moteur à gaz, il convient de modifier les conditions d'explosion du mélange détonant ; il faut, en particulier rendre graduelle l'inflammation et, par suite, ralentir dans une certaine mesure le développement de la chaleur. »

Dans les divers types de machines qui ont été imaginés, on peut distinguer deux dispositions : 1° ou bien la force produite par l'explosion est appliquée directement à un piston qui se lie lui-même directement à la résistance qu'il faut vaincre (la machine Lenoir est de ce type) ; 2° ou l'explosion agit sur un piston libre, et ce piston étant poussé rapidement produit un vide partiel qui permet à l'air atmosphérique de développer le travail effectif (c'est le type de la machine Otto et Langen). Il y a des types intermédiaires qui sont la combinaison des deux précédents. M. Armengaud a décrit toutes les machines de ces divers espèces. Il a montré que, si de grands progrès ont été faits dans la solution du problème bien difficile des moteurs à gaz, ils ont été dus à l'observation et à l'application des principes de la branche nouvelle de la science qui se nomme la théorie mécanique de la chaleur.

MOTEURS A VENT

Le vent est un moteur qui ne coûte rien et qu'on peut utiliser sur des points élevés et dans certains courants ; mais, l'irrégularité de son action et les chômages incessants qui représentent plus de la moitié du temps de travail finissent par rendre la mouture trop coûteuse.

En effet, pendant les chômages, ouvriers et chevaux restent inoccupés. Aussi les moulins à vent disparaissent progressivement. Je suis convaincu qu'un jour on appliquera ce moteur exclusivement à des travaux qui n'ont pas indispensablement besoin d'autant de régularité que les moulins à farine ; il servira à élever les eaux pour les irrigations. Le drainage est assurément une excellente chose, mais il ne produira tous les effets qu'on doit en attendre que lorsqu'on pourra, après avoir débarrassé le sol des eaux exubérantes, l'irriguer aussi à volonté ; le vent sera le moteur le plus économique pour cette opération.

On a essayé de donner de nombreuses formes aux récepteurs à vent : les uns ont tenté de remplacer les ailes verticales obliques par des demi-cylindres, des cônes ou des espèces de turbines verticales, des volets fixés sur un arbre vertical portant des bras horizontaux. La puissance obtenue par ces moyens a pu quelquefois suffire pour entraîner de faibles résistances, comme une pompe, mais on n'est jamais parvenu à obtenir une force capable d'entraîner des meules aussi bien qu'avec des ailes en toile, ou en planchettes minces obéissant à des mouvements de jalousies. Voici en quoi consiste ce dernier système. Le nombre des ailes est le même, mais à la place de la toile on dispose des lames de bois s'ouvrant ou se fermant automatiquement au moyen d'un régulateur de vitesse mû par une transmission du moulin même. Lorsque la vitesse augmente, les lames s'ouvrent toutes également et simultanément aux quatre ailes ; elles se ferment par le même procédé lorsque le vent vient à faiblir. On parvient ainsi à régler la marche des meules beaucoup mieux qu'avec des ailes en toile et on se rend plus facilement maître de la puissance lorsqu'elle dépasse celle dont on a besoin. En

France, la plupart des moulins à vent sont établis sur des cônes en maçonnerie ou en charpente qui maintiennent un axe central en bois autour duquel le moulin pivote. Les Anglais et les Hollandais font des tours fixes, surmontées de rails en fer. La toiture qui porte les ailes repose sur des galets qui roulent sur les rails ; ceux-ci la rendent mobile et facilitent les changements de direction des ailes. En Angleterre, on voit des moulins à vent accouplés à des machines à vapeur ; dans ce cas, ces établissements peuvent comprendre plusieurs paires de meules et le vent n'est plus qu'un faible auxiliaire.

L'établissement des moulins à vent n'est soumis à aucune formalité ; un règlement général dressé par les préfets fixait des distances, mais le Conseil d'État a émis, le 5 février 1867, l'avis suivant :

« Est d'avis que si, dans l'intérêt public, il peut y avoir lieu
« d'éloigner des chemins vicinaux les moulins et autres éta-
« blissements mus par le vent, dont la proximité serait de
« nature à compromettre la sûreté de la circulation, cette
« mesure n'est pas de celles qu'il appartient aux préfets de
« prendre... » (C'est l'affaire de la police municipale.)

En transmettant cet avis aux préfets, le ministre l'a fait suivre des observations suivantes :

« Vous remarquerez toutefois que, aux termes de cet avis,
« s'il existe dans votre département des règlements anté-
« rieurs à 1791 et interdisant de placer les moulins à vent à
« une distance déterminée des chemins publics, ces règle-
« ments sont toujours obligatoires conformément à l'article
« 29 de la loi des 19 et 22 juillet 1791. Mais dans ce cas, la
« distance à observer ne peut être fixée que d'après leurs
« prescriptions. »

Cependant, en cas d'accidents par la trop grande proximité des chemins vicinaux, les tribunaux peuvent toujours appliquer l'article 1382 du Code civil.

CHAPITRE VI

NETTOYAGE DES GRAINS

*Le son fait du poids et non du pain,
il empêche cet aliment de prendre
de l'étendue, de ressuer au four ; il
nuit à ses propriétés nutritives et à
sa conservation.*

PARMENTIER.*

Transformation des grains en farines

La transformation des grains en farines nécessite un matériel industriel très-compliqué et une grande expérience de la
part du meunier. Aucune fabrication, peut-être, n'exige une
harmonie plus complète et plus soutenue entre toutes ses parties. En effet, la concurrence oblige le fabricant à faire toujours des produits de qualités supérieures, au meilleur marché
possible, pour obtenir une marque estimée ; il n'y parvient
qu'à l'aide d'un travail perfectionné.

La mouture se divise en trois opérations principales, qui
sont : le nettoyage des grains, le moulage et le blutage ; ce
sont ces opérations que je vais traiter dans leur ordre.

Nettoyage

Les grains, tels que la culture les livre au meunier, sont mélangés de corps étrangers qui doivent en être éliminés avant d'être soumis à l'action des meules. Ces corps étrangers nombreux et de nature bien différente sont, en outre des insectes et des cryptogames dont nous avons parlé plus haut : des mottes, des pierres, des graines de la famille des légumineuses, des grains de seigle, d'orge, d'ivraie, des balles, de l'ail, de la rougeole, de la nielle, etc., toutes matières, enfin, qui sont généralement ou plus grosses ou plus petites, ou plus lourdes ou plus légères que les bons grains. Il s'y trouve aussi des grains maigres et avortés, dits criblures, qu'il est nécessaire de séparer. Les bons grains eux-mêmes doivent être débarrassés de leur balle, du germe et de la barbe retenant toujours une certaine quantité de poussière qui ternirait la farine ; la rainure du grain en contient également beaucoup. Les instruments et appareils, à l'aide desquels on effectue cette première opération, constituent le nettoyage.

Le grain passe d'abord sur un émottoir composé, ou d'un cylindre spécial, ou d'une grille en tôle percée d'ouvertures longitudinales et rondes ; le bon grain et tout ce qui est plus petit que lui, traverse les mailles du cylindre ou de la grille ; quant aux corps plus gros, ils vont tomber à l'extrémité. A leur sortie de l'émottoir, un aspirateur débarrasse les grains des otons, cloques, balles et grains trop légers ; ils tombent ensuite dans une ramonerie verticale, conique, dont le tambour, marchant à 300 tours par minute, est garni extérieurement de tôles percées en râpe, ainsi que son enveloppe fixe.

On comprend alors avec quelle énergie la ramonerie agit sur le grain et le débarrasse du germe et de la barbe. L'axe de la ramonerie verticale repose sur une trempure au moyen de laquelle on élève ou on abaisse le tambour, ou colonne verticale, à volonté, de telle sorte qu'on peut en régler les effets au fur et à mesure que la tôle s'émousse. On remplacera souvent la tôle ; ce changement est peu coûteux et doit s'effectuer aussitôt qu'on s'aperçoit que les extrémités du grain ne sont plus suffisamment atteintes. Dans les localités où on récolte du blé moucheté, ce renouvellement sera plus fréquent encore, ou, ce qui est préférable, on aura en plus une ramonerie, fraîchement garnie et réservée exclusivement pour le nettoyage de ces blés.

On remplace quelquefois la colonne par une colonne dite épointeuse ; l'axe, au lieu de porter le tambour conique recouvert de tôle râpe, est armé de lames de fer ou d'acier droites ou ondulées dans un sens elliptique. L'enveloppe est recouverte de toile métallique en acier. Cette enveloppe fait bon effet, mais je suis d'avis que les résultats sont meilleurs si on conserve la colonne mobile recouverte de tôle râpe. Alors : tôle râpe pour la colonne et toile métallique pour l'enveloppe.

A la sortie de la ramonerie, le grain est mélangé de corps légers que la ramonerie a détachés, il est ventilé ou passé dans un deuxième aspirateur. Il se rend ensuite dans un cylindre cribleur recouvert de tôles découpées de trous ronds et longs, au travers desquels s'écoulent les criblures. Ce cylindre cribleur peut avoir jusqu'à 3m,50 de longueur; ses tôles ont des ouvertures graduées d'où sortent des criblures de différentes dimensions ; les plus grosses contiennent encore des grains appelés petits blés, moins volumineux que les grains parfaits qui sortent à l'extrémité du cylindre. Les petits blés sont en grande partie sains et aptes à donner des produits utilisables ; on les repasse donc généralement dans un petit nettoyage particulier qui les met en état d'être moulus séparément.

On doit cependant s'abstenir de pousser à l'excès l'utilisation des criblures en les transformant en farines, il y a là un danger que je signalerai lorsque je m'occuperai des mélanges de farines.

Dans ces dernières années on a substitué aux trieurs recouverts de tôles découpées des trieurs formés de tôles repoussées. C'est le système inventé par Vachon, de Lyon, qui est entré davantage dans les usages de la bonne meunerie.

Il est bon que le cylindre cribleur se repose, à l'une des extrémités, sur un coussinet mobile permettant d'en varier la pente. Les dimensions du grain varient d'une année à l'autre dans les mêmes contrées ; on peut avoir à moudre des blés étrangers dont les grains seraient d'un développement différent des produits indigènes ; dans ce cas, on change l'inclinaison du cribleur, les grains passent plus ou moins rapidement, suivant les besoins.

Mais, si on est parvenu à séparer du blé les corps plus légers, plus volumineux et ceux d'une forme sphérique, on n'a pu le débarrasser des petites pierres et des mottes très-dures qui ont résisté à la ramonerie et n'ont pas traversé la tôle du cribleur. Il faut cependant les empêcher d'arriver sous les meules ; pour cela, on fait passer tout ce qui sort du cribleur entre des cylindres comprimeurs qui aplatissent le grain seulement et broient cependant tous les corps durs et secs. Au sortir de ces cylindres, le tout s'écoule sur une grille inclinée ou un auget dont le fond est en toile métallique ; alors, le grain roule jusqu'à l'extrémité de la grille ou de l'auget et va tomber dans l'œillard de la meule courante. Par ce mode le corps durs divisés passent au travers de la toile métallique et n'arrivent pas jusqu'aux meules.

A la place des cylindres, beaucoup de meuniers ont adopté l'épierreur Josse. Cet ingénieux appareil, dont le principe est parfait, est malheureusement sujet à des dérangements provenant de son mode de soutènement. Les douelles en bois qui le portent perdent promptement leur élasticité, alors le fonctionnement devient mauvais. On a essayé de donner le mouvement par un excentrique, la réussite laisse à désirer. Cet appareil a besoin d'une régularité de mouvement difficile à obtenir dans un moulin ; mais comme il est maintenant dans le domaine public, il se trouvera certainement des praticiens qui trouveront le moyen de compléter l'œuvre de M. Josse.

C'est ainsi que sont composés les nettoyages dans la généralité des moulins ; pour moi, ils sont insuffisants : la rainure du froment ne se trouve pas assez nettoyée par les organes que je viens de décrire ; il est indispensable que certains blés, ceux surtout qui ont été rentrés humides ou qui ont séjourné en couches épaisses dans des magasins, ou des navires, subissent l'action d'appareils capables d'atteindre le fond de la rainure, les brosses peuvent seules produire ce résultat ; à cet effet j'ai imaginé un appareil disposé exactement comme un moulin, mais dont les meules sont remplacées par des plateaux en bois.

Le plateau supérieur garni de poils de sanglier ne tourne pas, il est suspendu par un joint universel qui le laisse osciller et se tenir toujours en rapport avec le plateau inférieur garni de peau de buffle. Au moyen d'une trempure, on serre à volonté le plateau inférieur contre le plateau supérieur ; le blé introduit par l'œillard, se trouvant ainsi comprimé et frotté entre ces deux surfaces, qui ont depuis $1^m,00$ jusqu'à $1^m,30$ de diamètre et marchent à une vitesse de 3 à 400 tours par minute, est débarrassé de tout ce que les autres appareils n'ont pu lui enlever : il acquiert sensiblement en qualité, il gagne, à la main et à la vue presque sans déchet. Il est bien entendu que le travail de la machine à brosses doit s'effectuer avant le passage dans les comprimeurs. Ce moulin à brosses exige une force assez considérable, il lui faut la puissance de 2 à 3 chevaux-vapeur, mais on est largement indemnisé. L'effet est tel que des marchands de grains estiment que des blés passés par

13

cet appareil gagnent deux francs par quintal à la vente. La même machine glace les riz parfaitement.

Mouillage

On a l'habitude, dans un grand nombre de moulins, de mouiller les blés quelques instants avant leur mouture ; cette opération se fait à la sortie du nettoyage. On a été longtemps divisé sur les effets du mouillage ; les uns prétendaient qu'il rendait la farine humide et diminuait le rendement en pain ; les autres soutenaient qu'il était indispensable non-seulement de mouiller les blés, mais encore de les laver. Au nombre de ces derniers, il faut placer M. de Maupeou qui a dépensé une fortune considérable pour rendre usuel un nettoyage-laveur qu'il destinait à remplacer les nettoyages à sec. Mais, comme tous ceux qui avaient cherché à atteindre le même but avant lui, M. de Meaupeou a échoué. Ils employaient le feu ou la la vapeur pour sécher ; or, ce moyen n'a pas seulement l'inconvénient d'être coûteux, mais il altère le gluten qui ne peut impunément subir plus de 65 à 68 degrés de chaleur. Cardailhac a été plus heureux, son laveur sèche instantanément à la température ambiante par la ventilation. C'est une très-bonne machine, elle rend des services dans le midi de la France et dans les pays où la température est élevée ; MM. Demaux et fils l'établissent avec beaucoup de soin.

Il ne faut pas confondre le lavage avec le mouillage tel qu'il se pratique dans presque tous les établissements où on soigne la mouture. Ce n'est pas dans le but d'hydrater la farine et d'en augmenter le rendement que les meuniers mouillent, mais uniquement pour rendre le son moins friable et avoir des farines plus blanches, moins piquées et plus pures.

Le mouillage n'agit que sur le son proprement dit, car le grain n'est pas assez longtemps en contact avec l'eau pour que celle-ci traverse l'épiderme et atteigne la masse farineuse. D'ailleurs la quantité d'eau est trop faible pour changer d'une manière appréciable l'état de siccité de la farine.

Le meunier qui chercherait par ce moyen, en l'exagérant, à gagner du poids, perdrait au contraire par les difficultés et les dérangements qu'il apporterait à sa mouture.

En définitive, le mouillage est un progrès, on doit l'appliquer toutes les fois que la nature et l'état des blés l'exigent. Évidemment, comme toutes les autres opérations de la mouture, il demande des soins et de la surveillance, car tous les blés ne doivent pas être mouillés au même degré. C'est par le mouillage qu'on est parvenu à tirer si bon parti de blés étrangers qu'on avait d'abord considérés comme impropres à fournir des farines pouvant faire du pain comme on tient à le manger en France, c'est-à-dire blanc et très-développé.

Cette opération n'augmente la dépense ni du matériel, ni de la main-d'œuvre ; il suffit d'un tonneau muni dans sa partie inférieure d'un robinet qui laisse égoutter l'eau à volonté dans une vis ou un cylindre en zinc disposé pour conduire le blé dans le boisseau à blé propre.

Jusqu'à présent on a placé les nettoyages dans les étages supérieurs c'est là une faute très-grave, la nuit les ouvriers de garde négligent cette partie du travail, et, la plupart du temps, les nettoyages vont à vide. Mais le plus grand inconvénient c'est que, posés ainsi sur des planches imbibées d'huile et par conséquent très-combustibles, les machines qui forment les nettoyages sont presque toujours la cause des nombreux incendies des moulins. Cela se conçoit : la plupart marchant à une grande vitesse, les poussières viennent couvrir les coussinets, les dessèchent ; ils s'échauffent et entrent promptement en combustion. La fréquence des incendies a déterminé les compagnies à élever les primes au point d'en faire une très-lourde charge. Il devient donc nécessaire, pour faire disparaître ces dangers, de séparer complètement les nettoyages des autres parties du moulin et de les placer au rez-de-chaussée, dans un local spécial construit de matériaux incombustibles ; alors, seulement, les compagnies, au lieu de refuser les assurances des moulins et d'augmenter toujours leurs primes, les rechercheront et reviendront à des conditions moins dures. Dans tous les cas, il est sage de donner aux appareils de nettoyage assez de développement pour qu'ils ne fonctionnent que pendant le jour.

Décortication du blé

La nécessité d'enlever aux grains, avant la mouture, le germe et la barbe, et d'en séparer l'épiderme pour obtenir de la farine très-pure, suggère journellement à de très-bons esprits, mais étrangers à la constitution du blé, l'idée de chercher les moyens de décortiquer le blé ; c'est là un rêve. En effet, il n'existe aucune analogie entre le blé et les graines légumineuses qui se prêtent à la décortication ; les lentilles, pois, haricots, fèves et autres, sont recouverts d'une coque qui, étuvée, se détache facilement des cotylédons. L'enveloppe du froment, au contraire, est non-seulement adhérente à la surface de la masse farineuse, mais elle y est aussi fixée à l'intérieur ; on peut le voir en tranchant transversalement un grain de blé. On reconnaît qu'elle entre jusqu'aux deux tiers du diamètre par la rainure qui sépare longitudinalement les deux lobes qui constituent la masse du grain, et qu'elle s'y retourne de manière à présenter la forme d'un hameçon double. On comprend alors l'impossibilité d'enlever cette partie de l'épiderme sans ouvrir le grain en deux dans le sens de la rainure, Si donc les moyens de détacher le son à la surface étaient réellement trouvés, on laisserait, dans tous les cas, celui qui rentre à l'intérieur.

Supposons un instant la décortication possible, quels avantages aurait-elle pour la mouture ? Un examen de la contexture et de la conformation du froment va de suite nous démontrer que cette opération serait nuisible. La masse farineuse du grain est recouverte de quatre tissus, l'épicarpe, le mésocarpe, l'endocarpe et le testa ; les trois premiers sont incolores et diaphanes, ils forment de 2 1/2 à 3 pour 100 du poids du blé et sont assez fortement unis entre eux. A l'état sec, ils adhèrent au testa, mais, si l'on mouille le grain, ils s'en détachent facilement sous l'action des meules, ou d'appareils divers d'une certaine énergie. Quant au testa, qui est plus ou moins foncé, suivant la sorte à laquelle le grain appartient, il résiste à tous ces moyens et son union avec la farine s'accroît d'autant plus qu'il est plus humide. Cette adhérence est due à certaines propriétés d'une substance visqueuse qui le lie à la farine. Ainsi les meilleurs procédés de décortication ne pourraient enlever que la partie des trois premières enveloppes qui n'entre pas dans le sillon qui partage le fruit d'un bout à l'autre. Le testa alors resterait à découvert, et, ne s'y trouvant plus protégé contre l'action énergique du silex molaire, il se diviserait en parties aussi ténues que la farine, avec laquelle il se mélangerait dans le blutage.

Tels seraient les effets inévitables de ce qu'on appelle la décortication du blé, qui n'est, je le répète, qu'une illusion et le rêve de personnes ne connaissant ni la composition ni la conformation du blé

Cependant il existe quelques cas où il est bon de débarrasser le grain de ses premières enveloppes avant mouture ; c'est lorsqu'il a contracté un mauvais goût dans les magasins ou dans les navires ; souvent ce goût s'affaiblit et disparaît même avec lesdites enveloppes. Ce n'est pas là une véritable décortication, mais un nettoyage énergique, dont les bons effets ne seraient pas obtenus par les moyens ordinaires.

La meunerie anglaise est généralement munie de machines de ce genre ; cela se comprend : elle reçoit des quantités considérables de grains étrangers qui lui sont livrés la plupart du temps plus ou moins avariés ; cette opération lui permet de les améliorer et d'en mêler les produits avec ceux de grains sains et exempts de goût. C'est notamment sur les blés d'Égypte que j'ai reconnu les bons effets de ce travail ; ces blés en descendant le Nil dans des bateaux, en vrac, sont continuellement arrosés pendant le voyage dans le but d'en augmenter le volume et le poids, qui diminueraient nécessairement sous l'action du soleil brûlant de ces contrées ; l'humidité et la chaleur ne tardent pas à déterminer un commencement de fermentation. La décortication en débarrasse plus ou moins les grains sans toutefois rendre au gluten toutes les propriétés panifiables qu'il peut avoir perdues.

Ne considérons, conséquemment, la décortication que comme un nettoyage très-puissant et applicable exclusivement à l'amélioration de grains qui ont souffert.

CHAPITRE VII

MOULAGE

Dans le chapitre précédent, j'ai dit que l'enveloppe du blé était composée de trois tissus fortement unis et du testa ou tégument du grain ; que les trois tissus étaient unis et n'en formaient pour ainsi dire qu'un seul, qui, mouillé, se détache facilement soit par l'action des meules soit par des ramoneries puissantes. Entre le testa et l'amande du froment, on trouve une membrane incolore formée de cellules contenant des principes actifs analogues à la diastase qui influent beaucoup sur le goût et la blancheur du pain.

Cette membrane, pressentie par Rollet, définie par Payen d'abord et ensuite par MM. Trécul et Mége-Mouriès, a été, plus particulièrement de la part de ce dernier, l'objet d'une étude approfondie. M. Mége-Mouriès a donné au principe diastasique des substances qu'elle contient le nom de céréaline et a cherché les moyens d'en diriger les effets sur la qualité du pain par des procédés qui peuvent avoir quelque intérêt pour la science, mais qui n'ont rien apporté à la pratique. Sous cette membrane se trouve la masse farineuse composée de cellules renfermant l'amidon ; les cloisons de ces cellules formées du gluten sont de dimensions inégales et variables. Lorsque l'humidité provient de l'eau de végétation, plus abondante au centre qu'à la circonférence dans le grain mûr, les cellules sont plus vastes sur ce point, elles vont en rétrécissant au fur et à mesure qu'elles s'éloignent du centre ; c'est le contraire qui arrive lorsque le grain a pris de l'humidité par l'extérieur ; alors les cellules se trouvent plus développées à la circonférence qu'au centre. Cet effet est dû à l'élasticité du gluten. Les blés dont l'hydratation est également répartie, les blés tendres, par conséquent, ont leurs cellules à peu près égales dans toute l'épaisseur du grain. Les cellules des blés durs, qui croissent dans les terrains secs, sont tellement serrées que le grain en est glacé et presque diaphane. Ces observations sont importantes, car des grains humides à la circonférence se conserveront moins que ceux qui le sont au centre, quoique le poids soit le même à l'hectolitre.

Ainsi, le froment se compose d'une enveloppe formée de plusieurs membranes qui, ensemble, constituent les issues, et de l'amande qui, elle-même, comprend le gluten, l'amidon et tout ce qui constitue la farine. Le grain ne se compose donc que de son et de farine blanche. La mouture a pour objet de les séparer ; l'opération s'effectue généralement au moyen de meules.

S'il s'agissait uniquement de broyer le tout au même degré de division, le travail serait facile ; mais le but que le meunier doit chercher à atteindre est de réduire le plus possible la masse farineuse tout en conservant à l'épiderme les plus grandes dimensions. Si on doit s'efforcer de curer les sons, il est nécessaire de leur laisser la plus grande partie de la céréaline renfermée dans la membrane qui les sépare de la farine. C'est pourquoi il restera toujours une certaine quantité de farine après les issues qui, d'ailleurs, réduites à leur partie corticale, perdraient toute valeur.

Avant la découverte de Rollet, de MM. Payen, Trécul et Mége-Mouriès, découvertes dont je ne veux nullement diminuer la valeur scientifique, les meuniers savaient déjà, depuis un temps immémorial, qu'il existait à la partie intérieure du son une substance qui, mêlée à la farine, produisait un effet préjudiciable à la blancheur et au goût du pain. C'est un des motifs qui ont fait placer les meules sur des axes qui permettent de les tenir à la distance convenable pour ne pas détacher du son, par une mouture trop basse, la céréaline renfermée dans la membrane embryonnaire.

MEULES

Les meules sont des disques de différentes dimensions formées de silex spéciaux. Avant l'adoption du système dit anglais, le diamètre était généralement de 6 pieds 2 pouces (mesure ancienne). Les Américains et, après eux, les Anglais ayant porté le diamètre de 1^m,22 à 1^m,30, nous suivîmes leur exemple, ce n'est guère que depuis 1840 que le diamètre des meules a augmenté et s'est relevé jusqu'à 1^m,62. Il est le plus souvent subordonné aux arrangements qui paraissent présenter le plus de commodité au constructeur du moulin; il en est de même pour le diamètre des œillards des meules courantes, qui devrait naturellement être proportionné à celui de la meule.

Ainsi pour une meule de 1^m,20 l'œillard ouvert a 0^m,32.

—	—	1^m,30	—	—	0^m,34.
—	—	1^m,40	—	—	0^m,37.
—	—	1^m,50	—	—	0^m,40.
—	—	1^m,62	—	—	0^m,44.

Le diamètre à donner aux meules doit être en rapport avec la nature des grains que l'on moud le plus souvent et le genre de farine qui peut le mieux convenir à la localité où elle doit être employée.

Généralement, les petits diamètres conviennent pour la mouture des blés durs et secs ; les plus grands diamètres pour les grains humides ou d'une nature grasse.

La vitesse doit se calculer sur la circonférence de la meule qui doit parcourir 470 mètres par minute (meule rayonnée en pierre pleine).

Pour les meules rayonnées d'une nature un peu poreuse, dites demi-anglaises, l'on devrait diminuer cette vitesse de six pour cent.

La meunerie a été incitée aussi à augmenter le diamètre des meules par les assurances qui ont adopté, pour les moulins, une prime qui s'accroît dans le sens du nombre des paires de meules composant chaque usine. Pour une ou deux paires on paye 2 pour mille francs, et à partir de 6 paires, la prime s'élève à 12 pour mille. Le meunier qui avait 3 paires s'est réduit à deux, celui qui avait 6 ou 7 paires n'en a conservé que 4 ou 5 ; ils ont cherché ainsi une compensation dans l'augmentation du diamètre.

Choix des meules

Longtemps on a pris pour faire des meules des matières de toute sorte qu'on trouvait à sa portée : des grès, des calcaires, des granits, des laves, des marbres, des basaltes, des silex et des roches diverses qui avaient l'inconvénient de se désagréger plus ou moins et de mélanger leurs poussières, leurs sables à la farine ; mais depuis qu'on est entré dans la voie du progrès, on a préféré, pour les construire, un silex particulier qu'on a appelé pierre meulière et qui est composé de silice pure, d'alumine et d'oxyde de manganèse en faible proportion.

Ce silex plus ou moins caverneux abonde surtout en France,

où il se trouve dans plusieurs départements. Il se rencontre dans le terrain tertiaire dont l'étage supérieur contient des meulières disséminées sans suite au milieu des argiles supérieures de l'étage tertiaire moyen ; l'autre, inférieur, contient des meulières moins apparentes à la surface du sol, mais réparties en plus grande quantité dans l'étage tertiaire inférieur. Les silex de l'étage supérieur comprennent les gisements de la Dordogne, l'Eure-et-Loir, l'Indre-et-Loire, la Nièvre, la Sarthe et la Vienne ; ils sont homogènes, d'un grain serré s'éclatant sous le marteau, reçoivent difficilement et conservent peu le rhabillage ; mais leur uniformité et leur épaisseur les font rechercher par les étrangers qui n'ont pas encore adopté le système de mouture perfectionnée, telle qu'elle se pratique en France.

Les meulières de l'étage inférieur comprennent un vaste gisement s'étendant sur les départements de Seine-et-Marne, Seine-et-Oise, l'Aisne et la Marne. Mais c'est principalement à la Ferté-sous-Jouarre qu'on trouve le silex molaire réunissant toutes les conditions nécessaires pour la confection de meules parfaites, c'est-à-dire : prenant bien le marteau sans s'éclater et conservant longtemps le rhabillage ; permettant enfin au meunier d'en varier l'énergie par le rayonnage et le rhabillage suivant les qualités des grains, et de tirer conséquemment plus de produits avec une force moindre, tout en curant suffisamment les sons.

L'univers entier deviendra de plus en plus tributaire de la Ferté, si les fabricants de ce pays soignent la qualité et la fabrication de leurs produits. Il existe dans cette localité certaines sortes de pierres d'une qualité supérieure qui n'a été trouvée dans aucune autre contrée du globe. Les variétés y sont très nombreuses, il faut une excessive habitude pour les discerner, apprécier les apparences souvent trompeuses des carreaux et les appareiller.

Le meunier qui apprécie la valeur des meules au moulin se trompera souvent à la carrière, parce qu'il ignorera l'influence de la sécheresse sur la teinte du silex et qu'il ne connaîtra pas la qualité propre à chaque gisement ; il choisira le plus souvent une pierre bleue sortant de la carrière qui, quelques jours plus tard, blanchira sensiblement. La couleur, d'ailleurs, n'a pas une aussi grande influence sur la qualité que le croient beaucoup de meuniers. Ce qu'il importe le plus, je ne saurais trop le répéter, c'est de connaître la nature des pierres ; cette connaissance ne s'acquiert que par une longue pratique, et ceux qui ne la possèdent pas ne doivent pas s'en rapporter à eux seuls pour le choix de ce principal organe de la mouture. Ils ne doivent pas non plus se laisser guider aveuglément par les fabricants dont la plupart font passer avant tout leur intérêt personnel. Chacun d'eux prétend posséder des carrières supérieures à celles de ses confrères ; enfin, beaucoup sont des marchands de pierres, cherchant surtout à placer leurs produits, sans se préoccuper des services que le client pourra tirer de leurs marchandises.

Les meules doivent être composées de parties homogènes et être d'une qualité appropriée au genre de mouture et à l'espèce de blé à laquelle elles sont destinées. On conçoit, en effet, l'inconvénient qui résulterait dans la pratique de meules qui seraient formées de pierres plus tendres sur un point que sur un autre ; elles ne travailleraient plus également, une partie s'émousserait tandis que l'autre serait encore capable de bien moudre ; il faut donc une grande habitude pour assortir les différentes parties destinées à composer les meules.

Dans le principe, on les faisait d'une seule pièce, mais il était impossible de trouver des blocs homogènes ; à côté de parties pleines, se trouvaient des éveillures plus ou moins ouvertes qui rendaient les surfaces d'une énergie inégale ; c'est alors qu'on prit le parti de fendre les blocs, d'en faire

des carreaux qu'on classe ensuite par qualité et homogénéité ;
puis, ces carreaux artistement taillés, joints par du ciment et
maintenus par des cercles en fer autour de la circonférence,
fournissent des meules d'une régularité et d'une solidité parfaites.

Enfin la bonne meunerie donnera toujours la préférence aux
meules des carrières de la Ferté. C'est pourquoi je vais exposer
la véritable situation du bassin d'où les fabricants de cette
localité tirent leurs pierres, et faire connaître en même temps
la qualité spéciale de chaque gisement :

En descendant du chemin de fer de l'Est, on voit en face de
la gare, au nord, une colline dont l'étendue est de trois à quatre kilomètres sur deux de largeur comprenant les bois et parc
de la Barre, la Californie, la Justice, le Limon, la pièce de
l'Étang, la pièce des Regards, le Jeu-d'Arc, Favières, Bécard,
Marey et Rougebourse.

C'est dans ces différentes carrières, où se font des exploitations importantes, que l'on a extrait la plus grande partie de
ces meules, pleines, vives, prenant bien le marteau, conservant
longtemps leur rhabillage, qui ont servi à faire la réputation
des grandes meuneries françaises.

De l'autre côté de la Marne, au sud, est située la colline de
Tartrel, très riche en quantité et qualité, elle comprend les
carrières suivantes :

1° La *Picherette*, dont la pierre, de nuance argentée, assez
dure, convient pour les gîtes ;

2° Le *bois des Chênaux ;* ses pierres sont de diverses nuances, d'un silex résistant et généralement de bonne qualité ;

3° Le *bois Planté*, qui n'est séparé du bois des Chênaux que
par la route qui conduit de la Ferté à Sancy ; cependant la
pierre y est moins pleine et plus moelleuse que dans le bois des
Chênaux ;

4° La *plaine des Bondons*, qui renferme des pierres anglaises et demi-anglaises très-nerveuses ; on y trouve également de la pierre dite à la française (pierre éveillée), d'une excellente qualité ;

5° Le *bois des Bondons ;* il est le prolongement du bois des Chêneaux, sa pierre d'une nuance plus sucre d'orge est très-bonne ; .

6° *Tartrel, Fontaine-Cerise* et *Fontaine-Brabant ;* ces carrières fournissent en abondance de très-bonnes pierres demi-anglaises et françaises ; .

7° Les *bois Morceau* et de la *Butorderie ;* nuances fleur de pêcher et sucre d'orge, pierres très-nerveuses ; elles conviennent à la mouture des grains mélangés. La plus grande partie a été exploitée ;

8° *Bois des Boquets, bois des Vents, plaine de Moras ;* la pierre y est à peu de profondeur, mais abondante, d'une teinte rouge et d'une qualité commune.

9° Le *Tillet*, où l'on rencontre le plus souvent de la pierre à petites porosités et peu résistante ; cependant, près de ce hameau, on trouve des qualités qui peuvent rivaliser avec celles du bois des Chêneaux. La pierre à petites porosités est reconnue la meilleure pour la mouture du seigle.

Cette colline de *Tartrel* se prolonge très-loin et se relie aux gisements qui suivent la Marne jusqu'au delà d'Épernay.

En allant au midi, on arrive à la colline de Jouarre, où sont plusieurs carrières en exploitation. La nuance de la pierre est généralement bleue ; les premiers morceaux, souvent entrecoupés de fils, sont les meilleurs. La pierre est rarement pleine, la première qualité est peu commune ; mais sa teinte et la facilité avec laquelle on la rhabille rendent cette pierre d'un écoulement facile.

Le plateau qui dépend de la commune de Jouarre se continue dans une étendue de plus de 8 kilomètres de long sur 5 kilomètres de large, en suivant un terrain ondulé d'où on extrait des pierres de toutes qualités ; aussi les communes de *Jouarre* et de *Sept-Sorts* doivent être considérées comme renfermant en abondance des matériaux de bonne qualité pour la fabrication des meules anglaises et demi-anglaises. Les pierres poreuses dites à la française y sont plus rares jusqu'à présent; c'est d'ailleurs celui des trois gisements dont l'exploitation est la plus récente. Dans ce moment les points où l'extraction s'effectue sont :

1° La *Saine-Fontaine*, dont la pierre est d'une nuance plus claire que celle de Jouarre.

2° *Vanteuil*, dont la teinte est presque semblable à la pierre de la Justice; mais elle résiste moins au travail et est préférée pour moudre tous grains. Cependant on y extrait, en petites quantités, des morceaux qui peuvent faire de bonnes meules pour la mouture du froment.

3° *Sept-Sorts*, pierre bleue qui a plus d'apparence que de qualité ; elle manque de nerf ; on y a trouvé, dans une faible partie, des pierres de première qualité.

4° *La Presle*, pierre résistante, de nuances diverses, bleu ciel clair, bleu violet ; fleur de pêcher, gris sucre d'orge.

5° *Les Plançons*, près des carrières de la Presle, n'en étant séparé que par la route de Jouarre à Coulommiers. Dans cette carrière des Plançons, dont l'exploitation a été reprise il y a peu d'anuées, la pierre se rencontre généralement à peu de profondeur. Beaucoup de pierres à bâtir ; les premiers morceaux sont bleus clairs et bleus violets assez pleins, pierre très-résistante, coriace et gardant sa rhabillure, les morceaux du fond sont d'une nuance grise blonde, caverneuse, peu résistante, qualité très-commune.

6° Le *Pot-Cablin*, qui se trouve à la naissance du ruisseau alimentant l'étang de Péreuse. La pierre y est à peu de profondeur ; la première couche, qui a l'apparence de la pierre du bois de la Barre, est souvent traversée de fils ; la qualité est très-ordinaire. On y trouve aussi des blocs d'une pierre bleue de la nuance de celle du bourg de Jouarre ; elle est plus pleine, a peu de vigueur, se rhabille facilement.

7° Les carrières de l'*Étang-de-Fosse* situées à 3 kilomètres plus loin, dans un bassin formant la tête d'un étang qui se prolongeait jusque dans les bois de Jouarre. La pierre est percée de petites porosités ; sa nuance ressemble beaucoup à celle du bois de la Barre, elle peut la suppléer.

8° La *Ferme de la Masure*, sise sur l'autre versant de l'Étang-de-Fosse et à une centaine de mètres, contient une très-bonne pierre pour la construction des meules dites anglaises. Il est probable que lorsqu'on continuera cette exploitation, on y trouvera des pierres de la même qualité que celles de l'Étang-de-Fosse.

9° La forêt de *Choqueuse*, un peu plus loin que l'Étang-de-Fosse. Cette carrière, située sur le domaine de l'État, est en exploitation depuis quelques années ; la pierre qu'on en extrait est tout à fait du même genre que celle de la carrière de l'Étang-de-Fosse.

Il existe encore d'autres gisements très-étendus, inexploités parce que les frais d'extraction y seraient dans ce moment relativement élevés.

Le bourg de Jouarre se trouve placé sur deux collines, d'une longueur de 20 kilomètres sur 10 kilomètres, qui contiennent en grande partie des pierres convenables pour l'exportation.

Les points d'exploitation les plus abondants, sont : les *Neuilly,* le *bois de Boitron, Betibour,* la *Trétoire, Boitron, Marlande,* etc., etc.

Ainsi, la matière première n'est pas près de manquer à la Ferté ; mais l'industrie meulière n'y fait que peu de progrès, elle est bien loin de la prospérité qu'il lui aurait été si facile d'atteindre. Les causes de cette situation sont nombreuses : l'extraction est trop coûteuse, par suite du prix élevé de la

main-d'œuvre, qui tend toujours à augmenter. Les bons ouvriers deviennent de plus en plus rares, parce que, jusqu'à ce
jour, on n'a pas encore trouvé le moyen de les mettre à l'abri
des effets délétères provenant de leur travail.

Les frais de vente sont relativement énormes, chaque fabricant entretenant un nombre considérable de placiers qui absorbent la plus grande partie des bénéfices. Certaines maisons font aussi une publicité effrénée et très-coûteuse à l'aide
de laquelle chacune exalte ses produits et s'efforce de diminuer
la valeur de ceux de ses concurrents.

Toutes ces dépenses pourraient être évitées. En effet, on ne
comprend pas qu'une industrie de cette importance ne soit
pas régie par l'accord le plus parfait entre ses membres, quand
ceux-ci sont en si petit nombre, habitent le même point et sont
maîtres de tous les gisements.

Outre le matériel habituel et particulier de chaque fabricant, les meuliers devraient avoir, en communauté, des grues,
des rails, des pompes, des locomobiles et autres engins pour
effectuer certains travaux accidentels et exceptionnels.

Les ouvriers devraient être l'objet de l'attention, des soins
continuels et de la surveillance des patrons et d'un comité spécial duquel feraient partie des contre-maîtres, des ouvriers et
un médecin de la localité. Ce comité aurait à fixer la durée
des travaux malsains et les alternerait avec les occupations
qui n'offrent aucun danger, de telle sorte qu'on maintiendrait
autant que possible l'équilibre dans la santé du personnel.

Un entrepôt central devrait recevoir tous les produits
fabriqués. Rien ne serait plus facile que d'y régler équitable-
ment le service des ventes ; alors, toute concurrence serait
abolie ; il n'y aurait plus qu'un seul et même intérêt, et, au
lieu de s'épuiser en frais individuels, chaque fabricant dirige-
rait tous ses efforts sur la fabrication dont la supériorité seule
lui attirerait la préférence.

14

Pour ceux qui connaissent l'esprit qui domine à la Ferté, une entente de ce genre paraît difficile à établir ; il semble impossible de détruire et même d'affaiblir aujourd'hui les sentiments de jalousie et d'amour-propre qui divisent les chefs de certaines maisons. Mais l'intérêt général forcera tôt ou tard eux ou leurs successeurs à prendre les mesures que nous conseillons.

Le meunier, qui sent plus que jamais que la meule est l'agent principal de la mouture, n'a pas d'autre considération que son intérêt personnel ; il lui conviendrait donc de trouver dans un dépôt central toutes les provenances réunies, afin de faire son choix après une étude comparative, au lieu de parcourir les chantiers les uns après les autres et de voir les pierres dans des conditions différentes.

Dressage des meules

Ce travail se fait chez le fabricant de meules de la manière suivante : l'ouvrier dresseur, succédant à l'ouvrier fabricant, opère au moyen d'une règle en bois parfaitement dressée sur un étalon ou régulateur en fonte. On couvre la partie droite de cette règle en bois d'une faible couche de rouge de Prusse délayé dans de l'eau ; on la passe sur la surface de la meule dont les points saillants se rougissent et qu'on enlève au moyen d'un marteau en acier. On recommence la même opération jusqu'à ce que la couleur se répartisse également sur la surface entière. On divise ensuite cette surface en trois parties, marquées par deux cercles concentriques qui fixent les emplacements qu'occuperont le cœur, l'entre-pied et la feuillure ; celle-ci est limitée par l'extrémité de la circonférence. C'est alors qu'on donne l'entrée nécessaire, en pratiquant une inclinaison dont le sommet commence à l'entrepied et se termine à l'œillard de la meule ; l'entrée, sur ce point, ne dépassera pas l'épaisseur d'un grain de blé.

Le *cœur*, l'*entrepied* et la *feuillure* varient suivant les dimensions habituelles des blés de la localité, leur nature, leur état
de siccité, le diamètre et la qualité des meules.

Lorsque l'entrée de la meule est formée, le cœur, l'entrepied et la feuillure sont fixés très-approximativement à égale
distance du point partant de l'extrémité de l'œillard à la circonférence, si l'œillard a de 30 à 35 centimètres de diamètre ; la feuillure seule est droite.

Rayonnage des meules

Après avoir dressé la meule on la rayonne, c'est-à-dire
qu'on pratique sur sa surface des sillons destinés à concasser
le blé et le mettre en état d'arriver entre les feuillures. On a
donné le nom de rayons à ces sillons quoiqu'ils ne partent pas
du centre et soient au contraire excentriques. En passant les
uns au-dessus des autres pendant la marche, ils se croisent et
forment des angles variables comme une cisaille. Ces rainures
sont formées d'un plan perpendiculaire à la surface de la
meule, d'une profondeur variant de 5 à 6 millimètres et d'un
plan incliné qui vient se raccorder avec une arête antérieure
angulaire qu'il est important de tenir toujours très-tranchante.

Les deux meules étant rayonnées de la même manière, leurs
sillons se croisent et obligent les grains à quitter la partie la
plus profonde des rayons, en remontant les plans inclinés
jusqu'à la rencontre des arêtes antérieures qui curent les
sons.

L'excentricité des rayons augmente avec le diamètre des
meules ; pour celles de 1^m, 30, on éloigne la ligne de l'arête
des maîtres-rayons de 5 centimètres du centre ; pour des
meules d'un plus grand diamètre, on augmentera d'environ
1 centimètre par chaque 5 centimètres en plus. Quant au
nombre des rayons, il varie suivant le diamètre des meules, la

porosité et la densité de la pierre ; habituellement leur largeur est de 25 millimètres, celle des portants est du double ; les portants sont les parties planes qui séparent les rayons.

Le moyen le plus simple et le plus facile pour tracer les rayons d'une meule, c'est d'en diviser la surface en autant de de lignes ou rayons partant du centre, qu'on veut faire de divisions ; on remplit, à cet effet, l'œillard d'une planche sur laquelle, à l'aide d'une fausse équerre ou d'un compas à verge, on marque le centre. On trace deux cercles, l'un autour de la surface de la meule, à 1 centimètre de la périphérie, et l'autre près du centre ; à celui-ci on donne un diamètre égal à l'excentricité que devront avoir les rayons. On prend ensuite deux règles ayant un peu plus de la moitié du diamètre de la meule en longueur, et dont l'une a 50 millimètres de large, et l'autre, 25 ; on varie si l'on désire donner aux rayons ou aux portants d'autres dimensions. Si les meules doivent tourner dans le sens des aiguilles d'une montre, à droite, on mettra une des extrémités de la règle, la plus large, au point de réunion du rayon au grand cercle ; l'autre extrémité tangentiellement au petit cercle, et on tracera une première ligne à droite de ladite règle ; on lui appliquera ensuite la règle la plus étroite derrière laquelle on tracera une seconde ligne, puis, on rapportera la règle large derrière la règle étroite jusqu'à ce qu'enfin on ait tracé le dernier sillon de la première division. On recommence l'opération pour chacune des autres divisions. Si la rotation est dans le sens opposé, à gauche, au lieu de commencer par la droite, on commencera par la gauche en opérant également de la même manière.

Riblage des meules

Quelle que soit l'attention que le meulier apporte dans le dressage de ses meules, il ne parvient pas à atteindre la pierre suffisamment pour qu'il soit possible d'en obtenir, dès le début, de bons produits ; la pierre est encore trop vive et briserait les sons ; il est indispensable d'en polir les surfaces, c'est-à-dire de les *ribler* à leur arrivée au moulin. Pour cela on leur donne à moudre, pendant un certain temps, des remoulages d'abord, et ensuite des gruaux ; si on veut aller plus vite, on y fera passer du grès fin et sec, c'est ainsi qu'elles se polissent et deviennent propres à être rhabillées. Les fabricants désireux d'éviter aux meuniers la mise en moulag e, toujours très-coûteuse, ont, depuis peu de temps, monté des appareils destinés à effectuer cette opération mécaniquement. Les essais n'ont pas encore produit pratiquement des résultats parfaits. Ce genre de travail laisse sur la meule un poli vitreux qui se rapproche beaucoup de celui qu'elle prend lorsqu'elle a marché à vide. L'opération se fait plus promptement qu'à l'aide du marteau ; lorsque le succès sera complet il y aura grand avantage pour le meunier auquel il restera très-peu de chose à faire, pour obtenir promptement une mise en moulage définitive ; il est donc à désirer que ce système, imaginé par M. Roger fils, se perfectionne et se complète.

Rhabillage des meules

Le rhabillage comprend tout le travail qui a pour but de tenir les meules en bon état de fonctionnement ; mais, généralement, on applique plus particulièrement ce nom à l'opération spéciale destinée à leur rendre l'énergie qu'elles perdent pendant la mouture. Autrefois on employait des pierres excessivement ouvertes ; au fur et à mesure qu'elles s'usaient, il se découvrait dans leur épaisseur de nouvelles éveillures qui entretenaient leur mordant et dispensaient de les rhabiller fréquemment. A des distances très-éloignées, une fois par an, quelquefois tous les dix-huit mois, on les levait pour abattre seulement les nœuds formant des saillies à leurs surfaces. Aujourd'hui on prend du silex aussi régulièrement plein que possible qu'on ravive ou rhabille tous les sept à huit jours, lorsque la qualité de la pierre est bonne et provient de la Ferté; mais beaucoup plus souvent lorsqu'elle est tendre et d'une autre provenance.

J'ai dit, tout à l'heure, la forme qu'il fallait donner aux surfaces des meules neuves ; on la leur conserve toujours, c'est-à-dire qu'on maintient l'entrée dans les dimensions que j'ai indiquées, à l'aide d'une petite règle appelée *rabot* dressée également sur le régulateur en fonte, que l'on passe depuis l'extrémité de l'œillard jusqu'à l'extrémité de l'entrepied, en tournant tout autour de l'œillard. On enlève les parties rougies jusqu'à ce qu'on ait rétabli l'entrée nécessaire. La feuillure est, nous le répétons, la seule partie droite d'une meule ; elle représente, après le passage de la grande règle, si le moulin fonctionne bien, un anneau rougeâtre d'une égale largeur tout autour de la circonférence. J'engage les rhabilleurs à tracer à chaque rhabillage un cercle concentrique marquant la limite qui sépare l'entrepied de la feuillure, ainsi que je l'ai indiqué pour préparer les meules neuves. Alors, s'ils ont soin de ménager, avec le marteau, les places faibles de la feuillure qui n'auront pas été suffisamment marquées par la règle et de ne rhabiller profondément que les parties rougies, ils maintiendront la feuillure à la régularité nécessaire, si toutefois les autres conditions que je vais indiquer sont convenablement remplies.

La feuillure des meules est destinée à terminer la mouture qui n'est que commencée entre le cœur et l'entrepied ; le grain lui arrive seulement concassé et aplati, il reste alors à détacher de l'épiderme ce qui reste de farine. Ce résultat ne peut être obtenu que par frottement, car, une trop grande pression détacherait la céréaline, pulvériserait les sons, échauf-

ferait la boulange ; c'est pourquoi on pratique sur la feuillure
des ciselures très rapprochées et parallèles qui, après le rhabillage, font ressembler les portants à des bandes d'une étoffe
à mille raies. Les ciselures forment de véritables limes qui
curent les issues avant leur sortie de la meule.

On comprend qu'une longue habitude est nécessaire pour
former ces tailles ; les ouvriers rhabilleurs y parviennent cependant à l'aide de marteaux qu'ils fixent dans un manche en bois
dont la tête est mortaisée. Les pannes de ces marteaux sont
en acier soudé à une masse de fer. On a voulu les faire d'un
seul morceau d'acier, mais cela produit un effet très gênant
pour les rhabilleurs qui s'habituent à un même poids. Si le poids
de chaque marteau est différent, ils ne sont plus aussi certains de
leurs coups et fatiguent davantage pendant le travail. On comprend que si on prend toujours sur la masse en acier pour
étirer les pannes au fur et à mesure que le marteau a besoin
d'être forgé, on arrivera à avoir des outils de tous poids ; au
contraire, lorsque les deux extrémités sont seules en acier, on
les renouvelle et la masse reste la même. Quelques rhabilleurs
atteignent une grande habileté, leurs ciselures sont régulières ; cependant cette régularité n'est pas ce qui importe le
plus, l'essentiel est de savoir rapprocher et enfoncer les ciselures suivant l'état de la pierre. Le meilleur rhabilleur est
celui qui sait proportionner ses coups à la densité des différentes
parties de la surface des meules. Mais ce travail, fait avec un
manche ordinaire, prend beaucoup de temps et force les
ouvriers à rester des journées entières dans une position fatigante ; l'absorption de la poudre du silex détermine chez eux
des ophtalmies et des affections de poitrine très-graves. C'est
pour faire disparaître ces inconvénients et ces dangers que
j'ai imaginé un outil au moyen duquel on rhabille mieux,
beaucoup plus vite, sans que la santé des ouvriers puisse être
altérée ; — il est constaté que, partout où ma machine est en

usage, la mortalité des rhabilleurs est rentrée dans la proportion ordinaire des ouvriers des industries les plus salubres.

Mon invention est restée longtemps sans être appliquée en
en France, où les rhabilleurs, craignant de perdre un
salaire élevé relativement à celui des autres ouvriers meuniers, ont toujours opposé le plus mauvais vouloir à son
adoption ; mais à l'étranger, où les circonstances ne sont pas
les mêmes, mon outil s'est propagé. Je lui ai dû souvent la
préférence pour des constructions de moulins dans des pays
éloignés où les rhabilleurs refusaient de se rendre, pour lesquels ils demandaient des salaires impossibles. Ma machine
à rhabiller, j'en suis convaincu, ne sera plus longtemps sans
faire partie de la prisée de tous les moulins. Depuis quelques
temps les rhabilleurs en apprécient les avantages et comprennent que, sans diminuer leur mérite, elle rend le travail
moins abrutissant et fait disparaître tous les dangers du rhabillage ancien. La meunerie, depuis l'échec des machines à
rhabiller avec le diamant, reconnaît l'impossibilité de se
passer du marteau aciéré, maintenu dans une mortaise en
bois, qui est le principal organe de mon appareil.

Disposition des meules

Un moulin se compose de deux meules, la courante et la
gisante ; la première tourne sur l'autre horizontalement. On a
essayé bien des fois des systèmes différents ; les uns consis-
taient à faire marcher les deux meules verticalement ou horizontalement dans un sens opposé, les autres à faire mouvoir la
meule inférieure à la place de la meule supérieure ; pour ce
dernier mode, on rendait la meule de dessus oscillante à l'aide
d'un joint universel. Ces tentatives n'ont produit que de mauvais effets ; les moulins bitournants compliquaient considérablement le mécanisme, en augmentaient l'entretien et occa-

sionnaient des embarras nombreux sans apporter le moindre avantage en compensation. Les moulins dont la meule de dessous tourne n'affleurent pas, parce que la boulange, au lieu d'être poussée au dehors par le contact seul des deux surfaces, sort insuffisamment affleurée par l'effet centrifuge. Je ne m'étendrai donc pas sur des systèmes restés à l'état d'essai, et je ne m'occuperai que de celui en usage partout.

Dans ce dernier, la meule courante est portée sur un axe appelé fer de meule, muni, dans sa partie supérieure, d'un pointal et, à sa partie inférieure, d'une pointe tournant dans une poêlette contenant une crapaudine et s'élevant ou baissant à volonté au moyen d'une trempure. Le fer de meule traverse la meule gisante dans un boitard garni de coussinets et de réservoirs de graisse. Au-dessus du boitard, le fer de meule est conique et forme une fusée destinée à recevoir le manchon d'anille.

L'œillard de la meule courante est traversé par une anille, en fer ou en fonte, fraisée au centre. Lorsque la meule est à sa place, elle est portée sur le pointal qui se loge dans la fraisure de l'anille, elle est suspendue et oscille. Le manchon d'anille, fixé sur la fusée de l'arbre par un prisonnier, tourne comme lui et entraîne la meule en pressant les deux côtés de l'anille. Il est essentiel de vérifier, chaque fois qu'on couche la meule, si les griffes du manchon d'anille appuient également des deux côtés de l'anille, sans cela la meule aurait beau être équilibrée elle prendrait du lourd. On s'en assure en prenant deux petites bandes de papier huilé que l'on place entre les points de contact de l'anille et des griffes du manchon ; on fait serrer le fer de meules dans le sens opposé à celui de la rotation et on tire simultanément. Si les bandes résistent également, c'est bien ; dans le cas contraire, on relèvera la meule et on limera l'anille ou la griffe, du côté le plus fort, jusqu'à ce qu'enfin les deux bandes soient retenues.

SOINS A DONNER A LA MOUTURE

Une des principales conditions pour obtenir un bon moulage
c'est le nivellement parfait de la gisante et l'équilibre de
la courante. Trop souvent les gardes-moulin négligent ce
point ou manquent d'expérience. Quelquefois aussi les meules
assises sans solidité sont assujetties à des dérangements continuels contre lesquels on lutte en vain. Ce défaut de solidité
est une faute grave qui présente peut-être une économie
dans la dépense première, mais elle n'est qu'éphémère, illusoire, ses conséquences sont funestes pour celui qui exploite
l'usine.

On commence par niveler la gisante. Le meilleur moyen est
de se servir d'une règle en fonte ayant deux côtés parfaitement parallèles, et dont la longueur se rapproche du diamètre
de la meule. On place cette règle, qu'on surmonte d'un niveau
d'eau, sur les points correspondants aux vis à niveler, on
tourne celles-ci dans un sens ou dans l'autre jusqu'à ce que le
niveau indique, aux trois points correspondants, que la meule
est parfaitement horizontale. On dresse ensuite le fer à l'aide
des vis de la poêlette et en suivant les indications du niveau
d'eau placé sur un traînard. Beaucoup de gardes-moulin commencent au contraire par dresser le fer, puis ensuite la meule,
et opèrent sans employer une règle. Ils placent à l'extrémité
du traînard un morceau de plume ou de baleine, font tourner
à la main le fer de meule et relèvent ou abaissent la gisante,
au moyen des vis à niveler ou de cales en bois, suivant la
flexion de la plume ou de la baleine. Ces gardes-moulin ont
beau y mettre du temps et s'y prendre à plusieurs reprises,
ils n'atteignent pas le but. En effet, dès qu'ils tournent une vis
de la meule, ils changent en même temps l'aplomb du fer,
lequel alors ne peut plus servir de régulateur. Leur moyen est
conséquemment mauvais ; je ne saurais trop insister pour qu'on

adopte, à sa place, la règle qui, seule, permet d'obtenir très-promptement un nivellement parfait.

Lorsque la meule gisante et le fer de meule sont droits, on place la meule courante sur le pointal de ce dernier et on l'équilibre. C'est encore là une opération qui se fait souvent très-mal : les meuniers se contentent, la plupart du temps, de chercher l'équilibre, en appuyant avec les pouces autour de la meule et en la faisant osciller sur quatre points. Certainement, lorsqu'il y a un point très-lourd, on parvient par ce moyen à le trouver, mais il n'est pas possible d'obtenir ainsi un équilibre suffisant, car, quand la meule est en marche à sa vitesse normale, le lourd, qui reste presque toujours, fait traîner la meule courante, lorsqu'elle est d'un grand diamètre, ou l'allège au contraire, si elle est d'un petit diamètre ; ces deux effets opposés proviennent de ce que la vitesse étant dans le sens inverse du diamètre, les petites meules produisent un effet centrifuge que les grandes meules, qui marchent plus doucement, n'éprouvent pas.

Le seul moyen d'équilibrer convenablement est de lancer la meule à sa vitesse, à vide, sans être garnie. On se couche sur le plancher de manière à pouvoir reconnaître le point qui frotte, on le marque à chaque tour à l'aide d'un morceau de charbon ; quand on est fixé, on arrête et on plombe du côté où cela est nécessaire ; puis, on rapproche et on remet en route. On recommence la même opération jusqu'à ce que la courante tourne sur la gisante à la distance de la mouture, sans frotter. C'est souvent très-long ; j'ai mis quelquefois plusieurs heures pour parvenir à équilibrer une seule meule. Heureusement les meules conservent longtemps leur équilibre ; il est rare qu'on soit obligé de revenir à cette fatigante et difficile opération aux mêmes meules plusieurs fois chaque année, et seulement lorsque la règle indique qu'il y a frottement sur quelque point.

Les fabricants de meules scellent sur la surface de la meule courante des boîtes destinées à contenir les morceaux de plomb qu'on emploie pour équilibrer, c'est là un moyen primitif qui tend à disparaître. On commence à placer dans l'épaisseur de la charge des meules des appareils ingénieux et commodes, ayant trois ou quatre branches munies d'un poids en fonte qu'on éloigne ou rapproche à volonté du centre, suivant les besoins. On ne peut trop encourager les fabricants de meules à appliquer eux-mêmes des appareils de ce genre ; ils rendraient à la meunerie un véritable service, car il est préférable de les poser en construisant la meule, au chantier, que dans les moulins.

La vitesse des meules varie, elle dépend du diamètre, d'abord, ensuite de la qualité des blés à moudre. On tournera plus rapidement sur des blés humides que sur des blés secs. On comprend alors combien il est important de ne pas mélanger des grains de nature et de siccité différentes. Si, comme cela se pratique dans beaucoup de moulins, on verse dans le boisseau à blés bruts des blés secs avec des blés humides pour faciliter la mouture de ces derniers, il faudra donner aux meules la vitesse nécessaire aux uns, ou celle qui convient aux autres ; l'une des deux sortes au moins, dans ce cas, sera moulue dans de mauvaises conditions. Il est clair que, si on marche sur blés secs à la rotation normale des blés humides, on brisera les sons des premiers ; les sons des blés humides ne seront pas atteints, si la marche est celle qui convient aux blés secs. Il ne faut cependant pas exagérer ce principe et faire un grand nombre de catégories; mais, toutes les fois qu'il existera entre les sortes plus de 2 kilog. par hectolitre de différence, elles devront être livrées aux meules séparément.

Voici les vitesses moyennes qui conviennent pour des blés ordinaires, pesant de 76 à 77 kilogr. l'hectolitre.

Diamètre . . . . . 1^m,30 : 115 tours.

»	. . . . . 1^m,40	107	»
»	. . . . . 1^m,45	103	»
»	. . . . . 1^m,50	100	»
»	. . . . . 1^m,60	94	»
»	. . . . . 1^m,65	90	»
»	. . . . . 1^m,80	83	»
»	. . . . . 2^m,00	75	»

La quantité de grain qu'un moulin moud dans un temps donné est proportionnée dans une certaine mesure à sa qualité, au diamètre des meules, à la nature de leurs pierres, et, bien entendu, à leur tenue, c'est-à-dire, à l'habileté du meunier.

Si l'alimentation est trop abondante, les meules chauffent. La boulange, dans ce cas (c'est ainsi qu'on appelle la matière brute qui sort des meules et qui est composée de tous les produits du blé), la boulange, dis-je, est dure au toucher. La mouture ne s'effectuant plus seulement par frottement mais par pression, les meules expriment une partie de la matière grasse du son et de la farine que la chaleur fluidifie et évapore, elles se couvrent d'une couche d'un vernis gras et s'émoussent. La force centrifuge devenant insuffisante pour éliminer facilement la matière, les rayons s'emplissent. Il se forme en dernier lieu sur la surface des meules une croûte de boulange cuite qui, en s'épaississant, les serre fortement l'une contre l'autre, les attarde. Lorsque l'usine est mue par un moteur hydraulique, celui-ci, recevant le même volume d'eau, malgré le ralentissement, se charge beaucoup trop et dépasse la force de résistance des gros mouvements qui peuvent se briser et mettre pour longtemps l'usine en chômage ; le danger est beaucoup plus grand si la vanne mouloire marche par régulateur qui introduit plus d'eau alors qu'il faut en retirer.

La chaleur exagérée produit sur le gluten le même effet que sur le blanc d'œuf, elle diminue et peut lui faire perdre entiè-

rement son élasticité. En fluidifiant la matière grasse que la
farine et le son contiennent, elle les dénature tous deux et
exerce une très-mauvaise influence sur la qualité de la farine.
Il ne faut donc pas que la matière grasse du son, qui représente de 3 à 5 0/0 de son poids, s'évapore et se mélange à la
farine, qui n'en contient que de 1 à 1,3 0/0 ; la plus petite
modification dans ces proportions en plus ou en moins de
celles qui se trouvent naturellement dans l'amande des grains
est nuisible. M. Peligot a fait des expériences et des analyses
qui l'ont conduit aux conclusions suivantes :

« *Ainsi, la matière grasse que la nature a déposée dans le
grain de blé s'y trouve dans une si juste mesure qu'il n'est
pas possible d'en changer la proportion sans modifier cette
céréale dans ses propriétés les plus précieuses.* »

Cela démontre la nécessité d'une attention constante
dans le règlement des meules.

Lorsque l'alimentation est insuffisante, la boulange est terne
et prend une odeur de silex très-prononcée ; si l'insuffisance
est subite, la vitesse des meules devient anormale : le blé,
retenu dans l'œillard par l'effet de la force centrifuge, cesse
complétement d'arriver dans les moulins qui s'emportent de
plus en plus. Le surveillant s'empresse de lever la vanne
mouloire pour diminuer la vitesse, mais le grain tombant tout à
coup en masse au fond des œillards, les meules enrayent le mécanisme entier ; on voit alors souvent se produire de graves
accidents. Ces dérangements ne surviennent, il est vrai, que
si le garde-moulin n'entend pas de suite le changement de
vitesse qui se manifeste par tous les organes du mécanisme
et par l'indicateur.

Des savants étrangers à la pratique ont déterminé des
rendements théoriques qui ne s'accordent nullement avec l'expérience, il est très dangereux de s'en rapporter à leurs
données sur la quantité de mouture qu'une paire de meules

peut donner et sur la force qu'elle nécessite. Une paire de meules seule prend relativement beaucoup de force parce que son gros mécanisme et ses accessoires de blutage et de nettoyage sont exactement les mêmes que pour deux paires. Ce n'est qu'à partir de trois, et même quatre paires de meules, qu'on marche dans des conditions de résistance moyenne, parce que les moteurs, les transmissions et les accessoires peuvent alors être dans de bonnes conditions. (Voir au glossaire *Force motrice*).

Le coût par paire diminue aussi proportionnellement au nombre de paires placées sur le même beffroi.

La bonne boulange est tiède seulement, cotonneuse au toucher, malgré la largeur des écailles du son ; le garde-moulin habile l'apprécie en la tâtant à l'anche et règle l'alimentation des meules et le degré de mouture au moyen du baille-blé et de la trempure. La régularité dans la marche est d'ailleurs pour lui le meilleur indice que le travail se continue dans de bonnes conditions.

Ce règlement des meules est toujours exclusivement réservé, pendant le jour, au conducteur du moulin qui, le plus souvent, en est aussi le rhabilleur ; mais, pendant la nuit, qui est partagée par parties égales entre tous les ouvriers du moulin, la mouture est rarement aussi bien conduite, on reconnaît entre les sons du matin et ceux du soir une différence très-sensible et très-préjudiciable pour l'usinier.

Je ne saurais donc trop recommander de ne jamais laisser les moulins sans la surveillance d'un homme capable. Certainement il n'est pas possible de n'employer que des ouvriers de premier ordre, mais je voudrais que le chef meunier ne fît jamais de faction, qu'il couchât dans le moulin et assez près des meules pour leur donner les mêmes soins pendant la nuit que dans le jour ; sa présence dans tous les cas empêcherait la négligence trop habituelle des aides et les forcerait à s'attacher le plus possible au règlement des meules exposées aux causes incessantes de dérangement. Souvent le fer des meules s'échauffe au pivot ou dans le boitard ; la dilatation qui en résulte soulage les meules qui alors prennent de la vitesse. Le garde-moulin s'en apercevant graisse la pointe ; d'un autre côté, la chaleur liquéfiant la graisse du boitard, l'échauffement cesse, les fers se contractent, les meules se rapprochent avec excès. C'est un mouvement perpétuel qu'il faut régulariser autant que possible ; il est donc nécessaire qu'il y ait sans cesse quelqu'un à la trempure et à l'anche pour maintenir continuellement la pression convenable.

Un corps étranger vient-il à obstruer un conduit d'engreneur ou l'engreneur lui-même, l'usinier d'amont arrête-t-il, met-il en route, il faut être à la vanne et à la trempure ; enfin, on n'en finirait pas s'il fallait dire tout ce qui influe sur la régularité de la mouture. Une attention soutenue de toutes les parties du mécanisme est également indispensable ; car, les moulins n'ayant pas tous des nettoyages et des blutages suffisants pour ne marcher que le jour, le travail de nuit se trouve très compliqué.

Je recommande aux conducteurs de toujours soulager les meules au moment où ils arrêtent et avant de remettre en route ; il ne faut pas que la pression des meules serve jamais de frein au récepteur. Toutefois, cette précaution sera prise avec ménagement, afin que les sons ne restent pas trop chargés à la mise en route et en arrêtant.

Il ne faut pas craindre de trop diviser la farine. Plus elle est fine, meilleure elle est, toutes les fois qu'elle n'a subi ni un degré de chaleur excessif, ni une pression exagérée. Nous sommes sur ce point entièrement de l'avis d'Olivier Evans, notre maître à tous. Il dit dans son chapitre *Du degré de finesse qui convient le mieux à la farine :*

« J'ai fait l'expérience suivante : Ayant ramassé une quantité

« suffisante de poussière de farine, qui se dépose toujours dans
« un moulin, j'en fis faire un gros pain, dans lequel on mit la
« même quantité de levain que pour les pains faits avec la
« meilleure farine, et que l'on fit cuire ensemble dans le même
« four. Le pain de poussière de farine fut aussi léger aussi bon
« et même meilleur que les autres, étant plus frais et plus
« agréable au goût ; cependant la poussière de farine avait tant
« de finesse qu'elle semblait de l'huile au toucher.

« Ainsi, je conclus de là que ce n'est pas un grand degré de
« ténuité donné à la farine qui détruit en elle le principe de
« fermentation, mais bien l'excès de chaleur produit par la
« trop grande pression qu'on lui fait subir pendant la fabrica-
« tion. On peut réduire cette farine au plus grand degré de
« finesse sans en altérer la qualité, pourvu qu'elle soit moulue
« avec des meules bien ardentes et très propres, et à l'aide
« d'une pression modérée. »

Tout ce qui précède s'applique à la mouture du blé par les
meules horizontales en silex. Cette industrie a fait depuis 1815
des progrès considérables qui ne sont contestés que par ceux qui
voudraient nous faire adopter des systèmes qu'ils préconisent
uniquement dans leur intérêt personnel. Ils confondent avec
intention la mouture avec le broyage et la pulvérisation de
matières qui n'ont aucune analogie avec le froment. Il est
donc nécessaire, avant de faire justice de ces procédés, de se
rappeler la contexture, la forme et la composition immédiate
du froment. (Voir pag. 199). Cette composition du grain
et sa forme font comprendre les difficultés de la mouture et la
supériorité des meules horizontales sur tous autres procédés.
Les deux lobes du blé sont roulés et broyés dans le cœur
des meules ; l'entrepied granule l'amende, qui va en dernier
lieu s'affleurer entre les deux feuillures parfaitement droites
dont les portants sont taillés comme des limes. Ces limes
seules peuvent détacher du son ce qui compose la masse fari-

neuse, sans attaquer la membrane embryonnaire. Elles
grattent l'épiderme avec une pression dont le meunier est
le maître, attendu qu'il peut au moyen de la trempure rapprocher ses meules à volonté. Les meules horizontales sont,
comme on le voit, un instrument qui se règle suivant les nécessités du travail et auquel on conserve l'énergie nécessaire.

Nul autre moyen que les meules n'a pu jusqu'ici produire les
mêmes résultats et donner de la farine première bien affleurée
en suffisante quantité, c'est-à-dire faire une mouture véritablement perfectionnée. Comme il n'y a dans le grain que de la
farine première et du son, il faut s'attacher à en obtenir la
plus grande proportion possible *du premier jet*, ce sont
les remoutures qui, en *pulvérisant les issues font les farines
bises*.

La mouture ronde est donc l'enfance de l'art.

On préconise, comme supérieurs aux meules, des procédés
qui ne peuvent produire que la mouture ronde. Le plus vanté
est le moulin à cylindres en usage dans plusieurs localités de
l'Autriche-Hongrie, mais d'invention française. Un M. Bérard
avait établi en 1818 plusieurs cylindres en fonte à l'aide desquels il espérait remplacer les meules horizontales ; il a marché
quelques mois et a fini par appliquer ses cylindres à la compression du grain avant son arrivée dans les meules. L'effet,
comme complément de nettoyage pour séparer les pierres restées dans le grain, a été bon et il y eut des imitateurs. M. Benoist, de Saint-Denis, a fait, pendant trente années, la mouture à gruaux avec des moulins composés d'un cylindre en
pierre meulière tournant dans une portion de cylindre de même
nature ayant une surface concave égale au quart de la surface convexe du cylindre mobile, exactement comme le moulin que M. Wegmann de Zurich, propose pour la mouture du
grain entier. On trouvera le plan du moulin de M. Benoist
dans l'atlas de Rollet, planche 11 figure 8.

Tous ces moulins à cylindres ont des dimensions semblables ; les uns sont en fonte, d'autres en porcelaine, ces derniers sont plus nombreux. Quelques-uns marchent à la même vitesse, la plus grande partie tourne à vitesses différentielles avec en grenages. On verse le grain dans une trémie à l'extrémité inférieure de laquelle se trouve le plus souvent un petit cylindre alimentaire ; en passant entre les cylindres, le blé est concassé, *mais seulement concassé.*

Nous avons vu marcher à l'exposition de 1878 tous ces appareils, aussi bien ceux de Suisse que ceux de Hongrie, et nous déclarons que nous ne comprenons pas que des hommes de la partie puissent hésiter à se prononcer sur les services qu'ils peuvent rendre à la meunerie *française.*

Nous disons *française,* parce que les bénéfices de la mouture en France sont trop minces pour permettre l'application de moyens inférieurs de beaucoup au procédé qu'on voudrait remplacer. Pour achever la mouture par cylindres, il faut repasser les marchandises au moins une dizaine de fois ; quelquefois on va jusqu'à vingt remoutures et même au delà. On fait sept à huit sortes de farines dont les quatre premières fort belles représentent 40 0/0 du poids du blé. Mais les autres sortes ne peuvent plus être considérées que comme farines bises. Elles trouvent leur emploi dans la localité même où on mange généralement du pain de ménage. C'est là ce qui sauve les fabricants hongrois ; s'ils étaient en France, où tout le monde veut du pain blanc, que feraient-ils de ces produits inférieurs ? C'est donc aux habitudes de la consommation locale que les meuniers hongrois doivent de pouvoir travailler avec des cylindres auxquels ils sont forcés, cependant, d'adjoindre des meules horizontales pour tirer parti des gruaux et repasser les sons. Cette manière de travailler, on ne saurait trop le répéter, est inapplicable chez nous, car, en définitive, elle est plus mauvaise encore que celles que pratiquaient nos pères avec leurs meules de six pieds trois pouces.

Toutefois les cylindres sont des auxiliaires bons à utiliser pour terminer les gruaux bis et pour tirer parti des germes. On sait que ces marchandises, mélangées de rougeurs, ne donnent, avec les meules, que des farines très-bises, parce que les issues s'y divisent et se mélangent à la farine dans le blutage ; si on les soumet à l'action de cylindres bien établis, les farines, au contraire, sont blanches. On peut ainsi avoir 1 à 1 1/2 de farine première à la place de la même quantité de farine bise; en comptant la force dépensée, c'est un petit bénéfice qui n'est pourtant pas à dédaigner dans les établissements importants.

La qualité de la porcelaine importe beaucoup. Les Hongrois ont d'abord tiré la leur de Bohême, ils l'ont prise ensuite à Florence, qui fait mieux. Limoges et Sèvres n'ont pu arriver, mais on est parvenu récemment à fabriquer en France des cylindres en porcelaine qui ne laissent rien à désirer.

Un autre procédé est le désagrégateur Carr. On n'a jamais pu connaître les résultats du travail de cet appareil. Une usine installée dans le Champ de Mars pendant l'exposition de 1878 a été organisée de telle sorte qu'il a été impossible de se rendre compte de la force employée, des rendements réels et du prix de revient de la mouture. Mais les hommes compétents n'ont pas besoin de vérifier l'exactitude des chiffres annoncés, la vue seule du système était suffisante pour fixer leur opinion.

Le désagrégateur n'est pas un instrument propre à la mouture française, il prend trop de force, n'affleure pas suffisamment et ne peut finir les gruaux.

Tous les meuniers qui ont vu le système sont du même avis. Certainement il donne de la farine, et, avec cette farine, on a fait des pains qui se débitaient très-bien au Champ de Mars ; cela prouve que le détail du pain était un besoin dans l'expo-

sition. Si on avait autorisé d'autres boulangers à en vendre con-
curremment avec cette manutention, il y aurait eu également
queue à leurs dépôts. La cuisine de l'exposition n'allait pas à
tout le monde, le plus grand nombre des visiteurs déjeunait
avant de partir et retournait dîner en ville ; le petit pain permettait d'attendre le dîner. En 1867 nous avions organisé une
manutention qui a été exploitée très-habilement et avec désin-
téressement par MM. Plouin et Vaury ; il y avait queue aussi
à la vente et cependant la mouture s'y faisait par les moyens
ordinaires. La vogue des produits de la manutention du Champ
de Mars en 1878 a donc été un succès de nécessité et non de
qualité.

Le désagrégateur est composé de deux plateaux en fonte
garnis de tiges en fer formant des cercles concentriques ; ils
tournent dans un sens contraire, les cercles entrent les uns
dans les autres de telle sorte que les tiges ne peuvent se rencontrer. Les plateaux sont verticaux.

M. Bordier, mécanicien à Senlis, qui a beaucoup perfectionné le sassage mécanique, a eu l'idée de faire marcher les
plateaux horizontalement. Le résultat est préférable, la force
employée est moindre, l'affleurement est meilleur, et, si on
avait besoin d'un expédient de mouture pour envoyer dans des
contrées où le transport des meules n'est pas possible, on
devrait donner la préférence au broyeur de M. Bordier.

En résumé, les meules peuvent faire tous les produits
qu'on obtient avec les cylindres et les désagrégateurs, ceux-ci
ne peuvent donner ceux des meules ; il ne faut au désagrégateur que des blés à un même degré d'hydratation ; ceux qui
ne sont pas suffisamment humides naturellement doivent être
mouillés jusqu'à ce qu'ils soient assez gourds pour se bien conduire dans l'opération ; c'est là un très-grand obstacle.

Enfin, si jusqu'à présent on s'était servi exclusivement de
cylindres et de broyeurs et qu'un inventeur ait présenté pour

la première fois au Champ de Mars, en 1878, un moulin à meules horizontales en bonnes pierres de La Ferté, on ne se serait pas borné à le décorer, mais on l'aurait canonisé. Lorsque les Hongrois auront contracté le goût du pain blanc qui, seul, convient aux hommes civilisés, la meunerie de cette nation, ne trouvant plus le placement de ses farines bises, sera bien forcée de transformer ses grains avec des meules.

En définitive, en dehors des meules horizontales en silex molaire, il n'existe réellement que des expédients qui ne peuvent être utilisés que dans des circonstances exceptionnelles ; on ne mourra jamais de faim sur un tas de blé, mais ces moyens n'ont plus raison d'être lorsque la fabrication industrielle redevenue libre peut reprendre son outillage habituel.

CHAPITRE VIII

BLUTAGE

La boulange, c'est-à-dire la matière brute qui sort des meules, est composée d'un mélange du périsperme, du péricarpe et de l'embryon sous forme de farines terminées ou suffisamment affleurées, de gruaux ou parties de l'amande du blé qui n'ont pas été assez divisées et de sons de différentes dimensions ; c'est au moyen du blutage qu'on parvient à séparer et classer ces produits.

La boulange, en quittant les meules, tombe d'abord dans un récipient circulaire ou rectiligne, suivant la forme et la disposition du beffroi. Dans la plupart des moulins il y a deux récipients, un pour la boulange de blé, l'autre pour la boulange des gruaux ; nous les décrirons tout à l'heure. Le récipient reçoit et conduit les produits de tous les moulins à blé dans une chaîne à godets, ou noria, qui les porte au râteau refroidisseur ; car, la boulange, toujours tiède à la sortie des meules, doit être refroidie avant de passer dans les bluteries. Le râteau refroidisseur consiste en une pièce de bois garnie à sa partie inférieure de petites planches obliques, qui étalent la boulange à partir du centre jusqu'à l'extrémité de la circonférence, où se trouve l'auget ou distributeur de la bluterie. Le refroidisseur sert également de réservoir aux bluteries et fournit le moyen de régler leur alimentation.

Dans les moulins dont le blutage ne marche que pendant le jour, c'est dans la chambre du râteau que la boulange s'accumule la nuit ; alors la pièce de bois portant les palettes remonte au fur et à mesure que la chambre s'emplit et que la couche de boulange s'épaissit.

C'est assurément une bonne chose de faire refroidir la boulange, mais il faut faire en sorte qu'elle chauffe le moins possible dans son passage sous les meules. J'ai dit plus haut que le principal moyen était de tenir les meules en bon état de mouture et d'alimentation ; mais ce n'est pas le seul, il faut encore que l'air puisse facilement circuler entre les meules et autour des archures. On a essayé un grand nombre de systèmes d'insufflation d'air, soit par les œillards, soit par des ouvertures pratiquées sur les meules ; tous avaient l'inconvénient de déranger le travail. On a donné la préférence à l'aspiration.

L'aspirateur se compose d'un ventilateur placé à l'extrémité d'une cheminée en bois communiquant avec un tambour central, ou une boîte longitudinale, auquel viennent converger des conduits placés sur chaque archure. L'extrémité de la cheminée formant les oreilles du ventilateur, celui-ci, en tournant, fait le vide dans le tambour ou la boîte et aspire continuellement la vapeur ou la buée qui sort de la boulange ; par ce moyen, elle ne se condense pas à l'intérieur de l'archure et ne produit pas des pâtons qui augmentent le déchet de la mouture. La buée arrive toujours au ventilateur chargée de folle farine qu'il est intéressant de ne pas perdre ; on dispose à cet effet une ou deux chambres munies d'étagères en planches sur lesquelles le dépôt s'effectue. Quant à la vapeur, elle se condense sur les murs ou cloisons des chambres, ou s'échappe par une cheminée spéciale. Cette disposition présente cependant des inconvénients : la condensation, s'effectuant en partie à l'intérieur de la chambre, engendre sur les surfaces, en se mélangeant avec la folle farine, une pâte mousseuse qu'il est nécessaire de retirer souvent et qui produit aussi du déchet. Pour obvier à cela, j'ai établi dans plusieurs moulins une chambre circulaire couronnée d'un dôme demi-sphérique en zinc ayant, à son plus grand diamètre et à l'intérieur, une gouttière circulaire. La vapeur vient se condenser contre la surface du dôme et s'écoule en eau dans la gouttière d'où elle s'échappe par un tuyau ayant à son extrémité un vase pour la recevoir. Un aspirateur de ce genre est certainement le plus parfait et le plus efficace, je ne saurais trop engager les meuniers à l'adopter.

A Saint-Maur, les meules n'étaient pas entourées de planchettes ; j'avais ménagé un espace de 5 centimètres qui laissait passer la boulange tout autour de leur circonférence. La boulange tombait dans une cuvette et était poussée dans l'anche par un râteau à petite vitesse. Jamais la boulange n'était chaude en arrivant dans le récipient. Je m'étais ainsi dispensé de monter des aspirateurs.

Les bluteries portent le nom des marchandises qu'elles sont destinées à extraire : la bluterie à farine extrait la farine obtenue du premier jet ; la bluterie à diviser les gruaux est celle qui, recevant tout ce qui n'est pas farine, sépare les gruaux suivant grosseur ; la bluterie à sons divise les sons.

Les bluteries sont formées d'une carcasse très-légère ayant au centre un axe en bois ou en fer ; cette carcasse, qui a 6 tringles longitudinales en bois fixées à des rayons en fer ou en bois, présente, lorsqu'elle est recouverte de son tissu, une forme de 6 pans réguliers. Les tissus qu'on emploie sont formés de fils de soie jaune ou blanche, dont la chaîne et la trame se croisent également et forment des petits carrés variant depuis 8, dans la longueur d'un pouce (mesure ancienne), jusqu'à 180. On arrive à 210 fils pour des produits étrangers à la meunerie.

Les dimensions et le nombre des bluteries sont nécessairement proportionnés au travail des meules, cependant, on doit, autant que possible, leur donner un certain développement : il faut que les matières à bluter parcourent une surface assez étendue pour que la division s'effectue convenablement. Le diamètre des carcasses (cylindres) varie de 1 mètre à 1^m,30 ; quant à leur longueur elle est de 5^m,80 à 7^m,00 ; la soie ayant de 57 à 58 centimètres de largeur, la plus petite comprendra 10 lés et l'autre 12.

On compose le plus habituellement la bluterie à farines d'une série de numéros commençant à 130 et finissant à 180 fils, le tissu le plus ouvert est à la tête. Pour la bluterie à gruaux, on prend les numéros 50 jusqu'à 100 ; mais, contrairement à la bluterie à farine, ce sont les numéros les plus fins qui sont en tête. Il en est de même du blutage à sons qui commence au n° 40 et finit au n° 8.

Les carcasses des bluteries font 28 à 30 révolutions par minute, lorsqu'elles ont 90 centimètres à 1 mètre de diamètre ; mais au-dessus la vitesse diminue proportionnellement ; elle est déterminée par la chute des taquets qui doit produire un seul coup à chaque pan. Elles sont inclinées de la tête à la queue d'environ 3 à 4 centimètres par mètre ; je conseille de les disposer de manière à pouvoir en varier la pente à volonté.

Les matières, en roulant sur la surface intérieure des tissus pendant la rotation, ne traverseraient pas facilement l'étoffe dont les ouvertures s'obstrueraient promptement, si ces tissus n'étaient continuellement secoués ; à cet effet, on passe dans chaque embrassure un taquet en bois qui, en glissant de haut en bas, porte alternativement tantôt sur l'arbre, tantôt sur les tringles. Ce moyen ne me satisfait pas, car ces taquets ont l'inconvénient de faire vibrer la soie toujours également ; cependant il est bon qu'on reste maître d'augmenter ou de diminuer la vibration ; puis, ils se coupent contre les tringles ou embrassures, se séparent et crèvent les soies. Je me trouve très-bien de leur substituer des petites battes en bois placées soit perpendiculairement au couvercle, soit aux montants du coffre, qui retombent successivement sur des tasseaux en bois dur fixés aux tringles. On arrête les battes à volonté suivant que la farine est plus ou moins molle.

La farine de boulange n'étant pas exactement la même dans toute la longueur de la bluterie, on place au fond du coffre de cette dernière une vis dont les filets en bois, en peau de porc ou en zinc, ramassent et poussent le tout dans des sacs ou dans la chambre à farine ; les produits de la tête et des derrières se mélangent ainsi parfaitement. Il est mieux de recevoir en sacs, malgré la main-d'œuvre que le changement fréquent des sacs occasionne ; car, si la farine tombe directement dans la chambre et que la bluterie se crève sans qu'on s'en aperçoive immédiatement, les échappées se mélangent avec tout ce qui s'y trouve, on est forcé ensuite de vider la chambre et de recommencer le blutage de tout ce qu'elle contenait ; on sait que ces accidents sont très-fréquents. Les établissements bien agencés remédient à cet inconvénient par l'addition d'une bluterie à rebluter les farines qui verse directement dans la chambre

La bluterie à farine est la seule dont tous les produits se réunissent et se confondent. La bluterie à diviser les gruaux se compose de cinq à six divisions, qui forment dans le coffre autant de trémies ayant chacune à l'extrémité une poche portant un sac que l'on change au fur et à mesure qu'il s'emplit. La bluterie à sons distribue également les différentes issues en six ou sept sortes, mais elles tombent dans des cases sur le plancher même où on les ensache.

Le blutage ne s'effectue pas partout de la même manière ; les uns commencent par éliminer les sons, puis séparent la farine des gruaux qui, en dernier lieu, sont divisés ; ils prétendent que par ce moyen la farine est moins piquée, et que, en cas de déchirement dans le tissu, les écailles du son ne peuvent se mélanger à la farine. Les autres, c'est le plus grand nombre, extrayent d'abord la farine, puis les gruaux et terminent par les sons.

Dans ces derniers temps, on a appliqué plusieurs nouvelles dispositions que de bons meuniers se félicitent d'avoir adoptées ; elles sont dues à l'initiative de M. Amelin, qui a su acquérir, dans la spécialité des soies à bluter, une confiance générale.

L'une de ces dispositions a pour but d'obtenir des gruaux secs dès le premier blutage, contrairement à l'opération du séchage isolé qui nécessite de la main-d'œuvre, des sacs et nuit à la régularité du blutage lorsqu'on vide dans le râteau à boulange les farines rondes extraites des gruaux. Dans ce système on conserve la bluterie à boulange ordinaire ; les gruaux et les sons passent ensuite dans une bluterie à diviser, dont la carcasse est recouverte, dans la moitié de sa longueur, de tissus qui extrayent les gruaux blancs et les farines rondes devenues après nouvelles opérations, en état d'être mélangées avec les farines premières et qui divisent les gruaux bis en trois cases dans l'autre moitié ; quant aux sons gras, ils se rendent dans un blutoir à brosses qui les débarrasse des folles farines. Le blutoir à brosses est un appareil qui se compose d'une chemise verticale ou horizontale en toile métallique, dans laquelle tourne vivement un axe armé de brosses en poils de sanglier ; les sons pressés entre les brosses et la toile métallique se purgent plus complétement. Cet appa-

reil est aujourd'hui en usage dans les moulins perfectionnés.
Les produits vont directement au râteau à boulange.

Voici une autre disposition qui a pour objet d'éviter les
avaries dans les mélanges et d'empêcher que les tissus se
gomment, surtout dans le blutage des boulanges de blés humides : au sortir du râteau, la boulange tombe dans une bluterie,
dont les deux premiers tiers retirent les farines et les gruaux
blancs ; le dernier tiers est séparé en deux cases, dont l'une
extrait tous les gruaux bis et tous les sons, moins les grosses
écailles.

Sous cette bluterie se trouve une vis, dont les filets opposés
poussent en remontant les gruaux blancs et les farines dans
une bluterie à fleur, et redescendent les gruaux bis et les
petits sons dans un diviseur à gruaux bis formant trois parties ;
de là, les sons, moins les grosses écailles, vont dans le blutoir à
brosses, et, enfin, de celui-ci, dans la bluterie à diviser les
sons.

Par ce système il ne reste plus à traiter par la bluterie à
fleur que des produits débarrassés complétement des sons et
gruaux durs ; alors l'usage des numéros fins exigés aujour-
d'hui rendrait le blutage difficile. Mais la première bluterie,
on ne la pas oublié, recevant les écailles du son, celles-ci s'in-
troduisent dans la bluterie à fleur où elles empêchent par leur
chute accélérée sur le tissu l'obstruction de celui-ci, le blutage
dans ce cas reste facile et régulier. A la sortie de la bluterie à
fleur, les farines rondes et les gruaux sont traités et divisés
comme dans le cas qui précède.

Enfin les meuniers soigneux ajoutent maintenant une bluterie mélangeuse ayant une trémie ou un petit rateau
spécial.

Sa destination est de reprendre toutes les farines que le
fabricant croit devoir faire entrer dans sa farine première
pour maintenir sa marque. Chaque jour, l'ouvrier chargé de

ce service doit verser au rateau ou à la trémie indiqué pour ce travail les farines de gruaux de diverses qualités que le patron destine à son mélange. La quantité, naturellement, doit être proportionnée à l'importance des moulins sur blé. Par ce moyen les farines de blé et celles de gruaux se reblutant ensemble, on évite les crevures ; le mélange est beaucoup plus homogène que le pelletage, et les farines sont plus claires.

MOUTURE ET BLUTAGE DES GRUAUX.

On moud les gruaux dans un moulin spécial dont la qualité de la pierre est différente de celle employée à la mouture des blés. Le silex est plus éveillé, on ne rayonne pas toujours les meules. Chaque sorte est moulue séparément ; d'abord les premiers gruaux, puis les résidus de ceux-ci avec les seconds gruaux du premier jet, ces seconds résidus avec les troisièmes gruaux du premier jet, ce troisième résidu avec les quatrièmes gruaux du premier jet, les résidus de ceux-ci avec les remoulages. Les boulanges de ces différents gruaux sont portées par un élévateur particulier dans un râteau à gruaux du même genre que le râteau à boulange. Ce râteau alimente la bluterie dite à gruaux moulus, recouverte des mêmes tissus que la bluterie à boulange dans toute sa longueur, lorsque l'établissement se compose de plus de quatre paires de meules ; mais si le moulin n'a qu'un seul moulin à gruaux ne fonctionnant pas toujours, on pourra faire le blutage avec une seule bluterie couverte de numéros semblables à ceux de la bluterie à farine dans les deux tiers de sa longueur, l'autre tiers aura des numéros à extraire et à diviser les résidus. Si l'établissement est plus considérable, on a deux bluteries, l'une qui extrait la farine et l'autre qui est employée entièrement à une nouvelle division des gruaux.

Dans les établissements qui n'ont qu'un seul moulin à gruaux, j'applique souvent cette dernière disposition, parce que j'ai reconnu l'avantage de diviser le plus possible les résidus de chaque remouture ; on regagne bien vite la dépense de cette seconde bluterie. Les usines qui produisent les meilleures marques possèdent, en outre, une troisième bluterie exclusivement destinée au blutage des bis ; cela permet de couvrir la bluterie des gruaux blancs de numéros qui donnent des farines très-claires et de placer sur la bluterie à bis des numéros plus ouverts ; alors on n'est plus obligé de repasser indéfiniment les mêmes marchandises. Voici dans ce cas la disposition qu'on adopte : la première bluterie retire seulement les farines des gruaux blancs ; les déchets vont ensuite dans une deuxième bluterie dont le premier tiers laisse passer le farine ronde qui retourne au râteau ; les deux autres tiers de la bluterie divisent les résidus en trois parties. Quant à la bluterie à bis, les deux tiers sont employés à extraire la farine, et le reste divise les déchets en deux parties.

LES SOIES

Des différentes sortes de soies.

Les tissus de soie dont on recouvre les bluteries n'ont pas tous la même façon ; on compte quatre sortes : gaze façon de Zurich, gaze façon de Paris ou demi-zurich, gaze à tours anglais, enfin soies unies.

Les zurich (ainsi qualifiées parceque c'est là qu'ont eu lieu les débuts sérieux) sont blanches, la chaîne est en fils unis et la trame en fils doubles tordus à chaque fil de la chaîne. Cette disposition donne beaucoup de force de résistance au tissu, mais chaque maille ayant deux des côtés irréguliers, la marchandise traverse plus difficilement. Ce système est bon pour la mouture ronde, la division des produits de blés très-secs et de poudres lourdes, comme la céruse, le sulfate de baryte, les phosphates, etc., etc.; mais pour la mouture affleurée les soies unies sont préférables.

Les gazes façon Paris ou demi-zurich ont un fil uni entre deux fils doubles tordus.

Les tours anglais n'ont qu'un fil double tordu contre trois ou cinq fils unis suivant le numéro des soies.

Le dessin qui suit représente ces quatre sortes ; il rendra notre description plus claire.

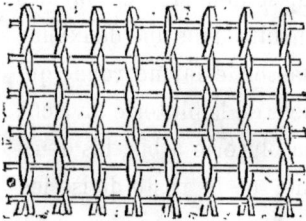

Gaze façon de Zurich.

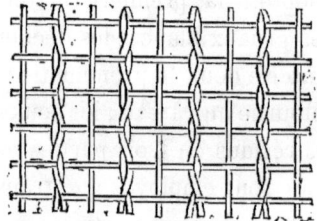

Gaze façon de Paris ou demi-zurich.

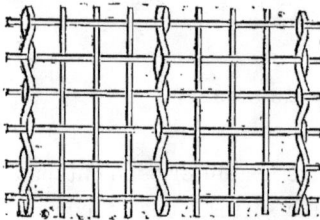

Gaze à tours anglais.

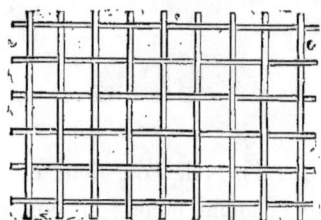

Gaze soies unies.

Les deuxième et troisième sortes ont une partie des avantages et des inconvénients des gazes zurich dans la proportion du nombre de leurs fils doubles tordus. Il ne faut pas les employer au delà du n° 130, à partir duquel les soies unies (quatrième sorte) sont indispensables.

Cette fabrication spéciale dite façon Zurich a commencé en Hollande ; d'où elle a été transférée en Suisse. Mais depuis quarante ans des établissements très-importants ont été montés en France. Ils fabriquent les tissus décrits et représentés ci-dessus en suffisante quantité pour satisfaire à tous les besoins de la meunerie de l'univers.

Ce qu'il importe de rechercher dans tous ces tissus, c'est la régularité dans l'écartement des mailles, régularité de laquelle dépend celle des produits ; la solidité n'est que secondaire, car le remplacement n'est pas très-coûteux. D'ailleurs les bluteries à farine de blé ont besoin d'être renouvelées tous les ans après chaque récolte, qui rarement amène des grains de qualité exactement semblable à la précédente. Quant aux bluteries à gruaux elles font un bon service pendant trois ou quatre années. Les diviseurs à sons vont quelquefois le double.

Posage des soies.

Il ne suffit pas que les tissus soient fabriqués régulièrement, il faut aussi prendre garde de déranger cette régularité en plaçant les chemises sur leurs carcasses. C'est ce qui arriverait si on n'apportait pas à cette opération l'attention et les soins que je crois utile de rappeler ici :

Quand la chemise à remplacer est enlevée, on fait disparaître les clous, les éclats s'il s'en trouve à la surface des tringles et des pans des extrémités, et on adoucit les rugosités avec du papier de verre.

On colle ensuite du fort papier sur ces surfaces. On étend la chemise de manière que ses deux bords longitudinaux garnis d'œillets viennent se placer parallèlement sur la tringle la plus droite. On maintient et on rapproche au moyen d'attaches provisoires passées dans des œillets à une distance de 25 à 30 cen-

16

timètres les unes des autres. La tension dans le sens de la longueur de la carcasse sera aussi forte que possible et permettra cependant aux bords garnis d'œillets d'obéir aux efforts du poseur pour leur donner la roideur qu'ils devront conserver. On arrête les bouts des rubans au moyen de semences à moitié enfoncées et on lace. Au fur et à mesure qu'on avance on enlève l'attache provisoire la plus proche.

Le laçage sera fait avec grande précaution, car, malgré son élasticité, la soie a besoin d'être ménagée. S'il est bon de s'efforcer d'arriver à une tension assez forte, il ne faut pas exagérer; c'est ce qui arriverait si on voulait joindre également les deux parties garnies d'œillets dans toute la longueur de la tringle. Les carcasses ne sont pas d'un diamètre très-exact; une différence assez sensible peut exister; la personne qui pose cessera de serrer le lacet sans se préoccuper de l'écart dans les rubans, lorsqu'elle reconnaîtra que le tissu est assez tendu. Cette connaissance s'acquiert par l'expérience. D'ailleurs comme on recouvre cette disjonction de papier collé, l'irrégularité sera invisible.

Il ne faut pas chercher à arriver du premier coup au degré de rapprochement convenable, on s'y prend à plusieurs reprises; alors, les fils ne sont pas saisis et obéissent mieux graduellement.

Certains poseurs mouillent l'étoffe afin de la rendre plus élastique; c'est là un moyen dont il ne faut pas abuser; il est même préférable de ne pas l'employer, si ce n'est dans les moments de grande sécheresse. Mais dans ce cas on se borne à humecter uniquement la soie qui longe les bords des rubans à œillets, elle subit plus fortement à cet endroit l'effet de la tension.

Lorsque la chemise occupe sa place définitive, on fixe les bouts par un large ruban cloué sur les pans des extrémités que l'on recouvre ensuite, ainsi que les tringles, de bandes de

papier enduites de colle de pâte. Ces bandes en séchant font
corps avec le tissu et le papier collé avant la pose, ce qui
empêche les produits de s'introduire entre les tringles et la
toile et de déchirer celle-ci. C'est là un point essentiel qu'il ne
faut pas négliger.

Avant de faire mouvoir une bluterie nouvellement garnie, il
est bon de la laisser sécher pendant une journée.

SASSAGE.

Ces blutages, qui semblent déjà compliqués et dont beaucoup de meuniers se contentent, peuvent cependant être rendus
encore plus complets par le sassage des derniers résidus de la
mouture. La fin de la mouture est la pierre d'achoppement des
meuniers, surtout de ceux qui ne se rendent pas un compte
exact de leur travail. Je vois journellement sortir de certains
établissements des remoulages contenant encore une forte
quantité de farine, même quand les farines bises sont à un prix
élevé.

Les bluteries séparent parfaitement les corps de grosseurs
différentes ; mais certains gruaux, et notamment ceux qui
proviennent des germes, résistent à l'action des meules,
malgré les quatre ou cinq remoutures auxquelles ils ont
été soumis ; ils restent dans les issues fines si on ne les sasse
pas.

Le sassage bien fait s'effectue au moyen de machines garnies de cribles en peau de mouton percée de trous ronds
réguliers ou de soie, et de ventilateurs à l'aide desquels on
parvient à séparer les corps de grosseurs égales, *mais de densité différente*. Autrefois, lorsque la mouture à gruaux ou mouture ronde était plus pratiquée, que les vermicelliers employaient exclusivement des semoules, le sassage s'effectuait

à bras avec des cribles circulaires. On passait les mains dans deux ouvertures pratiquées dans le cercle, et on tournait par un mouvement horizontal régulièrement saccadé, d'une main vers l'autre, en relevant le crible et le laissant retomber légèrement sur une table, de telle sorte que l'air, en remontant du fond à la surface, amenait à celle-ci les soufflures qu'on chassait de temps en temps à l'aide d'une plume et en soufflant avec la bouche. Ce mode de sassage est trop coûteux pour la mouture basse, il n'est plus en usage que chez quelques fabricants de gruaux et de semoules dont le nombre diminue progressivement devant le degré de pureté des farines de boulange de la mouture affleurée.

Pour obtenir un épurement convenable des gruaux par ce procédé primitif, il faut les reprendre sept ou huit fois. C'est pourquoi on a cherché à remplacer le travail à la main par des appareils mécaniques auxquels on a appliqué l'aspiration. Sans amener les gruaux tout à fait au même degré d'épurement que les sas à main, ils n'en donnent pas moins de bons produits, lorsqu'ils sont bien combinés et surtout bien conduits.

Il ne faut pas confondre ces ingénieuses mécaniques avec certains appareils agités seulement par un rochet ou des excentriques ; ils tamisent, mais ne sassent pas. Malgré l'action de leurs ventilateurs, on ne parvient pas à sasser véritablement parce que, les châssis n'étant pas disposés de manière à reporter toujours les soufflures à la partie supérieure, on n'obtient que des produits semblables à ceux des bluteries.

Tels sont et les différentes phases de la mouture basse, ou mouture américaine perfectionnée, et les moyens les plus aptes à tirer du grain les produits les meilleurs et les plus économiques.

RENDEMENT DE LA MOUTURE BASSE.

Les rendements de la mouture sont excessivement différents et variables, ils dépendent de la qualité des blés. Je crois cependant nécessaire de présenter un état de mouture complet de blés moyens pesant de 76 à 77 kilogr. l'hectolitre ; cette mouture provient d'un des meilleurs établissements des environs de Paris, dont les farines sont classées dans les huit marques. Il n'a pas été fait isolément et sur 100 quintaux seulement, il est au contraire le résumé d'une transformation importante. J'ai peu de confiance dans les moutures faites accidentellement à des distances éloignées et sur de petites quantités de grains. Le garde-moulin soigne exceptionnellement ces moutures isolées, et, souvent, dans le but de se faire valoir, il n'hésite pas à ajouter des marchandises prises en dehors de la mouture en train pour en augmenter les produits. Cette fraude induit le patron en erreur et peut le déterminer à acheter ou à vendre à des prix qui, au lieu d'être rémunérateurs, le constitueraient en perte. Je ne saurais trop engager les meuniers à donner les grains en compte à leurs chefs meuniers, comme si le moulin appartenait à ces derniers, et à les obliger conséquemment à tenir une comptabilité spéciale dont le contrôle serait un inventaire mensuel. Je connais plusieurs établissements qui suivent cette méthode et qui s'en trouvent très-bien; les patrons règlent le travail de leurs usines de telle sorte que quelques heures suffisent pour inventorier, tous les mois, sans même qu'on soit obligé d'arrêter les moulins ; on s'arrange pour avoir le moins possible de marchandises inachevées pour ce moment et pour que tous les sacs soient réglés et faciles à compter.

L'état de mouture qui suit provient, je le répète, d'un établissement où règne l'ordre que je voudrais rencontrer partout.

MOUTURE DE 100 QUINTAUX DE BLÉS TENDRES DES:

PESANT A L'HECTOLITRH.

PRODUITS	POIDS DES DÉCHETS a
Mélange brut.	»
Criblures et petits blés extraits par les cylindres cribleurs.	200
Déchets réels, paillons, blés morts, creux ou maigres, expulsés par les ventilateurs.	30
Poussières et barbes du blé, détachées par les cylindres verticaux. . . .	10
Évaporation résultant du nettoyage et de la ventilation.	20
Blé nettoyé.	»
Déchet de boulange, ou blé moulu une première fois	»
Farine extraite de la boulange ci-dessus par un seul premier blutage . .	»
Farine des premiers gruaux remoulus, résultat d'une deuxième mouture blutée	»
Farine deuxième, résultat de la mouture des déchets des premiers gruaux	»
Farine troisième, produit de la mouture des déchets des deuxièmes gruaux	»
Remoulages mêlés, résidus de toutes les moutures ci-dessus.	»
Remoulages bâtards (issus du premier blutage)	»
Bis fins ou recoupettes fines (issus du premier blutage)	»
Recoupettes ordinaires.	»
Petit son ou son fin	»
Son moyen	»
Gros son	»
Perte au blutage et à la remouture des reprises.	200
Les petits blés n'ayant pas été moulus, les rendements sont évalués comme suit :	
Déchets à 8 pour 100.	16
Issues à 25 pour 100.	»
Farines bises, 67 pour 100	»
	376

RÉSUMÉ

100 kil. de blé brut, avant nettoyage, ont produit :

68,38 de farine première	Farine fleur	68,38
2,57 de farine deuxième		
4,09 de farine bise. . . { Farines communes .	6,66
75,04 . . en toutes farines.	75,04
21,20 . . en remoulages et issues.	21,20
3,76 . . en déchet et perte à la mouture . . .	3,76
100 kil.	100 kil.

NVIRONS DE PARIS, MOITIÉ BLANC ET MOITIÉ ROUGE

Y KILOGRAMMES

POIDS DES ISSUES	POIDS DES FARINES BISES	POIDS DES FARINES BLANCHES	TOTAUX DES PRODUITS	TOTAUX DES POIDS DES BLÉS	OBSERVATIONS
»	»	»	»	10000	Ces quantités sont variables en raison de la nature et du conditionnement des bles. Ceux-ci étaient supérieurs, le déchet proprement dit est donc faible.
epris ci-dessous.	»	»			
	»	»	260		
Échets réels.	»	60			
	»	»			
»	»	»	»	9740	
»	»	»	100	»	Farine dite de blé) mélées ensem-
»	»	5428	5428	»	Farine dite de { ble et formant gruaux.) les blancs.
»	»	1410	1410	»	Beaucoup d'usines font entrer la p'us grande partie de ces farines dans les fleurs.
»	257	D	257	»	Composées des troisième et quatrième farines melées ensemble.
»	275	»	275	»	
298	»	»	298	»	
164	»	»	164	»	La division des issues est tout à fait arbitraire, puisque certaines usines ont des bluteries à compartiments multipliés, tandis que d'autres ne divisent plus à partir des bis fins.
380	»	»	380	»	
120	»	»	120	»	
217	»	»	217	»	
275	»	»	275	»	
616	»	»	616	»	
»	»	»	200	»	
»	»	»	16	»	Il y a souvent avantage à vendre les petits blés après nettoyage.
50	»	D	50	»	
»	134	D	134	»	
2120	666	6838	10000	10000	

J'ai déjà dit, d'autre part, que les meuniers qui ne fabriquent pas en toute première sorte introduisaient une bonne partie des farines dites deuxièmes dans leurs premières, ce qui en change peu la nuance et permet d'évaluer le rendement habituel de ces usines à 70 pour 100 en premières et à 5 pour 100 en farines bises (avec des bons blés).

Je dois observer aussi que le déchet en petits blés ou criblures est moins fort dans ces mêmes usines et facilite encore un rendement plus avantageux. De même aussi, et selon que les prix sont élevés ou réduits, on peut extraire 1 ou 2 pour 100 de plus en poussant plus loin la mouture des gruaux bis ou remoulages blancs. Mais quand le prix des bis sont bas, on préfère ne pas moudre certaines sortes dont les produits ne payeraient pas le temps employé à les moudre et altèreraient par leur extraction la valeur vénale des remoulages. On doit aussi observer qu'il y a des variations considérables dans les rendements, selon la qualité des grains ; certaines années humides donnent des rendements de 6 à 10 pour 100 plus faibles que des années sèches, exemples : les années 1877 et 1878.

La mouture basse a pour but l'obtention de la plus grande quantité possible de farine de premier jet ; c'est à y parvenir que tous les efforts du meunier doivent tendre. Il n'y a dans le grain que du son et de la farine première, les farines inférieures sont plus ou moins mélangées de son ; elles donnent un pain indigeste. Moins on remoud, moins les issues se pulvérisent et vont se confondre avec la farine.

Par la mouture ronde ou mouture à gruaux, au contraire, on cherche à atteindre le moins possible le grain dans son premier passage sous les meules.

Quelques praticiens ont trouvé que le rendement de 54.28 pour 0/0 de farine de premier jet (mouture affleurée) était un peu élevé, aujourd'hui ; ils m'ont observé que depuis l'impression de notre édition de 1867, on avait généralement monté des

meules un peu moins pleines et des bluteries plus fines ce qui
avait diminué la quantité de farine extraite du premier blutage. Je reconnais la justesse de l'observation, et, cependant
je ne modifie rien à l'état dressé à cette époque, parce que
cette modification dans le blutage n'est pas générale et aussi
parce que je suis persuadé qu'on reviendra à une mouture plus
affleurée ramenant partout au blutage les rendements qui sont
portés ci-après.

Mouture ronde ou a gruaux

Tout, dans cette mouture, diffère de la mouture basse. A la
place de meules pleines on emploie des meules éveillées qui
souvent ne sont pas rayonnées ; on leur donne les plus grandes
dimensions. La farine de premier jet, lorsqu'elle provient de
blés demi-durs dont le centre contient moins de gruaux que la
partie de la masse farineuse qui se rapproche de l'épiderme,
est très-amylacée ; suivant l'expression consacrée, elle est
dégruautée ; très blanche dans les moulins munis de bons
nettoyages, elle est grise lorsque les blés n'ont pas été parfaitement épurés, et débarrassés de la poussière et de la barbe.

Ce sont les parties dures et glacées du blé qui donnent les
gruaux ou semoules, et, c'est en remoulant et blutant ces gruaux
ou ces semoules qu'on obtient les farines servant à la confection du pain de luxe, de pâtisseries et de certaines pâtes : vermicelles, macaronis, nouilles et autres. Quelques vermicelliers
cependant continuent à employer des semoules brutes de préférence à la farine ; nous verrons plus tard, au chapitre consacré à la fabrication des pâtes alimentaires, les avantages de
l'un ou l'autre mode.

Le point principal pour obtenir de bonnes farines de gruaux,
c'est de bien diviser ceux-ci et de les épurer complètement. La
division s'opère au moyen de bluteries ; quant à l'épuration,
on n'y arrive complètement qu'au moyen du sassage. Les meu-

niers qui font la mouture ronde ont tous adopté les sas mécaniques que j'ai recommandés tout à l'heure, quelques-uns s'en
contentent ; d'autres cependant font donner aux gruaux, après
qu'ils ont été sassés mécaniquement, un ou deux tours de sassage à la main avant de les livrer aux meules ; ils obtiennent
invariablement des produits supérieurs et des semoules dont
on fait des potages qui constituent un excellent aliment bien
préférable à toutes les fécules qui n'ont aucune valeur nutritive et ne profitent qu'à ceux qui les vendent. Les matières
amylacées trompent l'estomac des pauvres enfants et des
vieillards auxquels on les fait consommer, dans le but de les
fortifier, ainsi que le promettent les vendeurs dans leurs
réclames.

On comprend que les sons d'une mouture aussi ronde ne
peuvent pas être curés du premier coup et qu'ils restent trop
gras ; on les remoud ; les farines qu'on en obtient sont quelquefois assez blanches pour être mélangées dans une faible
proportion aux farines de premier jet.

Il n'est pas possible de rappeler ici tous les détails d'une
mouture à gruaux ; le meunier travaille à sa façon, varie
son travail chaque fois que la qualité de ses blés diffère et
suit sa routine.

Je me borne à cet exposé succinct des principes d'un système
abandonné pour la fabrication du pain ordinaire, et qui n'est plus
pratiqué qu'exceptionnellement pour la pâtisserie et la fabrication des pâtes de luxe.

L'état de mouture ci-dessous, provenant du meilleur
gruautier des environs de Paris, suffira pour établir la différence entre les produits des deux moutures, la basse et la
ronde.

MOUTURE A GRUAUX, PRODUITS DÉFINITIFS POUR 10,000 KILOG.

Farine de gruaux	2,600[kil.]
— blanche	900
— bise	3,700
— dite quatrième	200
Sons divers et remoulages	1,900
Criblures	300
Poussières et déchet d'évaporation . .	400
	10,000[kil.]

MÉLANGES

Les farines ne sont pas livrées à la consommation telles qu'elles sortent des bluteries, il faut que les différentes sortes soient réunies. Le meunier est bien forcé pour maintenir sa marque de mélanger des produits de toutes les qualités de blé qu'il met en mouture, tous ses efforts tendant à livrer invariablement une nuance régulière, même avec des blés différents. C'est ainsi qu'il établit sa réputation et se forme une clientèle.

Les farines des premières marques ne contiennent généralement que la farine de boulange et la farine des premiers gruaux ; les marques secondaires y ajoutent les farines des deuxièmes gruaux. Les farines deuxièmes proviennent de la remouture des deuxièmes gruaux et quelquefois des troisièmes gruaux. Quant aux farines bises, on les compose des produits des dernières remoutures et des farines de criblures.

Longtemps on a voulu classer ces farines inférieures, mais ce classement est tout à fait insignifiant et d'ailleurs impossible. En effet, tout ce qui n'est pas farine première ne peut plus se qualifier, les troisièmes des uns valent quelquefois mieux que les deuxièmes des autres ; certaines quatrièmes sont meilleures que d'autres farines qualifiées troisièmes ; conséquemment, tout ce qui n'est pas farine première doit toujours se vendre sur échantillon. Le vendeur ne peut jamais être contraint de reprendre et de remplacer les marchandises qu'il aura qualifiées d'un degré plus ou moins élevé, toutes les fois qu'il aura livré conformément aux échantillons sur lesquels il a vendu.

J'ai dit que je préférais recevoir les farines en sacs à leur sortie des bluteries pour éviter les crevures ; ce mode permet en outre de mélanger plus régulièrement. La personne chargée des mélanges dans un moulin doit préalablement essayer en petit, au moyen d'une faible mesure de capacité, comme par exemple celle qu'emploient les laitiers ; elle puise dans les sacs contenant les qualités qu'elle présume pouvoir produire sa nuance, et, en comparant les essais avec un type qui doit être invariable, elle parvient, après plusieurs tentatives, à l'obtenir. On vide alors dans la chambre, en les entremêlant, les sacs renfermant les sortes qui ont servi à composer le mélange d'essai ; on donne plusieurs coups de pelle pour terminer l'opération.

J'ai imaginé une disposition qui permet de mélanger de grandes quantités sans qu'il soit nécessaire d'employer la pelle toujours insuffisante : j'établis une trémie divisée en trois ou quatre compartiments, ayant chacun à sa partie inférieure une porte donnant sur un cylindre cannelé de même longueur que la trémie ; ce rouleau entraîne la farine de chaque compartiment, proportionnellement aux ouvertures données aux portes d'alimentation, dans une vis dont les filets, moitié dans un sens moitié dans l'autre, ramènent le tout au centre de la chambre à mélanges sur un agitateur. Ce système fonctionne dans plusieurs grands moulins et dans les magasins généraux de la compagnie Hainguerlot à Saint-Denis ; les résultats ne laissent rien à désirer.

Comme on le voit, le mélange termine la transformation, il en est une des opérations les plus essentielles.

ADULTÉRATIONS DES FARINES

Les personnes étrangères à cette industrie, et chez lesquelles l'ignorance entretient des préjugés, ne manquent jamais de prendre le mot mélange en mauvaise part et de lui attribuer un but frauduleux ; cependant comme il n'y a dans le blé épuré et moulu que du son et de la farine, les mélanges ne peuvent se composer que de ces deux matières ; la farine de première qualité est formée de la masse farineuse presque complètement privée de son ; les farines inférieures, de la même matière plus ou moins chargée de sons.

Le meunier ayant intérêt à produire la plus grande proportion possible de farines premières, on ne peut raisonnablement le soupçonner de mélanger des bis dans les blancs ou d'introduire des issues dans les bis, par cupidité. Il perdrait beaucoup plus à ces mélanges qu'il n'y gagnerait ; celui qui agirait ainsi serait un idiot.

La farine de froment ne pourrait pas comporter davantage l'adjonction de farines provenant des autres céréales.

Des chimistes se sont efforcés de rechercher les moyens de découvrir les falsifications de cette nature, et, comme elles n'ont jamais existé que dans leur imagination, dans la fabrication française, ils ont toujours été réduits à composer eux-mêmes des mélanges, afin de se fournir l'occasion d'en retrouver ensuite la composition dans leurs laboratoires.

Le mélange de farines de graines légumineuses et de fécules dans les farines de blé serait tout aussi préjudiciable au meunier que celui des farines bises dans les farines fleurs ; elles ne s'y assimilent pas, dérangent la fermentation et empêchent le

pain de lever. Les légumineuses produisent dans la panification des effets bien différents. Toutes donnent au pain
une saveur désagréable et une teinte foncée. La farine de
haricots désagrége le gluten et lui ôte la propriété de se
boursoufler ; la farine de féverolles, au contraire, augmente
les propriétés extensibles du gluten à ce point que, dans
certaines contrées où l'on récolte des blés barbus ou autres
espèces peu riches en gluten, on se trouve très bien d'en
verser, toujours, dans la farine de blé deux ou trois pour
cent ; aussi on a donné à cette farine de féverolles la qualification expressive de TIENT BON ; cette faible proportion n'agit pas
sensiblement sur le goût du pain.

La pomme de terre cuite, réduite en purée très fine et
tamisée, mélangée à la pâte, ne nuit pas à l'extensibilité du
gluten, comme sa fécule qui empêche le pain de lever.

Quant aux farines d'albâtre, de plâtre, d'os, on peut se figurer les désordres qu'elles produiraient dans les bonnes farines
de blé, elles les mettraient hors d'état d'être utilisées. On ne
peut donc admettre sérieusement ces sophistications, qui ne
sont que des suppositions injustifiables. Je n'ai rencontré ces
matières dans aucune farine, quoique, depuis vingt-cinq ans,
on fasse journellement chez moi des analyses très soignées.

En résumé, toutes les altérations, les sophistications et mélanges de corps étrangers à la farine de froment, le son lui-
même, quel que soit le degré de division auquel on le réduise,
nuisent au développement du gluten. En effet, ces matières
sont, pour la plupart, des corps inertes qui viennent établir
des solutions de continuité dans la pâte au moment où elle
prend son apprêt. Le boulanger n'aurait pas besoin d'employer des moyens chimiques pour reconnaître les sophistications, si elles étaient possibles, il apprécie à la panification
les qualités des farines et cesse d'acheter désormais à tout
meunier qui le sert mal.

Nous verrons, lorsque je traiterai de la boulangerie, que quelquefois on a employé, pour blanchir le pain et lui donner plus d'apparence, certains sels et autres produits chimiques dont l'usage peut être plus ou moins nuisible à la santé des consommateurs ; j'ai voulu ici me borner uniquement à démontrer que le meunier n'avait ni la possibilité, ni le moindre intérêt à adultérer ses farines.

Cependant plusieurs fois des poursuites ont été dirigées contre des meuniers à la suite de plaintes invariablement portées par des acheteurs déloyaux dans des moments de baisse ; j'ai suivi ces différents procès qui, presque tous, perdus en première instance, ont, sans exception, été réformés en appel. Cela s'explique : les membres du parquet ne pouvant eux-mêmes reconnaître si les plaintes sont fondées, confient les analyses à des pharmaciens ou chimistes n'ayant ni l'expérience ni les appareils nécessaires. Ces derniers ne pouvant se livrer à une inspection microscopique se contentent d'effectuer la séparation de l'amidon et du gluten par le lavage. S'ils ne trouvent pas dans les matières qui leur sont soumises une proportion suffisante de gluten, ils concluent à une altération frauduleuse et fournissent ainsi une base aux attaques que le ministère public soutient ensuite avec conviction. Je suis intervenu dans les appels de presque tous ces procès, j'ai pu invariablement démontrer les erreurs des premiers experts et établir les causes très-nombreuses qui font varier les propriétés panifiables des farines. Souvent des blés d'une belle apparence ont subi des altérations qui ne peuvent s'apercevoir qu'à la panification. D'ailleurs le gluten varie en qualité et en quantité dans toutes les sortes de froment, on ne peut donc demander au fabricant une fixité qui n'existe pas dans la nature. Le gluten des blés qui ont souffert, soit dans les magasins, soit dans les navires, a perdu une partie de son extensibilité ; une portion est devenue soluble par la fermentation ; c'est ce qui explique les conséquences tirées d'analyses confiées à des chimistes qui n'ont pas l'habitude de ces sortes d'opérations.

Quelques poursuites ont été motivées sur des effets naturels dont les vendeurs ne sont pas davantage les maîtres. Ainsi, on a incriminé la présence de mites dans des farines, comme s'il était humainement possible d'empêcher le développement de cet insecte dans les farines en magasin, surtout au moment des chaleurs. On a incriminé également la vente et l'emploi de farines provenant de blés qui contenaient une certaine proportion d'ivraie, qu'on croit malfaisante dans le pain. Ceux-là ignoraient alors que cette graminée, de même que le manioc, perd par la cuisson, avec son eau de végétation, ses propriétés nuisibles. D'ailleurs l'ivraie pousse naturellement avec le blé, il est difficile de l'en séparer lorsque ses grains sont volumineux ; le meunier, conséquemment, ou le propriétaire du grain lui-même, sont bien forcés de le laisser dans le bon grain. S'il fallait retirer de la consommation tous les blés mélangés d'ivraie, on en sacrifierait dans certaines années une quantité considérable.

Les farines bises sont très souvent l'objet de plaintes, qui, au premier abord, paraissent fondées à ceux qui ne connaissent pas entièrement toutes les circonstances de la fabrication. On se rappelle que, parmi les nombreux corps étrangers qui se trouvent dans le blé brut, on compte plusieurs sortes de légumineuses que le nettoyage élimine avec les criblures. On a vu, par les états de mouture ci-dessus, que ces criblures représentent une proportion variant de 2 à 4 0/0, qu'il est intéressant d'utiliser.

On débarrasse habituellement ces criblures des mottes et des poussières seulement, puis on les moud, surtout dans les moments de pénurie pour en faire des farines bises ; il arrive alors que les légumineuses incultes qui s'y trouvent en assez grande proportion sont moulues en même temps. Le produit définitif contient donc les farines de ces légumineuses qu'on retrouve facilement à l'analyse et au microscope, et qui font croire à une adjonction frauduleuse, tandis qu'au contraire c'est l'utilisation de différents grains que la nature seule a réunis. Il faudrait cependant que les chimistes, qui font si facilement bon marché de la probité des fabricants, soient conséquents avec eux-mêmes ; car, puisqu'ils trouvent dans les légumineuses le double de matières azotées que dans le froment, ils devraient admettre que le pain qui en contient est plus nutritif que celui qui est fait avec de la farine de blé pur. On verra lorsque je traiterai de la panification que tel n'est pas mon avis ; je suis loin de confondre les matières azotées des unes avec le gluten du froment ; je tenais seulement à faire ressortir le manque de logique et la légèreté de certains experts, et le tort que le ministère public commet en ne confiant pas les analyses à des praticiens qui ont fait leurs preuves.

On a voulu incriminer également l'introduction de farines étrangères mélangées de produits extraits de céréales autres que le froment. Certainement, tout individu qui mêlerait sciemment des farines de seigle, d'orge, de maïs ou autres dans la farine de froment, commettrait une fraude, s'il ne le déclarait pas à ses acheteurs ; mais celui qui verse dans ses propres farines des farines étrangères qu'il croit pures de froment, doit-il être responsable, si celles-ci sont adultérées? Je n'hésite pas à me prononcer pour la négative. Dans les années de cherté, il arrive en France des farines de Russie, de Prusse et autres provenances, contenant de l'orge et du seigle ; presque toujours, les farines américaines sont mélangées d'amidon de maïs blanc qui n'en altère nullement l'aspect. Ces marchandises trop rondes ne peuvent être employées que mélangées avec les nôtres. Le négociant s'en rapportant à l'apparence, les a achetées avec confiance ; il ne peut être rendu responsable, car il n'est pas tenu d'être chimiste. Des

17

principes contraires auraient le très grave inconvénient de forcer le commerce à s'abstenir de faire venir des produits étrangers lorsque les récoltes sont mauvaises en France, ils occasionneraient des disettes ; c'est à l'administration d'empêcher la vente des produits fraudés venus du dehors.

Je conseille cependant à ceux qui sont dans ce cas de le déclarer aux vendeurs invariablement, et de mentionner sur la lettre de voiture que les marchandises sont mélangées d'une certaine proportion de farines étrangères. Je les engage également, de nouveau, à ne jamais donner de qualification aux farines bises et à ne les vendre que sur échantillons, en déclinant toute espèce de responsabilité et même de *garantie de panification ;* ils se mettront ainsi à l'abri de fâcheuses poursuites et éviteront des cruelles épreuves.

Quelquefois des farines ont un léger goût sucré qui peut faire croire à un mélange d'orge ; il provient de blés dont le germe s'est transformé en glucose par une fermentation qui n'a pas atteint le grain. Ce germe représente 1 à 1 1/2 0/0 du poids total.

A l'appui de ce que je viens de dire, je crois utile de donner copie d'une lettre de M. Darblay, dont la compétence et l'honorabilité sont notoires. Elle a été écrite pour servir dans un procès survenu à l'occasion de la fourniture de farines bises.

Lettre de M. Darblay, député au Corps législatif à MM. Harouard et Arice.

J'ai reçu votre lettre du . . . ., par laquelle vous me demandez s'il est possible de garantir que des farines troisièmes, c'est-à-dire celles qui s'extraient du blé au troisième coup de meule, sont ou seront de pur froment.

Je répondrai à votre question que, commercialement, les farines troisièmes dans lesquelles se trouve de la farine de seigle en petite quantité, ainsi que des légumineuses, peuvent être considérées comme pur froment,

bien que par le fait elles renferment, comme je viens de le dire, quelques
parties qui n'en sont pas.

Voilà comment s'explique cette contradiction apparente :

Les farines troisièmes sont composées généralement non-seulement des
produits des gruaux moulus au troisième coup de meule, ainsi que des
basses matières, gruaux bis et autres, mais aussi des farines fabriquées
avec des criblures extraites de bons blés destinés à faire les farines
blanches de première qualité.

On sait que le meilleur blé renferme toujours quelques grains de seigle
et quelques légumineuses; on sait aussi que tout bon qu'il soit, le meilleur
blé est soumis, avant la mouture, à un criblage énergique.

On obtient par cette opération de 5 à 10 0/0 de criblure ou petit blé.
On concevra facilement que les criblures ou déchets, comme on les désigne dans la meunerie, on concevra, dis-je, que ces criblures doivent
renfermer une assez forte quantité de seigle et de légumineuses, et malgré tout le soin que peut prendre le fabricant pour épurer ces petits blés
ou criblures avant de les livrer à la mouture, il lui est impossible d'éviter
qu'il reste une certaine quantité de seigle et graines de différentes sortes,
entre autres des légumineuses, comme cela arrive surtout dans les blés de
la Lorraine champenoise et de la Sarthe.

Il résulte de ce que je viens d'expliquer que ces farines, extraites de
petits blés ou criblures, se mélangent par parties plus ou moins fortes
avec les farines troisièmes fabriquées avec les suites de la mouture. il résulte, dis-je, que dans les farines appelées commercialement farines troisièmes, ce qui signifie farine de la dernière qualité, farine la plus inférieure, il peut se trouver, il se trouve généralement quelques parties de
farine de seigle et de légumineuses.

Ceci est un fait positif et indépendant de la volonté du fabricant. Toute
la question est donc dans la quantité plus ou moins forte de farine autre
que celle de pur froment que renferment les farines dites troisièmes, et je
n'hésite pas à dire qu'on ne peut supposer la fraude, s'il n'y a pas, par
exemple, un huitième, je dirai même un sixième de farine autre que celle
de pur froment, parce que cela peut être tout à fait indépendant de la
volonté du fabricant. ainsi que je viens de le dire.

Je ne sais, Messieurs, si ceci répond complètement à votre question ; en
tout cas, ce que je vous dis est le résultat d'une expérience de plus de
quarante années, et je ne pense pas que qui que ce soit, parmi ceux
qui se sont occupés ou s'occuperont de la fabrication des farines, puisse
venir me contredire.

Veuillez, je vous prie, Messieurs, agréer mes salutations bien sincères.

Signé : DARBLAY.

CHAPITRE IX

RÈGLES GÉNÉRALES SUR LA CONSTRUCTION DES MOULINS.

Ce traité purement élémentaire ne peut pas comprendre toutes les instructions, règles et plans qui doivent guider les constructeurs de moulins ; ce sera l'objet d'un ouvrage spécial qui contiendra un album et les formules les plus complètes, j'y travaille activement. Cependant il est utile de donner ici aux propriétaires et aux meuniers qui sont dans l'intention de faire construire des moulins des conseils qui n'ont pu trouver leur place dans les articles précédents :

Il est sage de s'éclairer de l'expérience d'un praticien habile aussi bien pour la construction des bâtiments et la disposition du mécanisme que pour le choix du récepteur. Je vois journellement des propriétaires et des usiniers qui regrettent amèrement de s'en être rapporté à eux seuls ou à des gens incapables. C'est que, pour créer un établissement de cette nature, il ne suffit pas d'être bon meunier et de connaître parfaitement tous les organes d'un moulin, il faut surtout une longue expé-

rience de ces travaux et l'habitude de lever les difficultés inévitables lorsqu'il s'agit d'installations nouvelles. On voit des
personnes qui ne perceraient pas une porte dans un mur
sans l'intervention d'un architecte, ne pas reculer devant les
obstacles que présente toujours l'édification d'une usine.
C'est une imprudence dont elles sont souvent victimes, car,
non seulement les travaux ne sont jamais convenablement
disposés, mais des écoles inévitables élèvent considérablement
la dépense.

Quelle que soit la force du moteur dont on dispose, il faut
éviter d'y atteler plus de huit paires de meules sur un même
beffroi ; j'ai été jusqu'à dix malgré moi, mais il a fallu des bâtiments et des transmissions de trop grandes dimensions. Si un
accident survient, l'usine entière est en chômage ; il est donc
préférable, lorsqu'on veut monter dix paires de meules, de les
placer sur deux beffrois séparés de chacun cinq paires.

Le luxe n'est pas nécessaire pour faire de bonnes moutures ;
pourquoi composer les beffrois de colonnes tournées et de cor-
niches en fonte très-coûteuses qui tiennent les meules au
premier étage et laissent le rez-de-chaussée presque inutilisé ?
En plaçant les meules au rez-de-chaussée, on gagne un étage ;
le mécanisme se trouve indépendant des bâtiments, qui n'ont
plus besoin alors d'une aussi grande solidité.

Les moulins à engrenages prennent moins de force que les
moulins à courroies. Souvent aussi les courroies tiennent mal
sur les poulies ; elles tirent toujours dans la même direction
les fers de meules, qui usent inégalement les cales des boitards
et ne restent jamais d'aplomb. Longtemps on a préféré ce mode
d'entraînement des meules par courroies, parce qu'il permettait d'arrêter chaque moulin d'un même jeu isolément ; mais
aujourd'hui qu'il existe des pignons qu'on rend fous à volonté,
on revient généralement, et avec raison, aux moulins marchant
par engrenages *droits,* les pignons d'angle étant mauvais.

Les pointes de tous les arbres verticaux et surtout celles des fers de meules, ainsi que leurs pointaux, doivent être en acier fondu, postiches et en doubles exemplaires ; sinon, lorsque les pointes formées sur l'axe même viennent à se détériorer, on est obligé de démonter les fers et de les reporter à l'atelier, où le seul moyen de les remettre en état est de les remplacer par des pièces postiches en acier, ce qu'il eût été préférable de faire dès le principe. On exigera également des pas et crapaudines de rechange.

Les engrenages dentés en bois qui font partie de la grosse transmission de mouvement, et qui se trouvent dans une position qui rend difficile le remplacement des dents, seront en deux pièces, cela permet de les enlever pour les réparer à l'aise ; il en sera de même des engrenages fixés à l'arbre vertical des étages supérieurs et qui sont également dentés en bois. On aura en outre un double exemplaire de ces derniers, de telle sorte qu'en quelques minutes on puisse, sans démonter les arbres, remplacer l'engrenage dont les dents seraient usées ou accidentellement détériorées. La même observation s'applique aux engrenages des nettoyages et des tire-sacs. Sans ces précautions, un établissement qui a cent francs de frais généraux par jour peut être arrêté plusieurs jours pour une réparation de quelques francs.

Les arbres de couche seront toujours munis d'embases ; on placera leurs coussinets de manière à pouvoir les graisser et les remplacer facilement et sans danger. L'oubli de cette précaution par des confrères m'a forcé souvent de démolir des murs et de démonter une partie des roues pour effectuer des réparations qui, dans toute autre position, auraient pu se faire en quelques minutes et à peu de frais. Les poulies ou tambours de commande seront larges, afin que chaque organe puisse comporter une poulie folle et être arrêté isolément sans qu'on soit forcé de faire tomber leurs courroies. Le seul moyen d'avoir des poulies qui conservent bien les courroies est de bomber leurs couronnes ; les poulies à joues produisent toujours un mauvais effet, les courroies remontant continuellement sur leurs rebords, tombent, il est difficile de les remettre et de les maintenir à leur place.

Les paliers des grosses transmissions reposeront sur des plaques de fondation sans lesquelles on ne pourrait les remettre de niveau au fur et à mesure que les tourillons et les coussinets s'usent, et lorsque les maçonneries qui les portent éprouvent des tassements.

On ne peut établir les meules trop solidement, c'est une des causes qui me font préférer les beffrois placés au rez-de-chaussée. Les gisantes doivent, invariablement, être maintenues dans des cuvettes en fonte, solidement assises, munies de vis à niveler et à centrer qui les mettent à l'abri des changements qui surviennent dans les planchers et les murs des bâtiments. Ceux qui placent les meules sur des charpentes en bois sont exposés à avoir des moutures très-irrégulières.

Les châssis des nettoyages qui se trouvent aux étages supérieurs doivent être en fer ou fonte ; les planchers et les cloisons qui les renferment seront recouverts de zinc ou de tôle. D'ailleurs, je le répète, on doit s'arranger pour ne faire fonctionner les nettoyages que dans le jour.

Je recommande de placer les bluteries de manière à pouvoir les réparer et les démonter facilement.

On disposera les tire-sacs et leurs trappes de telle sorte que les sacs, en se détachant, ne puissent tomber ni sur les ouvriers du moulin, ni sur les voituriers, ni sur les passants. Les patrons n'oublieront pas qu'ils peuvent être inquiétés à l'occasion de tous les accidents de ce genre qui surviendraient à leurs employés, même par la faute et l'imprudence de ces derniers, dans toutes les parties du mécanisme dont l'approche ne serait pas suffisamment garantie. La jurisprudence des tribunaux s'est fixée, depuis quelques années, dans un sens excessif en faveur des ouvriers blessés dans les usines. Voici un exemple tout récent, et qui démontre jusqu'à quel point on a étendu la responsabilité des patrons. Un de mes amis a été condamné dernièrement à payer des dommages-intérêts considérables à un ouvrier qui s'est cassé la jambe en glissant sur une échelle de meunier exactement semblable à celles qui existent dans toutes les usines du même genre que la sienne. On ne saurait donc trop recommander de placer des rampes, des main-courantes, des balustrades et des cloisons partout où il peut exister le plus petit danger ; l'humanité d'abord l'exige et on se met à l'abri de dommages-intérêts dont les tribunaux sont devenus très-prodigues.

Il est très-utile d'avoir près du moteur une sonnette ou cloche d'alarme communiquant à tous les étages des usines, afin que le conducteur, prévenu instantanément, arrête promptement en cas d'accident.

J'ai dit ailleurs que les moulins étaient exposés à des incendies très-fréquents ; j'ai fait connaître les dispositions qui me semblent propres à en diminuer les causes. Mais, comme elles ne peuvent toutes disparaître, j'engage les propriétaires à établir, dans les combles, un réservoir d'eau alimenté par une pompe prenant son mouvement sur le mécanisme du moulin. Un tuyau vertical partant du réservoir traversera le bâtiment dans toute sa hauteur et aura, à chaque étage, un robinet à vis muni d'un boyau armé d'une lance ; on pourra alors inonder instantanément le point de départ du feu et en empêcher le développement.

Ces conseils serviront de bases aux devis qu'on devra toujours préalablement faire établir par le mécanicien qui n'est jamais forcé d'aller au delà des engagements qu'il a pris. Tant pis pour le propriétaire s'il a accepté un devis incomplet, il ne

pourra exiger que les objets qui y sont spécifiés ; le constructeur n'est réellement responsable que de la qualité de la matière,
de l'exécution et de la combinaison du mécanisme. Cette garantie cesse aussitôt la réception des travaux. Aucune loi n'en a
fixé la durée ; il est d'usage, cependant, dans plusieurs localités,
d'imposer dans le contrat au mécanicien une garantie d'une
année.

Dans certaines localités, où cette responsabilité annale est
générale, quelques tribunaux l'admettent, même lorsque les
engagements sont muets sur ce point. Cette jurisprudence
est très sage. En effet, une année est nécessaire pour qu'un
mécanisme, surtout lorsqu'il est entraîné par un récepteur
hydraulique, ait subi une épreuve suffisante. Si les organes ne
résistent pas pendant ce temps aux contractions violentes qui
résultent des variations que les saisons apportent dans le
régime des cours d'eau, c'est que le constructeur n'a pas
fait la part de ces effets ; alors les réparations sont à sa
charge. Il faut toutefois qu'il soit bien reconnu que l'accident
provient de la faiblesse des pièces brisées. Si, au contraire, il
était constaté que ces pièces remplissaient toutes les conditions
d'une bonne exécution, l'accident sera attribué au manque de
surveillance ou à l'imprudence des ouvriers, l'usinier en supportera les conséquences. Pendant le travail, le mécanisme est
exposé à des résistances subites et exceptionnelles ; les meules
peuvent aller à vide et prendre une vitesse dangereuse ; si pendant cette rapidité, l'alimentation se fait spontanément, ainsi
que je l'ai expliqué d'autre part, la roue s'attarde tout à coup
et reçoit une trop grande quantité d'eau.

Lorsque les meules sont lancées à une excessive rapidité,
elles produisent un effet de force centrifuge dans le sens inverse
de la marche du moteur, des désordres surviennent, ils ne peuvent être portés au compte du mécanicien.

Un sac, une courroie, un balai qui tombe entre deux engrenages suffit pour occasionner la destruction des principales pièces du gros mouvement. Je puis citer deux exemples : le grand rouet d'un moulin de six paires de meules mis en route depuis peu de jours casse ; le propriétaire appelle le constructeur en garantie. Chargé par le tribunal de rechercher la cause de l'accident, je reconnus que l'engrenage était très fort et la fonte de bonne qualité ; l'avarie provenait évidemment d'une cause exceptionnelle et invisible qu'on n'avouait pas. J'allais me retirer, lorsqu'il me prit fantaisie de visiter les étages supérieurs de l'usine et, dans un coin, j'aperçus un sac déchiré portant les marques des dents des deux engrenages entre lesquels il avait été serré ; je retirai même dans une déchirure un éclat d'une des dents en bois. En présence d'une semblable preuve, il fallait bien que le plaignant se rendît à l'évidence et renonçât à la demande formée contre le mécanicien.

Une autre fois, c'était un balai qui, en se détachant, était tombé entre les deux principaux engrenages.

En résumé, la responsabilité annale n'incombe au constructeur que lorsqu'il y a mal façon, défauts cachés et mauvais matériaux ; sa garantie n'a pas de limite, même si la durée a été fixée dans le traité, quand un accident provient d'un vice dissimulé. Un constructeur a dû, après treize années, remplacer une turbine dont la couronne s'est ouverte à un endroit où elle avait été brisée avant la livraison et très subtilement raccommodée. Si un engrenage casse à la partie du cercle qui a reçu une dent postiche, le mécanicien reste également responsable. Lorsque le récepteur est une machine à vapeur, la garantie de ce moteur n'a pas besoin d'être d'une année ; si la chaudière est défectueuse on s'en apercevra dès le début ; les organes de la machine n'ont pas à subir les mêmes épreuves que les moteurs hydrauliques.

La Cour d'appel d'Angers, par un arrêt en date du 23 août 1877, confirmatif d'un jugement du tribunal civil du Mans du

28 février, a admis ces principes et a fixé la jurisprudence par des motifs d'une grande force que nous croyons utile de rapporter ici *in extenso :*

JUGEMENTS RENDUS PAR LE TRIBUNAL CIVIL DU Mans ET LA COUR D'APPEL D'Angers

Point de fait ; conclusions des parties en cause.

Au cours du mois de décembre 1875, MM. Grélé et Touchard, agissant tant en leur nom personnel que comme membres de la Société en nom collectif Grélé, Touchard et Cie, dont le siège est établi au Mans, rue du Greffier, n° 16, ont prétendu que, conformément aux conventions verbales intervenues entre M. Grélé et M. Doré, à la date du 23 mai 1865, M. Doré leur avait fourni et monté dans leur usine de Saint-Mars-la-Brière, une roue hydraulique destinée à servir de moteur à ladite usine; que, depuis le mois d'août 1874, l'arbre en fer qui servait d'axe à ladite roue d'une longueur de......... et d'un poids de 6,000 kilogrammes, présentait une gerçure circulaire s'étendant sur une partie de sa circonférence, dont alors elle embrassait la totalité, à un mètre environ du bout extrême de l'arbre ; que cet état s'aggravait de jour en jour par l'épanouissement de la fente ou gerçure circulaire et menaçait l'arbre d'une rupture complète, prochaine, provenant soit de l'insuffisance de ses dimensions, soit de la mauvaise qualité du métal employé à la confection, soit de toute autre cause inhérente à la construction et indépendante des demandeurs ; que l'imminence de ce danger était d'ailleurs rendue plus manifeste par l'accident survenu dans l'usine de MM. Thoury jeune, Flais, Leproust et Bullot, sise à Champagnie, le 30 octobre 1875, à un arbre identiquement semblable à celui des sieurs Grélé et Touchard et qui avait été établi par le même constructeur et à la même époque que celui-ci, ledit arbre s'étant rompu au même endroit où se manifestait la gerçure plus haut signalée, entraînant, en outre, de graves avaries à la roue, le chômage de l'usine qu'elle mettait en mouvement ; que cet état précaire de l'arbre de la roue des sieurs Grélé et Touchard ne pouvait avoir évidemment pour issue qu'un événement semblable à celui qui avait atteint MM. Thoury, Flais, Leproust et Bullot, si on ne le conjurait pas au plus tôt. Et en conséquence des allégations ci-dessus, en vertu d'une ordonnance de M. le président du tribunal civil du Mans du 23 décembre 1875, MM. Grélé et Touchard ont fait assigner M. Doré à comparaître par-devant le tribunal civil du Mans, pour s'entendre condamner envers MM. Grélé et Touchard : 1° à les prémunir contre tout accident, tous chômages et toutes autres conséquences quelconques pouvant résulter de la rupture de l'arbre de la roue ; 2° A prendre telles mesures que de raison pour remplacer ledit arbre par un autre, en apportant au nouveau telles modifications qui seraient indiquées tant par les règles de la loi de l'art que par les circonstances particulières et spéciales qui pouvaient avoir causé la ruine prématurée de celui actuel ; subsidiairement et pour le cas où les faits déclarés seraient méconnus par M. Doré, voir dire que par experts convenus à l'audience, sinon nommés d'office, ledit arbre serait vu et visité afin de constater son état ; que les experts diraient s'il n'était pas dangereux de continuer à s'en servir, à quelle cause devait être attribué le commencement de rupture, s'il ne s'aggravait pas chaque jour, et, ce qu'il convenait de faire pour procéder à son remplacement, pour, sur le vu du rapport des experts, être, par les parties, conclu, et, par le tribunal, statué ce qu'il appartiendrait. En tout cas, s'entendre ledit M. Doré condamner aux dépens de l'instance ; sous toutes réserves.

M. Doré a allégué que, sans aucune approbation des prétentions de M. Grélé et de M. Touchard, et sous toutes réserves et protestations les plus étendues à ce sujet, il était fondé à appeler en garantie M. Sagebien, duquel émanaient le plan et les dimensions de l'arbre objet du litige, et M. Dumesnil, maître de forges, dans les ateliers duquel l'arbre a été fondu ; et, en conséquence, il a fait assigner MM. Sagebien et Dumesnil à comparaître devant le tribunal civil du Mans, pour voir dire qu'ils seraient tenus d'intervenir dans la contestation pendante entre M. Doré et MM. Grélé et Touchard, en principal, intérêts et frais ; sous toutes réserves.

M. Dumesnil n'ayant pas constitué avoué sur l'assignation de M. Victor Doré, l'avoué de ce dernier a fait rendre, à la date du 5 décembre 1876, par le tribunal civil du Mans, un jugement donnant défaut contre M. Dumesnil, non comparant ni personne pour lui, joignant le profit du défaut au fond et ordonnant la réassignation dudit M. Dumesnil pour une audience ultérieure à laquelle il serait statué à l'égard de toutes les parties en cause par un seul et même jugement qui ne serait pas susceptible d'opposition ; tous droits, moyens et dépens réservés.

Après signification dudit jugement et sur la réassignation qui lui a été donnée, M. Dumesnil a constitué avoué. M. Sagebien a pris les conclusions suivantes : Déclarer M. Doré non recevable, en tout cas mal fondé dans sa demande en garantie contre ledit M. Sagebien, l'en débouter et le condamner aux dépens.

M. Grélé, l'un des demandeurs, est décédé au Mans le 25 mai 1876, dénonciation de ce décès a été faite aux avoués de la cause.

En vertu d'une ordonnance de M. le président du tribunal civil du Mans, en date du 13 janvier même mois, Mme veuve

Grélé, Mlle Grélé et les époux Touchard, prétendant que
la rupture de l'arbre était imputable non seulement à
M. Doré, qui avait fourni et monté ledit arbre, mais encore à M. Sagebien qui avait dressé les plans et devis pour
l'exécution qu'il aurait surveillée et dirigée dans l'ensemble
et dans les détails de la construction de l'usine de Saint-
Mars-la-Brière, dont la roue hydraulique et l'arbre qui lui
sert d'axe forment une partie intégrante et essentielle ; que
M. Sagebien était donc responsable envers les demandeurs,
solidairement avec M. Doré, de la rupture de l'arbre dont s'a-
git et de toutes les conséquences préjudiciables que cet accident a entraînées ; les demandeurs , ont fait donner assignation à M. Sagebien à comparaître devant le tribunal civil
du Mans, pour : Voir donner acte aux demandeurs de ce qu'ils
déclaraient reprendre l'instance pendante ; s'entendre, M. Sagebien, déclarer commun avec lui le jugement à intervenir ;
se voir, ledit sieur Sagebien, condamner solidairement avec
M. Doré, à payer aux demandeurs : 1° la somme de 9,000 fr.,
représentant la dépense nécessitée par le remplacement dudit
arbre ; 2° et des dommages-intérêts à fournir par état à raison
du chômage et de toutes les conséquences préjudiciables
résultant de la rupture dudit arbre ; s'entendre, M. Sagebien , condamner solidairement avec M. Doré en tous les
dépens.

Sur cette assignation qui contenait constitution de Me Cor-
delet, pour les demandeurs, Me Ducré s'est constitué pour
M. Sagebien, suivant acte de palais de Langevin, huissier au
Mans, du 22 janvier 1877, enregistré.

Me Hémon, pour M. Doré, a signifié des conclusions tendant
à ce qu'il plût au tribunal : Déclarer M. Touchard et autres
purement et simplement non recevables en leurs demandes,
les en débouter. Très subsidiairement, dire qu'aucune garantie n'est due au delà d'une année pour le constructeur ou

fournisseur d'une machine semblable à celle dont il s'agit au procès ; déclarer encore sur ce point les demandeurs principaux non recevables et mal fondés dans leur demande. Plus subsidiairement encore, dire et juger que M. Doré n'a été qu'un intermédiaire et n'a pris aucune part dans la confection de la machine dont il s'agit ; renvoyer, en conséquence, MM. Touchard et consorts à se faire garantir et indemniser, ainsi qu'ils l'aviseraient, par MM. Sagebien et Dumesnil ; plus subsidiairement encore condamner MM. Sagebien et Dumesnil solidairement à garantir M. Doré de toutes les condamnations qui pourraient intervenir contre lui, en principal, intérêts et frais ; condamner les demandeurs principaux en 1,000 francs de dommages et intérêts envers M. Doré, et les condamner aux dépens. — Sous toutes réserves expresses de tous autres dus, droits et actions et de toutes autres conclusions en tout état de cause.

M. Dumesnil a conclu ainsi : Déclarer M. Doré purement et simplement non recevable, en tous cas mal fondé dans sa demande en garantie, l'en débouter et le condamner aux dépens, sauf son recours s'il y a lieu contre qui de droit ; sous toutes réserves, notamment, de changer, modifier, augmenter les présentes conclusions et même d'en prendre de nouvelles en tout état de cause.

Les consorts Grélé ont pris des conclusions ainsi conçues : Leur donner acte de ce qu'ils déclaraient reprendre en leurs dites qualités l'instance pendante devant le tribunal civil du Mans, entre MM. Grélé, Touchard et Victor Doré ; déclarer commun avec M. Sagebien le jugement à intervenir dans l'instance ; condamner MM. Doré et Sagebien conjointement et solidairement à payer aux demandeurs principaux : 1° la somme de 9,000 francs représentant la dépense nécessitée par le remplacement dudit arbre, ainsi qu'il en sera justifié ; 2° et des dommages-intérêts à fournir par état à raison du chômage et de toutes les conséquences préjudiciables résultant de la rupture de l'arbre ; condamner en outre MM. Doré et Sagebien conjointement et solidairement aux dépens. Subsidiairement, et pour le cas où le tribunal ne croirait pas être suffisamment édifié par les faits et circonstances de la cause, dire que, par experts convenus à l'audience, sinon nommés d'office, ledit arbre sera vu et visité à l'effet de constater son état et de chercher quelles ont été les causes de rupture ; plus subsidiairement encore, donner acte aux concluants de ce qu'ils articulent et offrent de prouver tant par titres que par témoins, 1° que M. Sagebien n'a pas seulement dressé les plans et devis pour l'exécution de la roue hydraulique et de l'arbre qui lui servait de support ; qu'il a dirigé comme ingénieur, dans l'ensemble et dans les détails, la construction de l'usine de Saint-Mars-la-Brière dont la roue hydraulique forme une partie intégrante et essentielle et qu'il a encouru de ce fait la responsabilité édictée par les articles 1792 et 2270 du Code civil contre les architectes qui ont dirigé de gros ouvrages ; 2° Qu'en août mil huit cent soixante-quatorze, lorsque se manifesta la gerçure qui, en s'étendant, a déterminé la rupture de l'arbre , MM. Doré et Sagebien furent prévenus de cet accident, vinrent sur les lieux et rassurèrent MM. Grélé et consorts sur ses suites, mais qu'ils ne déclinèrent à aucun moment la responsabilité résultant de la garantie décennale et qu'ils ne se retranchèrent pas derrière le prétendu usage qu'ils invoquent aujourd'hui. Tous droits, moyens et dépens en cas d'enquête réservés.

M. Sagebien a conclu en ces termes : Lui adjuger les fins de ses premières conclusions (ci-dessus rapportées). En conséquence, déclarer Mme veuve Grélé , Mlle Grélé et les époux Touchard non recevables, en tous cas mal fondés dans leurs demandes introduites contre M. Sagebien par exploits de

Langevin, huissier au Mans, du 13 janvier 1877, les en débouter et les condamner aux dépens.

Jugement du tribunal civil du Mans.

Sur ces diverses conclusions, le tribunal civil du Mans a rendu, à la date du 28 février 1877, un jugement ainsi conçu :

Attendu qu'au cours de l'année 1865, le sieur Doré a fourni et monté une roue hydraulique dans l'usine du sieur Grélé, sise à Saint-Mars-la-Brière ;

Que l'arbre en fer servant d'axe à cette roue s'est brisé le 28 novembre dernier ; que la veuve Grélé et consorts demandent que Doré, qui a fourni et monté ladite roue, et Sagebien qui, en sa qualité d'ingénieur, aurait dressé les plans et fait les devis pour son exécution, soient déclarés solidairement responsables de la rupture de l'arbre et condamnés à des dommages-intérêts à fournir par état pour le préjudice souffert ;

Attendu que la responsabilité décennale édictée par les articles 1792 et 2270 du Code civil ne s'applique qu'aux constructeurs d'édifices et aux gros ouvrages des bâtiments ;

Que cela résulte des termes mêmes employés par le législateur ; que cette interprétation se trouve corroborée par les discussions auxquelles a donné lieu, au sein du conseil d'État, la rédaction desdits articles ; qu'on ne saurait, en conséquence, étendre cette responsabilité et l'appliquer à des objets mobiliers, tels que des machines et des moteurs hydrauliques ou à vapeur, lors même qu'ils deviennent immeubles par destination ;

Attendu que cette différence s'explique par la nature même des objets dont s'agit ;

Attendu, en effet, que les édifices et bâtiments ne peuvent être l'objet d'aucun essai sérieux, que le temps seul peut les éprouver et faire découvrir des vices cachés qu'un examen,

18

même le plus approfondi, ne saurait révéler ; que toutes les
parties qui les composent, telles que maçonnerie, charpente ou
menuiserie, n'ont à subir d'autre action, suivant l'expression
d'un ingénieur, que celles des forces régulières de la nature
dont l'épreuve peut d'ailleurs se poursuivre pendant de longues années sans l'intervention d'influences arbitraires qui
viennent en compromettre la sécurité ;

Attendu qu'il en est autrement des machines ; que celles-ci
peuvent être l'objet d'essais d'ailleurs faciles et de courte
durée ; que, dans la pratique, ces essais ont toujours lieu avant
leur réception et qu'ils sont tels qu'ils peuvent faire apparaître
les traces de vices ou de défectuosités ;

Attendu que leur mise en œuvre exige une intervention continuelle de l'homme ; qu'elles ne sont pas soumises comme les
édifices seulement aux injures que l'architecte a pu et dû prévoir, mais à un nombre infini de causes de détériorations, de
dégradations ou de pertes résultant de l'usage auquel elles
sont assujetties, toutes causes indéterminées qu'on ne peut
prévoir, ni conjurer ; que suivant, en effet, la surveillance, les
soins dont elles sont l'objet, le plus ou moins de travail exigé,
la manière dont elles sont dirigées, par des ouvriers plus ou
moins expérimentés, plus ou moins scrupuleux, leur conservation sera plus ou moins grande et leur durée plus ou moins
étendue ;

Attendu que si les édifices sont, par leur nature, destinés à
rester debout et à subsister pendant de longues années, les
machines sont, au contraire, destinées à périr par l'usure dans
un laps de temps très-limité ; que cela est si vrai que, dans les
industries bien administrées, chaque année, une somme, prise
sur les bénéfices réalisés, est portée au passif pour constituer
l'amortissement de tout l'outillage, de façon qu'à l'expiration
de quinze à vingt ans, au plus tard, cet outillage ne figure
plus pour aucune valeur ;

Attendu, enfin, que l'usage a établi pour les constructeurs de machines une responsabilité d'une année seulement ; que c'est ainsi que cette responsabilité annale est stipulée dans tous les cahiers de charges de l'État, des villes ou des compagnies de chemins de fer ; qu'il est évident que si la responsabilité décennale invoquée dans la cause existait, l'État, les villes et les compagnies précitées ne stipuleraient pas une garantie à un ou deux ans, au plus ;

Attendu que les demandeurs reconnaissent si bien eux-mêmes la vérité de ces principes que, dans leurs conclusions, ils ont cherché à établir une distinction entre la roue hydraulique qui serait construite pour une durée indéfinie et les autres parties du mécanisme de l'usine et même entre les diverses parties de la roue hydraulique qui seraient destinées à être remplacées à des intervalles de temps très-rapprochés, qu'ils prétendent soutenir que la roue, ou tout au moins l'arbre lui servant d'axe, fait partie intégrante de l'usine, qu'il en est l'âme ; qu'en conséquence, il serait non pas un immeuble par destination, ce qui, ils le reconnaissent, serait insuffisant pour créer la responsabilité du constructeur, mais bien un immeuble par nature ;

Attendu que ces distinctions sont arbitraires, n'ont aucune base sérieuse et ne sauraient être acceptées ; qu'en effet, il n'existe aucun motif de diviser les parties d'une machine ou de l'outillage d'une usine, et de déclarer que les unes, notamment l'arbre de couche d'une machine hydraulique est immeuble par nature, et les autres parties, telles que : aubes, croisillons et coyaux où les métiers à cordes et à tisser sont seulement des immeubles par destination ; qu'il convient, au contraire, de décider que la roue hydraulique et l'arbre qui lui sert d'axe sont, comme toutes les autres pièces, composant l'outillage de l'usine, compris sous la désignation d'ustensiles nécessaires aux usines et sont, dès lors, aux termes de l'article 521 du Code civil, des immeubles par destination ;

Attendu qu'il résulte de tout ce qui précède, que Doré et Sagebien ne sauraient être déclarés responsables, après plus de neuf années écoulées depuis la livraison de la machine dont s'agit, de la rupture de l'arbre de la roue hydraulique ;

En ce qui touche l'articulation de faits,

Attendu que la dame veuve Grélé et consorts articulent et offrent de prouver : 1° que Sagebien a dirigé, comme ingénieur dans l'ensemble et les détails, la construction de Saint-Mars-la-Brière, dont la roue hydraulique forme une partie intégrante et essentielle ; 2° qu'en août 1874, au moment où se manifesta la gerçure qui a déterminé la rupture de l'arbre, Doré et Sagebien, venus sur les lieux, n'ont pas décliné leur responsabilité ;

Attendu que le deuxième fait n'est nullement pertinent ; qu'en admettant même que Sagebien et Doré n'aient pas, en 1874, décliné leur responsabilité, il n'est pas même articulé qu'à ce moment cette question ait été posée, et qu'ils aient admis la possibilité d'un recours contre eux ;

Attendu, en ce qui concerne le premier fait, d'une part, que cette articulation est fondée sur ce qu'ainsi qu'il a été dit plus haut, la roue ferait partie intégrante de l'usine, ce qui est formellement inexact ; d'autre part, que l'offre de preuves est vague et indéterminée ; que la veuve Grélé et consorts n'énoncent pas d'une manière précise s'ils entendent prouver que Sagebien a dirigé comme ingénieur seulement la construction des machines, ou si, au contraire, il a dirigé la construction des bâtiments en même temps.

Attendu cependant que Sagebien ne pourrait être déclaré responsable que sous deux conditions, savoir : 1° s'il avait dirigé comme ingénieur la construction de l'usine tout entière, machines et bâtiments ; 2° si l'arbre de la roue hydraulique avait péri par suite du vice de construction des bâtiments de l'usine, notamment des piliers massifs ou supports en maçonnerie ou charpente sur lesquels ledit arbre s'appuie, soit du vice du sol sur lequel reposent lesdits piliers, massifs ou supports ;

Attendu que, dans l'articulation susénoncée, la veuve Grélé et consorts ne demandent pas à faire la preuve des faits ainsi spécifiés, que, dès lors, ces faits ne sont pas concluants ;

Attendu, en ce qui touche la demande de dommages-intérêts formée par Doré, qu'il ne justifie d'aucun préjudice à lui causé.

Attendu qu'il n'y a pas lieu de statuer sur le recours en garantie formé par Doré, contre Sagebien et Dumesnil.

En ce qui touche les dépens :

Attendu que l'appel en garantie formé par Doré contre Sagebien et Dumesnil a été nécessité par la demande de la veuve Grélé et consorts ; que ceux-ci doivent dès lors en supporter les frais.

Par ces motifs :

Donne acte à la veuve Grélé et aux autres parties de Me Cordelet de ce qu'ils déclarent reprendre en leurs dites qualités l'instance introduite par Grélé et Touchard contre le sieur Doré ;

Déclare la veuve Grélé et consorts mal fondés dans leurs demandes, fins et conclusions, tant principales que subsidiaires, les en déboute et les condamne aux dépens ;

Déclare Doré mal fondé dans sa demande de dommages intérêts, l'en déboute ;

Dit qu'il n'y a lieu de statuer sur la demande en garantie formée par Doré contre Sagebien et Dumesnil. »

Appel du jugement ; conclusions des parties.

Madame veuve Grélé, Mlle Grélé et les époux Touchard ont, suivant les exploits relatés en tête des présentes, formé appel du jugement contre MM. Doré et Sagebien. M. Victor Doré a dénoncé à MM. Sagebien et Dumesnil l'appel qui lui avait été notifié à la requête des consorts Grélé et, sans approbation de la demande principale de ces derniers, ils ont formé un appel éventuel contre MM. Sagebien et Dumesnil.

Sur l'appel des consorts Grélé, la cause a été mise au rôle de la Cour et, après plusieurs remises successives, elle est venue en ordre utile à l'audience du 16 août 1877.

A cette audience M⁰ Lelong, avoué des consorts Grélé appelants, a conclu à ce qu'il plût à la Cour :

Réformer le jugement susdaté ; décharger les appelants des dispositions et condamnations contre eux prononcées, et faisant ce que les premiers juges auraient dû faire, condamner Sagebien et Doré conjointement et solidairement à payer à Grélé et consorts : 1° la somme de 9,000 fr. représentant la dépense occasionnée par le remplacement de l'arbre; 2° Et des dommages-intérêts à fixer par état à raison du chômage et de toutes les conséquences dommageables résultant de la rupture de l'arbre.

Subsidiairement, pour le cas où la Cour ne se croirait pas suffisamment éclairée sur la cause de l'accident, dire : que, par tels experts qu'il lui plaira commettre, l'arbre sera vu et visité à l'effet de constater son état et de rechercher la cause de sa rupture, pour être ensuite, sur le rapport desdits experts, par les parties, requis et par la Cour statué ce qu'il appartiendrait. Tous droits et dépens dans ce cas réservés; subsidiairement encore, donner acte à la veuve Grélé et consorts de ce qu'ils articulent et offrent de prouver, tant par titres que par témoins, dans la forme ordinaire des enquêtes, les faits suivants :

1° Que Sagebien a dirigé en même temps la construction des bâtiments et la construction des machines et notamment celle de l'arbre en fer qui fait partie intégrante des bâtiments; 2° qu'en juin 1875, au moment où se manifesta la gerçure qui a déterminé la rupture de l'arbre, Doré et Sagebien n'ont pas décliné leur responsabilité ; ordonner la restitution de l'amende, et condamner les intimés sous la même solidarité en tous les dépens de première instance et d'appel. Sous toutes réserves.

Mᵉ Pichard, pour M. Doré intimé et appelant éventuellement, a ensuite conclu ainsi qu'il suit :

Plaise à la Cour : confirmer purement et simplement le jugement dont appel. Condamner les appelants en l'amende et aux dépens, même ceux de l'appel éventuel et vis-à-vis de toutes les parties. Très subsidiairement, dans le cas où, par impossible, la Cour infirmerait le jugement sur l'appel des consorts Grélé et Touchard condamner MM. Sagebien et Dumesnil solidairement à garantir M. Doré de toutes condamnations qui pourraient intervenir contre lui en principal, intérêts et frais, sous toutes réserves.

Mᵉ Briand a aussi conclu pour M. Sagebien :

Plaise à la Cour : sur les articulations produites devant elle, déclarer ces articulations inadmissibles comme non pertinentes, ni concluantes, et, comme, dès à présent, démenties par les documents du procès. Confirmer purement et simplement le jugement frappé d'appel et condamner les appelants en l'amende et en tous les dépens, sous toutes réserves.

Mᵉ Abraham, pour M. Dumesnil, a conclu de la manière suivante :

Confirmer, pour sortir effet, le jugement dont appel ; condamner l'appelant en garantie (M. Doré), à tous dépens et à l'amende. Subsidiairement déclarer M. Doré non recevable, en tous cas mal fondé en sa demande en garantie, l'en débouter et le condamner à l'amende et aux dépens ; sous toutes réserves.

Les avocats des parties ont développé ces diverses conclusions et le ministère public auquel les pièces avaient été communiquées a été entendu.

Confirmation du jugement par la Cour d'appel d'Angers.

La Cour a mis la cause en délibéré; l'affaire en cet état présentait à juger les questions ouivantes:

Point de droit: La Cour devait-elle infirmer le jugement dont appel? Devait-elle décharger les appelants des dispositions et condamnations prononcées contre eux? Devait-elle condamner Sagebien et Doré, conjointement et solidairement, à payer aux consorts Grélé la somme de 9,000 fr. représentant la dépense occasionnée par le remplacement de l'arbre et des dommages-intérêts à fixer par état à raison du chômage et des conséquences dommageables résultant de la rupture dudit arbre? *Quid* des conclusions subsidiaires des consorts Grélé à fin d'expertise et d'enquête? Devait-elle, au contraire, confirmer purement et simplement, vis-à-vis de toutes les parties en cause, le jugement dont appel? Devait-elle, dans le cas d'infirmation du jugement sur l'appel des consorts Grélé, condamner Sagebien et Dumesnil à garantir Doré de toutes les condamnations qui pourraient intervenir contre lui, en principal, intérêts et frais? Devait-elle, au contraire, confirmer le jugement dont est appel? Devait-elle subsidiairement déclarer Doré non recevable, en tous cas mal fondé dans sa demande en garantie et l'en débouter? *Quid* de l'amende et des dépens? Signé: Pichard.

ARRÊT:

Après en avoir délibéré conformément à la loi;

Et ce jourd'hui 23 août 1877,

Sur les conclusions principales des appelants:

Considérant que l'action en responsabilité intentée par la veuve Grélé et consorts contre Doré et Sagebien se fonde sur les articles 1792 et 2270 du Code civil;

Considérant, en ce qui concerne Doré, qu'il ne peut être considéré comme un architecte ou un entrepreneur s'étant chargé de la construction d'un édifice, alors qu'il s'est simplement engagé moyennant un prix déterminé à fabriquer sur les plans et dessins de Sagebien, et à mettre en place sous sa direction diverses pièces de fer, fonte, bronze et bois dont l'ensemble formait la machine hydraulique de l'usine des appelants ;

Que dès lors, la disposition exceptionnelle de l'article 1792 du Code civil ne peut être invoquée contre lui ;

Considérant qu'à supposer qu'en contractant l'engagement précité au même titre que les autres fournisseurs qui ont concouru pour une part quelconque à la confection et au montage du matériel de l'usine, Doré se soit constitué entrepreneur d'un gros ouvrage dans le sens de l'article 2270 du Code civil, les appelants ne prouvent point et n'articulent pas même à sa charge, d'une façon précise, qu'il ait manqué à quelques-unes des obligations résultant de son engagement ; qu'il se soit écarté en quoi que ce soit des plans fournis par Sagebien, qu'il ait commis enfin une faute si minime qu'elle soit, de nature à le rendre responsable de la rupture de l'arbre en fer servant d'axe à la roue hydraulique de l'usine, rupture qui a donné lieu au procès ;

Considérant d'ailleurs qu'il est allégué par l'intimé, et non contesté par les appelants, que, dans ses conventions verbales avec leur auteur, Doré ne s'est pas obligé à garantir les travaux qu'il prenait à sa charge et notamment la confection et le posage de l'arbre en fer servant d'axe à la roue hydraulique, que d'après les clauses et conditions d'usage.

Que par ces expressions : *clauses* et *conditions d'usage,* Doré, qui n'est ni un architecte ni un entrepreneur proprement dit, mais un fondeur, constructeur de machines, n'a certainement point eu en vue la garantie générale de dix ans édictée par les articles 1792 et 2270 du Code civil pour la construction d'édifices et de *gros ouvrages,* mais bien la garantie spéciale beaucoup moins prolongée de deux ans au plus, qu'une pratique constante, attestée à bons droits et très-bien justifiée par les premiers juges, a introduite dans l'industrie pour les constructeurs de machines, matériel mécanique, pièces tournantes et autres objets de même nature ;

Considérant que les conventions légalement formées tiennent lieu de loi à ceux qui les ont faites ;

Que Doré, ayant stipulé qu'il ne serait tenu à la garantie de ses travaux que pendant deux ans au plus, ne peut être recherché à l'occasion d'une avarie qui ne s'est produite que neuf ans après la réception desdits travaux ;

Considérant, en ce qui concerne Sagebien, que la veuve Grélé et consorts ne représentent pas le marché aux termes duquel l'intimé aurait, suivant eux, pris à sa charge la construction entière de l'usine leur appartenant ;

Que Sagebien affirme que ce marché n'a jamais existé ;

Que les appelants n'allèguent pas qu'il ait eu lieu à prix fait ;

Qu'il résulte des documents de la cause et notamment de la correspondance des parties :

1° Que Grélé a eu un architecte et un entrepreneur autres que Sagebien ;

2° Qu'il a traité lui-même directement avec Doré et divers autres fournisseurs pour les appareils de l'usine ;

3° Que le rôle de Sagebien, ingénieur civil, s'est borné à fournir les plans et indications nécessaires pour l'application à l'usine du système moteur inventé par lui et à surveiller l'exécution de la roue hydraulique et des mouvements d'engrenages, le tout moyennant honoraires ;

Considérant que, dans ces conditions, Sagebien ne peut être assimilé à l'architecte ou à l'entrepreneur qui construit à prix fait un édifice ;

Que, par suite, l'article 1792 ne peut être invoqué contre lui;

Considérant que, soit qu'on le considère comme un architecte ou un entrepreneur ayant dirigé sans prix fixe un gros ouvrage (art. 2270), soit qu'on l'envisage comme un mandataire ordinaire, il ne peut être déclaré responsable de la rupture de l'arbre en fer servant d'axe à la roue hydraulique des appelants que s'il est établi que cet accident est le résultat du vice de ses plans, ou d'un défaut de surveillance de sa part ;

Que rien de semblable n'est prouvé ni même articulé, du moins avec quelque précision à charge ;

Sur les conclusions subsidiaires des appelants :

Considérant que l'expertise sollicitée n'est plus possible vis-à-vis de Doré, puisque l'expiration du délai pendant lequel il était tenu à garantir le mmet à l'abri de tout recours ;

Qu'il n'y a pas lieu davantage de l'ordonner vis-à-vis de Sagebien, alors que la demande qui en est faite, sans indication d'objet précis, n'est accompagnée d'aucune articulation précise de nature à rendre au moins vraisemblable une faute quelconque pouvant entraîner sa responsabilité, et que, d'autre part, le long laps de temps qui s'est écoulé entre l'installation de la machine et l'avarie qu'elle a subie ne laisse aucun espoir fondé de reconnaître la véritable cause de cette avarie ;

Que les mêmes motifs devraient faire repousser le bénéfice d'une convention spéciale limitant la durée de son obligation de garantie ;

Sur les conclusions très-subsidiaires de la veuve Grélé et consorts :

Considérant que les appelants articulent et offrent de prouver : 1° que Sagebien a dirigé en même temps la construction des bâtiments et la construction des machines, notamment de l'arbre en fer qui fait partie intégrante des bâtiments ; 2° qu'en juin 1874, au moment où s'est manifestée la gerçure qui a déterminé la rupture de l'arbre, Doré et Sagebien n'ont pas décliné leur responsabilité ;

Mais considérant que la première articulation est dès à présent démentie par les documents de la cause ;

Qu'elle n'est pas d'ailleurs concluante ;

Que la seconde n'est pas non plus concluante ;

Sur l'appel éventuel et l'action en garantie de Doré contre Sagebien et Dumesnil ;

Considérant qu'ils deviennent sans objet par suite du rejet de sa demande principale ;

Qu'ils ont d'ailleurs été nécessités par l'appel principal, et que, par suite, les frais doivent en être supportés par la veuve Grélé et consorts.

Par ces motifs, la Cour :

Sans s'arrêter aux conclusions principales subsidiaires et très-subsidiaires des appelants, lesquels sont déclarés mal fondés, et sans qu'il y ait lieu de statuer, si ce n'est quant aux frais, sur l'appel éventuel de Doré, lequel devient sans objet;

Confirme le jugement du Tribunal civil du Mans du 28 février 1877 ;

Condamne la veuve Grélé et consorts en l'amende et en tous les dépens d'appel, y compris ceux d'appel éventuel et vis-à-vis de toutes les parties ;

Prononce distraction des dépens au profit de MM^{es} Pichard et Briand, avoués, qui affirment en avoir fait l'avance ;

Ainsi jugé et prononcé en l'audience publique de la chambre civile de la Cour d'appel d'Angers, du 23 août 1877.

CHAPITRE X

DES BAUX DE MOULINS

Le Code Napoléon ne renferme aucun article dans lequel il soit question des baux d'usines, à l'exception de l'article 1767 qui fixe les règles à suivre pour les indemnités à payer aux locataires en cas de vente. C'est certainement avec intention que le législateur a gardé le silence ; il a reconnu qu'il n'était pas possible de prévoir toutes les circonstances qui devaient nécessairement conduire les contractants à établir des conventions spéciales non seulement pour chaque espèce d'usine, mais aussi pour chaque établissement en particulier.

Les baux de moulins sont rangés dans la classe des baux à loyers ; conséquemment les règles que le Code Napoléon a établies leur sont applicables toutes les fois que les parties elles-mêmes n'ont pas fixé leurs conventions ; c'est l'exception.

La location d'un moulin peut facilement, quel que soit le soin qu'on apporte à sa rédaction, laisser la porte ouverte à des contestations, si on se contente d'y insérer les conditions ordinaires de tous les baux et si l'on n'y ajoute pas les clauses

motivées par les observations que je vais faire et celles contenues dans le chapitre suivant concernant les prisées.

Je suppose le propriétaire certain de la solvabilité et de la
moralité de celui qui désire devenir son locataire, il exigera
de lui, avant tout, qu'il examine complètement l'usine, afin de
pouvoir déclarer dans le bail qu'il prend les lieux *tels qu'ils se
poursuivent et comportent, les connaissant parfaitement.*

Un propriétaire sage ne garantira jamais autre chose que la
jouissance paisible pendant la durée du bail. Louer une puissance et un volume d'eau déterminés, c'est laisser une porte
toujours ouverte aux contestations. Il est également dangereux de garantir le nombre de paires de meules qui fonction-
neront simultanément et la quantité de grains qu'elles devront
convertir. Il ne suffit pas de ne pas s'engager, il est prudent
de la part du propriétaire de stipuler formellement qu'en cas
de variations naturelles des eaux et même de chômage, quelle
qu'en soit la cause, il ne pourra être responsable.

Il arrive quelquefois que le même propriétaire divise entre
plusieurs locataires la puissance hydraulique d'un même bief ;
s'il veut éviter des difficultés entre ses différents locataires,
il établira, pour chaque usine, une prise d'eau fixe, dont la
largeur sera proportionnée à la quantité d'eau qu'il entend
donner à chaque usinier ; mais toutes les prises d'eau auront
exactement le même niveau invariable. Sans cette précaution,
il sera continuellement en butte à des réclamations de la part
de ses locataires.

D'autres propriétaires, au lieu de partager l'eau, ont un seul
récepteur dont ils divisent la force. Ces sortes de locations,
qui semblent au premier abord plus simples que la location
d'une usine entière, présentent cependant de grandes difficultés
et donnent lieu à des contestations fréquentes et presque in-
solubles. Il est difficile, dans l'état actuel de la science dyna-
mométrique, de remplir la condition qui a pour objet de

prendre sur un arbre de couche, mû par une puissance considérable, un nombre déterminé de chevaux-vapeur. Le locataire n'a pas toujours un travail régulier et s'efforce invariablement d'outre-passer la force qui lui est concédée.

Je ne connais pas de moyens d'obvier complètement à ces
ennuis, mais je conseille aux propriétaires de ne pas louer
par force de cheval mais par appareil ; on connaît la force
qu'exigent tous les organes mécaniques marchant à pleine
charge, on peut par conséquent déterminer le travail maximum de chaque locataire et le prendre pour base du prix de
location.

Le désir de s'assurer un revenu avant de construire fait
commettre souvent à des propriétaires une grave faute que j'ai
presque toujours vu tourner contre eux : ils prennent à l'a-
vance des engagements qui, la plupart du temps, leur occasionnent des procès dont le résultat final est de mettre à leur
charge des dommages-intérêts et des frais considérables ;
nous ne pouvons trop leur répéter qu'ils ne doivent jamais pro-
mettre de faire construire une usine devant remplir des conditions fixées à l'avance. S'ils consentent à adopter des dimensions de bâtiments et des dispositions mécaniques, alors ils
feront accepter les plans et devis par le locataire et exigeront
que les entrepreneurs des travaux les garantissent de toutes
réclamations à ce sujet.

Comme je ne veux pas qu'on me reproche une prudence
exagérée, je vais rappeler un exemple qui démontrera les dangers pour les propriétaires de s'écarter des précautions sur
lesquelles j'ai cru devoir insister.

Un sieur D..., propriétaire d'une chute d'eau dans le département de l'Aisne, prit l'engagement de livrer à son locataire
un moulin d'une force fixe devant moudre une quantité minimum de grains. Les conditions n'ayant pu être remplies, des
procès longs et très-coûteux, accompagnés d'expertises, s'en-

gagèrent, le propriétaire fut définitivement condamné à fournir à son locataire une machine à vapeur, à l'alimenter de combustible et à payer les frais d'entretien et du chauffeur pendant toute la durée du bail, douze années ! Le locataire a fait une brillante fortune ; quant au propriétaire, son imprudence l'a complètement ruiné, il m'a affirmé avoir perdu plus de deux cent mille francs.

Règle générale : Le preneur est tenu, en plus des réparations locatives, de toutes les réparations qui proviennent de son fait et qui n'ont point pour causes la vétusté et la force majeure. Pour déterminer les réparations locatives, on doit se conformer à l'usage de la localité ; à défaut d'usage contraire, on suit ceux des environs de Paris.

Si le bail ne porte pas de stipulations contraires, le curage et l'entretien des berges en amont et en aval sont à la charge du propriétaire ; toutefois, s'il est muet sur ce point, on suit également les usages de la localité.

Le propriétaire, s'il impose au preneur les frais d'assurances contre l'incendie, se réservera le choix de la compagnie ou des compagnies avec lesquelles le locataire devra traiter.

Enfin, le preneur est tenu de jouir de la chose louée en bon père de famille, c'est-à-dire qu'il usera sans abuser, qu'il ne chargera pas les planchers de manière à compromettre la solidité des bâtiments ; qu'il ne fera pas passer sur les ponts des charges trop fortes, qui les détruisent et défoncent les chemins ; qu'il veillera, enfin, à la conservation de la chose qui lui est louée.

Il doit payer ses loyers exactement, et généralement verser entre les mains du propriétaire une année d'avance, imputable sur la dernière.

Pour compléter ces observations, j'ai cru bien faire en y annexant un modèle de bail, conforme aux instructions qui précèdent.

Entre les soussignés :

M. Pierre, propriétaire du moulin ..... sis commune de ..... et demeurant à .....

D'une part :

et M. Paul, meunier demeurant à .....
(La femme intervient s'il y a lieu.)   D'autre part ;

Il a été convenu ce qui suit :

M. Pierre donne à loyer pour........ années consécutives qui commenceront le.......... et finiront le..........

à M. Paul acceptant :

1º Le moulin à eau à vapeur ou à vent faisant de blé farine, appelé le moulin de ....., garni de ..... paires de meules ..... et des ustensiles et accessoires nécessaires au nettoyage, moulage et blutage des grains, conformes d'ailleurs à la prisée ci-annexée, signée des parties et de leurs arbitres (ou à la prisée qui sera faite à l'entrée en jouissance du locataire) ;

2º Les bâtiments renfermant ledit moulin ;

3º Les magasins ;

4º La maison d'habitation, les écuries, le fournil, le cellier et tous les autres bâtiments dont l'état sera établi par un architecte choisi par les parties ;

5º Un jardin potager de ..... ;

6º Tant d'hectares de terres labourables ou de prés, etc ..... tenant d'un côté à ..... etc .....

Ainsi que lesdits biens se poursuivent et comportent sans aucune exception ni réserve et sans garantie de la mesure indiquée, dont la différence en plus ou en moins tournera au profit ou à la perte du preneur qui n'exige pas une plus ample désignation desdits immeubles qu'il déclare bien connaître comme les ayant vus et visités.

Pour, par ledit preneur, en jouir en bon père de famille, en tous fruits, profits et revenus et aux charges, clauses et conditions suivantes qu'il s'oblige d'exécuter :

1º D'habiter en personne et d'occuper ledit moulin, les bâtiments et lieux qui en dépendent, les garnir et les tenir garnis de meubles et effets mobiliers, marchandises, grains et farines en quantité suffisante pour son exploitation et pour répondre des loyers et de l'exécution des charges, clauses et conditions du présent bail ;

2º D'entretenir tous les objets et ustensiles dudit moulin, de manière qu'ils soient toujours propres à leur usage et au travail de l'usine, et maintenir tous les bâtiments en bon état de réparations locatives. De souffrir que l'on y fasse les grosses réparations qui deviendraient néces-

19

saires pendant la durée du présent bail, sans pouvoir exiger aucune indemnité, si ce n'est une réduction du loyer dans la proportion du nombre de jours pendant lesquels le moulin n'aura pas tourné, et ce, d'après le prix du bail et dans le cas seulement où lesdites réparations causeraient plus de quarante jours d'interruption dans le travail du moulin ;

3° D'aller chercher les matériaux nécessaires aux réparations dont il est question dans l'article précédent, sans pouvoir être tenu de parcourir une distance de plus de tant de myriamètres dudit moulin ;

4° De ne pouvoir charger les planchers dudit moulin qu'en raison de leur force, à peine de demeurer responsable de tous dommages qui résulteraient d'une surcharge ;

5° De cultiver et fumer le jardin et pièces de terre en temps et saison convenables, d'avoir soin des arbres à fruits, de les émousser, tailler et écheniller, de remplacer ceux qui viendraient à périr, de tenir les prés nets et fauchés suivant l'usage, de répandre la terre des taupinières chaque année, d'entretenir en bon état les haies vives, de regarnir et rétablir les parties manquantes ;

6° D'entretenir au fur et à mesure des dégradations, les berges et faux bords de la rivière de toutes réparations, brèches de fond, renards, taupinières et autres de toute nature, sans distinction ni exception et de les rendre en fin dudit bail en bon état de toutes réparations ;

7° De faire le curage de la rivière et de la fausse rivière, qu'il soit reconnu nécessaire à l'exploitation du moulin ou qu'il soit ordonné par des règlements de l'administration publique ;

De veiller à la conservation de la propriété des biens affermés, et, en cas de retirage ou de toute autre tentative d'usurpation, d'en donner immédiatement avis au propriétaire à peine de demeurer responsable des Pertes que le propriétaire éprouverait à ce sujet.

De ne pouvoir réclamer aucune indemnité au bailleur ni diminution de loyer dans le cas de chômage complet du moulin ou de diminution d'eau par suite de gelées, inondation, sécheresse, enfin pour toutes causes prévues ou non prévues dont l'événement est entré en considération dans le prix des loyers, le tout étant aux risques et périls du preneur qui déclare connaître parfaitement le régime du cours d'eau, sauf le cas de détournement d'eau par l'administration.

8° D'arrêter, pendant autant de temps qu'il sera nécessaire ledit moulin, afin de faciliter l'épuisement de la rivière toutes les fois que lesdites réparations l'exigeront ;

9° De ne pouvoir couvrir autrement qu'en tuiles ou ardoises toutes les contructions qu'il lui conviendrait de faire sur les dépendances du moulin ;

10° De ne pouvoir céder ni transporter directement ou indirectement, en tout ou en partie, son droit au présent bail, ni même sous-louer à qui que ce soit sans le consentement exprès et par écrit du bailleur ;

11° D'acquitter à la décharge du bailleur, et sans recours contre lui, toutes les contributions foncières dont ledit moulin et ses dépendances comprises dans le présent bail peuvent et pourraient être chargés, et de justifier de leur acquit à la première réquisition du bailleur.

En outre, le présent bail est fait moyennant la somme de ..... de loyer annuel, laquelle somme le preneur promet et s'oblige à payer au bailleur (*désigner le lieu où le payement doit être fait*) en (*tant*) de termes et payements égaux de trois en trois mois ou de six mois en six mois par chaque année, pour faire le premier payement, qui sera comme chacun des autres de ..... pour ainsi continuer de terme en terme jusqu'à l'expiration du présent bail. Pour toute garantie le preneur payera une année de loyer par avance, imputable sur la dernière année de jouissance.

De son côté, M. Pierre s'oblige envers M. Paul :

1° De le tenir clos et couvert suivant l'usage ;

2° De faire dans les bâtiments et autres lieux du moulin les grosses réparations, qui pourraient survenir pendant le cours du présent bail, et qui ne seraient pas du fait de la négligence de M. Paul.

M. Paul s'oblige expressément à faire assurer contre l'incendie par la Cie,.... pendant toute la durée du bail, et, ce, pour une somme totale de ....., tous les bâtiments ci-dessus désignés et en outre tous les meubles, effets mobiliers, marchandises et utensiles lui appartenant garnissant les moulins et leurs dépendances, ainsi que tous autres risques locatifs et de voisinage, et d'en acquitter régulièrement les primes, polices et cotisations, le tout en sus et sans diminution du loyer.

Au moyen de l'assurance des bâtiments ci-desus et en cas de sinistres, l'indemnité à toucher sera payée au bailleur.

En prévoyant dès aujourd'hui le cas d'incendie total ou partiel des objets mobiliers et marchandises lui appartenant, M. Paul cède et transporte, avec toute préférence et antériorité à lui-même et à tous autres futurs cessionnaires, à M. Pierre, jusqu'à concurrence des sommes qu'il pourrait devoir à ce dernier, l'indemnité à laquelle il aurait droit.

A l'effet de quoi il subroge M. Pierre dans tous ses droits et actions contre la compagnie d'assurances à cet égard.

Lors de l'entrée en jouissance, il sera fait, par arbitres choisis par les parties, une prisée descriptive (*et estimative si on le désire ; ce que je considère comme inutile ainsi que je l'expliquerai dans le chapitre suivant*) de tous les ustensiles moulant, tournant et travaillant.

La prisée mentionnera exactement l'état de chaque objet séparément et son degré d'usure, de telle sorte qu'à la fin du même bail des arbitres puissent établir la plus ou moins value des mêmes objets.

La différence sur leur valeur sera estimée au cours du jour de la sortie du locataire et réglée entre les parties. Dans le cas où la plus value à payer par M. Pierre dépasserait le chiffre maximum de ..... M. Paul n'aura droit qu'au maximum seulement, le surplus profitera à M. Pierre.

Dans tout les cas, M. Paul ne pourra apporter dans les organes principaux du moulin des changements qui en modifieraient la nature et le système, sans le consentement de M. Pierre ; ce dernier pourra toujours exiger le rétablissement de l'état ancien si les priseurs reconnaissent que les changements n'ont nullement amélioré le matériel industriel.

Les frais et honoraires des arbitres seront partagés entre les parties, à moins que chacune d'elles ne préfère honorer directement son priseur ; dans tous les cas, les frais de la tierce-expertise seront supportés par moitié.

A défaut de payement à son échéance d'un terme de loyer et un mois après une simple mise en demeure ou un commandement resté sans effet, le bail sera résilié de plein droit, si bon semble à M. Pierre, et sans qu'il ait à remplir aucune autre formalité judiciaire.

Pour la perception des droits d'enregistrement, les parties évaluent les charges extraordinaires imposées aux preneurs à la somme de .....

Fait double à ....., le ..... mil huit cent .....

Approuvé l'écriture ci-dessus.   *Approuvé l'écriture ci-dessus.*
            PIERRE.   PAUL.

CHAPITRE XI

PRISÉES

Art. 1730 du code Napoléon : S'il a été fait un état des lieux entre le bailleur et le preneur, celui-ci doit rendre la chose telle qu'il l'a reçue, suivant cet état, excepté ce qui a péri ou été dégradé par vétusté ou force majeure.

Art. 1731. S'il n'a pas été fait d'état des lieux, le preneur est présumé les avoir reçus en bon état de réparations locatives et doit les rendre tels, sauf la preuve contraire.

Art. 1732. Il répond des dégradations ou des pertes qui arrivent pendant sa jouissance, à moins qu'il ne prouve qu'elles ont eu lieu sans sa faute.

Définition et importance de la prisée

J'ai indiqué, dans le chapitre des baux de moulins, les conditions les plus importantes qui doivent former la base du bail d'un moulin. J'ai dit qu'avant l'entrée en jouissance du locataire on devait procéder à la prisée, opération très-intéressante pour le propriétaire comme pour le preneur, et qui, lorsqu'elle est mal faite devient le germe de difficultés graves. Je vais le démontrer :

La prisée d'une usine, c'est la description et l'appréciation des organes et appareils qui forment le matériel complet destiné à une fabrication spéciale, c'est-à-dire le moteur, les machines qu'il entraîne, les pièces et accessoires servant à l'usine, et très-souvent les constructions destinées au règlement des eaux, comme les vannages, le coursier, les barrages fixes et mobiles, et tout ce que les parties conviennent dans les baux d'y faire entrer. Les pêcheries et les bateaux des moulins à nef en font également partie.

L'usage de la prisée est fort ancien ; on le trouve établi dans des actes qui remontent au commencement du dernier siècle. Il paraît avoir été appliqué d'abord aux moulins à farine, puis ensuite s'être étendu à toutes les manufactures, établissements et ateliers de différentes natures, comme hauts fourneaux, filatures, papeteries, etc. La nécessité du bail à prisée a dû, en effet, se faire sentir dès l'enfance de la mécanique ; il a fallu, *d'une part*, garantir le propriétaire contre la dépréciation résultant de l'usage du mécanisme et du manque de soins du locataire ; *d'autre part,* intéresser ce dernier à entretenir le matériel industriel, pour qu'il le rende en bon état de fonctionnement.

Avant l'adoption du système dit anglais, les moulins étaient d'une grande simplicité, se ressemblaient presque tous ; l'estimation en était facile et à la portée du premier charpentier venu, qui se trouvait d'autant plus compétent que le bois était la matière presque exclusivement employée. La chose n'est plus si simple aujourd'hui, un moulin à farine est devenu une manufacture de premier ordre nécessitant un matériel compliqué, d'une grande perfection et très-coûteux. Cependant, dans beaucoup de localités, ce sont encore les mêmes hommes qui sont appelés pour procéder à une

appréciation qui ne peut être convenablement effectuée que
par des mécaniciens spéciaux, habitués à la construction et
pouvant apprécier la valeur de toutes les pièces qui constituent l'usine. Cette opération d'une si haute importance se
ressent toujours de l'incapacité des priseurs, de leur ignorance
des lois et de la jurisprudence, et aussi, il faut bien le dire,
de la mauvaise habitude qu'ils ont de se considérer comme les
défenseurs de ceux qui les ont choisis, et non comme leurs
juges. Il ne faut pas rejeter sur eux tout le tort de cette
blâmable façon de procéder ; la faute en est aussi aux parties
qui donnent, trop souvent, leurs pouvoirs à des personnes
dépendant d'elles, et qu'elles forcent d'accomplir cette mission
sous l'influence de leurs intérêts et de leurs préventions. Il
arrive même que le priseur prend vis-à-vis de son mandant
des engagements dont la réalisation lui procure une prime, ou
certaines gratifications proportionnées aux avantages qu'il lui
aura conquis. On voit donc que, si la prisée des moulins est
restée si longtemps le privilége presque exclusif d'individus
incapables et partiaux, il ne faut pas l'attribuer à l'indifférence
des propriétaires et meuniers, mais bien, au contraire, à leur
désir trop vif d'obtenir des profits qui ne sont pas légitime-
ment dus.

J'ai hâte de déclarer qu'il n'entre nullement dans ma pensée
de porter ici une accusation de déloyauté, de mauvaise foi ou
complicité de prévarication, contre des personnes qui n'ont souvent qu'un tort, celui de perpétuer une fâcheuse et très-
ancienne habitude qui a pris naissance alors que la meunerie,
considérée comme un métier de bas étage, était pratiquée
par de simples manouvriers ; et si, malgré le progrès, cette
coutume s'est perpétuée, c'est parce que, supposant que son
adversaire chargera de ses intérêts un mandataire qui ne recu-
lera devant aucun moyen pour obtenir un résultat avantageux,
chacun cherche, pour le lui opposer, un lutteur de la même

espèce. Cependant il faut constater que, depuis quelques années, il se manifeste une tendance assez marquée de la part de propriétaires honorables et surtout de ces chefs de grands établissements, desquels j'ai parlé ailleurs, à faire entrer la prisée sous le régime du droit, du bon sens et de l'équité. Il arrive déjà souvent que les parties, au lieu de choisir chacune un défenseur, s'entendent pour confier l'opération à un seul priseur dont elles connaissent la capacité et la loyauté et sur lequel elles ne cherchent à agir par aucune espèce d'influence. Je me félicite d'avoir contribué pour ma part à ce commencement de réforme, que cette partie de mon livre a pour principal but de compléter ; je ne doute pas que si je démontre clairement la nature et les principes de la prisée, si je fais connaître les lois et la jurisprudence qui la régissent, si j'apprends aux propriétaires et aux locataires leurs droits et ce qu'ils ont à faire, lorsqu'on cherche à les en priver ; je ne doute pas, dis-je, que cette réforme ne s'effectue promptement, car, je le répète, le sentiment du bon et du juste est dominant chez la généralité des meuniers.

Les articles 1730, 1731 et 1732 que j'ai cités, applicables à toutes les locations en général, régissent également les locations industrielles, il faut leur adjoindre l'article 1160 ainsi conçu :

« On doit suppléer dans le contrat les clauses qui y sont d'usage, quoiqu'elles n'y soient pas exprimées. »

On comprend qu'il est impossible au locataire d'un moulin de rendre, à la fin du bail, le matériel industriel exactement dans l'état où il l'a reçu, car, si tous les organes étaient neufs au moment de son entrée en jouissance, une partie d'entre eux subit, par l'usage même, une certaine détérioration ; ce sont : la roue hydraulique, les vannages, les dentures en bois, les coussinets, les tourillons, les pointes et pointaux, les pas, les courroies, les nettoyages et bluteries, les marteaux à rhabiller et autres accessoires. Ces objets, à la sortie du locataire, ont plus ou moins souffert, ils ont perdu soit 1/10, soit 1/4, soit 1/2 de leur valeur, mais cependant ils peuvent encore faire un long service. Il ne serait pas juste de contraindre le locataire à les remplacer à grands frais à sa sortie ; il ne doit tenir compte que de l'usure. Si, au contraire, ce dernier a reçu les mêmes objets déjà usés, hors d'état de durer la période du même bail, il doit pouvoir les remplacer, afin de marcher jusqu'au dernier jour ; mais, alors, il lui faut la certitude que la dépense qu'il aura faite et de laquelle il n'aura profité qu'en partie, lui rentrera dans la proportion du bénéfice qu'elle apportera à son successeur. Telles sont les considérations qui ont donné naissance à la prisée, et qui ont amené cette dérogation aux articles 1730 et 1731 par l'article 1160.

Aussi cette opération est d'un usage général ; aucune location de moulin ne se fait sans cette formalité indispensable ; sinon, le locataire resterait sous le coup de l'article 1731, et s'exposerait à rendre à la fin du bail un matériel ayant plus de valeur qu'à son entrée en jouissance.

Les priseurs sont des arbitres.

Lorsqu'il s'agit d'un état de lieux ordinaire, le travail est simple, à la portée de tout le monde ; il est facile de reconnaître l'état de portes, de fenêtres, de parquets, de peintures, ; mais pour estimer une usine, il est nécessaire d'avoir des connaissances spéciales. L'architecte, pour dresser l'état des lieux, opère généralement seul ; il est seulement expert vérificateur, il procède sur simple appel ; son travail est assujetti au contrôle des parties elles-mêmes qui peuvent le faire recommencer par une autre personne de leur choix, ou nommée, dans certains cas, par la justice.

Les priseurs, au contraire, sont des *arbitres* munis chacun d'un pouvoir régulier ; ils agissent en vertu d'un compromis

qui désigne leurs noms et les points en litige ; il les autorise à
décider comme amiables compositeurs jugeant en dernier ressort et à s'adjoindre un tiers, en cas de partage. Ils font le
dépôt de leur sentence pour l'obtention de l'ordonnance d'*exc-
quatur*, lorsque les parties ne s'exécutent pas d'elles-mêmes
sur-le-champ ; ils forment conséquemment un *véritable tribunal arbitral*, soumis aux prescriptions légales qui règlent cette
espèce de juridiction. Il en serait déjà ainsi, s'ils n'avaient qu'à
apprécier la valeur des organes et appareils qui leur sont pré-
sentés ; mais ils ont, en outre, à statuer sur des conventions
insérées dans les différents baux.

Je suis donc dans le vrai, en soutenant ce principe. C'est
d'ailleurs l'avis de tous les jurisconsultes, et invariablement il
est partagé par les tribunaux, chaque fois que la question leur
est soumise. Et, en effet, n'est-ce pas cette ignorance de la
véritable qualité des priseurs qui est cause des abus et inconvénients que j'ai signalés ? Experts, ils se croient dispensés de
toutes formalités légales, n'écoutent que leurs préférences ou
leurs caprices. Arbitres, au contraire, ils sont sous la dépen-
dance des articles 1003 à 1028 du Code de procédure, destinés
par le législateur à les maintenir dans la voie de la légalité.
Les auteurs du Code avaient bien prévu qu'il arriverait souvent que les hommes appelés, exceptionnellement, à juger leurs
semblables ne comprendraient pas toujours que l'impartialité
est leur premier devoir, qu'ils verraient souvent dans leurs
justiciables de véritables clients ; ils ont voulu empêcher ce
grave abus, surtout au moyen de l'article 1018, ainsi
conçu :

« Le tiers arbitre sera tenu de juger dans le mois du jour de
son acceptation, à moins que ce délai n'ait été prolongé par
l'acte de la nomination ; il ne pourra prononcer qu'après avoir
conféré avec les arbitres divisés, qui seront sommés de se réunir à cet effet. Si tous les arbitres ne se réunissent pas, le

tiers arbitre prononcera seul ; et *néanmoins il sera tenu de se conformer à l'un des avis des autres arbitres.* »

On comprend qu'en restreignant l'exercice du jugement du tiers arbitre et en contraignant ce dernier à se conformer à l'un des avis des autres, on force ceux-ci à se rapprocher le plus possible ; car le tiers adoptera l'avis ou l'estimation qui lui semblera s'éloigner le moins de la vérité. Cette partie de la législation sur les arbitres est, comme on le voit, d'une grande sagesse ; elle peut arrêter des écarts qui ont été habituels trop longtemps, et qui se commettent encore trop souvent. Les questions à résoudre, l'importance des estimations d'où dépendent une partie de la fortune des meuniers ou de leurs propriétaires, rendent l'exécution de la loi indispensable ; il est donc nécessaire que les victimes sachent qu'elles peuvent s'adresser aux tribunaux pour faire rentrer les arbitres dans le devoir ou pour s'opposer à l'ordonnance d'exécution. Les formalités à remplir sont simples : la partie lésée forme une opposition à la sentence en s'appuyant sur les motifs de nullité que la loi a si bien déterminés ; invariablement elle reçoit satisfaction. Les arbitres peuvent même être condamnés à supporter les frais auxquels le dépôt de la sentence annulée a donné lieu. Je ne m'étendrai pas davantage sur ce point, je persiste à soutenir que nul ne peut qualifier l'arbitrage d'expertise dans le but de se dispenser d'exécuter les prescriptions légales.

Le tribunal de Dreux a même décidé que le compromis n'était pas indispensable, lorsque les baux exigent une prisée et déterminent le mode de procéder ; dans ce cas la prisée n'est ni un arbitrage ni une expertise, c'est une opération spéciale qui n'est pas régie par les dispositions qui leur sont applicables. Mais elle est obligatoire pour toutes les parties intéressées. Ce jugement du 16 mars 1868, rendu par un tribunal siégeant dans une vallée où se trouvent de nombreux moulins, a une grande valeur ; en voici le texte :

Jugement L*** P*** du Tribunal civil de Dreux, du 16 mars 1868.

Attendu que les conventions relatives à l'estimation de la prisée du moulin de M***, insérées dans les baux consentis successivement à P***, suivant acte de M⁰ R***, notaire à Dreux, du 29 août 1853, et à L***, suivant acte de M⁰ P***, notaire au même lieu, du 9 novembre 1867, ne constituent, à proprement parler, ni un arbitrage ni une expertise, *quoiqu'elles produisent des résultats qui les rapprochent de l'un et de l'autre* ;

Attendu, en effet, qu'il n'est pas intervenu de compromis désignant les objets en litige ni les noms des arbitres ; que ceux-ci n'avaient pas à se prononcer sur des prétentions existantes et contraires, ni à rendre un jugement, que leur mission se bornait à dresser un procès-verbal de *constat* avec estimation ; que cette clause du bail ne doit être régie uniquement par les dispositions spéciales à la matière des arbitrages ;

Attendu que les règles prescrites pour les expertises ne doivent pas plus leur être appliquées d'une manière absolue ; que la mission confiée dans l'espèce aux trois hommes chargés de la prisée du moulin est plus large que celle que reçoivent des experts en cas d'expertise, puisque leur décision n'est pas simplement un avis, *mais une loi* ; qu'elle est obligatoire pour toutes les parties intéressées ; qu'elle ne peut pas être dévisée par le juge, à moins de dol ou de lésion grave ;

Attendu que cette clause du bail se présente sous une de ces formes multiples, mais valables (quoique non prévue spécialement par la loi), que la volonté des parties peut donner à leurs conventions ; qu'elle ne renferme aucune stipulation qui soit contraire à la loi ; qu'elle est d'un usage constant (du moins dans l'arrondissement de Dreux) dans la location d'usines, et notamment de moulins : qu'il s'agit d'une opération réunissant un caractère mixte, qui doit être interprétée d'après les intentions communes des parties et gouvernée par les principes généraux de l'arbitrage et de l'expertise ;

Attendu que P***, qui demande la nullité de cette convention et de ses suites, l'a en partie exécutée sans contestation ; que par acte du 11 novembre 1867, enregistré à Paris, deuxième bureau, il a désigné la personne chargée de le représenter à l'estimation de la prisée du moulin ;

Attendu que les hommes de l'art, nommés à cet effet par toutes les parties intéressées, ont procédé à leur mission ; qu'il résulte du procès-verbal qu'ils ont dressé de leurs opérations, qu'elles ont eu lieu en présence de P*** et de L...ois, fermiers sortants, et, après remise des pièces par les parties ; qu'ils ont procédé contradictoirement et ont conféré ensemble ; que l'un d'eux, le sieur B...an, ayant été d'un avis contraire à celui de la majorité, a refusé de signer le procès-verbal d'estimation ; que mention a été faite de son refus ;

Attendu que ce procès-verbal est régulier ; qu'il a été rédigé en exécution des dispositions des baux acceptés par toutes les parties ; que l'évaluation donnée à la prisée par la majorité doit être prise pour base du règlement à établir entre les intéressés ;

Attendu que l'obstacle apporté par P....er et L....ois à la libre jouissance de L....ur qui ne peut modifier la prisée (qu'il prétend usée, hors de service et défectueuse) qui lui a été laissée, tant qu'il n'en a pas été fait une estimation devenue définitive, cause à L....eur un préjudice dont il doit être indemnisé ;

Attendu que le tribunal a les éléments suffisants pour fixer le chiffre des dommages-intérêts, sans qu'il soit nécessaire de recourir à une nouvelle expertise ;

Attendu que L....ois, cessionaire de P....er, est tenu des obligations de ce dernier ;

Par ces motifs :

Déclare P....er et L....ois non recevables en leur demande, les en déboute ;

Dit que l'estimation faite et signée servira de base aux règlements à faire entre les parties, etc., etc. ;

Condamne P....er et L....ois en cent francs de dommages-intérêts envers L....eur et aux dépens.

La définition de la prisée dans le jugement ci-dessus me donne parfaitement raison ; je ne tiens pas à la qualification ; dès que le tribunal reconnaît aux priseurs les attributions d'arbitres et à leur procès-verbal de constat la même valeur qu'aurait une sentence, dès qu'il détermine la même procédure et les mêmes moyens d'exécution ; je suis autorisé à dire qu'il est complètement de mon avis.

La prisée remboursable.

J'ai établi l'essence de l'opération appelée *prisée*, je dois fixer, à présent, certains principes sur lesquels il existe encore des opinions très-diverses :

Les prisées sont de plusieurs sortes : lorsque les moulins,
dits anglais, furent bien appréciés par les meuniers, les
propriétaires hésitèrent à adopter ce système qui opé-
rait une révolution complète dans l'industrie, et qui occasionnait des dépenses considérables comparativement aux
anciens moulins. Les uns ne voulurent par se charger de faire
établir les machines et dirent à leurs locataires : « Je ne veux
pas de responsabilité, faites vous-mêmes, je vous tiendrai
compte de la dépense. » Les autres consentirent à traiter
directement avec les mécaniciens, mais à la condition que les
locataires les rembourseraient au moment de leur entrée en
jouissance ou leur payeraient l'intérêt des dépenses en plus
du prix de location. En effet, les travaux une fois terminés, on
précédait à la réception de tous les objets composant le matériel nouveau, et on en faisait l'estimation ; les devis fournis-
saient les principaux éléments de l'opération ; alors, ou le
propriétaire remboursait le locataire, ou celui-ci remboursait
le propriétaire ; et, dans ce dernier cas, celui-ci se trouvait à
l'abri de toute réclamation et responsabilité. C'était donc une
véritable vente, celui qui avait payé se trouvait vis-à-vis de
l'autre réellement propriétaire du matériel. Le locataire restait
maître, à ses risques et périls, d'apporter tous les changements
ou améliorations qu'il croyait utiles. A la fin de son bail, une
estimation des objets composant la prisée était faite au cours
du jour et on comptait. Cette prisée, qui était dite *remboursable*, n'est pas restée longtemps en usage. Le grand nombre
de moulins transformés au nouveau système, dans une période
assez courte, de 1825 à 1835, a occasionné une diminution sensible sur le prix des locations ; les locataires ne voulurent plus
diminuer leur capital au profit des propriétaires qui durent,
pour louer, entrer partout en possession du matériel industriel constituant la prisée.

La prisée bourgeoise.

Alors ils n'exigèrent plus qu'on leur en versât le montant. Quelques-uns réclamèrent l'intérêt du capital, mais ce fut le petit nombre ; on adopta généralement ce qu'on appelle encore aujourd'hui la *prisée bourgeoise*, qui consiste dans un état descriptif et en même temps estimatif, dressé avant l'entrée du locataire, des objets susceptibles de composer la prisée.

A l'expiration du bail, on fait un récolement et une nouvelle appréciation, dont le locataire reçoit la plus-value, s'il a amélioré, et dont il paye la moins-value, s'il y a lieu. Il semble à première vue qu'il existe une grande ressemblance entre ces deux sortes de prisées, la remboursable et la bourgeoise, elles diffèrent, au contraire, essentiellement, car dans la première, l'estimation vaut *vente ;* la valeur des objets se fixe sur le prix réel au jour de l'estimation. Dans l'autre, au contraire, les bases qui ont servi au début du bail doivent être les mêmes à son expiration. C'est qu'en effet, ni le propriétaire, ni le locataire ne doivent profiter ou souffrir des variations qui peuvent survenir dans la valeur des matières employées. Si la prisée était faite sur le cours de la sortie, il arriverait souvent que le propriétaire auquel on rendrait un mécanisme mal entretenu serait forcé de payer à son locataire une bonification ; et, réciproquement, si le locataire avait amélioré ce même mécanisme, il pourrait se trouver dans l'obligation de verser une somme assez importante à son propriétaire en le quittant. Telles sont les motifs qui ont fait adopter ce principe qui, d'ailleurs, place le locataire dans le droit commun fixé par l'article 1728 du code civil. Que doit le locataire ? User de la chose louée en bon père de famille. Il est responsable de la détérioration matérielle résultant de l'usage même, et non de la dépréciation vénale.

Mais si cette opinion est partagée par tous les jurisconsultes et est fixée par des jugements et arrêts nombreux, l'application du principe est rendue souvent très-difficile par les priseurs eux-mêmes, qui sont pour la plupart dominés par une routine inextricable, car on se trouve par leur fait en présence de documents sans bases exactes, d'appréciations faites arbitrairement, en dehors des calculs les plus simples. Les articles, loin d'être isolés par organe, sont mélangés de pièces appartenant à plusieurs objets, de telle sorte qu'il n'y a pas moyen de reconnaître la part afférente à chacun. C'est un désordre que personne ne peut rétablir. La conséquence de tout cela, c'est que le tiers désireux et capable de remplir la mission convenablement se trouve contraint de suivre une voie obscure qui l'oblige à rester dans l'indétermination ; obligé par la loi de se ranger de l'avis de l'un ou de l'autre arbitre pour chaque article, il reste irrésolu lorsque plusieurs organes ou parties d'organes sont compris dans le même article.

La prisée purement descriptive.

On voit combien il est important d'obliger les priseurs à se conformer à la loi ; s'ils s'y refusaient, on devrait s'adresser aux tribunaux qui y mettraient bon ordre. Mais, dira-t-on, ce travail, tel que la loi l'exige et tel que vous désirez qu'il soit fait, nécessite, comme vous en convenez vous-même, des connaissances spéciales qu'un grand nombre d'experts ne possèdent pas, il prendra plus de temps que le mode que vous critiquez. Je répondrai à cela que tout homme qui ne se sent pas la capacité de juger doit s'abstenir ; il vaut mieux n'être pas arbitre que d'être mauvais arbitre. D'ailleurs, il existe un moyen de simplifier l'opération et de la rendre plus facile et plus équitable, c'est d'adopter la prisée seulement *descriptive*, mode dû à l'initiative de plusieurs bons esprits qui ont senti

comme moi qu'on ne pouvait pas rester plus longtemps dans
des errements aussi dangereux. Qu'est-ce donc qu'une prisée
descriptive ? C'est une description très-complète, de la forme,
des dimensions et de l'état réel du matériel à comprendre
dans la prisée. On sait qu'aujourd'hui la presque totalité des
objets est à l'abri de l'usure et de toute détérioration, excepté
à la suite d'accidents très-rares dont je parlerai plus loin.
Ceux qui subissent des frottements occasionnés par le fonctionnement des machines, ainsi que ceux qui sont composés
de matières accessibles à la décomposition causée par la formation de certaines évaporations humides, sont les seuls variables et assujettis à des réparations et à des renouvellements
plus ou moins fréquents et coûteux ; eux seuls donnent lieu,
dans la prisée descriptive, à un compte de plus-value et de
moins-value qui règle la position du propriétaire et du locataire
à la sortie de celui-ci. On procède de la manière suivante : Si
le mécanisme à l'entrée est entièrement nouveau, son état
général est purement et simplement descriptif. Chaque organe
principal fait l'objet d'un article séparé avec les accessoires
qui en dépendent directement. On déclare en terminant que
le tout est neuf. On ne mentionne donc pas la valeur des
pièces ; mais cependant, s'il arrivait que quelques-unes fussent
mal construites, mal combinées et susceptibles d'exposer le
preneur à des frais de changement ou d'entretien qui ne
seraient pas la conséquence de l'usure naturelle provenant du
travail, on devrait les signaler.

Lorsque la prisée n'est pas neuve, on porte à chaque article
le degré d'usure qu'il a atteint. On signale également les cas-
sures et toutes tares existantes. A la sortie du locataire, on fait
un simple récolement des parties invariables et on estime ce que
les autres ont perdu ou gagné. A cet effet, on réserve sur l'état
de prisée deux marges, l'une destinée à recevoir les chiffres
représentant la valeur des détériorations et l'autre le mon-

20

tant des améliorations et des adjonctions ; on balance les deux totaux. Celui qui doit paye.

Je ne crois pas nécessaire d'entrer dans de plus grands détails, ni de donner d'autres instructions ; ce mode de prisée est tellement simple et facile, il répond si bien aux besoins de justice et d'équité qu'il est déjà en usage dans beaucoup de localités ; il est appelé à devenir une des conventions habituelles des baux de moulins et à mettre fin aux difficultés inhérentes aux autres manières d'opérer. Avec lui, il ne sera plus nécessaire de rechercher des bases anciennes, car la valeur de la détérioration et de l'amélioration sera fixée d'après les prix des matières et de la main-d'œuvre au moment même de l'opération.

On reproche à la prisée descriptive de ne pas donner l'estimation du matériel, estimation nécessaire à connaître, dit-on, en cas de vente, de liquidation, de partages, d'incendie, etc. Je réponds que la valeur réelle d'un moulin gît principalement dans sa situation et non uniquement dans le coût du terrain, du moteur, des bâtiments et des machines. Elle dépend, surtout, de la position par rapport à l'alimentation et au placement des produits. Tel moulin ayant coûté 200,000 francs ne vaut pas celui qui n'en a coûté que 100,000, mais qui est mieux placé. Il existe beaucoup d'usines ayant absorbé des sommes considérables dont je ne voudrais pas *pour rien*. Pour le règlement des indemnités, après incendie, la prisée descriptive permet de reconstituer le matériel plus facilement que la prisée estimative.

Règles communes à toutes les prisées.

J'ai clairement défini et qualifié ces différents modes de prisées. Les principes que j'ai posés sont généraux et peuvent subir par la volonté des contractants certaines modifications ;

chacun est libre de sortir de la coutume et de la loi, si bon lui semble, comme je l'ai démontré dans le chapitre précédent, en parlant des locations d'usines.

Il me reste maintenant à examiner d'autres règles communes à tous les genres de prisées, et dont l'application donne souvent lieu à des discussions sérieuses :

1° Quels sont les objets qui doivent composer les prisées ?

2° Où s'arrête la faculté réservée au locataire de modifier la prisée ?

Ces deux points ont été longtemps la cause de difficultés nombreuses, et, pour y mettre fin, les propriétaires font maintenant insérer dans les baux les conventions spéciales que j'ai conseillées dans le chapitre précédent sur les baux de moulins.

Objets devant composer la prisée.

Lorsque les actes se taisent sur les objets à comprendre dans la prisée, on n'y admettra que les suivants : tous le mécanisme, c'est-à-dire le moteur, les transmissions, appareils et accessoires destinés au nettoyage, moulage et blutage, ainsi que les pièces détachées, celles de rechange, les balances, les machines et marteaux à rhabiller, régulateurs, règles, niveaux, tamis, corbeilles, balais, pelles, outillage de réparations, établi de menuisier, les bois des lits des gardes-moulin, le coursier s'il est en bois, son col de cygne, les grillages, et les vannes, même celles de décharge, mais seulement la partie qui est hors de l'eau. Il faut une mention spéciale dans le bail pour que la prisée comprenne les cloisons des chambres à farine, les planchers, les escaliers, les travaux d'eau, les coursiers en maçonnerie, les déversoirs, les maçonneries, les maçonneries d'assises pour les beffrois ; les ponts et passerelles, etc.

Modifications permises au locataire.

Si le bail se tait également au sujet de la plus value résultant des adjonctions, s'il ne fixe pas de *maximum* ou s'il dit
même que le locataire pourra effectuer des changements dont
il lui sera tenu compte à sa sortie, ce dernier n'a pas pour
cela le droit de faire des modifications importantes et de
transformer le mécanisme de l'usine pour ensuite contraindre
le bailleur à le rembourser. Ce serait là une prétention inadmissible. Le locataire peut assurément améliorer l'état de
ses appareils, soit par un bon entretien, soit par quelques
perfectionnements qui n'en changent pas la nature. Ainsi
les meules usées et détériorées pourront être remplacées par
d'autres de meilleure qualité ; les nettoyages incomplets pourront être mis en rapport avec l'importance de l'établissement ;
les augets des bluteries pourront être modifiés et les soies
changées si cela est nécessaire ; enfin le meunier tiendra les
organes de son moulin dans un état de bon fonctionnement ;
mais il n'ira pas au delà. S'il a dénaturé le matériel, s'il en
a changé le système et la destination, il pourra être contraint
de rétablir la prisée dans l'état primitif et n'aura droit à aucune
plus value de la part du propriétaire.

Certains priseurs veulent que, sans aucune exception, en
l'absence de conventions spéciales, le propriétaire soit invariablement contraint de supporter la plus-value quelle qu'elle
soit. Je citerai deux exemples qui démontrent où conduit un
semblable système, les voici : ils sont presque récents.

1° Un meunier avait loué une usine montée à l'anglaise et
disposée pour la mouture basse ; il la transforme en un moulin
à gruaux, remplace les meules pleines par des meules éveillées, change tout le blutage, ajoute huit sas mécaniques et les
appareils nécessaires pour effectuer la mouture dite à vermi-

celle ou à gruau. A la fin du bail il avait la prétention de rentrer dans ces dépenses. Les arbitres furent divisés, le tiers se rangea de l'avis de celui qui soutenait les prétentions du propriétaire ; le locataire, en conséquence, fut condamné à rétablir les choses dans l'état où elles étaient à son entrée en jouissance.

2° Un autre meunier, tout en conservant le mécanisme qui existait à son entrée, y avait ajouté une fabrication d'orge perlé, ce qui l'avait entraîné à établir des nettoyages particuliers, un nombre très-considérable de trieurs et autres appareils applicables exclusivement à cette fabrication. L'arbitre du propriétaire refusa, bien entendu, d'admettre tout cela dans la prisée ; un tiers appelé adopta l'avis de l'arbitre du locataire ; mais le propriétaire, ne voulant pas accepter une pareille sentence, s'opposa à l'ordonnance d'*exequatur*, en établissant devant le tribunal l'illégalité commise par la majorité des arbitres ; la sentence fut annulée. Il en sera de même toutes les fois que les parties, connaissant leurs droits, les feront valoir devant les magistrats, qu'ils trouveront toujours disposés à ne pas les laisser victimes de l'ignorance et souvent de la partialité des priseurs.

Fixation de la jurisprudence par la cour de Cassation.

Ceux qui admettent et soutiennent des principes aussi peu raisonnables s'appuient généralement sur un jugement du tribunal de Corbeil, confirmé par arrêt de la cour d'appel de Paris. Ils ignorent, ou se gardent bien de dire, que ce jugement et cet arrêt ont été annulés par la cour de cassation et renvoyés devant la cour d'Orléans, qui a décidé contrairement à la décision de la cour de Paris ; c'est ainsi que s'est trouvée fixée la jurisprudence sur ce point. Ce jugement et les différents arrêts sont très-intéressants ; je crois utile de les rapporter ici en entier.

Exposé des faits.

Voici les circonstances :

En 1826, le sieur Dubail succéda, en vertu d'un bail de dix-huit années stipulant un prix annuel de six mille francs, à une dame Dentu, locataire sortant des moulins de Villeneuve-Saint-Georges. Au moment du changement de fermier, il fut procédé à l'estimation du fonds de prisée, lequel fut évalué à cinq mille francs, qui furent payés par Dubail à la dame Dentu.

Pendant sa jouissance, Dubail fit des améliorations considérables à l'usine ; il y supprima complétement l'ancien mécanisme à la française et lui substitua le système dit *système anglais*, de telle sorte qu'à l'inventaire dressé lors de son décès, la valeur de la prisée fut portée à trente-cinq mille francs. Il paraît qu'à l'origine elle en avait coûté plus de soixante mille.

Le bail ayant pris fin le 1er octobre 1844, une nouvelle estimation éleva le montant à vingt-huit mille quatre cent soixante-quatorze francs, qui furent réclamés au propriétaire par les héritiers Dubail. Ce propriétaire, le sieur Lefranc, se fondant sur ce que le mécanisme laissé par le défunt était entièrement transformé et d'un prix exorbitant se refusa d'en rembourser la valeur. S'appuyant sur l'article 1723 du Code Napoléon, qui défend au locataire de changer la forme de la chose louée, et sur l'article 555 du même code, qui permet au propriétaire d'un terrain sur lequel un possesseur de mauvaise foi a fait des constructions de forcer celui-ci à les supprimer sans indemnité, il conclut à ce que les héritiers Dubail fussent condamnés « à rendre les lieux libres de tous objets étrangers à eux appartenant ; en conséquence à faire enlever tout le système de mécanisme que leur auteur avait adapté auxdits lieux, sauf à se régler, ainsi qu'il appartiendrait, à l'égard de l'ancienne prisée et d'après ce qu'ils en représenteraient.

Jugement du tribunal de Corbeil.

Ces conclusions furent repoussées par un jugement du tribunal de Corbeil, du 27 avril 1846, lequel, au contraire, accueillit la demande des héritiers Dubail. En voici les termes : « Attendu qu'il est d'usage constant, en matière d'exploitation de moulins dans la vallée d'Yères et les pays voisins, que la prisée, c'est à savoir tout ce qui constitue le moulin, sauf l'immeuble proprement dit, comme meules, virants, tournants, etc., devient la propriété du meunier qui doit en payer la valeur à dire d'experts au moment de son entrée en jouissance, soit au propriétaire du moulin, soit au locataire précédent ; et que, d'autre part, à la cessation du bail, la valeur de la prisée, telle qu'elle consiste et se comporte, est remboursée au meunier sortant soit par le propriétaire, soit par le nouveau locataire, également à dire d'experts ; que cet usage, établi tant dans l'intérêt du meunier qui, à l'échéance du bail, se trouverait nanti d'une prisée sans valeur pour lui, que dans l'intérêt du propriétaire qui, privé de cette prisée, rentrerait seulement dans la possession, non d'un moulin, mais d'un bâtiment entièrement dégarni, est devenu, par une pratique immémoriale, obligatoire pour le bailleur et le preneur, en conformité de l'article 1160 du Code civil ; que, dans l'espèce, cet usage a été observé par Dubail, qui a payé la valeur de la prisée au précédent locataire, attendu que le meunier, étant propriétaire de la prisée, a par cela même le droit d'y faire des modifications, innovations et additions qu'il juge à propos, sans que par là le propriétaire de l'usine se trouve déchargé de l'obligation préexistante de reprendre la prisée, à moins toutefois qu'il n'y ait abus de la part du locataire ; qu'en effet, des dépenses considérables, faites sans utilité constatée, des innovations sans résultat, des additions exécutées à l'insu du bailleur et qui n'auraient pas le caractère d'actes d'un bon père de famille, pourraient constituer un abus puisqu'elles auraient pour résultat d'imposer au propriétaire une obligation beaucoup plus considérable que celle qu'il avait eue en vue, en s'engageant à reprendre la prisée ; mais attendu que, dans l'espèce, il résulte tant des documents de la cause que du rapport des experts : 1° qu'il y avait nécessité, pour tirer bon parti du moulin et soutenir la concurrence, de substituer à l'ancien mécanisme le nouveau système, dit *système anglais ;* 2° que les travaux ont été exécutés d'une manière satisfaisante et conformément aux règles de l'art, eu égard à l'époque de leur confection ; 3° que les dépenses n'ont pas été exagérées et qu'elles sont restées dans les limites que se serait fixées un bon père de famille ; 4° et enfin qu'ils ont été faits au vu et au su des propriétaires demeurant sur les lieux, lesquels, loin de s'opposer à leur exécution, les ont, autant que cela pourrait être nécessaire, autorisés par leur silence ; attendu, d'autre part, que les articles 1723 et 555 du Code sont sans application possible dans la cause, puisqu'il s'agit uniquement d'apprécier le plus ou moins d'étendue de l'obligation contractée par le propriétaire de l'immeuble de reprendre la prisée à l'échéance du bail ; qu'il faut conclure de ce que dessus que Dubail n'a fait qu'user de son droit et que Lefranc est tenu de reprendre la prisée dans l'état où elle s'est trouvée à l'échéance du bail ; attendu, d'autre part, que le tribunal trouve, dans le rapport des experts, des documents suffisants pour apprécier et fixer la valeur de ladite prisée, etc... »

Confirmation du jugement par la cour d'appel de Paris.

Ce jugement fut confirmé, sur appel, par un arrêt de la cour de Paris, en date du 21 novembre 1846, ainsi motivé : « Adop-

tant les motifs des premiers juges, sauf celui relatif à la prétendue nécessité de substituer le nouveau système à l'ancien
pour soutenir la concurrence, sans qu'il soit besoin d'ordonner
une nouvelle expertise, laquelle, d'après les documents de la
cause, est inutile en l'état; etc. »

Jugement infirmatif rendu par la cour de Cassation.

Déférée à la cour de Cassatior, cette décision fut annulée, à la
date du 3 janvier 1849, par un arrêt rendu après délibération
en la chambre du conseil, et conçu en ces termes : « Vu les
articles 555, 1730 et 1731 du Code civil ; attendu que, d'après
l'article 555, le tiers qui a fait des constructions et ouvrages
sur la propriété d'autrui est obligé de les supprimer à ses frais,
si le propriétaire ne veut pas les retenir ; que le locataire n'est
point affranchi par la loi de cette obligation qui, au contraire,
ressort spécialement pour lui des articles 1730 et 1731 du Code
civil ; qu'en effet, par cela seul qu'il est, en vertu desdits articles, tenu de rendre les lieux en bon état de réparations loca
tives et tels qu'il les a reçus, il ne peut y faire de changements
par suite desquels il rendrait autre chose que ce qui lui a été
loué ; que l'arrêt attaqué n'a pas déclaré, en fait, par appréciation des conventions intervenues entre les parties, que les
auteurs du demandeur (Lefranc) se fussent obligés à tenir
compte à l'auteur des défendeurs (Dubail) de la valeur estimative de tous les travaux que le preneur aurait jugé à propos
d'effectuer dans les lieux loués, pourvu qu'ils ne fussent pas sans
utilité ; que ledit arrêt déclare seulement que d'après le bail
interprété par l'usage des lieux, en vertu de l'article 1160 du
Code civil, le preneur devient propriétaire de la prisée qui lui
est livrée lors de son entrée en jouissance, et a le droit de se
faire payer, à dire d'experts, la valeur de cette prisée, telle
qu'elle consiste et se comporte à la fin du bail ; que c'est là la

seule convention dont l'arrêt attaqué constate l'existence ; que
les autres motifs dudit arrêt ne sont que l'application d'une
doctrine qu'il consacre comme conséquence légale de cette
convention ; attendu qu'en admettant l'interprétation du bail
par l'usage allégué, telle qu'elle a été faite par l'arrêt attaqué,
il en résulterait seulement que le preneur aurait droit au remboursement de la valeur de la prisée par lui reçue, et même
des réparations reconnues nécessaires qu'il y aurait faites,
mais non que le propriétaire fût obligé de payer ou de faire
payer la valeur d'une chose tout autre que celle qu'il était
tenu de reprendre ou de faire reprendre, et par exemple dans
l'espèce, d'un nouveau système, dit *système anglais*, substitué
au mécanisme ancien ; que la propriété de la prisée, telle
qu'elle a été transmise au locataire, est assujettie à la condition qu'il laissera à la fin du bail cette prisée et non une prisée
d'une nature toute différente ; que cette obligation est en rapport avec les engagements qui résultent du contrat de louage ;
que, d'après les principes qui régissent ce contrat, le preneur
ne peut faire acte de propriété dans les lieux loués et doit les
rendre tels qu'il les a reçus ; que, par conséquent, les ouvrages
et constructions par lui effectués, lorsqu'ils ne sont pas reconnus nécessaires pour l'exploitation de la chose louée, restent à
ses risques et périls ; attendu que, loin de constater la nécessité
reconnue de faire les modifications, innovations et additions
dont les défendeurs ont réclamé la valeur, l'arrêt attaqué déclare ne pas adopter le motif du jugement de première instance
relatif à cette prétendue nécessité ; que la déclaration dudit
arrêt que les travaux ont été faits au vu et su des propriétaires
qui, loin de s'opposer à leur exécution, les auraient autorisés
par leur silence, ne peut créer à la charge du demandeur une
obligation qui ne résulte pas de la loi, et qui, si on se fondait
sur la convention, devrait être légalement prouvée ; attendu
qu'aucune loi n'exige que, sous peine de perdre le droit con-

sacré en leur faveur par l'article 555 du Code civil, les propriétaires s'opposent par des actes formels à l'exécution des ouvrages faits sur leurs propriétés par des tiers, ouvrages qu'ils ont pu laisser faire aux risques et périls de ceux-ci ; attendu en fait que, loin de consentir à retenir les ouvrages et constructions dont il s'agit, le demandeur a expressément déclaré qu'il entendait les laisser à la charge des défendeurs ; que cependant l'arrêt attaqué a confirmé le jugement qui avait condamné ledit demandeur à reprendre lesdits ouvrages et constructions et à en payer la valeur fixée à vingt-huit mille quatre cent soixante-quatorze francs; qu'en jugeant ainsi, l'arrêt attaqué a faussement appliqué l'article 1160 du Code civil, et a expressément violé les art. 555, 1730 et 1731 du même code, casse... »

Jugement de la cour d'Orléans.

Renvoyée devant la cour d'Orléans, la cause reçut de cette cour, à la date du 20 avril 1849, sa solution définitive, de laquelle nous allons reproduire les passages importants : « Attendu qu'au bail (de l'usine) était annexé un inventaire des objets mobiliers considérés comme immeubles par destination et formant ce qu'on appelle la prisée du moulin, c'est-à-dire les tournants et travaillants et autres accessoires laissés par le fermier sortant ; que si, par suite d'une convention particulière, le sieur Dubail a payé le prix de ces objets au fermier sortant, il n'en a pas acquis la propriété absolue et irrévocable, de telle sorte qu'il ait pu en user et en abuser, les transformer ou les détruire ; qu'il est, au contraire, resté soumis à l'obligation de les restituer en bon état de réparations locatives, sans autres détériorations que celles résultant de l'usage naturel de la chose, à la charge par le propriétaire de lui en rembourser la valeur, d'après une nouvelle estimation faite à

la fin du bail; attendu qu'il est constant, en fait, que Dubail a
complètement changé et détruit la prisée du moulin qu'il avait
reçue du fermier sortant, qu'aux anciens tournants et travaillants il a substitué un autre mécanisme, d'après le système
anglais, dont il a pu reconnaître l'utilité, mais dont l'exécution
n'avait été ni prévue ni autorisée par le bail; qu'il suit de là
que Dubail a contrevenu à la disposition du contrat qui lui
interdit la faculté de changer la nature et la destination des
objets loués, sans le consentement exprès et par écrit des propriétaires; attendu que ce consentement ne peut résulter, etc.
(*ici des détails de faits*); attendu que les intimés (*les héritiers
Dubail*) invoquent vainement aussi l'usage local, qui soumet-
trait les bailleurs à recevoir à la fin du bail la prisée du moulin,
avec tous les changements et augmentations que le preneur
aurait jugé à propos de faire; attendu que cet usage, en le
supposant constant, ne peut déroger aux règles dérivant, soit
de la nature du contrat de louage, soit de la convention des
parties; qu'il ne peut avoir pour effet exhorbitant et injuste
d'effacer le droit de propriété, de faire prévaloir l'intérêt du
preneur, et de consommer peut-être la ruine du bailleur en
l'obligeant à payer des innovations, même des améliorations
faites sur sa propre chose, sans son ordre et sans son consentement; attendu que l'article 555 du Code civil contient sur ce
point des règles conformes tout à la fois aux inspirations de
l'équité et aux principes rigoureux de la loi positive; que tout
ce que l'équité peut exiger, c'est que le bailleur tienne compte
au preneur des réparations faites par lui pour la conservation
de la chose, même des perfectionnements ou améliorations
nécessaires à l'usage ordinaire de la chose, mais non des transformations complètes, plus ou moins utiles, que, dans son intérêt privé, le preneur aurait faites et dont il aurait recueilli
l'indemnité dans le cours d'une longue jouissance; attendu
qu'aucun document du procès ne démontre la nécessité de la

substitution d'un nouveau mouvement à l'ancien ; que le besoin de soutenir la concurrence des autres usines n'est pas un cas de force majeure, mais une chance purement aléatoire que le preneur a pu prévoir, et dont le bailleur ne doit pas subir les conséquences ; qu'il suit de là que Lefranc n'est pas tenu de recevoir ce nouveau mécanisme à la charge d'en payer la valeur quintuple de celle de l'ancien ; mais attendu que la substitution du nouveau mécanisme n'a pas diminué la valeur de l'immeuble, ni changé la destination du moulin ; que si le preneur n'a pu aggraver la condition du bailleur, en lui imposant l'obligation de payer les changements et les améliorations qui n'étaient pas commandés par la nécessité, le bailleur, du moins, ne serait pas fondé à se plaindre, si le preneur consentait à lui laisser le mécanisme actuel pour une somme égale au montant de la dernière prisée ; par ces motifs, réforme le jugement rendu par le tribunal de Corbeil ; au principal, disant droit, ordonne que, dans la huitaine de la signification du présent arrêt, les héritiers Dubail sont tenus de rendre les lieux dans l'état où leur auteur, le sieur Dubail, les avait reçus, sauf à faire l'estimation de la prisée, ainsi rétablie, dont le montant sera remboursé par le propriétaire aux héritiers Dubail, conformément à la convention et à l'usage, si mieux n'aiment toutefois lesdits héritiers Dubail abandonner l'usine dans son état actuel moyennant la restitution de la somme payée par leur auteur pour la prisée de 1826. »

Mes principes sont conséquemment en parfaite harmonie avec la jurisprudence fixée par les précédents arrêts. Cette jurisprudence est d'ailleurs aussi équitable que conforme à l'esprit de la loi, car le propriétaire ne peut pas être exposé à supporter des charges qui seraient souvent au-dessus de ses forces ; d'ailleurs, il peut arriver qu'il trouve avantage à louer son établissement à la sortie du meunier, pour une industrie autre qu'un moulin, et, dans ce cas, à quoi lui serviraient les améliorations ou augmentations faites par le locataire sortant ?

Examen de quelques cas particuliers.

Il existe encore d'autres prétentions qu'il est bon de signaler : quelques experts veulent que les objets les plus détériorés et hors d'état de fonctionner reçoivent une estimation. Ils disent que toute chose a sa valeur, et que, dès qu'elle est en place, elle doit faire partie de la prisée. Ainsi, une roue était entièrement pourrie ; le locataire, dont le bail fixait un maximum de dépenses très-peu élevé, avait trouvé plus avantageux de cesser de travailler que d'avoir à reconstruire une roue neuve avant l'expiration prochaine de son bail. Il demandait par l'organe de son priseur, qui reconnaissait cependant que ce moteur était hors d'état de fonctionner, qu'on lui donnât une estimation. Le tribunal arbitral, dont je faisais partie, rejeta cette prétention, et regretta même que le compromis ne lui permît pas de condamner le locataire à une juste indemnité envers le propriétaire, qui allait se trouver dans l'obligation d'indemniser lui-même le locataire entrant pour le chômage auquel allait l'entraîner le remplacement de la roue.

Dans une autre circonstance, deux priseurs étaient d'accord pour donner une estimation à des vannages entièrement mauvais. Le locataire entrant s'y opposa et obtint du juge la suspension de l'arbitrage et la nomination d'un expert chargé de visiter le vannage. L'expert ayant déclaré dans son rapport que l'objet était hors d'état de servir, le tribunal décida qu'il ne serait pas compris dans l'estimation et que l'entrée en jouissance du demandeur ne daterait que du jour du remplacement définitif de l'appareil.

Il faut, toutefois, faire une distinction entre les objets complétement mauvais et ceux qui, réparés ou non par le locataire

sortant, sont susceptibles de rendre encore des services. Tels
sont : les poulies, les engrenages, les turbines, chaises, etc.,
ayant une ou plusieurs solutions de continuité. Les accidents de
ce genre, survenus pendant la jouissance du locataire, doivent
être supportés par ce dernier ; cependant, les arbitres, après
avoir examiné la manière dont les pièces ont été raccommodées,
devront provoquer un arrangement entre le propriétaire et le
locataire, si les réparations leur paraissent bien exécutées ;
mais si les réparations ne remplissent pas toutes les conditions
de sécurité et de bonne exécution, ces pièces ne seront estimées
que comme matière brute. En effet, les raccommodages ne
peuvent se faire qu'au moyen de plaques maintenues par des
goujons, des rivets ou des vis, noyés le plus souvent dans
l'épaisseur des couronnes, des embrasures, des moyeux, ce qui
diminue le plus souvent la force de résistance ; on est exposé à
voir les objets se diviser et se casser d'un moment à l'autre.
Alors le locataire sortant du moulin rentre dans le droit commun qui veut que les glaces, les marbres, les parquets brisés, etc., soient rendus par les preneurs dans l'état où ils les
ont reçus. Je connais des engrenages qui fonctionnent depuis
longues années, quoique raccommodés, et donnent cependant,
des craintes sur leur solidité ; on ne peut pas faire courir au
propriétaire des chances qui l'exposeraient, dans le cas d'accidents nouveaux survenant à des pièces mal raccommodées, à
des dommages-intérêts et à des pertes considérables.

Quand un engrenage tout en fonte, se trouve brisé de manière à ne pouvoir être reparé, le locataire, pour ne pas inter-
rompre son travail, le remplace à ses frais par un neuf en tout
semblable à celui mentionné et estimé dans la prisée faite à
son entrée en jouissance ; il ne lui est compté à sa sortie que
pour la valeur du premier. Il perd donc la totalité de la valeur
de celui-ci à l'exception de la ferraille. Conséquemment, si,
pour éviter un chômage et reculer jusqu'à la dernière limite la

dépense d'un engrenage neuf, il fait autant que possible consolider celui qui est brisé, sans lui rendre la solidité d'un neuf,
il n'est pas dispensé de remettre au propriétaire la valeur d'une
pièce neuve. Ce dernier, ou tout locataire entrant obligé par
son bail de reprendre la prisée de son prédécesseur, est donc
autorisé à refuser toute pièce cassée ; s'il n'était pas fait droit
à sa protestation, il laissera déposer la sentence, et s'opposera
à l'ordonnance d'*exequatur* que les tribunaux, malgré le compromis, refuseraient, en s'appuyant sur l'article 1730 du Code
Napoléon, à moins que le compromis stipule formellement qu'il
serait, par les priseurs, donné une valeur à ces pièces.

Les parties intéressées sont donc seules compétentes pour
traiter amiablement ; dans ce cas, les priseurs facilitent la
transaction comme intermédiaires et non en qualité d'arbitres.

Si les parties ne s'entendent pas, ils se borneront à mentionner, pour mémoire, les pièces cassées et en feront une
description complète sans porter en marge le moindre chiffre.
Le propriétaire, qu'il ait, ou non, reçu du locataire sortant le
montant des objets brisés et raccommodés, s'engagera vis-
à-vis du locataire entrant à les remplacer à ses frais en cas
d'accident ; si elles ont résisté, elle ne donneront lieu à la
sortie qu'à une simple vérification. Si les arbitres jugeaient
que les réparations n'offrent pas de sécurité, ils obligeraient
le propriétaire à fournir une pièce neuve dans le plus bref
délai possible, afin qu'on puisse l'avoir toute prête à mettre
en place, au besoin.

Les arbitres contestent quelquefois aux locataires sortant la
faculté d'emporter des appareils qu'ils ont fait monter dans
l'usine, c'est une infraction à l'article 1730 du Code civil. Le
locataire sortant n'est tenu qu'à rendre la chose telle qu'il l'a
reçue ; si donc un meunier, ne trouvant pas son nettoyage
suffisant, le conserve sans l'utiliser et en fait établir un complétement nouveau, il est libre d'enlever celui-ci, à la condition

de rendre le nettoyage qui faisait partie de la prisée dans le même état de fonctionnement qu'à son entrée. Il peut aussi retirer les meules qui lui appartiennent, après avoir replacé et mis en moulage les meules du propriétaire. J'ajouterai même que tous les objets qui n'ont pas été utilisés par le locataire et qui ne seront ni usés ni détériorés auront la même estimation à sa sortie qu'à son entrée en jouissance.

Cependant lorsque des adjonctions effectuées par le locataire sont reliées à des appareils dont elles font partie intégrante et indispensable, il ne peut les enlever, attendu qu'il est obligé de rendre le mécanisme en bon état de fonctionnement. Si par un fait de cette nature il occasionnait un chômage à l'usine, il est passible de dommages et intérêts, le remboursement de l'objet retiré n'étant pas une compensation suffisante.

Un locataire a fait édifier un moulin dans le voisinage de celui qu'il va quitter, il transporte de ce dernier tout le matériel qu'il trouve avantage à installer dans son nouvel établissement ; il ne se libère pas en payant la valeur de ce matériel. C'est exactement comme celui qui, pour gagner du temps ou pour faire une niche à son propriétaire, enlèverait l'escalier de la maison qu'il occupe comme locataire pour le rétablir dans une maison à lui. Il devra être contraint d'ajouter au prix de l'escalier la non-valeur qu'il aura occasionnée et de garantir le propriétaire des réclamations du locataire entrant. Il en est de même pour les moulins et autres industries pour lesquelles la prisée est en usage.

J'ai exposé les principes généraux applicables à cette opération qui a reçu le nom de *prisée ;* ils ne sont pas le résumé d'une législation et d'une jurisprudence nouvelles, ils résultent de lois qui la font rentrer dans le droit commun. Je ne prétends pas imposer mes idées personnelles, Desgodet et Goupy, à la fin du siècle dernier, plus récemment, Lepage, Daviel, Viollet, ainsi que MM. Troplong, Thcullier, Dalloz, Dupin, etc., ont émis les mêmes principes, les tribunaux de tous les degrés les ont consacrés. Ceux donc qui voudront contraindre les priseurs à s'y conformer savent maintenant qu'ils ont les moyens d'y parvenir, car il n'y a que des conventions spéciales qui permettent d'y déroger.

Pour rendre aux priseurs les opérations plus faciles, je joins à ce chapitre :

1° Un modèle de compromis ;

2° Une table des poids des fers carrés et ronds ;

3° Un modèle de formule pour dresser l'état détaillé des prisées estimatives ou seulement descriptives ;

Un glossaire spécial de la pratique des cours d'eaux et des moulins figure en tête de l'ouvrage.

COMPROMIS.

Le compromis doit avoir lieu par écrit et peut se faire sous seing privé ; il sera rédigé en autant d'originaux qu'il y a de parties ayant un intérêt distinct, on mentionnera le nombre des originaux sur chacun d'eux.

Le compromis peut cependant être fait par procès-verbal devant les arbitres choisis, mais il doit être signé des parties, la signature des arbitres ne suffirait pas.

Il désignera les objets en litige et les noms des arbitres à peine de nullité ; conséquemment, on ne peut pas porter sur un contrat que les contestations qui pourraient survenir entre les parties contractantes seront soumises à des arbitres à désigner ultérieurement.

Quoique le compromis doive désigner les objets en litige et qu'il soit utile d'indiquer d'une manière précise tous les points soumis aux arbitres, il suffirait cependant de dire qu'on désire faire statuer sur les difficultés qui se sont élevées à l'occasion de tel contrat ou sur celles qui seront présentées aux arbitres, par état signé des parties, pourvu que cet état leur soit réellement déposé.

Les arbitres sont autorisés à statuer sur les difficultés qui sont une suite nécessaire des contestations qui leur sont expressément déférées.

La clause qui autorise les arbitres à statuer sur toutes les difficultés auxquelles l'exécution d'un traité pourra donner lieu, leur confère le droit de prononcer sur la demande en dommages et intérêts pour inexécution de ce traité par l'une des parties.

Quant à la désignation des arbitres, elle peut avoir lieu non seulement par les noms, mais par toute autre désignation de qualité déterminant la personne d'une manière positive.

Les parties peuvent renoncer par le compromis à une ou plusieurs voies de recours contre la sentence arbitrale, telles que l'appel, la requête civile ou le pourvoi en cassation.

Dans aucun cas, elles ne peuvent renoncer à l'opposition de l'ordonnance d'exécution qui peut toujours être formée si la sentence arbitrale est rendue sur un compromis nul ou expiré ; si elle n'a été rendue que par quelques arbitres non autorisés à juger en l'absence des autres ; si elle l'a été par un tiers arbitre, sans en avoir conféré avec les arbitres divisés ; enfin, si elle a été rendue sur des choses non demandées.

Les parties peuvent aussi, sans renoncer à aucun recours, stipuler des dommages et intérêts à payer par celle qui ne s'en tiendra pas à la décision arbitrale.

Elles peuvent encore donner, par le compromis, pouvoir aux arbitres de les juger comme amiables compositeurs, en prenant l'équité pour règle, même dans l'arbitrage forcé ; et ce pouvoir donné aux arbitres entraîne renonciation à l'appel.

Le compromis doit être rédigé sur papier timbré, à peine de 20 francs d'amende ; il est assujetti au droit fixe de 3 francs quand il ne contient aucune obligation de sommes et valeurs donnant lieu à un droit proportionnel. Il doit mentionner le nombre des contractants par fait *double* ou *triple* ou *etc.*, suivant le nombre de parties contractantes.

J'ai vu souvent les parties et les priseurs en désaccord au sujet de l'époque à laquelle la prisée doit commencer ; il me semble cependant incontestable que l'opération doit précéder toujours l'achèvement complet du bail. En effet, le locataire ne remet les clefs à son successeur que lorsque l'état du matériel est relevé par les priseurs qui ont déclaré être suffisamment éclairés pour rédiger leur procès-verbal dans leurs cabinets. Cette remise des clefs, seule, fait cesser sa responsabilité ; elle aura donc lieu avant l'expiration des assurances qui coïncide toujours avec la fin du bail.

Conséquemment, le temps nécessaire pour le travail des arbitres sur place est pris sur les derniers jours de jouissance du locataire sortant qui n'a rien à réclamer à ce sujet, et non sur le locataire entrant dont l'assurance commence à la date de l'entrée fixée dans le bail.

Ainsi que nous l'avons recommandé d'autre part, par ce moyen seulement, la propriété ne reste pas un instant sans être couverte par l'assurance.

Modèle d'un compromis.

Entre les soussignés :

M. Pierre, propriétaire du moulin de....., sis commune de....., arrondissement de....., d'une part ;

Et M. Paul, d'autre part,

Il a été dit et convenu ce qui suit :

Par bail passé devant Mᵉ....., notaire, et son collègue, à la date du..... (*ou par conventions verbales à la date du....., si le bail est sous seing privé*),

M. Pierre a loué à M. Paul le moulin de..... Il a été stipulé dans ledit bail qu'à l'entrée en jouissance une prisée (descriptive ou estimative)

serait faite par des priseurs qui décideraient en qualité d'amiables compositeurs jugeant sans recours ni appel, même en cassation.

En conséquence, M. Pierre a choisi pour priseur M. M....., constructeur de moulins, demeurant à..... M. Paul a désigné pour le sien M. ....., ingénieur mécanicien, demeurant à....., auxquels ils déclarent donner pouvoir non seulement de procéder à la prisée, mais encore de régler les difficultés qui pourraient s'élever pendant l'opération sur l'interprétation des conventions relatives à cette même prisée.

Dans le cas où les deux premiers arbitres ne s'accorderaient pas sur les estimations et les décisions à rendre, ils nommeront un tiers arbitre pour les départager ; et s'ils ne s'entendent pas sur cette nomination, elle sera faite par M. le président du tribunal de..... à la requête de la partie la plus diligente, l'autre partie dûment appelée (*on peut nommer le tiers arbitre dans le compromis si l'on veut*).

Les frais de dépôt seront à la charge de la partie qui y donnera lieu.

Quant aux frais d'arbitrage, chacune des parties honorera son arbitre ; les frais du tiers arbitre seront seuls partagés.

Fait double à....., le..... mil huit cent..... (*La partie qui n'aura pas écrit l'acte mettra avant de signer : Approuvé l'écriture ci-dessus*).

Approuvé l'écriture ci-dessus.

PIERRE.   PAUL.

ÉTAT DÉTAILLÉ DES OBJETS COMPOSANT LA PRISÉE DU MOULIN DE...

DÉSIGNATION ET DIMENSIONS	QUANTITÉS	PRIX	USURE EN 100°	VALEUR DES PIÈCES	TOTAUX PAR ARTICLE COMPLET	OBSERVATIONS
Article 1er						
Article 2e						
Article 3e						

TABLE DES FERS CARRÉS ET RONDS POUR UNE LONGUEUR DE 1 MÈTRE

DIAMÈTRES OU CÔTÉS EN MILLIM.	FERS CARRÉS POIDS EN KILOGR.	FERS RONDS POIDS EN KILOGR.	DIAMÈTRES OU CÔTÉS EN MILLIM.	FERS CARRÉS POIDS EN KILOGR.	FERS RONDS POIDS EN KILOGR.
1	0,0078	0,0066	31	7,495	5,872
2	0,031	0,022	32	7,985	6,248
3	0,070	0,044	33	8,494	6,668
4	0,124	0,092	34	9,016	7,060
5	0,195	0,152	35	9,555	7,488
6	0,280	0,212	36	10,108	7,920
7	0,382	0,288	37	10,678	8,364
8	0,499	0,380	38	11,263	8,820
9	0,631	0,488	39	11,863	9,300
10	0,780	0,612	40	12,480	9,788
11	0,943	0,732	41	13,111	10,276
12	1,123	0,868	42	13,759	10,776
13	1,318	1,020	43	14,422	11,300
14	1,528	1,188	44	15,100	11,836
15	1,755	1,368	45	15,795	12,384
16	1,996	1,556	46	16,504	12,936
17	2,254	1,750	47	17,230	13,504
18	2,527	1,968	48	17,971	14,080
19	2,815	2,200	49	18,727	14,680
20	3,120	2,244	50	19,500	15,292
21	3,439	2,688	55	23,595	18,502
22	3,775	2,344	60	28,080	22,024
23	4,126	3,204	65	32,955	25,842
24	4,482	3,512	70	38,220	29,968
25	4,875	3,816	75	43,875	34,412
26	5,272	4,124	80	49,920	39,160
27	5,686	4,448	85	56,355	44,202
28	6,115	6,784	90	63,180	49,556
29	6,559	5,136	95	70,395	55,218
30	7,020	5,504	100	78,000	61,159

CHAPITRE XII

ASSURANCES CONTRE L'INCENDIE

MOULINS ET ÉTABLISSEMENTS INDUSTRIELS

Celui qui achète ou loue une usine n'a pas de devoir plus important ni plus urgent que d'en assurer toutes les valeurs mobilières et immobilières. De tels établissements ne doivent pas rester une heure sans être préservés des dangers sans cesse menaçants de l'incendie. La plus courte remise est une imprudence impardonnable. En effet, il est survenu souvent des incendies pendant les déménagements des locataires sortants et les emménagements des locataires entrants. Un certain désordre est toujours la conséquence de ces deux opérations, généralement simultanées, et faites avec une précipitation qui ne permet pas les précautions habituelles. Nous pourrions citer de nombreux exemples ; nous nous bornerons à un, tout récent : le 13 novembre 1877 nous avons procédé à la prisée d'un moulin sis à Saint-Germain-sur-Avre (Eure) ; dans la nuit du même

jour, cette usine brûlait entièrement. Nous avions heureusement relevé les mesures et les renseignements nécessaires
pour l'estimation du matériel; nos prix ont été loyalement
acceptés par la compagnie et ont servi de base au règlement
des dommages auquel nous avons procédé sans obstacle.

Il s'agissait d'une résiliation de bail, l'assurance avait encore
plusieurs années à courir. Mais si le bail et les assurances eussent expiré ce jour-là, ainsi qu'il arrive presque toujours, qui
aurait supporté le dommage? Bien certainement, la Compagnie
se trouvant libérée, le propriétaire perdait ses bâtiments et sa
souche de prisée; le locataire perdait la plus-value donnée par
lui à la prisée. Ainsi, nous ne saurions trop le répéter, il faut
s'y prendre quelques jours à l'avance, afin de ne pas laisser la
plus petite intermittence dans la durée des assurances.

La prisée n'est pas faite dans le but exclusif de régler la
valeur du matériel à l'entrée en jouissance et les plus ou moins-
values à la sortie de chaque locataire; elle est aussi d'une
grande utilité pour reconstituer l'état et la valeur des objets
qui périssent pendant les sinistres si fréquents des usines. Nous
voudrions voir adopter cette bonne habitude également par les
propriétaires qui exploitent leurs moulins; ils se mettraient
ainsi à l'abri des difficultés que les experts des compagnies
soulèvent lorsqu'ils se trouvent dans l'impossibilité d'établir
l'état et la valeur des objets avant l'incendie. Si les meuniers
propriétaires ne veulent pas prendre cette précaution si sage,
ils doivent au moins avoir un plan exact de leurs bâtiments
et de leurs machines et ajouter sur ce plan les modifications
au fur et à mesure qu'ils en apportent.

Ce dessin ne restera pas dans l'établissement qu'il représente,
il y serait le plus souvent détruit avec lui, il faut indispensablement le déposer dans un lieu où l'incendie ne pourra l'atteindre.

Le procès-verbal de prisée étant un acte fait double au moins,
il n'est pas aussi indispensable de le garantir de la même ma-

nière ; cependant, bien souvent, la copie remise au propriétaire ne se retrouve pas au besoin ; alors on est dans le même embarras que s'il n'y avait eu que l'exemplaire brûlé.

Ces moyens de prudence nous les recommandons également pour la comptabilité des marchandises, car, lorsque les livres sont détruits, l'assuré se trouve dans l'impossibilité de produire l'état réel de ses pertes ; les experts ne savent pas comment sortir d'un semblable embarras. Alors surviennent des discussions interminables qui tournent toujours contre l'assuré. Si, comme nous le conseillons dans un autre chapitre, le meunier fait chaque mois un inventaire, on devra avoir une feuille journalière portant les entrées et les sorties des marchandises. Elle sera chaque jour expédiée hors du moulin et jointe au livre des inventaires mensuels ; ces pièces suffiront pour établir d'une manière incontestable l'état des marchandises au moment de l'incendie.

Ce système est déjà en usage chez plusieurs meuniers des environs de Paris ; la tenue des livres est double ; le moulin fournit chaque jour au bureau situé à la ville une feuille qui lui transmet les opérations de l'usine ; le bureau adresse de son côté à l'usine une feuille comprenant toutes les opérations commerciales et financières de la journée. Au moyen de ces communications mutuelles, il existe deux comptabilités très-régulières et exactement semblables.

Une des plus importantes maisons de la place de Paris, qui a adopté depuis longtemps ce système, a eu ses bureaux complètement brûlés pendant la Commune, sans qu'il en soit résulté pour elle la moindre difficulté. Ces précautions sont donc aussi praticables que suffisantes, car les bureaux et la fabrique ne périront pas simultanément.

Le locataire s'assurera contre le recours du propriétaire ; locataires et propriétaires s'assureront contre le recours des voisins, sans cela ils ne seraient pas complètement garantis.

Toute assurance qui ne comprend pas ces deux recours est incomplète et illusoire.

Les déclarations de celui qui veut s'assurer seront exactes; elles comprendront toutes les circonstances qui constituent la situation des objets qu'il veut faire garantir et leur valeur réelle. Si l'estimation est inférieure à celle déclarée, l'assuré s'expose à subir la règle proportionnelle, c'est-à-dire qu'il se trouverait son propre assureur pour la différence.

Exemple : on assure pour 15,000 francs un bâtiment ou des meubles valant 20,000 francs ; le feu survient, le dommage est estimé 5,000 francs. L'assureur ne remboursera que 3,650 francs, parce que l'assuré a conservé le quart de l'assurance pour son propre compte.

Si, au contraire, la valeur du sinistre s'élève au-dessus de 15,000 francs, l'assureur n'est pas tenu à aller au delà du montant des déclarations, soit 15,000 francs.

Il y a donc toujours désavantage pour l'assuré à déclarer une valeur insuffisante. Cependant, si ce principe de la règle proportionnelle est facilement applicable aux bâtiments et meubles meublants, il n'en est pas de même pour les marchandises.

Dans toutes les transformations industrielles, le mouvement des entrées et des sorties des marchandises est continuel et irrégulier. A certains jours, à certaines époques et dans de nombreuses circonstances, les arrivages dépassent les expéditions ou celles-ci dépassent les arrivages ; il est impossible de se maintenir à la valeur fixée par les polices pour asseoir la perception de la prime. On ne peut chaque jour, et à chaque heure, prendre des avenants.

Dans ce cas, la police stipulera que l'assureur sera tenu de la valeur au moment du sinistre, mais celle-ci pourra être plus élevée ou plus faible qu'au moment du contrat. La somme fixée sur laquelle repose la prime n'est pas considérée alors comme représentant la valeur réelle.

Les compagnies ont admis pour l'évaluation, après incendie, des bâtiments et des objets mobiliers, un principe que nous n'admettons jamais pour les matériels industriels, c'est ce qu'elles appellent la *différence du neuf au vieux*. Chaque fois qu'on a voulu nous l'imposer, nous avons résisté énergiquement, parce que, presque toujours, la valeur vénale des matériels industriels s'accroît avec le temps au lieu de diminuer. Le meunier augmente et améliore sans cesse son outillage ; c'est une des principales conditions de son succès ; il faut qu'il progresse sans cesse, qu'il imite et devance, s'il le peut, ses concurrents. Aussi, sur *cent soixante et onze prisées*, qui sont entre nos mains, *cent cinquante-neuf* se trouvent plus élevées à la sortie des locataires qu'à leur entrée en jouissance. Il est donc injuste de vouloir retirer de la valeur des machines, après incendie, une moins-value de vétusté, puisque ces machines gagnent sans cesse. Ces observations sont applicables à toutes les industries agricoles.

Nous reconnaissons que les experts des compagnies ne soutiennent plus ce système avec la même ténacité qu'autrefois ; quelques-uns commencent à en reconnaître l'injustice, ils facilitent ainsi les transactions par lesquelles il est toujours préférable de terminer ces opérations.

L'assuré est obligé de faire connaître la cause de l'incendie, autant que possible, le jour même du sinistre par une déclaration au juge de paix du canton, il n'y a à cela aucun inconvénient, mais il agira prudemment en ne se prononçant pas sur le montant de ses pertes avant examen suffisant ; l'émotion inévitable d'un événement de cette nature influe sur la mémoire et souvent sur la raison du malheureux incendié. Il s'expose à donner des renseignements inexacts qui ne peuvent que le compromettre. La seule chose raisonnable à faire dans ce moment-là, c'est d'appeler immédiatement son expert et de suivre ponctuellement ses conseils.

BOULANGERIE

Le pain.

Le pain est la base de la nourriture des peuples civilisés, son usage ne peut que s'étendre de plus en plus parce qu'il est un aliment riche, d'une digestion facile. On ne s'en dégoûte jamais, quoiqu'il soit toujours le principal et quelquefois l'unique aliment de tous les repas. Il doit cet avantage d'être toujours agréable à une saveur sucrée due à la transformation spontanée de l'amidon en dextrine et en glucose, au moment où la mastication l'imbibe de salive. On trouvera au chapitre *Alimentation* l'explication de ce phénomène produit par le principe actif sécrété par les glandes salivaires sur le pain qui, au premier abord, n'accuse qu'une légère saveur due au sel marin qu'il renferme. Les matières qui servent à le fabriquer sont à un prix peu élevé relativement aux autres denrées ; elles se cultivent ou se transportent facilement sur la presque totalité des points du globe lorsqu'elles sont sèches naturellement ou étuvées.

Mais pour que le pain soit réellement un bon aliment, il faut qu'il soit fabriqué par des hommes spéciaux. La boulangerie, en effet, est une de ces industries qui démontrent les avantages de la spécialisation ; c'est un art véritable qui ne peut être exercé que par des praticiens tout à fait au courant du travail.

Cependant généralement ce sont des personnes incapables et manquant des choses les plus nécessaires qui font le pain. En France, sur 40 millions d'habitants il y en a au moins 25 millions qui consomment du pain fabriqué dans leur domicile ; il est le plus souvent mauvais, ne vaut jamais et coûte beaucoup plus que celui qui est fourni par les boulangers.

Avantages de la liberté de la boulangerie.

La boulangerie est restée longtemps sans progresser ; cela tenait à l'excès de réglementation dont on l'a entravée en tous temps ; sous le prétexte de favoriser le consommateur, l'administration s'est attribuée presque toujours le droit de fixer le prix du pain et de limiter le bénéfice du boulanger.

Il n'est pas nécessaire de faire ici l'historique des nombreux règlements qui ont été imaginés à toutes les époques ; il faudrait remonter trop haut et rappeler des mesures et des expédients nombreux qui n'ont été appliqués que pour flatter les masses. Mais, en entravant les progrès de la boulangerie et en lui imposant des charges trop lourdes, on nuisait, en définitive, autant au consommateur qu'au fabricant.

L'administration a eu de la peine à comprendre que plus elle diminue le salaire du boulanger, plus elle lui fait payer la farine un prix relativement élevé ; l'acheteur gêné subit nécessairement les conditions du vendeur, qui est forcé de faire la part de la durée du crédit qu'il accorde et des risques qu'il court.

Quelques municipalités persistent encore aujourd'hui à rétablir ou conserver la taxe, par ignorance des véritables principes d'économie alimentaire,et, aussi, par le grand besoin qu'ont certains maires d'user et d'abuser, par amour de popularité et par vanité, de ce qu'ils considèrent comme une prérogative. Le gouvernement, toujours plus avancé que l'administration, a fait déjà un grand pas en suspendant la taxe, à titre d'essai ; je suis convaincu qu'il regarde ce régime comme définitif, et que, s'il n'a pas encore provoqué l'abrogation des dispositions des lois de 1790 et 1791, c'est uniquement dans la crainte d'inquiéter les populations ignorantes par une mesure radicale.

En effet, il n'est plus possible de revenir à la taxe ; l'état provisoire actuel ayant déterminé déjà, et principalement à Paris, une augmentation considérable dans le nombre des boulangeries, la limitation n'est plus possible ; or, la taxe sans la limitation, ce serait une iniquité que personne ne voudra commettre.

D'ailleurs la science économique commence à se répandre ; on reconnaît que les motifs sur lesquels s'appuient les partisans de la réglementation pourraient s'appliquer également à toutes les choses de première nécessité, aux logements, aux vêtements, à toutes les autres consommations alimentaires. Il y aurait certainement d'excellentes raisons à donner pour taxer les médicaments, etc., etc., et, pour être conséquent, on devrait taxer le prix des grains, le louage du sol, le prix des engrais, etc., etc., ce serait absurde.

La boulangerie jouit dans ce moment du droit commun. C'est là une conséquence du régime libéral qui règle le commerce des céréales depuis 1861 ; espérons que le gouvernement complétera bientôt son œuvre en faisant rapporter l'article 30 de la loi du 19 juillet 1791, qui confère aux maires le droit de taxer le pain et la viande de boucherie. Il est temps, en effet, que cette disposition d'ordre public prise, *provisoirement,* dans des moments de trouble seulement, disparaisse, afin de donner à la concurrence toute la liberté dont elle a besoin pour produire ses effets.

On m'a demandé souvent, avant la mesure suspensive, si j'étais bien convaincu que le pain serait à meilleur marché sous un régime entièrement et définitivement libéral que sous le régime de la réglementation ; j'ai invariablement répondu qu'il ne s'agissait pas de chercher si le prix serait plus ou moins élevé, mais s'il devait résulter de la liberté que le pain serait vendu le prix qu'il *vaudrait réellement,* seul but que les hommes honnêtes et équitables devaient désirer. Toutefois, il m'a paru intéressant de connaître la prime de cuisson que la boulangerie s'attribue sous le régime actuel ; j'ai relevé, à cet effet, sur les livres de plusieurs établissements situés dans différents quartiers de Paris, les prix des farines et ceux du pain pendant les dernières années; j'ai constaté que la cuisson est en moyenne de 5 fr. plus élevée que sous le régime de la taxe. La plus forte cuisson se trouve dans les moments de baisse, la plus faible dans les moments de hausse ; cela se conçoit : le boulanger a toujours un certain approvisionnement de farine, il cherche naturellement à vendre le pain proportionnellement au prix que ses farines lui ont coûté ; en conséquence, lorsque la baisse le surprend, il maintient le prix, jusqu'à ce que la concurrence des voisins le contraigne à le réduire ; quand la hausse survient, il s'efforce, au contraire, de conserver les bas prix que sa farine en magasin lui permet d'établir afin d'offrir des avantages aux consommateurs et d'augmenter sa clientèle. Ainsi, la liberté, n'a pas chargé sensiblement la consommation, qui a trouvé une compensation dans l'amélioration de la qualité du pain comparativement à ce qu'elle était sous le régime de la réglementation.

J'ai observé également que dans les quartiers populeux de

Paris et à partir des anciens faubourgs jusqu'aux fortifications, le pain de 2 kilogrammes est généralement vendu 5 centimes au-dessous des prix du centre, quoique les farines employées soient de mêmes qualités ; cela tient au bon marché relatif des loyers. Avant la suspension de la taxe, tous les quartiers de Paris vendaient aux mêmes prix ; c'est là un très heureux effet de la suppression de la taxe ; il profite surtout aux ouvriers.

La boulangerie n'est donc plus soumise à une législation spéciale ; les boulangers au lieu d'être, comme ils en convenaient humblement, de simples ouvriers fabriquant à façon et fournissant la matière du pain dont l'administration fixait le prix, sont devenus des industriels libres et obligés de chercher à perfectionner leur fabrication désormais sans entraves.

Le gouvernement a agi sagement en les faisant rentrer dans le droit commun ; il est d'ailleurs de son intérêt que les populations soient bien convaincues qu'il reste complètement étranger à tout ce qui concerne le prix des denrées alimentaires de première nécessité.

Choix des farines. — Le gluten.

Le premier devoir du boulanger c'est de donner au choix de ses farines la plus grande attention. Il devra en connaître ou en rechercher le rendement. Quant à la teinte, elle se manifeste elle-même ; le client sait bien se plaindre quand l'aspect de la marchandise ne lui convient pas. Plus le pain est blanc et gonflé, plus il a de valeur nutritive ; si la blancheur est la preuve que le blé a été bien nettoyé et qu'il était d'une bonne qualité, le développement de la pâte démontre que la mouture a été bien faite et que le gluten possède et a conservé une extensibilité et une élasticité suffisantes.

Ces propriétés du gluten n'existent pas au même degré dans tous les blés ; ce ne sont pas non plus toujours les grains

22

qui, à l'analyse, donnent une plus grande proportion de matière azotée qui produisent le pain le plus riche. Ainsi, les blés glacés et durs qui contiennent jusqu'à 18 et même 20 pour 100 de gluten, font quelquefois du pain plus plat et conséquemment moins assimilable que les farines de blés tendres et demi-tendres fins, qui n'en ont que 10 à 13 pour 100. Le boulanger devra donner la préférence aux farines qui produisent le pain le plus volumineux et le plus blanc. La valeur alimentaire du pain ne dépend pas seulement de la quantité de gluten que les farines renferment, mais de la faculté qu'il leur communique de former une pâte plus extensible qui produira un pain plus léger et plus agréable.

C'est par la combinaison de l'eau avec le gluten que la farine acquiert ses propriétés panifiables et la résistance élastique à l'aide de laquelle la pâte se développe sous l'influence de la fermentation. Aussi, pour apprécier la qualité de la farine de froment, il faut chercher deux choses : la quantité de gluten qu'elle renferme, puis· l'élasticité de celui-ci. A cet effet, M. Boland père a imaginé un instrument très-ingénieux qu'il a appelé aleuromètre et qui devrait être en usage dans toutes les boulangeries. L'aleuromètre a pour but de mesurer la dilatation du gluten quand il est soumis à la température de la cuisson du pain. Il se compose d'un tube de cuivre creux terminé à sa partie inférieure par une petite capsule mobile. Sur la partie supérieure du tube se meut un petit piston fixé à l'extrémité d'une tige divisée. Cette tige peut s'élever au-dessus du tube et mettre à découvert 25 divisions. La première de ces divisions porte le numéro 25, car il existe entre la petite capsule et le piston un espace vide qui correspond justement à la valeur de 25 divisions, de sorte que la longueur totale intérieure de l'instrument équivaut à 50 divisions de la tige.

Sur un fourneau chauffé par une lampe à esprit-de-vin, se

pose un vase de cuivre fermé par un couvercle au centre duquel est soudé un tube cylindrique. Ce vase de cuivre doit être rempli d'huile (toutes les huiles peuvent servir, mais l'huile de pied de bœuf est préférable), afin que le tube de cuivre y soit totalement immergé. On allume la lampe à alcool et on introduit un thermomètre dans le tube de cuivre. On laisse la température s'élever jusqu'à ce que le thermomètre marque 150 degrés, alors on retire cet instrument et on met l'aleuromètre à sa place, après avoir introduit le gluten dans la petite capsule. On prépare une pâte formée de 30 grammes de farine et 15 grammes d'eau ; on la malaxe dans un petit sac de toile ou dans le creux de la main et on la retourne à plusieurs reprises dans une cuvette pleine d'eau. On termine le lavage sous un filet d'eau. Lorsque l'eau sort claire, n'entraînant plus de granules d'amidon, il reste dans le sac ou dans la main une boulette de gluten qu'on comprime fortement pour enlever l'excès d'eau qu'il retient mécaniquement (ainsi extrait, le gluten renferme encore environ 0,66 d'eau). On pèse un échantillon (7 grammes) de ce gluten, on le roule en une boulette cylindrique dans de l'amidon ou de la fécule pour lui ôter toute adhérence et on le dépose dans la capsule de l'aleuromètre préalablement graissée dans toutes ses parties.

C'est alors que l'instrument est introduit dans l'étuve qui, comme nous l'avons dit, est chauffée à 150 degrés. On laisse encore brûler la lampe pendant dix minutes, puis on l'éteint. Dix autres minutes après, on retire le gluten de l'aleuromètre, après avoir toutefois constaté le nombre de divisions de la tige mis à découvert.

Pendant cette opération, le gluten, sous l'influence de l'eau qui s'est réduite en vapeur, s'est dilaté et moulé dans le cylindre de l'aleuromètre. Dans son développement, il a parcouru d'abord l'espace vide de 25 degrés qui le séparait du piston, puis il a soulevé celui-ci par sa force expansive ; de sorte qu'on retire de l'instrument un cylindre de gluten qui représente exactement le squelette du pain qu'il pourrait former.

Si le gluten n'atteignait pas le piston et par conséquent ne se dilatait pas de 25 degrés, il devrait être considéré comme impropre à la panification.

Voici le résultat de quelques expériences faites sur des farines de diverses provenances :

NATURE DE LA FARINE	PROPORTION DE GLUTEN HYDRATÉ	DILATATION A L'ALEUROMÈTRE
Farine d'Etampes	33 p. 0/0	29 degrés
— —	33 —	35 —
— de Chartres	33 —	36 —
— de Brie	35 —	32 —
— 1842	38 —	29 —
Blé de Berg	30 —	39 —
— —	32 —	50 —

Le gluten d'amidonnier séché et réduit en gros gruaux, a donné 38 degrés. Le même réduit en fins gruaux a donné 50 degrés.

Ainsi le gluten des amidonniers extrait par un lavage, séché et bien divisé, conserve indéfiniment ses propriétés élastiques et par conséquent panifiables.

Certaines personnes préconisent l'emploi de farines provenant de blés complètement durs et glacés ; elles soutiennent que le pain quoique moins blanc, est plus nutritif, mais elles oublient que la farine, absorbant une quantité d'eau proportionnée au gluten qu'elle contient, le profit n'est pas pour le consommateur. Certainement le boulanger qui pourrait se procurer des farines de blés durs égales en blancheur aux farines de blés blancs y trouverait son compte, puisqu'il tirerait un plus grand nombre de pains d'un sac de farine du même poids ; mais, je le répète, les farines de blés durs ne sont pas assez blanches, et le pain qu'elles produisent prend moins de volume que celui provenant de blés tendres et demi-tendres ; ceux-ci doivent donc être préférés pour la panification. La supériorité des blés tendres et demi-tendres est tellement reconnue que, partout où le sol et le climat le permettent, leur culture s'y propage ; ils produisent davantage. Leurs épis n'étant pas barbus comme ceux du blé dur, la paille convient mieux pour la nourriture du bétail ; enfin, ils appauvrissent moins le sol. L'usage des blés glacés ne convient que pour les pâtes non fermentées. Dans tous les cas, si des boulangers se trouvaient dans l'obligation d'employer des farines de cette espèce, ils devraient se garder de les mélanger avec des produits de blés tendres, car, étant d'une densité et d'une division différentes, elles s'assimileraient mal entre elles, la pâte et le pain ne lèveraient pas convenablement.

C'est ce qui arrive au pain de munition français qui est fait avec des farines de blés tendres mélangés de blés durs d'Afrique ; il coûte certainement plus cher que le pain de la boulangerie civile et ne peut tremper dans la soupe. Or, tout pain qui ne se combine pas facilement avec les liquides est indigeste, parce qu'il n'absorbe pas davantage les liquides sécrétés par les organes de la digestion. Un amidonnier avait placé sa fabrique aux Batignolles et y avait annexé une boulangerie destinée à utiliser son gluten frais. Il ajoutait à sa pâte une quantité de gluten suffisante pour égaler celle que contiennent les blés durs d'Afrique et de la mer Noire. Eh bien, son pain était plat, avait une couleur terne et ceux qui le consommaient n'ont pas trouvé les avantages qu'on leur avait annoncés ; ils consommaient tout autant de pain contenant 20 à 22 0/0 de gluten que de pain ordinaire qui n'en contenait que 10 à 12 0/0 ; j'ai donc raison de soutenir que c'est de la qualité et non de la quantité du gluten que dépend l'excellence du pain.

Les farines de blés durs doivent être panifiées isolément.

On en fera une pâte très-molle dans laquelle on ne mettra aucun ferment, mais seulement un peu de sel ; on la frasera, et on laissera macérer pendant vingt ou vingt-quatre heures en été et le double de temps en hiver ; alors seulement on pourra unir cette pâte de blé dur avec celle du blé tendre. Voici un autre moyen qui réussit également bien : on pétrit la farine de blé dur très doucement et on y verse de nouveau de l'eau lorsque la pâte est élaborée ; on laisse reposer, on ajoute une nouvelle quantité d'eau et on repétrit. Quelquefois il faut s'y prendre à trois ou quatre reprises avant que la pâte soit à son point. Dans certaines contrées de l'Europe, et notamment en Autriche et en Hongrie, on utilise très bien les blés demi-durs pour la panification ; mais c'est au moyen de la mouture ronde à gruaux. On extrait tout au plus 30 à 40 0/0 de très belle farine qui produit un magnifique pain ; les deux ou trois autres numéros mélangés forment une bonne farine pour pain de ménage ; le reste sert à fabriquer un pain bis consommé par la population ouvrière et agricole du pays de production. Cette manière d'opérer ne conviendrait nullement aux habitudes françaises ; elle serait d'ailleurs trop coûteuse.

La boulangerie de Paris, qu'on peut prendre pour modèle, trouve dans son rayon d'approvisionnement, lorsque la récolte en France est suffisante, des farines qui donnent un mélange bien affleuré ; aussi sa panification est régulière.

Les chimistes donnent le nom de gluten à une partie des matières azotées de toutes les céréales ; c'est un tort, ces matières n'ont aucune analogie avec le gluten du froment et du seigle. On pourrait même dire que le gluten n'existe que dans le froment. Celui-ci, seul, s'agglutine lorsqu'il est séparé de l'amidon par le lavage ; celui du seigle, très peu extensible, ne s'agglomère pas, aussi la mie du pain provenant de cette céréale est toujours très serrée, très ferme et indigeste.

Longtemps on a cru que le gluten était un principe immédiat ; sa composition au contraire est complexe ; il est formé d'un mélange de glutine, de fibrine, de caséine, d'albumine, de matières grasses, de phosphate, de magnésie et de chaux ; il est conséquemment un aliment puissant et une matière très-fermentescible. C'est à lui et au glucose que la pâte doit la faculté de lever. Voici par quels phénomènes : le glucose, par l'action du ferment, forme de l'acool et de l'acide carbonique ; ce dernier gaz, faisant effort pour s'échapper de l'enveloppe où il se trouve enfermé, distend le gluten, pénètre dans la pâte et y forme une multitude de petites cellules. La chaleur du four, en combinant une partie de l'eau avec l'amidon et vaporisant l'autre, arrête la fermentation, solidifie la pâte qui, alors, reste parsemée d'une infinité d'alvéoles qui la font ressembler à une éponge ; c'est la mie, dont les cellules seront d'autant plus vastes, plus multipliées et plus inégales que les farines employées auront été de bonne qualité ; car, on ne peut trop le répéter, plus le pain est léger, plus il est nutritif, mieux il se digère, contrairement à l'opinion de beaucoup de gens qui considèrent le pain bis ou le pain de ménage comme supérieur au pain blanc.

Avantages du pain blanc sur le pain bis.

Que n'a-t-on pas dit, en effet, sur la supériorité du pain bis sur le pain blanc, et particulièrement sur les propriétés alimentaires et digestives du son qui entre dans ces farines dans des proportions plus ou moins fortes ? Certainement le son produit une action rafraîchissante et purgative due à la céréaline qui fluidifie une partie de la substance amylacée, mais c'est cette action même qui doit le faire éliminer avec soin de la farine ; car, ce qui peut être accidentellement et exceptionnellement avantageux pour quelques sujets devient un inconvénient pour le plus grand nombre qui est en bonne santé.

N'est-ce pas, en effet, la grande quantité de son que contient le pain de ménage qui oblige les habitants de la campagne qui le consomment à faire quatre et cinq repas par jour, tandis que les ouvriers des villes n'en font que trois dans le même temps ?

On répond à cela que c'est parce que les paysans mangent moins de viande que les citadins ; mais, les Anglais qui consomment beaucoup plus de viande que les Français, et qui mangent du pain de pâte ferme et gris, font également quatre à cinq repas par jour, l'objection n'est donc pas juste et laisse notre preuve entière.

Le son contient 56 0/0 de substances qui ne peuvent pas servir à la nutrition ; il empêche le pain de lever, le rend lourd, compacte, et le plus souvent lui donne un goût aigre ; enfin, comme le dit fort justement Parmentier, *il fait du poids et non du pain*, parce que la pâte qui en contient conserve, malgré une cuisson prolongée, plus d'eau que celle qui est faite avec de la farine fleur ; il ne cesse de fermenter après cuisson.

Il résulte d'expériences auxquelles je me suis livré pendant de longues années que le pain blanc n'est pas seulement plus agréable, mais qu'il est aussi beaucoup plus économique. Une des plus concluantes est celle-ci :

Pendant plusieurs années, j'ai nourri seize employés des deux sexes et d'âges différents ; j'ai alterné semestriellement l'usage du pain blanc et du pain bis de bonne qualité, en ayant soin de changer également les saisons pendant lesquelles je soumettais ces mêmes personnes aux deux sortes de pain. Elles avaient, en outre, un régime très-confortable composé et alterné de viandes, de poissons et de légumes, le tout très-convenablement préparé par la même cuisinière ; elles n'étaient nullement rationnées, se servaient elles-mêmes, et pouvaient satisfaire en tout temps leur appétit. Connaissant d'ailleurs le but de mes expériences, elles s'y prêtaient volontiers et je les avais engagées à ne pas persister si elles y trouvaient le moindre inconvénient.

Eh bien, les comptes de consommation ont démontré invariablement que lorsque ces employés étaient au régime du pain bis, ils me *dépensaient invariablement et sensiblement davantage.*

Leurs déjections étaient plus considérables sous le régime du pain bis que sous le régime du pain blanc. Dans le même moment, je suivais des expériences du même genre dans la campagne, et les amis que j'avais déterminés à substituer pour la nourriture de leurs ouvriers le pain blanc au pain bis sont arrivés au même résultat économique que moi ; ils ont trouvé en outre que leurs ouvriers nourris de pain blanc travaillaient davantage parce qu'ils étaient plus forts et mieux portants.

Dans beaucoup de contrées, aujourd'hui, les cultivateurs intelligents ont cessé de cuire chez eux, ils reçoivent tous les jours de boulangeries voisines le pain blanc nécessaire à leur alimentation et à celle de leur personnel.

J'ai été plus loin, j'ai confectionné du pain avec des farines de première qualité à 70 pour 100 d'extraction ; puis, à la même farine, j'ai mélangé les 6 pour 100 de farine bise provenant des remoutures du même blé ; ce mélange a produit, bien entendu, une plus grande quantité de pain, mais il a été consommé plus vite que le pain à 70 pour 100 ; c'est donc en pure perte que les farines bises sont employées, parce que le son qu'elles contiennent rend le pain moins assimilable. Il est donc évident que tous les hommes devraient manger du pain blanc et qu'au lieu de chercher à augmenter l'extraction comme les gens incompétents ont toujours proposé de le faire, il est de bonne économie de s'arrêter à un rendement suffisant pour ne produire que du pain blanc. Le surplus convient aux animaux qui nous le rendent sous forme de lait et de viande.

Mais dira-t-on, si ces issues sont indigestes pour l'homme,

elles doivent l'être aussi pour les animaux. Cette objection
n'est pas juste. Les ruminants ont une mâchoire bien différente de celle de l'homme, leurs dents sont presque toutes
molaires. Cette qualification est d'autant plus exacte que
la mâchoire inférieure de ces animaux est articulée de manière à permettre un double mouvement horizontal et vertical.
L'homme n'a que le mouvement vertical, il divise ses aliments
seulement par incision ; il n'a pas, comme les ruminants, quatre
estomacs qui lui permettent de faire revenir dans sa bouche,
pour les broyer une seconde fois, les aliments qui ont séjourné
quelque temps dans le premier ; il n'y a donc pas d'analogie
entre ses organes et ceux des ruminants.

Ce qui a induit longtemps les chimistes en erreur et ce qui
a conséquemment facilité la propagation de principes et de
moyens en contradiction avec les véritables lois de la nutrition, ce sont les analyses dont les méthodes reposent sur
l'emploi des acides et des alcalis ; ces dissolvants, attaquant
le ligneux donnent évidemment des dosages inexacts et des résultats erronés. Les organes des animaux n'ont pas la puissance
de ces réactifs ; les matières qui se séparent au moyen de
leur action traversent l'appareil digestif sans être atteintes.
J'ai pris du son lavé, je l'ai mélangé à d'autres aliments et donné
à des chiens et à des volailles, je l'ai retrouvé intact dans les
excréments ; lavé de nouveau et redonné aux mêmes animaux
à plusieurs reprises, il n'avait pas subi la moindre décomposition ;
ils le rendaient tel qu'ils l'avaient avalé.

En définitive, tous ceux qui consomment ou donnent à consommer à d'autres du pain qui n'est pas complètement pur et
exempt de son, font un faux calcul ; il n'est pas douteux que,
lorsque l'administration sera plus éclairée et que les bons principes d'économie alimentaire seront plus répandus, tout le
monde mangera du pain blanc, même les pensionnaires de
l'État.

Importance d'une cuisson suffisante.

Il ne suffit pas cependant que la farine soit bien pure et que la pâte, suffisamment fermentée, ait pris son apprêt, pour que le pain soit d'une digestion facile ; il faut aussi qu'il soit également et suffisamment cuit ; plus la pâte est levée, mieux la chaleur du four, pénétrant dans toutes ses parties, vaporise l'excès d'eau. C'est cependant une faute de ne pas mouiller la pâte suffisamment dans la crainte qu'elle conserve trop d'humidité ; si, dès le principe, elle n'est pas assez hydratée, elle restera ferme et serrée, et alors, quoiqu'elle contienne une quantité d'eau moindre au moment de l'enfournement, la chaleur rayonnante du four pénétrant plus difficilement à l'intérieur, le pain conservera plus d'eau que si la pâte avait été convenablement molle avant l'enfournement; dans ce cas, il trempera mal dans la soupe, signe certain qu'il se digérera mal.

Les farines n'absorbent pas toutes le même volume d'eau, parce que leur gluten varie en quantité et en élasticité et que la dilatation diffère considérablement ; il faut faire aussi la part du climat et de l'influence des saisons. Dans les environs de Paris, lorsque les blés sont de bonne qualité ordinaire, pesant de 75 à 77 kilogrammes l'hectolitre, 100 kilogrammes de farine produisent de 128 à 133 kilogrammes de pain, très-rarement 134 à 135 ; ainsi, pour un pain de 2 kilogrammes on prend $2^k,310$ de pâte, parce que cette pâte contient 46,50 0/0 d'eau, dont 16,50 0/0 s'évaporent par la cuisson ; conséquemment, il reste dans le pain à peu près de 28 à 30 0/0 d'eau au sortir du four. Mais, comme il n'est pas possible aux consommateurs de faire cette vérification eux-mêmes, il existe deux épreuves qui sont à la portée de tout le monde : 1° le trempage du pain ; 2° sa longue conservation dans un lieu exempt d'humidité. Ainsi, le pain qui ne trempe pas bien sera d'une digestion difficile, et le pain qui continue de fermenter après sa sortie du four, c'est-à-dire celui dont un morceau conservé moisit au lieu de sécher complètement et d'être en état de faire de la très-bonne soupe longtemps après qu'il a été mis de côté, sera malsain. Un tel pain peut même devenir un aliment délétère. En effet, s'il n'est pas bien cuit, il s'y développera des spores de cryptogames de diverses espèces et de mauvaise nature qui résistent à une température de 100 à 120 degrés centigrades et ne perdent leur propriété germinative qu'au delà de 130 à 140 degrés. Ces semences ou sporules, qu'il est impossible de discerner à l'œil nu, produisent, les unes, des champignons qui passant du blanc laiteux au jaune clair, atteignent au bout de quelques jours une teinte orangée très-foncée ; ils végètent surtout pendant les grandes chaleurs ; les autres, des champignons qui passent successivement du vert le plus tendre au vert le plus foncé et présentent à ce moment la forme d'un parapluie à moitié ouvert ; ces derniers poussent toute l'année.

Ces champignons n'occasionnent pas toujours des désordres immédiats, mais, à la longue, ils détruisent la santé de ceux qui consomment habituellement du pain qui en renferme. C'est à cette circonstance qu'est due la grande mortalité dans l'armée, les prisons et aussi parmi les campagnards qui, pour conserver le pain frais plus longtemps et obtenir plus de poids avec la même quantité de farine, ont la mauvaise habitude de ne pas le faire cuire suffisamment. Il est donc nécessaire que la pâte soit assez levée et le four assez chaud pour que la chaleur arrivant au centre du pain à 130 degrés centigrades, au moins, détruise la vitalité des sporules malfaisantes.

Ce n'est donc pas par préjugé ni par gourmandise que les classes laborieuses, qui consomment une grande quantité de pain, préfèrent celui qui est le plus blanc et le plus léger, c'est surtout par économie. Les ouvriers, qui le plus souvent le mangent sec, savent par expérience que, lorsqu'il possède ces qualités, il les soutient davantage ; ils poussent la précaution sur ce point jusqu'à se réserver exclusivement de tremper eux-mêmes leurs soupes avec le pain de leur choix. Il est facile de distinguer dans les campagnes les ouvriers qui travaillent dans les champs et qui, généralement, mangent du pain bis, de ceux qui, dans les mêmes localités, font des travaux de maçonnerie, forge, charronnage, charpente, menuiserie, etc. ; ceux-ci ont bonne mine, sont bien constitués, leurs enfants sont plus nombreux et plus forts, c'est parce que, ne récoltant pas de grains, ils mangent généralement du pain blanc qu'ils prennent à la ville.

Le pain doit être fait seulement de farine.

Dans certaines parties du midi de la France, on ajoute à la pâte, après un premier pétrissage, des gruaux non moulus dans le but de conserver le pain plus longtemps frais. En effet, ces gruaux, étant mélangés tardivement et n'ayant pas le même degré de division que la farine affleurée, ne s'assimilent pas à la pâte, en arrêtent le développement, la mie reste très-serrée malgré l'excès du sel qu'on y ajoute pour soutenir l'extensibilité du gluten ; c'est donc là, un mauvais procédé, puisqu'il a pour effet de retenir une trop grande proportion d'eau. Ce mode tend, il est vrai, à disparaître au fur et à mesure que le système de mouture affleurée s'introduit dans ces localités. Cependant on a essayé de l'appliquer à Paris en le présentant comme un moyen *nouveau* destiné à augmenter considérablement le rendement en pain. Des savants s'étaient laissé illusionner par des essais comparatifs de produits provenant de matières premières différentes ; ils ignoraient aussi que ce genre de fabrication qu'on leur présentait comme nouvellement inauguré avait été expérimenté il y a bien longtemps. Enfin, on a fait beaucoup de bruit de ce vieux système qui devait faire bénéficier la France, annuellement, de plusieurs centaines de millions ; il n'a pas fait de prosélytes dans la boulangerie et a avorté sans profit positif pour celui qui se l'est attribué, sans satisfaction pour les hommes incompétents séduits par des expériences mal suivies, et sans le plus petit avantage pour la consommation. Un seul établissement a persisté à mélanger ses deuxièmes gruaux à ses pâtes, mais le pain qu'il fabrique s'en ressent nécessairement et ne se vendrait pas s'il n'était pas donné à un prix inférieur à celui de la boulangerie, s'il n'était pas imposé à une clientèle forcée d'accepter ce qu'on lui fournit.

On a essayé également, de faire bouillir le son pour en séparer la farine qui y reste adhérée après la mouture. On mélange alors la dissolution filtrée aux levains ou à la pâte ; d'autres prennent du blé concassé qu'ils compriment après cuisson et dont ils font un empois qu'ils appliquent au même usage. Le riz crevé, les pommes de terre écrasées ont été essayés, mais tous ces moyens ont promptement été abandonnés ; ils diminuaient les principes plastiques de l'aliment et exagéraient la proportion des principes respiratoires ; le pain était moins beau, plus compacte, plus lourd et indigeste.

En résumé, on ne saurait trop le répéter, le pain de froment est un excellent aliment, à la condition d'être sans la moindre adultération. Il contient des matières azotées qui maintiennent à la fois les organes en bon état et produisent la force et le développement du corps ; des matières grasses, sucrées et amylacées qui, par leur combustion, entretiennent la chaleur animale, enfin des matières salines qui constituent la charpente osseuse et sont des éléments indispensables des liquides animaux. Mais il faut qu'il soit parfait sous tous les rapports, et, pour atteindre cette perfection on devra appliquer exactement les moyens pratiques qui suivent.

Opérations diverses du pétrissage.

Pour être plus clair, je vais préalablement donner la signification de certaines expressions professionnelles qui se repro-
duiront souvent.

La première opération, le *pétrissage,* se divise en six parties
bien distinctes, qui sont : le *délayage,* le *frasage,* le *contre-
frasage,* le *découpage* et *pâtonnage,* le *bassinage* et le *tournage.*

Le *délayage,* c'est le malaxage du levain chef avec la quantité d'eau nécessaire pour faire un mélange fluide exempt de
grumeaux et bien homogène.

Le *frasage,* c'est l'adjonction à ce premier levain de la farine
nécessaire pour former la pâte.

Le *contre-frasage* complète l'opération précédente, il constitue la partie principale du pétrissage ; ainsi, après avoir réuni
dans le pétrin la pâte en une seule masse, on la relève de
droite à gauche en la soulevant et en l'étirant pendant un certain temps, ensuite on la dirige vers une des extrémités de la
fontaine en plaquant vigoureusement les pâtons les uns sur les
autres afin d'introduire l'air destiné à favoriser la fermentation
de la pâte.

Le *découpage* et *pâtonnage* se font pour ainsi dire simultanément; l'ouvrier découpe avec les mains la quantité de pâte
qu'il peut soulever, il l'enlève de la masse qu'il divise ainsi en
plusieurs parties qu'il rejette toujours à l'extrémité de la fontaine, les unes sur les autres ; il ramène ensuite à la tête du
pétrin toute la pâte de la même manière, afin de pouvoir avancer
la planche et disposer une autre fontaine pour y placer la pâte
après l'avoir pâtonnée.

Le *bassinage,* c'est une adjonction d'eau à la pâte, lorsque,
vers la fin du pétrissage, on s'aperçoit qu'elle n'est pas suffi-

samment hydratée. Le boulanger qui connaît bien sa farine sait le volume d'eau qu'il doit lui donner et a rarement besoin de recourir à ce moyen qui dérange toujours la marche de la fermentation. On appelle aussi *pâte bassinée* celle dans laquelle on incorpore de l'eau contenant de la levure de bière, et qui est destinée à la fabrication des pains à café et des flûtes à soupe.

Le *tournage*, c'est la division de la pâte en pâtons que l'on passe l'un après l'autre sur la balance et qu'on tourne ensuite, lorsqu'ils sont réglés à un poids voulu, sur une table ou une planche saupoudrée de fleurage. Chaque pâton est définitivement placé soit entre les plis d'une longue toile, soit dans une corbeille dont le fond est garni d'une toile, soit dans une timbale en tôle, dans lesquels on a préalablement répandu du fleurage; il y reste le temps nécessaire pour que la pâte atteigne le degré de fermentation nécessaire, c'est-à-dire pour qu'elle prenne son *apprêt*.

Le *fleurage*, se fait avec de la farine de blé, de seigle, de maïs, de féveroles, de sons, de pommes de terre, ou des remoulages fins. La farine de seigle convient surtout pour le pain fendu.

Maintenant que j'ai donné le sens des expressions consacrées par l'usage, je vais suivre le travail d'une boulangerie bien établie et parfaitement conduite, celle de M. Vaury, ancien syndic de la boulangerie de Paris, qui, dans cette industrie, passe, avec raison, pour un véritable artiste.

Je suppose que la première fournée comprendra (pour un four de dimension ordinaire) 90 à 95 pains ronds de 2 kilog., ou 10 pains de 4 kilog., 15 pains de 3 kilog., et le reste en pains de 2 kilog. ; les fournées suivantes seront composées, suivant les formes, de 55 à 70 pains de 2 kilog. ; il faudra avant tout disposer les levains en conséquence.

Les levains et levures.

Les levains sont la base de la panification ; j'ai expliqué plus haut les différents phénomènes par lesquels ils développent la fermentation, je n'y reviendrai pas. Le *levain-chef* est le germe des autres levains ; il se compose d'une certaine quantité de pâte prise, selon le besoin, sur l'une des fournées de la nuit. Trop souvent les ouvriers ne pèsent pas ce levain, le hasard seul les guide ; cependant ce poids doit dépendre beaucoup de la température ; ainsi, pendant l'hiver, s'il fait très froid, le chef aura depuis 7 jusqu'à 10 kilog. ; l'été au contraire, au fur et à mesure que la température s'élève, on ne prendra que de 4 à 7 kilog. Qu'on ne perde pas de vue que je suppose le travail d'une forte boulangerie parisienne.

L'eau ne devra jamais être trop chaude ; en hiver elle aura de 20 à 30° cent. et en été de 8 à 10° si possible. Une température trop élevée ternit la pâte, diminue son élasticité ; on a alors beaucoup de peine à lui redonner du corps ; la mie reste mousseuse et sans consistance. Il ne faut cependant pas tomber dans un excès contraire, car l'eau sortant du puits est souvent trop froide, saisit la pâte et la rend coriace. Ces observations s'appliquent également à tous les levains qui dérivent du levain-chef et qu'on appelle levains de *première*, de *seconde* et de *tout-point* ; c'est avec ce dernier qu'on pétrit la première fournée.

On doit également consulter l'état de la température pour connaître le moment opportun de prendre le levain-chef ; ainsi, en hiver, ce sera à une heure du matin pour commencer le levain de première à six heures du matin ; en été, on ne le prendra qu'à trois heures pour commencer à la même heure ; il sera d'une pâte assez ferme, sans cela il fermenterait trop rapidement. Dans les temps chauds et orageux, on y ajoute,

23

après l'avoir *frasé* et *contre-frasé*, 500 grammes de sel en grains ; par ce moyen le levain de première ne marchera pas trop vite, se maintiendra trois ou quatre heures de plus sans *tourner à l'huile,* suivant le terme consacré.

Le tour du levain de seconde est à deux heures de l'après-midi environ, sa pâte sera moins ferme que celle du levain de première ; on préparera le levain de troisième ou de tout-point vers quatre heures. Lorsque le levain de seconde manque *d'apprêt,* on délaye 250 grammes de levure dans 2 litres d'eau ; on s'en sert pour faire une pâte un peu ferme que l'on étend sur le levain de tout-point et on pétrit le tout ensemble (c'est ce qu'on appelle *levain à levure).* Quand cette masse de pâte est bien homogène, on la divise à la main par pâtons qui sont plaqués les uns sur les autres dans un compartiment fermé, à l'extrémité du pétrin, au moyen d'une planche ou séparation mobile soutenue par une masse de farine refoulée par derrière. On appelle cette case, de dimensions variables, une *fontaine.* Le travail du levain *de tout-point* prend une demi-heure ; on le laisse fermenter une heure et demie environ, on peut ensuite procéder au pétrissage. Si pour les premiers levains il a été nécessaire d'employer successivement 80 litres d'eau, on prendra la même quantité pour pétrir la première fournée ; c'est cette proportion du double qu'il faut généralement adopter pour toutes les fournées, quel qu'en soit le nombre ; conséquemment la pétrissée se composera de 160 litres d'eau et de la quantité de farine suffisante pour donner à la pâte la cohésion nécessaire. Lorsque le pétrissage est terminé, on en retire ce qu'il faut pour faire 90 à 95 pains de 2 kilog., on met cette partie dans une *fontaine* ménagée à droite du pétrin, et, lorsqu'elle est reposée un instant, on la divise en pâtons qu'on pèse. L'autre partie est destinée à servir de levain pour la fournée suivante. Si cette pâte se trouve trop douce, on fera un levain à levure en délayant 250 à 275 grammes de levure, conformément à ce que j'ai prescrit plus haut.

Les ouvriers, après avoir fait leur pâte avec la levure, se bornent souvent à ne la mélanger qu'avec deux ou trois fois autant de pâte de la fournée, ils placent ce mélange dans le bout opposé du pétrin au fond de la *fontaine*, puis ils jettent dessus le restant de la pâte ; le levain à levure mêlé à toute la masse de la fournée est de beaucoup préférable, parce que la fermentation s'effectue plus également dans toutes les parties.

Pris sur la première fournée, ce levain constitue donc le levain de la seconde fournée ; on continue de la même manière, quel que soit le nombre des fournées.

Dans le but de simplifier leur travail, les garçons détrempent quelquefois la levure dans de l'eau chaude et versent ce mélange sur la pâte de la fournée suivante, ils se dispensent ainsi du travail que leur occasionnerait le pétrissage du levain à levure. Cette méthode est vicieuse, elle précipite la fermentation, rend la pâte mousseuse et donne au pain une odeur de levure trop prononcée ; la mie du pain, au lieu d'avoir des cellules larges et irrégulières, ne présente que des petites éveillures semblables à celles des pains à café et à soupe. Conséquemment, si on veut obtenir du pain et d'un bon goût et ayant une mie bien développée, il ne faut pas pétrir la pâte à pain sur levure seule, mais, au contraire, confectionner un levain à levure conformément à la formule que j'ai donnée plus haut ; on le rafraîchira même une seconde fois. C'est seulement par ce moyen qu'on obtiendra le pain à grigne ou pain fendu, c'est-à-dire le type du pain, celui qui ne laisse rien à désirer sous aucun rapport. 500 grammes de levure rafraîchie deux fois donnent autant de force à la pâte et une meilleure mie que 775 grammes du même ferment délayé une seule fois ; la mâche du pain est meilleure.

En province on fait rarement usage de levure ; lorsqu'on

sent le besoin d'activer la fermentation on prend de l'eau plus chaude ; le pain n'en est pas moins bon. Si les ouvriers de Paris apportaient plus de soins à leurs levains, ils pourraient également se passer de levure, ce qui diminuerait d'autant les frais des patrons et rendrait la mâche plus appétissante.

On emploie depuis plusieurs années à Paris, des levures allemandes qu'on trouve supérieures à la levure de bière. Ces levures de grains sont le produit de la mouture et du mélange des céréales qui servent en Allemagne à la distillation ; la levure de bière est un résidu de brasserie. Cette différence d'origine fait comprendre pourquoi la première coûte le double, à quantité égale, de l'autre. On verra tout à l'heure que cependant la dépense est la même pour toutes deux. On les emploie de la même manière.

La levure de bière, lorsqu'elle est bonne, monte promptement ; elle forme une mousse composée de globules très développés. La levure de grains est plus calme ; elle monte moins, et cependant elle est doublement efficace, c'est à dire que pour la même quantité de pâte on prend moitié moins de cette dernière ; conséquemment pas d'avantages pécuniaires ni d'un côté ni de l'autre.

La levure de bière n'agit pas toujours régulièrement ; le froid l'arrête, elle manque souvent ; l'été, elle tourne au gras promptement, se conserve difficilement en tous temps. Lorsqu'elle a monté deux fois, elle s'aigrit, passe à l'état putride et ne produit plus d'effet.

La levure de grains, au contraire, continue son effet au froid, elle peut attendre longtemps, même huit et dix jours ; elle agit encore à l'état putride ; il est vrai qu'alors le goût du pain s'en ressent ; mais, ce qui la distingue, c'est qu'on a beau remanier la pâte jusqu'à trois et quatre fois, elle marche quand même.

Ces avantages de la levure de grains ont déjà leur importance ; mais ce qui doit surtout la faire préférer, c'est parce qu'elle donne une pâte plus élastique et un pain moins acidulé que la levure de bière.

Cependant, nous maintenons ce que nous avons dit dans l'alinéa précédent : c'est que les levains de pâte doivent toujours être préférés aux levures artificielles toutes les fois qu'on n'est pas contraint par une grande et incessante fabrication d'activer ; le pain a meilleur goût, les frais de fabrication se réduisent du coût des levures.

La boulangerie des grandes villes sera souvent forcée d'employer des levures artificielles pour précipiter son travail et pour sa panasserie ; pour celle-ci la levure de bière est quelquefois préférable, car le froid l'arrêtant, elle convient pour certains petits pains dont on est contraint souvent de suspendre la fermentation en les plaçant au frais ; pour le gros pain on donnera la préférence à la levure de grains.

Les Anglais ont essayé de se passer de levains et de levures, ils ont préconisé un procédé de panification au moyen de l'acide carbonique. Il y a longtemps qu'on a songé à faire du pain sans fermentation : un excellent homme, qui, après avoir dans sa jeunesse pratiqué la meunerie et la boulangerie, était parvenu, par son activité et une rare persévérance, à devenir l'un des meilleurs courtiers de la place de Paris, Liévin aîné, avait, dès 1839, pris un brevet pour un procédé de pétrissage au moyen de l'eau de Seltz. Son but était de remplacer les levains et les levures en saturant spontanément l'eau d'acide carbonique ; mais le gaz s'échappait avant d'avoir produit l'effet qu'il attendait ; l'application ne fut pas possible. Plus tard, un Anglais, Daulisch, reprit la même idée, et, pour empêcher la perte de gaz inévitable par un pétrissage à air libre, il fabriqua sa pâte dans un mélangeur sphérique autoclave. Alors les gaz se répartirent dans la pâte ; celle-ci, à un moment déterminé, sortait violemment par un robinet pour tomber dans des corbeilles ou des moules ; on enfournait immédiatement. Ce procédé avait de graves inconvénients, les appareils étaient très-coûteux, et il fallait une puissance relativement considérable pour entraîner le mélangeur. La pâte, en sortant de ce dernier , se débarrassait d'une grande partie du gaz , on n'avait pas le temps de la peser ; quelle que fût la précipitation avec laquelle on la mettait au four, elle donnait un pain trop serré, trop ferme et informe. D'ailleurs, il conservait un goût de grain désagréable pour nous autres Français, qui sommes habitués à cette saveur que donne une fermentation bien conduite.

Des essais du système de Daulish ont eu lieu à la Boulangerie des hospices, sous la direction de M. Salonne ; cet administrateur a suivi les expériences avec la bonne volonté et la résignation qu'il prodiguait, sans exception, à tous les inventeurs ; mais les représentants de M. Daulish se sont découragés promptement, et ont reconnu eux-mêmes le mauvais effet de leur système.

On emploie encore un grand nombre d'autres ferments ; avec de la mélasse, de la pomme de terre écrasée et délayée, auxquelles ils ajoutent de la levure de bière, les Anglais préparent un ferment qui peut se conserver plusieurs mois lorsqu'il est convenablement étuvé. C'est aussi à l'aide de cette composition qu'on fabrique chez nous les pains anglais. Si l'administration de la guerre était prévoyante, les armées en campagne en seraient toujours pourvues.

Emploi du sel.

Le sel entre, dans la fabrication du pain, dans une proportion de 1 0/0 ; il faut donc 1,500 grammes pour un sac de 157 kilogrammes de farine. L'ouvrier jette habituellement le sel en grains sur le levain ; il vaut mieux le faire dissoudre dans l'eau, il se répartira plus également. Je répète que dans les temps chauds ou orageux, on devra prendre le

devant et mettre dans les levains la moitié du sel nécessaire à
la fournée entière ; mais dans ce cas, au contraire, on le mettra
en grains ; dans cet état, il produit un effet tout différent que
quand il est dissous. Lorsque , en outre de l'addition de sel en
grains, on a soin d'élargir la fontaine, c'est-à-dire d'étendre
la surface de la pâte en en diminuant l'épaisseur, celle-ci fermente moins vite ; si elle a été bien élaborée, le levain restera
trois ou quatre heures de plus sans *tourner à l'huile* ; enfin, le
sel en grains rafraîchit la pâte et ralentit la fermentation de la
même manière que le ferait la glace. Il ne faut cependant pas
abuser et faire attendre la pâte au delà du temps que je viens
d'indiquer, car elle finirait par redevenir huileuse.

Le sel n'est pas nécessaire pour les levains de seconde ni
pour ceux de tout-point qui ont besoin d'être renouvelés de
deux en deux heures, y compris le temps du pétrissage. Si
cependant l'ouvrier s'apercevait que son levain de seconde
fermente trop rapidement, il ajoutera dans le levain de tout-
point 500 grammes de sel en grains, ce qui lui permettra d'attendre, mais alors il ne faudra pas oublier de mettre en moins
cette même quantité de sel dans la pâte de la fournée, afin de
conserver la dose que j'ai fixée plus haut.

Si ces moyens ne suffisent pas et qu'on se trouve dominé par
la fermentation, on ne diminuera pas pour cela les levains,
mais, aussitôt que la fournée sera pétrie, on prendra de suite
la quantité de sel nécessaire pour la fournée suivante, on le
répandra sur la pâte destinée à lui servir de levain, et on se
bornera à découper la pâte qu'on mettra en *fontaine* (ou en
planche), le sel se trouvera ainsi suffisamment mélangé.

Travail sur levure.

On appelle travail sur levure la suppression du chef et du
levain de première, conformément à la méthode suivante :

Si on doit pétrir la première fournée à six heures du soir, on prendra, à deux heures de l'après-midi, 20 litres d'eau à 15 ou 20 degrés centigrades, dans lesquels on mélangera 750 grammes de levure, si elle est bonne, et 1 kilogramme, si elle est faible ; on fera une pâte ferme et bien élaborée qu'on mettra en *fontaine* et qu'on couvrira d'une toile. A quatre heures, on versera 40 litres d'eau à la même température, on prendra la farine nécessaire pour obtenir une pâte un peu moins ferme que la précédente, mais ayant cependant du corps ; on mettra cette pâte en planche à la gauche du pétrin, on la recouvrira d'une toile pour qu'elle conserve sa chaleur, qu'elle ne se crevasse pas en dessus, et on la laissera fermenter jusqu'à six heures ; elle devra à ce moment être en état de servir au pétrissage ; dans le cas contraire, il est préférable de l'attendre. Toutefois, il vaut mieux avoir un peu moins que trop d'apprêt. On prendra 60 litres d'eau toujours à la même température ou plutôt à un degré que la fermentation plus ou moins active des levains indiquera ; si elle a été trop vive, on prendra l'eau moins chaude ; si, au contraire, les levains ont fermenté tardivement et qu'ils soient flasques, ce qui démontre que l'eau employée était trop fraîche ou que la levure n'était pas très-bonne, on prendra, pour pétrir, de l'eau plus chaude, et on laissera la fournée se reposer pendant vingt à vingt-cinq minutes pour qu'elle rentre un peu en fermentation. Pour que la pâte lève bien, il faut tourner les pains très-légèrement et les mettre au four sans attendre qu'elle ait autant d'apprêt que si on l'avait tournée immédiatement après le pétrissage, ce qu'on est obligé de faire dans le cas où il y a trop de force. D'ailleurs la mâche du pain est toujours plus agréable quand la pâte est mise au four ayant plutôt un peu moins que trop d'apprêt. Un trop long séjour dans les pannetons est toujours nuisible au goût, à la blancheur et au poids ; les boulangers pèchent plus souvent par une trop grande fermentation que par insuffisance de celle-ci.

Lorsque la première fournée est *en planche,* on délaye environ 750 grammes de levure dans 2 à 3 litres d'eau à 30 degrés, on fait une pâte que l'on mélange à celle qui est restée de la fournée précédente et qui représente 60 pains, on met le tout en fontaine pendant le temps qu'on tourne la première fournée et on continuera de même pour toutes les fournées suivantes, en réduisant progressivement la quantité de levure et les levains au fur et à mesure que le travail arrive à sa fin. Ainsi la première fournée étant, je suppose, de 90 pains à enfourner, il restera 60 pains environ pour le levain de la deuxième fournée ; on diminue successivement la quantité de pâte destinée à chaque fournée, de telle sorte que, l'avant-dernière fournée aura un levain qui ne représentera plus que 40, et la dernière 30 pains. Plus on a de fournées à pétrir, plus les levains de toutes sortes doivent être volumineux. Pour un travail régulier et sans interruption pourrait-on continuer toujours l'emploi de pâte de la précédente fournée pour servir de levain à la suivante sans recommencer la série des levains chaque jour? Les avis sont partagés, les administrations qui seules fabriquent d'une manière incessante recommencent la filière des levains toutes les vingt-quatre heures, ont-elles raison? Je ne le pense pas.

Il existe un autre moyen pour tempérer la marche de la fermentation, il convient principalement aux boulangers de la province qui travaillent eux-mêmes, et sont forcés de mettre un long intervalle entre chaque fournée. Je suppose un boulanger qui veut avoir du pain tendre à six heures du matin, il faut qu'il commence à pétrir à deux heures du matin. Pour cela il fera les levains de première à midi, ceux de seconde à trois heures, ceux de tout-point à cinq heures, ce qui fait neuf heures au lieu de trois ou quatre, terme habituel ; en effet, depuis cinq heures du soir jusqu'à deux heures du matin, il s'écoule bien neuf heures. Si les levains de tout-point sont d'environ 50 pains de 2 kilogrammes, on fait la pâte plus ferme que d'habitude, et, après la *contre-frase*, on met dans les levains toute la quantité de sel nécessaire pour la première fournée, on travaille ensuite la pâte à nouveau ; on dispose la fontaine comme pour pétrir la fournée en ayant soin de serrer la farine contre la planche afin que l'eau ne la soulève pas et ne passe pas par-dessous. On allonge et aplatit ensuite le levain le plus possible et on l'étend sur toute la surface de la fontaine ; alors on verse sur le levain toute la quantité d'eau de puits froide destinée à la pétrissée entière. Cette eau reste d'abord à la surface, mais au bout de deux ou trois heures les levains s'étant allégés par la fermentation remontent après avoir élevé sensiblement la température de l'eau. En baignant ainsi le levain on le retarde, on l'empêche de tourner à *l'huile*, et on domine toujours son travail. Ce moyen a été imaginé par M. Vaury père, très-habile praticien, qui est parvenu par un travail assidu et une intelligence remarquable à fonder la boulangerie la plus importante de Paris. Le fils de M. Vaury, homme d'initiative et de progrès, a le premier appliqué à Paris la panification exclusivement mécanique ; son établissement, qu'il nous a chargé d'organiser, peut être pris pour modèle d'une boulangerie perfectionnée.

Je n'entrerai pas dans des détails sur la fermentation de la pâte destinée à la panasserie, cela m'entraînerait en plein dans la pâtisserie ; puis, les variétés de petits pains sont trop nombreuses ; cependant il me semble utile d'indiquer les moyens d'empêcher la pâte de tourner à l'huile, ce qui, pour ce genre de fabrication, arrive souvent lorsqu'on a trop attendu et que le temps est chaud ou orageux. Dans ce dernier cas et même si on a seulement des craintes, on ne prendra que la moitié de l'eau nécesssaire au levain entier, on ajoutera à la levure une quantité égale de sucre ; alors, la fermentation marchant bien, on emploiera l'autre moitié de l'eau et on procédera à un second levain sur le premier sans addition de sucre ni de levure. Ce mode n'occasionnera aucune perte de temps comme on pourrait le supposer ; les deux levains ne mettent pas plus de temps à fermenter que si on avait fait le travail en une seule fois.

Cuisson. — Fours.

Quand l'apprêt de la pâte a atteint son point, on procède à l'enfournement au moyen de pelles de différentes formes, suivant les pains ; un aide apporte les pannetons pleins ou les pâtes qui ont été déposées sur les couches ; le brigadier, ou chef ouvrier, les retourne sur la pelle au fur et à mesure, après l'avoir saupoudrée de fleurage à chaque pain. L'habileté de l'enfourneur consiste à placer le plus grand nombre de pains possible sur la sole, sans cependant établir trop de points de contact entre les pains, ce qui forme des *baisures* que les consommateurs n'aiment pas.

Les fours ont ordinairement une forme ovale, leur longueur est de $3^m,50$ à 4 mètres et la hauteur de $0^m,35$ à $0^m,40$; la sole est plane et la voûte surbaissée. Pour diriger le chauffage et le répartir également, on place des conduits en fonte qui traversent la voûte à l'extrémité opposée à la bouche et vont au moyen d'un coude rejoindre la cheminée ; ces conduits s'appellent *ouras*. On augmente ou diminue l'ouverture des *ouras* à celle de leurs extrémités qui communique avec la cheminée, au moyen de soupapes dont le mouvement est placé au-dessus de la bouche du four et à la portée du *geindre* qui peut ainsi à volonté régler le tirage. Il résulte de cette disposition que le bois qui brûle presque à l'entrée du four produit des flammes, qui, attirées par les *ouras*, lèchent la surface entière de la voûte et des pieds-droits ; quant à la sole, elle est chauffée par la braise et les cendres chaudes avec lesquelles elle est en contact pendant tout le temps du chauffage.

On prend habituellement pour combustible du bois blanc fendu ou du sapin ; ce dernier doit être pelard, sans cela il donnerait au pain un goût résineux. Dans les villes, on donne la préférence aux essences qui fournissent le plus de braise. On doit bien se garder d'employer du vieux bois de démolition. surtout celui qui a été peint, il peut communiquer au pain des propriétés délétères. Le degré de chaleur du four varie, il sera d'autant plus élevé que les pains seront plus volumineux et plus chaud pour le pain bis que pour le pain blanc. La durée de la cuisson varie également suivant la sorte de pâte, le volume des pains et la qualité ; la pâte ferme a besoin de rester plus longtemps dans le four, parce que l'eau ne s'en évapore pas aussi vite que dans la pâte douce ; c'est le plus long séjour dans le four qui fait que la croûte du pain de pâte ferme est plus épaisse que celle du pain léger. Les pains bis à poids égaux resteront plus longtemps dans le four que les pains blancs; ainsi, lorsque trente-cinq minutes suffisent à ces derniers, il en faudra quarante-cinq pour les autres ; de même que, s'il est nécessaire d'élever la température du four à 315° environ pour le pain bis, 290° suffiront largement pour du gros pain blanc. Le pain est suffisamment cuit lorsqu'il est léger, que la croûte de dessus est croustillante et que celle de dessous résonne en la frappant du poing. On commence toujours l'enfournement par les plus gros pains que l'on place au fond, on avance progressivement de telle sorte que les plus petits pains soient à l'entrée du four ; cette disposition permet de retirer les pains au fur et à mesure qu'ils sont cuits, puisque la durée de la cuisson est proportionnée à la dimension et au poids des pains. On surveillera attentivement le commencement de la cuisson ; si le four est trop chaud, le pain prend trop de couleur, il faut alors tempérer la chaleur et établir une circulation d'air froid, en ouvrant la bouche et les ouras. Si au contraire, le pain reste pâle, on ferme complètement. Au sortir du four, les pains doivent être placés debout ou sur champ ; sans cette précaution, ils s'affaisseraient d'une manière nuisible à la vente ; ils ne doivent pas non plus être trop serrés les uns contre les autres, car, en refroidissant, ils augmentent de volume, parce que la croûte se fendille en un nombre infini de petites écailles qui développent ainsi l'ensemble de la croûte. Ce qui fait supposer que cette cause est la vraie, c'est que les pains qui ont plus de baisures que les autres, les ronds, par exemple, n'éprouvent pas le même effet.

Les fours généralement en usage aujourd'hui sont établis sur les plus anciens principes ; ils ont cependant été l'objet de nombreux perfectionnements ; les voûtes sont moins élevées qu'autrefois. On emploie pour les soles des carreaux en terre réfractaire crue, réguliers, très-épais, qui ne forment pas dans leurs joints des amas de braise et de cendres ; l'adjonction des ouras a été une grande et sérieuse amélioration. De nombreuses tentatives ont été faites pour remplacer le chauffage direct à l'intérieur par des fours aérothermes à vapeur ou à eau surchauffée. On n'a pu obtenir jusqu'à présent des résultats satisfaisants. Les fours aérothermes qui ont été essayés ne répartissaient pas la chaleur également ; on a eu le tort d'employer le plus souvent pour les établir des surfaces métalliques, parce que jamais le pain ne cuira convenablement dans des surfaces absorbantes ; la terre cuite est certainement la matière qui convient le mieux, elle absorbe la vapeur, contrairement aux surfaces métalliques. qui condensent et produisent en tombant de nombreuses gouttes qui forment autant de taches brunes sur la croûte du pain.

Les fours aérothermes n'ont pas les avantages qu'on leur suppose ; on croit que les fournées peuvent s'y succéder sans interruption, c'est une erreur ; chaque fournée refroidit les parois à ce point qu'on est forcé d'attendre pour l'enfournement suivant que le degré de chaleur convenable soit revenu ; cela demande un temps aussi long que pour rechauffer un four au bois entre chaque fournée. D'ailleurs la chaleur y étant inégalement répartie la cuisson n'est pas régulière.

On donne aujourd'hui aux fours une très-grande inclinaison; cette disposition a été amenée par l'usage de plus en plus répandu du pain viennois. C'est dans le but de faire prendre à la croûte la couleur dorée et brillante, que peut seule donner la cuisson au milieu d'une atmosphère chargée de vapeur, que les boulangers ont adopté cette forme très-inclinée ; la vapeur, tendant toujours à s'élever, reste dans le fond du four et donne au pain un beau vernis et un aspect appétissant. Le boulanger augmente même la vapeur qui s'échappe naturellement du pain en lançant de temps en temps sur la sole une certaine quantité d'eau qui se vaporise dans le four et va se joindre à celle qui sort de la pâte enfournée. M. Biabaud, l'un de nos plus habiles constructeurs de fours, a imaginé et fait breveter un appareil qui produit la quantité de vapeur que l'on veut, sans détériorer les carreaux du four, inconvénient qui résulte du précédent moyen.

Autrefois, pour éclairer l'intérieur du four pendant l'enfournement, la cuisson et le défournement, on allumait des petits morceaux de bois très-secs, qu'on plaçait dans une boîte en tôle facile à changer de place avec l'extrémité de la pelle ; on l'appelait *allume ;* aujourd'hui, on se sert d'un bec à gaz ou d'une lampe à huile, dont la lumière est projetée dans le four à l'aide d'un réflecteur au travers d'une glace ou d'une plaque très-mince d'un gypse cristallisé, qui résiste à la chaleur.

On a également perfectionné beaucoup les armatures, c'est-à-dire les bouches, qui s'ouvrent et se ferment maintenant de manière à perdre le moins de calorique possible ; c'est encore à M. Biabaud qu'on doit les perfectionnements les plus importants dans cette partie de l'armature. Enfin, je le répète, tout en conservant l'ancien système de chauffage, on a obtenu, par les nombreuses modifications que je viens d'indiquer, beaucoup d'économie et une grande propreté.

Pétrissage mécanique.

Parmi les perfectionnements les plus importants introduits depuis quelque temps dans la fabrication du pain, il faut placer le pétrissage mécanique ; c'est là certainement pour les boulangeries importantes une amélioration dont les avantages nombreux peuvent être facilement appréciés. Malheureusement il nécessite un moteur assez puissant dont les inconvénients seront longtemps, dans les villes surtout, de véritables obstacles ; quoi qu'il en soit, partout où on pourra appliquer économiquement le pétrissage mécanique, ce sera un avantage, et pour le fabricant, qui élaborera ses pâtes plus complètement et pourra employer des farines de blés de toute nature à l'aide d'organes qui ne se fatiguent pas, et, pour le consommateur dont l'aliment principal sera certainement plus propre et plus salubre.

Il y a bien longtemps qu'on a cherché à pétrir mécaniquement, mais aucun système n'avait satisfait à toutes les conditions d'un bon pétrissage. Les uns se composaient de cylindres tournant sur eux-mêmes et dans lesquels on faisait rouler la pâte qui se malaxait entre des bras placés sur l'axe et sur la paroi intérieure du cylindre ; mais ces pétrins étant hermétiquement fermés, la pâte restait trop dense, parce que l'air lui manquait ; d'autres étaient formés d'hélices, de courbes continues ou brisées ; d'autres, enfin, avaient des lames placées en râtelier et courbes qui relevaient la pâte et l'étiraient en la divisant. Toutes ces tentatives ont été infructueuses, et, au lieu de répandre l'usage du pétrissage mécanique, elles en avaient éloigné la boulangerie. Aucune de ces inventions, en effet, n'avait pu élaborer des pâtes comparables à celles faites à

la main ; leur principal défaut était d'agir d'une manière incessante ; or, il faut que la pâte repose et qu'on puisse à volonté
augmenter ou diminuer la puissance et la vitesse du travail.
Cependant un des plus habiles boulangers de Paris, M. Fléchelle, a imaginé, il y a une trentaine d'années, un pétrisseur
mécanique très-intelligemment combiné et qui produisait d'assez
bons effets, mais il a voulu le mouvoir à bras pour le mettre à
la portée du plus grand nombre, cela l'a conduit à réduire
beaucoup trop les organes. Un autre boulanger des environs
de Paris, M. Deliry, a repris une grande partie des excellentes
idées de M. Fléchelle et n'a pas reculé devant l'adjonction d'un
moteur assez puissant pour permettre de donner à l'appareil
et à ses différents organes les dimensions convenables ; il est
parvenu ainsi à établir un pétrin parfait qui permet de fabriquer des pâtes certainement supérieures aux pâtes à la main.
Ce succès est dû particulièrement à la facilité avec laquelle
on règle le travail, dont on augmente ou diminue à volonté
l'énergie. Ce système a fait ses preuves ; il marche depuis plusieurs années dans d'excellentes boulangeries ; de l'avis de
tous les hommes compétents, il est le seul qui donne des pâtes
parfaites. C'est donc de l'application de ce pétrin que datera le
pétrissage mécanique.

Ce pétrin se compose d'une grande auge circulaire en fonte,
tournant sur un axe vertical ; la moitié de la circonférence est
occupée en partie par trois organes, dont deux en forme d'S
ont leurs axes placés dans l'axe du diamètre même ; ils tournent verticalement dans l'auge, allongent la pâte, la soufflent
et l'étirent en tous sens ; le troisième a la forme d'une lyre, il
pivote sur un axe vertical, *frase* d'abord la pâte et la *coupe* pendant toute la durée du pétrissage. Ils ont chacun un mouvement indépendant qui permet de les faire marcher isolément,
ou à deux, ou tous les trois simultanément à volonté. La moitié
de la circonférence de l'auge étant libre, la pâte s'y repose à

chaque tour. Suivant les besoins, on met en marche ou on arrête les pétrisseurs ; un couteau ramasseur relève continuellement la matière qui s'attache aux parois intérieures, de telle sorte qu'aucune partie ne reste sans être suffisamment élaborée. La pétrissée dure de douze à quinze minutes. La préparation du levain y est très-facile. L'appareil n'a qu'un seul inconvénient, d'ailleurs commun à tous les autres pétrins, c'est qu'il faut pour l'entraîner un moteur d'au moins deux chevaux vapeur. La difficulté la plus sérieuse provient de l'opposition des propriétaires à l'admission dans leurs maisons de moteurs dont ils craignent le bruit qui les exposerait à des réclamations de la part de leurs autres locataires. La perfection des machines à vapeur, leur inexplosibilité, feront disparaître ces motifs plus ou moins plausibles, alors on verra les établissements importants adopter le pétrissage mécanique. La boulangerie deviendra une véritable industrie ; ses ouvriers ne seront plus forcés de se livrer toutes les nuits à un travail épuisant.

Pain fabriqué dans le ménage.

Les moyens et procédés que je viens d'exposer ne conviennent, bien entendu, qu'à une fabrication industrielle et suivie ; ils seraient plus nuisibles qu'utiles pour un travail interrompu ne s'effectuant qu'à des époques très-éloignées, ainsi que cela se passe habituellement dans la campagne. Je ne saurais trop engager tous ceux qui le peuvent à ne consommer que du pain de boulanger, toujours meilleur et qui coûtera beaucoup moins cher que celui fabriqué dans le ménage. Si on comptait la dépense du combustible, qui augmente d'autant plus que les fournées sont plus éloignées les unes des autres, si on estimait la main-d'œuvre, les pertes provenant des pains incuits ou trop cuits, et, enfin, les préjudices que la mauvaise qualité de l'aliment occasionne à la santé de ceux qui le consomment, on abandonnerait bien vite la panification à domicile. Mais beaucoup de localités sont situées loin des boulangers, il existe aussi des habitudes difficiles à déraciner, je crois donc qu'il est utile d'indiquer les moyens de fabriquer le pain de campagne le moins mauvais.

Les paysans croient que plus le pain est bis et rassis, plus il est nourrissant ; il est vrai qu'on en mange moins à la fois, parce qu'il est peu appétissant et lourd, mais on est obligé de multiplier les repas, et, comme l'assimilation se fait mal, les consommateurs résistent moins au travail.

Il est certain qu'aucun boulanger ne gagne net plus de deux centimes par kilogramme de pain ; admettons cependant cette base, et supposons un four de campagne contenant 100 kilogrammes de pain, croit-on qu'un particulier pourrait couvrir toutes les dépenses de cuisson avec deux francs ? Ne vaut-il pas mieux donner cette somme au boulanger pour avoir du pain bien conditionné ? Il faut ajouter à ces frais ceux de la mouture, qui disparaîtraient si les habitants de la campagne vendaient leurs grains et achetaient leur pain.

Il faut prendre de la farine de blé propre et de bonne qualité (c'est une faute de mélanger ou de laisser les criblures dans le bon blé, dont elles ne peuvent que gâter les produits) ; on nettoiera et criblera donc le grain convenablement et on donnera les criblures à la volaille. Ceux qui récoltent du seigle et de l'orge feront mieux de les vendre pour la distillation et d'acheter de la farine de bon blé que de les consommer eux-mêmes.

La panification ménagère est bien simple ; ici, pas de levains de *première*, de *seconde* et de *tout-point*, mais le levain-chef tout seul. Malgré cette simplicité, il serait possible d'obtenir un pain passable si cet unique levain n'était pas presque toujours dans un état de fermentation trop prolongée, les intervalles qui séparent chaque fournée étant de cinq, six, dix et même quinze jours. Ce levain, après avoir passé de la fermentation alcoolique à la fermentation acide, atteint la fermentation putride, qui rend le pain gris, sur et indigeste. Pour éviter cet inconvénient, il faut conserver un très-petit levain, le placer dans un endroit frais, au lieu de le laisser dans la maie ; on le *rafraîchira* tous les deux jours en le doublant chaque fois ; c'est le seul moyen d'éviter l'emploi de *levains pourris*. On pourrait également s'entendre avec les voisins pour échanger mutuellement les levains à tour de rôle.

La panification se trouve donc réduite à trois opérations : le pétrissage, l'apprêt et la cuisson. Avant de pétrir, on délaye le levain dans la quantité approximative d'eau nécessaire pour la pâte entière ; on y met le sel, puis on ajoute à ce brouet, progressivement et tout en malaxant, toute la farine destinée à la fournée ; ensuite on pétrit et on étire la pâte, en tous sens, en nappes que l'on soulève pour les plaquer vigoureusement les unes sur les autres. Lorsque la pâte est convenablement élaborée, on la coupe en pâtons que l'on place dans les corbeilles. La pâte ne sera pas aussi douce que celle du boulanger, mais on ne devra pas non plus la faire trop ferme, le pain cuirait insuffisamment, se conserverait mal, serait indigeste et malsain ; pour le même motif, on évitera de faire des pains trop volumineux. On surveillera avec soin la marche de la fermentation, afin d'enfourner à propos ; trop tôt, le pain sera mal levé ; s'il est trop tard, le gluten étant en partie décomposé, le pain restera également plat, et aura un goût aigre. On reconnaît facilement le moment opportun en appuyant la main sur la pâte ; elle est légèrement tiède, élastique, il s'est formé à la surface une croûte très-mince qui cède sous la pression sans se fendiller. Si l'on s'aperçoit que cette même croûte se sépare et que la pâte cherche à s'échapper par les crevasses il faut se hâter d'enfourner, car il est déjà tard.

On laissera le pain dans le four jusqu'à ce qu'il soit complètement cuit, c'est-à-dire léger ; alors la croûte de dessus se
brise sous la pression du pouce et la croûte de dessous
est sèche et résonne en la frappant. On placera le pain, au
sortir du four, dans le fournil, debout et de champ sur des étagères en planches ; on se gardera bien de le porter dans un
endroit humide dans le but de l'empêcher de sécher. C'est là
une habitude contre laquelle on ne saurait trop s'élever, car le
pain aura beau être suffisamment cuit, si on le dépose dans un
local où ses propriétés hygrométriques lui feront reprendre de
l'humidité, il moisira ; il s'y développera des semences de champignons de la plus mauvaise nature. Il vaut mieux mettre le
pain au sec et le laisser sécher, jusqu'au point d'être obligé
de le mouiller pour le manger, que de le tenir continuellement
à l'humidité.

Les fours de campagne ne doivent pas avoir plus de 2 mètres
de diamètre et plus de 0^m,32 à 0^m,35 sous voûte ; avec cette
dimension, ils consommeront moins de bois. Le fournil sera
bien clos et aussi petit que possible. Il faut que, suivant la
saison, on puisse le tenir au degré de chaleur nécessaire, sans
cela la pâte lèvera trop vite, ou le pain sera *doux levé ;*
dans ce dernier cas, la croûte de dessus sera détachée de la
mie et la moisissure ne tardera pas à paraître entre les vides ;
d'ailleurs du pain doux levé est toujours indigeste.

Si on veut un pain très agréable, d'un goût vraiment exquis
et très sain, on mettra dans la pâte de 100 kilogrammes de
farine un litre d'alcool et un kilogramme de sucre. Je donne ce
moyen pour ceux qui peuvent faire la dépense ; c'est, il est
vrai, une friandise, mais il augmente les propriétés alibiles
du pain et le rend plus salubre.

Tels sont les procédés que je recommande à tous ceux qui
font leur pain eux-mêmes ; en terminant, je crois devoir insister
de nouveau pour les engager à vendre leurs grains et à préfé-

rer le pain de boulanger. Le droit commun dans lequel est rentrée aujourd'hui cette industrie va permettre aux boulangers de recueillir désormais le fruit de leur travail ; il s'en établira certainement partout où la population suffira pour entretenir une fabrication suivie et conséquemment rémunératrice. Que chacun s'y prête, qu'on commence d'abord à s'alimenter dans les dépôts que des boulangers possèdent sur certains points, et petit à petit, des boulangeries définitives s'établiront ; alors disparaîtra une des principales causes de l'affaiblissement et de l'appauvrissement des populations rurales.

Je m'estimerai heureux si, par mes efforts constants, j'ai pu participer, même pour une faible part, à un semblable résultat.

Maladie du pain autre que le pain blanc.

Le pain de ménage, comme le pain de munition, est sujet à plusieurs sortes d'altérations qui le rendent insalubre. L'une d'elles revient périodiquement tous les ans pendant la saison des chaleurs, c'est-à-dire de juillet à octobre. Mais la maladie n'a pas toujours la même intensité, elle est subordonnée à la température et à la panification.

Lorsque le temps est sec, l'altération est moins sensible, mais dans les années humides et orageuses, comme celles de 1877-1878, elle se développe avec une grande activité et devient pernicieuse. Alors le pain, quand on l'entame, exhale une odeur nauséabonde, la mie est marbrée de tâches rougeâtres formées des semences d'un champignon microscopique découvert et décrit en 1819 par Sette qui lui donna le nom de *zaogalactina imctrofa*. C'est le même que Payen a appelé *oïdium aurantiacum*.

Enfin, les travaux de Sette (Padoue, 1819), de Bartholomeo Bizio (Venise, 1819), Gaultier de Claubry (Paris, 1842), mais principalement les observations de la commission nommée par le ministre de la guerre en 1842, à la suite d'accidents graves survenus dans plusieurs manutentions et notamment dans celles de Paris, Versailles, Saint-Germain-en-Laye, ne laissent pas la moindre incertitude sur la cause de la maladie, ses effets et les moyens à employer pour la prévenir et la guérir.

Les causes nous l'avons indiquées plus haut.

Le pain contenant de l'oïdium occasionne des coliques violentes, de la diarrhée ; l'usage continu produit dans les organes de la digestion des désordres, souvent mortels ; tels sont les effets.

Quant aux moyens préventifs, ils sont indiqués clairement par les observations et les conclusions de la commission, qui a admis que les circonstances les plus favorables au développement des champignons étaient les suivantes :

1° L'humidité du pain, d'abord, et celle de l'atmosphère ;

2° Une température de 30 à 40 degrés ; c'est célle de beaucoup de fournils.

3° La grande quantité de remoulage adhérente à la croûte inférieure ;

4° L'accès de la lumière ;

5° L'insuffisance de cuisson ; les sporules résistant à une température de 120 degrés.

La commission, en conséquence, a prescrit les mesures suivantes :

1° Diminuer d'un dixième la proportion d'eau engagée dans le pain ;

2° Augmenter la dose de sel, en la portant de 200 à 400 gr. par quintal métrique de pâte ;

3° Fleurer avec de la fécule à la place de remoulage ;

4° Distribuer le pain 8 ou 12 heures après sa sortie du four, au lieu d'attendre 24 et 48 heures ;

5° Soumettre la pâte à un degré de chaleur suffisant pour que la mie du centre reçoive au delà de 140 degrés, température nécessaire pour enlever aux sporules leur faculté végétative.

Ces moyens sont faciles, ce sont ceux de la boulangerie de Paris, dont le pain n'a jamais produit d'oïdium. Cette altération ne se manifesterait pas si la mouture et la panification militaires et des campagnes étaient moins éloignées des procédés industriels. On l'avait bien compris sous le précédent gouvernement ; un décret impérial avait porté à 20 0/0 l'extraction, qui n'était que de 15 0/0 sous la royauté ; mais ce décret a cessé d'être exécuté, et on a réduit l'extraction à 12 0/0. Rien ne peut justifier une mesure aussi regrettable ; l'économie est illusoire, car le mauvais pain est plus cher que le bon ; c'est là un fait incontestable, nous l'avons trop souvent démontré, depuis trente ans, dans l'*Écho agricole*, pour y revenir.

En résumé, la ration du soldat est déjà insuffisante ; si elle est malsaine, que deviendront nos pauvres enfants, forcés bientôt de servir jusqu'à quarante ans ?

Tout cela prouve qu'une réforme complète dans l'organisation du service des subsistances est devenue indispensable. L'administration, insouciante, fabrique mal et à un prix trop élevé ; elle doit s'abstenir.

Les fournitures devraient, sans exception, être mises en adjudication ; on améliorerait ainsi le régime et l'entretien de l'armée sans surcroît de dépense.

L'administration ne serait plus accablée par des opérations qui ne lui conviennent nullement et auxquelles elle ne convient pas. Chaque chef n'aurait plus pour but unique de présenter sur son service des économies qui chargent d'autant le service de ses collègues ; la tâche de ces messieurs se bornerait à la comptabilité, elle suffirait à les occuper largement ; alors tout le monde y gagnerait.

III

BISCUITERIE

Inconvénients du biscuit.

Le biscuit de mer est certainement le plus mauvais de tous les aliments préparés avec les farines des céréales. Mangé sec, il exige une plus grande quantité de salive que celle qui est habituellement sécrétée par les glandes spéciales ; les sucs de l'estomac le pénètrent difficilement ; il trempe mal dans les liquides et ne peut conséquemment faire de la soupe. On le donne le plus souvent, aux marins et aux soldats, dans un mauvais état de conservation ; l'intérieur se trouve rempli de larves de plusieurs insectes et plus particulièrement de celles de l'apate menu qu'on confond souvent avec la calandre du blé, mais qui en diffère sensiblement, ainsi que je l'ai démontré dans un autre chapitre. Il est vraiment pénible de voir ces pauvres militaires frappant le biscuit ouvert pour en faire sortir les vers, leurs dépouilles et leurs excréments avant de le manger.

Le biscuit, qui n'est en définitive que de la pâte desséchée, qui s'assimile difficilement, est donc un aliment barbare qui devrait être depuis longtemps remplacé par un pain comprimé à chaud qui n'aurait pas les inconvénients que je viens de signaler.

Essais pour la compression et la conservation du pain.

J'ai dit ailleurs que le pain fabriqué dans de bonnes conditions et placé au sec se conservait indéfiniment et se trouvait parfaitement en état d'absorber les liquides plusieurs mois, des années même, après sa sortie du four ; c'est là un fait incontestable ; mais son volume est un obstacle sérieux pour le transport en campagne ; on ne peut le réduire suffisamment qu'au moyen de la compression. Le choix du pain destiné à remplacer le biscuit doit être fait avec discernement ; s'il ne se relève pas après compression à froid il est insuffisamment cuit ou trop nouveau ; il faut qu'il soit rassis, mais, dans cet état, il reprend, aussitôt qu'il est desserré, une grande partie de son premier volume. Longtemps j'ai lutté contre cette difficulté ; je ne suis parvenu à la vaincre qu'en fixant sur les plateaux de la presse deux cadres à doubles fonds chauffés par de la vapeur à plus de 100° cent. On devra faire ces plateaux dès le principe, et les disposer spécialement pour ce travail ; quant à moi, reculant devant le dépense d'une presse spéciale, je me suis borné à utiliser ce que j'avais à ma disposition, ne voulant pas faire des sacrifices dont je ne devais retirer aucune compensation. Malgré l'insuffisance des moyens je n'en suis pas moins parvenu à conserver, par mon procédé et pendant plusieurs années, des morceaux de pain dont le volume à poids égal ne dépassait pas d'un quart celui du biscuit ; il a fait, jusqu'à la fin, de l'excellente soupe et avait une bonne mâche. Certainement ce pain est sec aussi, mais il trempe promptement dans les liquides qui lui rendent son premier volume. Je conseille aux manutentionnaires de renouveler mes expériences, elles les conduiront certainement à supprimer le biscuit ; il est temps qu'on sorte de la routine et qu'on fasse quelque chose pour améliorer le régime alimentaire de l'armée. Les officiers attachés au service des subsistances ont généralement une grande répugnance à entrer dans la voie du progrès. Ce n'est pas l'intelligence qui leur manque, mais l'expérience et l'intérêt personnel ; c'est l'absence de ces deux mobiles qui fait que tous les produits fabriqués au compte de l'État sont invariablement inférieurs et plus chers que les produits provenant de l'industrie privée. Le plus puissant élément du progrès, c'est le besoin et la ferme volonté d'acquérir, et, aussi, la concurrence, cette émulation incessante que le libre-échange tend à développer de plus en plus entre les peuples civilisés. Les employés de l'État, n'ayant rien à gagner personnellement, restent indifférents ; ils évitent même de s'occuper d'expériences qui leur apportent un surcroît de besogne.

J'ai publié mes moyens, d'autres les ont appliqués avec succès, et, quoique les meilleurs résultats aient été obtenus par un officier de l'administration, il n'a nullement été encouragé et a dû abandonner des tentatives bien intéressantes pour l'armée. Voici comment j'ai opéré : J'ai pris du pain fendu ou pain à grigne rassis de douze à quinze heures (le pain à grigne est toujours le meilleur), je l'ai coupé transversalement en tranches de 0^m,04 à 0^m,05 d'épaisseur que j'ai rangées sur le plateau inférieur de la presse, de manière à ne rien perdre de la surface, et je les ai comprimées entre les deux plateaux chauffés à plus de 100 degrés, la croûte étant dessus et dessous. Au bout d'une heure, le pain était complètement sec et conservait la forme prise entre les plateaux. Je laisse refroidir ces tranches dans un local à l'abri de l'humidité et les mets en caisse. Il est bien entendu qu'il faut un nombre de presses proportionné à la quantité

de pains qu'on veut préparer. Les presses à percussion suffisent. Le pain reviendra peut-être d'abord à un prix supérieur
à celui des biscuits ; je n'ai pas opéré assez en grand pour
être fixé sur ce point ; mais je suis convaincu que si on fait la
part des pertes causées par le biscuit détérioré, on trouvera
au contraire une économie sensible dans mon procédé. D'ailleurs l'alimentation du soldat doit passer avant toute autre considération.

On peut cuire le pain dans des moules en tôle de forme
rectangulaire et le comprimer entier dans les mêmes moules ;
on obtient alors des planches régulières en volume et en poids,
qui se placent très-facilement sur le sac de chaque soldat.
J'ai de ces planches qui ressemblent, quant à l'épaisseur, au
biscuit et dont la longueur est quadruple.

Procédés de fabrication du biscuit.

Mais, en attendant que cette amélioration soit bien appréciée, on continuera à fabriquer du biscuit ; voici les différents
procédés :

De tout temps on a employé pour le préparer les meilleures farines et surtout celles qui contiennent le moins de
son ; mais autrefois la pâte était mélangée d'une certaine
quantité de levain, un dixième du poids de la farine environ ; la farine, l'eau et les levains étaient *frasés* ensemble.
Lorsque la pâte était mélangée et à demi liée, deux ouvriers
entraient dans le pétrin et la foulaient aux pieds jusqu'à ce que
la masse fût homogène ; on la divisait ensuite par parties qui,
chacune à leur tour, étaient étendues sur une table et pétries
de nouveau avec les pieds. Ces pâtons, coupés et roulés en petites boules, étaient aplatis avec un rouleau ; c'étaient de véritables galettes ; on les perçait au moyen d'un perçoir à main
ayant cinq à six dents. Les piqûres sont destinées à permettre à

la chaleur d'atteindre facilement les parties internes, elles empêchent également le boursouflement. Chaque galette avait
de 0ᵐ,60 à 0ᵐ,65 de circonférence et 0ᵐ,036 d'épaisseur. On
attendait trente minutes environ pour laisser prendre l'apprêt
et on les enfournait. Elles restaient très-longtemps au four,
deux heures ; après le défournement, on les rangeait debout
sur des étagères placées au-dessus du four ; elles achevaient
de sécher tout en se refroidissant.

Un si long séjour dans les fours rendait le biscuit trop dur,
le levain lui donnait une porosité qui facilitait le développement
des insectes sans améliorer le goût comme on le supposait, puis
la dimension était trop forte pour que la cuisson fût toujours
complète. On prit alors le parti de donner la forme carrée aux
galettes, de les réduire de volume (0ᵐ,12 à 0ᵐ,14 carrés sur
0ᵐ,017 à 0ᵐ,020 d'épaisseur), et de supprimer les levains et le
sel, toujours causes d'humidité. Dans quelques contrées,
cependant, la marine marchande a persisté dans l'usage des
biscuits ronds, ne voulant pas une forme semblable à celle des
biscuits destinés aux galériens. En 1813, Rollet eut l'idée de
placer à chaque extrémité du rouleau une embase qui lui permit
de régler l'épaisseur ; après avoir aplati la pâte, il la soumit à
l'action d'un instrument carré dont les côtés étaient formés de
lames tranchantes, et qui à l'intérieur était garni de poinçons.
Ce coupe-pâte avait un double fond mobile que des ressorts
sollicitaient sans cesse à occuper le plan déterminé par les
arêtes des lames. On appuyait sur la pâte avec cet instrument,
aussitôt elle était coupée en carrés et percée, puis repoussée
sur la table par le jeu des ressorts agissant sur le double
fond. C'est à ces modifications que se réduisirent les changements apportés à la fabrication pendant plus de vingt années.
Le biscuit, il est vrai, très-plat et régulier d'épaisseur,
n'avait plus besoin de rester dans le four que de trente-cinq à
quarante minutes pour arriver à parfaite cuisson, mais on

n'était pas parvenu encore à apporter de l'économie dans la main-d'œuvre ; pour atteindre ce but, on chercha à appliquer la mécanique à toutes les différentes phases de la transformation.

C'est dans l'arsenal de Deptfort, en Angleterre, qu'on fit usage pour la première fois de pétrins mécaniques et de machines à laminer la pâte. On se servit d'abord, pour ce dernier objet, d'un appareil composé d'un rouleau d'environ 700 kilogrammes, recevant un mouvement alternatif de va-et-vient au moyen d'une bielle. C'était bien certainement le plus mauvais système qu'on pouvait imaginer, aussi il a été promptement abandonné dans la biscuiterie particulière et n'est resté en usage que dans un petit nombre de manutentions publiques très-arriérées. L'inconvénient de ce rouleau comprimeur, qui porte sur deux petits rails, est de ne pas terminer la pâte à son premier passage ; on est obligé de replier à plusieurs reprises la nappe ; il résulte de cette opération que la pâte est feuilletée et manque de cohésion ; c'est à ce motif qu'il faut attribuer la facilité avec laquelle les insectes s'y développent et souillent les biscuits.

Tout système qui oblige à replier ainsi la pâte est mauvais, car il est indispensable, pour obtenir des biscuits d'une longue conservation, qu'elle soit compacte et très-unie.

L'industrie privée l'a bien compris, aussi, c'est chez elle qu'il faut prendre des exemples ; c'est ce que je fais pour les manutentions militaires que je construis et pour lesquelles j'adopte les machines dont je vais donner la description, et que je recommande à tous ceux qui veulent établir une fabrication économique de biscuits d'une longue conservation. Pour *fraser* la pâte, j'ai choisi un pétrin mécanique d'une énergie suffisante pour répartir bien également l'eau dont le volume varie suivant la nature des farines ; il doit être strictement réduit à la quantité suffisante pour réunir les molécules de la farine ;

on ne doit pas chercher à obtenir de la pâte par le frasage, mais seulement des mottes. Ce pétrin, à auge circulaire, m'a donné de bons résultats. On pourrait employer également des pétrins cylindriques se fermant complètement et tournant sur un axe; ils n'ont pas pour biscuits les mêmes inconvénients que pour la pâte à pain. Lorsque l'amalgame est régulier, on fait passer la pâte, sans la replier, entre deux cylindres indépendants de la machine principale, pour lui donner une première consistance et la mettre en état d'être introduite facilement dans la machine à biscuits. Cette dernière se compose de cinq cylindres superposés, le premier est le cylindre étireur qui prend la lame de pâte placée sur un plan incliné en tôle et la comprime entre lui et un autre cylindre à joues. Elle passe ensuite entre trois autres cylindres dont le dernier est le cylindre découpeur et piqueur ; ce dernier est percé de douze mortaises dans lesquelles fonctionnent librement douze barres transversales garnies de goujons, de galets et de plaques qui repoussent les biscuits découpés. Les biscuits, au sortir des cylindres, tombent sur une chaîne sans fin en toile d'où ils sont enlevés par des enfants qui les placent sur des plaques ou des châssis grillés qu'on met dans le four presque immédiatement. Les deux derniers cylindres s'écartent ou se rapprochent à volonté, afin de permettre de varier l'épaisseur des biscuits. On peut également changer la forme en ayant un cylindre découpeur séparé pour chaque forme, de sorte, qu'avec la même machine, on peut obtenir des biscuits carrés, ronds et autres, il suffit d'avoir, pour chacune, un cylindre particulier se plaçant à volonté sur le même châssis. Les fours sont exactement les mêmes que les fours à pain, cependant il serait bon de donner à la voûte moins d'élévation. On a proposé des fours à chaîne sans fin partant de la machine et rendant à leur extrémité le biscuit complètement cuit, ces expériences n'ont pas donné de bons résultats ; ces fours, d'ailleurs, auraient des dimensions énormes, plus de 30 mètres, et coûteraient près de 1,000 fr. le mètre. Des fours à sole mobile, bien établis, rendent de bons services, j'ai appliqué ce système et j'en ai été satisfait.

Le biscuit reste dans le four environ vingt a vingt-cinq minutes, ensuite on le porte dans des étuves où il ressue et achève de perdre son humidité.

Lorsqu'on remarque dans le biscuit un commencement d'altération causé soit par l'humidité, soit par les animaux parasites, le seul moyen d'en arrêter le progrès, est de le remettre au four, qui le sèche et détruit les œufs, les larves et les insectes eux-mêmes.

100 kilogrammes de farine donnent, en moyenne, 90 à 92 kilogrammes de biscuit ; ainsi, il faut que la cuisson fasse évaporer non seulement toute l'eau qui a été employée à faire la pâte, mais aussi la plus grande partie de l'eau de végétation contenue dans la farine.

IV

VERMICELLERIE

Les pâtes alimentaires.

On comprend généralement sous le nom de *pâtes alimentaires* le vermicelle, le macaroni, les nouilles, les lazagnes et les petites pâtes de formes variées connues sous le nom de pâtes d'Italie.

Ces pâtes sont fabriquées avec des farines ou des semoules de froment et de l'eau. Elles doivent être de nuance claire et diaphane, solides et complètement sèches. Les bonnes pâtes ne se délayent pas à la cuisson et ne troublent pas la limpidité du liquide dans lequel on les a fait cuire. La couleur jaune de quelques-unes d'entre elles répond simplement à un caprice de la consommation ; elle est due à l'addition de quelques grammes de safran dans l'eau qui sert à les pétrir et ne préjuge rien de leur qualité.

La quantité d'eau à employer pour le pétrissage, quoique variable suivant la nature des blés qui ont produit les farines ou les semoules, et même selon les variations atmosphériques, doit être en tout cas suffisante pour humecter les molécules de farine ou de semoule, mais il ne faut pas aller au delà de l'hydratation indispensable pour obtenir une pâte très-serrée au moyen d'un malaxage puissant et énergique que je décrirai plus loin.

L'industrie des pâtes a pris sa source en Italie ; les blés de ce pays, riches en gluten, notamment ceux de la Sicile, conviennent parfaitement.

Dans cette contrée, les pâtes sont consommées par toutes les classes de la société, elles entrent pour une grande part dans l'alimentation du peuple.

Le macaroni, plus particulièrement, est un mets italien ; on rencontre dans les rues de Naples et dans plusieurs autres villes italiennes un grand nombre de marchands spéciaux, qui le font cuire à l'eau et le vendent aux passants.

Les Italiens ont eu longtemps le monopole, ils en exportaient des quantités considérables ; mais, depuis de longues années déjà, les fabricants français ont commencé à leur faire une active concurrence, et, non seulement la consommation française a cessé d'être tributaire de l'Italie, mais encore les nombreuses améliorations industrielles introduites dans les fabriques françaises ont permis à nos compatriotes de produire beau et à bon marché et de se livrer à leur tour à l'exportation sur une assez large échelle.

Le développement des moyens de transport, les facilités résultant du libre-échange n'ont pas seulement aidé nos fabricants à se procurer plus aisément les blés convenables, mais ils leur ont, en même temps, donné facilité de pouvoir expédier et exporter partout leurs produits. Aussi la fabrication française s'est accrue dans des proportions considérables ; l'usage du vermicelle se répand maintenant dans les localités où, il y a quelques années, il était inconnu.

Aujourd'hui on fabrique des pâtes alimentaires un peu partout, mais les principaux centres de la production française sont Lyon, Marseille et l'Auvergne. Depuis peu d'années on a aussi établi plusieurs fabriques importantes dans les Vosges.

Longtemps les pâtes de Nancy ont eu la vogue, ensuite ce fut le tour de Clermont, enfin c'est Lyon qui aujourd'hui l'emporte. Je crains que cette préférence ne soit pas de longue durée et que cette industrie finisse par se centraliser dans le Midi, qui possède de nombreux moulins parfaitement placés pour recevoir les blés durs de la mer Noire et de l'Algérie. L'exagération des dimensions données à leurs presses par les vermicelliers de Lyon, dans le but d'augmenter leur fabrication et d'en diminuer les frais, leur nuira certainement, cela les oblige à trop mouiller la pâte au préjudice de la qualité. Dans des cloches d'un grand diamètre il est impossible de chauffer la pâte également ; si les Lyonnais ne reviennent pas aux presses de 40 à 45 kilog., ils auront, je le repète, à le regretter plus tard.

Fabrication ancienne.

Les procédés employés pour la fabrication ont été considérablement modifiés et perfectionnés ; autrefois cette profession exigeait des hommes d'une grande force musculaire et d'une santé robuste.

Le pétrissage s'exécutait au moyen de la *Braie* ou *Pétrin à sauter*, appareil composé d'une forte caisse en bois, de forme triangulaire, dans laquelle l'ouvrier mêlait la farine et l'eau chaude et pétrissait très-rapidement, afin de ne pas laisser à la pâte le temps de se refroidir. Les vermicelliers travaillaient nus jusqu'à la ceinture comme les boulangers ; un bon pétrisseur, disait-on, devait constamment avoir le dos ruisselant de sueur pendant son travail ; c'était la barbarie.

Lorsque le frasage était terminé, on étalait la pâte dans le pétrin, on la recouvrait d'une toile et on la piétinait pendant quelques minutes pour l'agglomérer ; ensuite, on enlevait la planche qui fermait le pétrin par devant et on achevait de pétrir et de durcir la pâte au moyen de la *barre à sauter*.

Cette barre était un boulin en bois, d'environ 4 mètres de long, taillé en biseau sur une longueur de 1 mètre et arrondi ; elle était fixée par un anneau au sommet du triangle formé par le pétrin ; l'ouvrier agissait par son propre poids et en se laissant retomber vigoureusement sur l'extrémité de ce levier qu'il déplaçait à chaque secousse. Ce travail du pétrissage est aujourd'hui effectué par la harpie.

Les presses massives et encombrantes avaient leurs cloches et leurs vis retenues dans des châssis en bois formés de gros madriers unis par des ferrures et des boulons ; de forts montants en charpente tenaient lieu des colonnes actuelles.

La vis était commandée par une lanterne en fer à quatre ouvertures fixée à son extrémité inférieure ; elle tournait dans l'écrou au moyen d'un cabestan dont la barre s'engageait dans la lanterne ; le levier du cabestan obéissait à un câble qui s'enroulait autour d'un arbre vertical que l'ouvrier entraînait en marchant appuyé sur une traverse entée dans l'arbre à hauteur d'appui.

Chaque révolution de la barre faisant avancer la vis d'un quart de tour, il fallait alors la placer dans le cran suivant de la lanterne, successivement. On chauffait la partie inférieure de la cloche au moyen de deux réchauds mobiles ayant chacun la forme d'un demi-cylindre rapprochés ; ils l'entouraient exactement ; ils étaient remplis de charbon de bois incandescent dont l'ouvrier activait la combustion selon les besoins de son travail.

Les ouvriers souffraient des gaz délétères du charbon ; souvent on était obligé de les emporter hors de l'atelier atteints d'un commencement d'asphyxie. D'un autre côté, les cendres et escarbilles s'échappant du fourneau, salissaient la marchandise.

L'application des coquilles à courant de vapeur employées maintenant pour le chauffage des cloches a été un véritable bienfait pour les ouvriers et un progrès notable au point de vue de la fabrication, puisqu'on peut, au moyen d'un simple robinet, régler le point de chaleur nécessaire à la pâte, ce qui était difficile à obtenir avec les réchauds.

Les séchoirs ou étuves étaient autrefois fort mal installés, on les chauffait au moyen de gros poêles en fonte dont on poussait souvent la température jusqu'au rouge. Il résultait naturellement de ce mode que les pâtes placées près des poêles étaient grillées, tandis que celles placées plus loin et dans les coins du séchoir ne recevaient ni le degré de chaleur, ni le renouvellement d'air sec nécessaires. La ventilation était d'ailleurs nulle dans ces séchoirs.

Les poêles offraient, en outre, un danger incessant d'incendie, placés, qu'ils étaient, au milieu de claies en bois garnies de papier et portant elles-mêmes des produits facilement combustibles.

Quand on compare ces procédés primitifs avec ceux qui sont en usage aujourd'hui et que je vais décrire, on doit reconnaître que les mécaniciens et les fabricants sont parvenus à transformer un simple métier en une industrie manufacturière sérieuse.

Nouveaux procédés de fabrication.

Voici la fabrication telle qu'elle s'effectue aujourd'hui :

La pâte à vermicelle doit être plus compacte encore que celle destinée à faire des biscuits de mer.

Le pétrissage est également tout autre que celui en usage pour la pâte à pain. En effet, les résultats à atteindre sont opposés :

Dans la panification, la fermentation joue le rôle principal ; tous les soins de l'ouvrier doivent s'appliquer à proportionner la force des levains, et le travail, à la qualité des farines employées.

Dans la vermicellerie, au contraire, on doit éviter toute fermentation, la pâte se forme uniquement de l'agglomération, au moyen d'un malaxage et d'un laminage puissants, de la farine ou de la semoule avec environ 30 0/0 d'eau à une température de 85 à 90 degrés centigrades ; cette eau ne doit pas avoir bouilli longtemps, elle rougirait la nuance des pâtes.

A cette température, elle a le double avantage d'arrêter la fermentation et en même temps de faciliter la liaison de la pâte.

Pétrissage.

Le pétrissage se divise en deux opérations distinctes : le *frasage* et le *laminage*.

Le *frasage* consiste à mélanger activement la farine ou la semoule, avec l'eau chaude, de manière à répartir celle-ci rapidement et également dans la matière première.

Cette nécessité d'un mélange parfait et rapide exige l'emploi de pétrisseurs mécaniques. Tous les systèmes de pétrins qui réussissent pour la fabrication des pâtes à biscuits conviennent également pour la pâte à vermicelle, mais, comme celle-ci n'a pas, comme la pâte à pain, besoin d'air, on doit préférer les pétrins fermés dont l'enveloppe tourne sur elle-même aux pétrins dont la cuve est fixe ; les premiers prennent moins de force.

La seconde opération du pétrissage a pour but de comprimer la pâte pour lui donner plus de cohésion et la rendre très-homogène.

On obtient ce résultat à l'aide d'un appareil qu'on appelle harpie ou meule à pétrir, qui se compose d'une roue en fonte dentée, ou de meules en granit qui ont beaucoup moins d'énergie.

Les moyens mécaniques employés pour les mettre en mouvement varient beaucoup, mais il n'y a que deux systèmes bien distincts :

La roue à mouvement rectiligne de va-et-vient ;

La roue à mouvement circulaire.

On pourrait encore se servir, pour ce travail, de puissants laminoirs ; mais les expériences qui ont été faites dans ce sens, n'ont donné que de médiocres résultats.

La harpie, à mouvement rectiligne, est préférée par les fabricants qui se servent le plus souvent de farine comme matière première. C'est une lourde roue dentée, en fonte, se mouvant sur une table solide, recouverte d'une feuille de tôle épaisse. Au sortir du pétrin, la pâte est déposée sur cette table et la roue exécute sur elle son mouvement de va-et-vient.

Sous l'influence de la pression réitérée produite par le poids de la roue, les morceaux de pâte se réunissent et forment une nappe ondulée très dure dont l'épaisseur est de $0^m,04$ à $0^m,05$. En même temps, la denture de la roue, pénétrant dans la masse, la rend très ferme et homogène.

La pâte s'allonge et s'étend sur toute la longueur de la table; alors, on la replie sur elle-même et on la présente de nouveau à l'action de la roue. Cette opération se répète autant de fois que cela est nécessaire, et pendant l'espace de 45 minutes environ.

La harpie à mouvement circulaire se compose d'une meule légèrement conique qui tourne sur champ, autour d'un axe qui la commande. Elle roule sur une plate-forme circulaire sur laquelle on répartit la pâte. Les meules sont ou en granit ou en pierre d'un grain serré, ou en fonte; elles peuvent être pleines ou dentées comme celles qui fonctionnent en va-et-vient et doivent être d'un grand poids pour produire une pression suf-

fisante. Elles sont plus généralement adoptées par les fabricants qui travaillent avec les semoules, parce que leur marche
circulaire produit sur la pâte un effort de torsion qui agit vigoureusement sur les grains de semoule non suffisamment
hydratés pendant l'opération du frasage. Les fabricants qui
emploient ce genre de meules ont rarement un pétrin mélangeur ; c'est à tort, selon moi ; ils se bornent, pour la plupart,
à mêler dans l'auge la semoule et l'eau chaude, et frasent à la
main. Il est facile de comprendre que, par ce moyen, le mélange ne peut être qu'imparfait, l'hydratation irrégulière, et
que le travail de la meule doit suppléer par son action prolongée et puissante au défaut de pétrissage.

Un ouvrier est exclusivement chargé du service de cette
machine ; sa mission est de couper et rejeter constamment
sous la roue les morceaux de pâte qui s'en écartent par le fait
de l'allongement et de l'écrasement.

Presses et moules à vermicelle.

Lorsque la pâte a reçu sous la roue toute la préparation
nécessaire, on la coupe par parties pesant chacune depuis
35 jusqu'à 100 kilogr. et plus, suivant la capacité de la cloche ;
on les roule et chaque rouleau est introduit dans la cloche
d'une presse pour y être moulée.

Une presse à vermicelle se compose d'un cylindre creux à
parois épaisses en bronze ou en fonte, nommé *cloche*, et d'un
piston plein en fonte. Ce piston s'élève ou s'abaisse à volonté
verticalement ou horizontalement (petite presse) dans l'intérieur de la cloche au moyen d'une forte vis en fer qui lui sert
de tige.

La vis obéit à un écrou en bronze fixé et boulonné dans le
chapeau ou banc supérieur de la presse ; le banc inférieur
porte et maintient la cloche. Ces deux bancs sont en fonte et

solidement reliés à deux colonnes en fer forgé qui soutiennent tout l'appareil.

Un collier en fonte, fixé à l'extrémité inférieure de la vis, lui sert de guide et la dirige dans l'axe de la cloche en glissant le long des colonnes.

Au-dessus du collier, la vis porte un engrenage qui l'entraîne conformément au mouvement qu'il reçoit d'un grand pignon mû lui-même par une série d'engrenages. Au fond de la cloche, se trouve un entablement qui soutient le *moule*.

Le *moule* est un disque plat en cuivre rouge, percé de petites filières de formes différentes ; cette pièce est mobile et est changée à la fin de chaque pressée.

Toute presse doit avoir un certain nombre de moules dont les trous ont des diamètres différents afin de produire des vermicelles de diverses grosseurs.

Les *moules* destinés à produire des *nouilles* ou des *lazagnes* ne diffèrent de ceux à vermicelle que par la forme des filières, qui sont longitudinales au lieu d'être cylindriques.

Le moule à *macaroni* est percé de filières plus grosses évasées en dedans. Chacune d'elles porte dans le centre un mandrin en fil de laiton fixé à cheval sur la cloison qui les sépare deux à deux ; il traverse l'épaisseur du moule et arrive à fleur de sa surface extérieure. La pâte, forcée par la pression, traverse les filières, entoure le mandrin, et sort sous forme de longs tubes.

Lorsque la cloche a reçu toute la charge de pâte qu'elle peut contenir, on met la presse en mouvement. Le piston pénétrant lentement dans la cloche, pousse la pâte au travers des filières. Elle en sort alors en longs fils ou rubans.

La *cloche* est chauffée à sa partie inférieure au moyen d'une double enveloppe ou *coquille* qui recouvre à peu près le quart de sa hauteur, et dans laquelle on fait passer un courant de vapeur. Ce chauffage a pour but de faciliter la sortie de la

pâte et de rendre les fils lisses et transparents ; c'est là un
détail important du travail. L'ouvrier qui surveille les presses
doit connaître et maintenir le degré de chaleur qui convient à
la pâte car il varie selon la nature des blés employés.

Le manque de chaleur donne aux pâtes une nuance blème et
mate ; l'excès sèche les fils, les rend rugueux au toucher, et
ternit la nuance. Il est important de ne donner à la *coquille*
que la dimension nécessaire pour chauffer la pâte seulement
au-dessus du moule et au moment où elle va traverser les
filières ; si on chauffe plus haut et conséquemment trop tôt,
on roidit la pâte, les fils alors se déchirent au passage et ne
sont pas lisses. Quand les fils ont atteint une longueur suffisante, on les évente au moyen d'une large palette flexible en
acier, afin qu'ils ne se collent pas les uns aux autres, et on les
coupe à la main. Dans quelques établissements, la presse est
munie, à sa partie inférieure, d'un ventilateur qui remplit le
même but.

A chaque pressée on change le moule qu'on met tremper
dans l'eau froide plusieurs heures pour que la pâte restée dans
les filières se ramollisse et n'occasionne pas une résistance qui
causerait des accidents. On peut employer de l'eau très chaude
et de la vapeur à la place de l'eau froide ; dans ce cas les moules sont plus tôt en état de se débarrasser de la pâte qui obstrue
les filières, il faut moins de moules.

Pliage des pâtes.

Le produit, ainsi divisé, est couché dans des corbeilles rec-
tangulaires et porté à l'atelier du pliage, où des femmes lui
donnent sa forme définitive.

Il faut une grande habitude et beaucoup de vivacité pour
plier les différentes pâtes ; les femmes qui exécutent ce travail
sont à la tâche ; celles qui sont habiles gagnent de très-bonnes

journées. Les pâtes sortent flexibles des presses ; les femmes les reçoivent en cet état, les coupent, les peignent avec leurs doigts et les placent sur les claies en leur donnant la forme de 8 ou de boucles diverses. Quant aux macaronis, on les replie seulement, les tubes restent droits, courbés au milieu en forme de pincettes.

On a inventé récemment une machine à former les boucles avant le séchage, on lui a donné le nom de mécheuse friseuse. Elle prend le vermicelle à sa sortie de la filière et le fait passer sur une coupeuse étendeuse qui complète cette opération du pliage. Si ce système réussit on aura le même nœud pour toutes les sortes, je n'y vois pas d'inconvénient.

Les petites pâtes et la petite presse.

Pour obtenir les petites pâtes de formes variées, comme étoiles, cœurs, croix de Malte, graines diverses, chiffres, lettres, etc., etc., on emploie également une presse. Elle diffère des presses à vermicelle qui sont verticales, elle est au contraire, horizontale. Le moule que l'on pose au fond de la cloche est percé de filières dont la section représente la forme qu'on désire obtenir.

Une lame de rasoir est liée à l'axe du moule par une goupille autour de laquelle elle exécute un mouvement de rotation très rapide, de sorte que, quand la pâte, pressée par le piston, se présente à l'orifice du moule, elle est coupée très courte ; les petites pâtes, très nettes de forme, tombent dans une vannette plate. Elles sont ensuite étalées sur des claies et transportées au séchoir.

Cette presse s'appelle *petite presse*, parce qu'elle est d'un diamètre beaucoup moindre que les presses verticales ; la capacité de sa *cloche* varie ; elle ne contient que de 15 à 25 kilogrammes de pâte.

Les claies sont en fil de fer ; le fond est recouvert de fort papier; lorsqu'elles sont entièrement garnies de pâtes, on les porte au séchoir sur des étagères soutenues par des châssis placés au centre de l'étuve.

Étuvement des pâtes.

Le séchoir est une vaste pièce fermée dont la température est maintenue à 45° environ par un courant d'air chaud qui vient d'un calorifère placé ordinairement à un étage inférieur.

On peut également utiliser le calorique perdu de la vapeur d'échappement du générateur; il y a économie à le faire, cela vient en aide à l'action du calorifère, mais ne peut le remplacer complètement.

L'air chaud arrive dans le séchoir à une de ses extrémités et traverse toutes les claies chargées de pâtes humides, attiré qu'il est par l'aspiration de cheminées d'appel situées à l'autre extrémité de la pièce. Les pâtes placées près de l'introduction de l'air chaud sont enlevées aussitôt qu'elles sont sèches et remplacées par d'autres, laissant ainsi la place libre successivement aux pâtes fraîches déposées du côté des cheminées d'appel.

La dessiccation des pâtes est conséquemment graduée; l'air du séchoir sans cesse en mouvement se renouvelle continuellement, on obtient ainsi un séchage parfait. L'absence d'humidité dans les séchoirs empêche les vermicelles de fermenter surtout dans les temps humides ou orageux, et de contracter un goût d'acidité désagréable.

Les vermicelles, selon leur grosseur, mettent de trente à trente-six heures à sécher avec une température de 45 degrés.

Les macaronis sèchent dans une étuve spéciale disposée comme celle à vermicelle, mais chauffée à une température beaucoup moins élevée, 25 degrés pendant 6, 7 ou 8 jours. Une dessiccation trop rapide les fait gercer et tomber en miettes.

On les étend sur des cartons absorbants et on les recouvre d'une certaine épaisseur de papier variable selon la saison.

A leur sortie des séchoirs, toutes les pâtes sont mises en caisses pour être livrées au commerce.

Le rendement de la farine en vermicelle sec varie de 7 à 12 pour cent de déficit, c'est-à-dire que 100 kilog. de farine produisent de 88 à 93 de pâte suivant l'état de siccité de la farine.

Chaque vermicellier doit posséder une ou deux bluteries pour repasser ses farines ou époudrer ses semoules. Les farines, reblutées au moment d'entrer en travail, sont plus légères, se pétrissent mieux et s'hydratent plus régulièrement ; elles se débarrassent aussi de petites mottes et de quelques impuretés qu'on trouve même dans les plus belles marchandises, et dont l'inconvénient est d'obstruer les trous des *moules* de la presse et de produire des fils irréguliers et égratignés.

Quelques fabricants préparent chez eux les boîtes et caisses d'emballage nécessaires pour l'expédition de leurs produits ; ils y trouvent une grande économie ; ce travail n'exige qu'une scie circulaire et des outils peu coûteux.

Avantage de la réunion de la vermicellerie et de l'amidonnerie.

La vermicellerie et l'amidonnerie, qui ont été jusqu'à présent deux industries bien distinctes, tendent aujourd'hui à se réunir au profit des deux fabrications. Cette amélioration sera due au système de séparation immédiate de l'amidon et du gluten par le lavage qu'on commence à adopter et qui se généralisera certainement. En effet, le gluten frais n'a pas de meilleur emploi que son adjonction aux pâtes alimentaires, auxquelles il permet de donner autant de consistance qu'on peut le désirer.

L'amidonnier qui opère par la décomposition sacrifie complètement le gluten et ne tire pas une quantité suffisante d'amidon blanc. Le procédé Martin donne plus de produits et conserve le gluten ; mais celui-ci ne peut rester longtemps à l'état humide sans fermenter, il faut l'employer, l'été, au plus tard avant douze heures, et, l'hiver, avant vingt-quatre heures. Le transport n'est pas non plus bien facile ; conséquemment, l'amidonnier qui est en même temps vermicellier fait marcher avec profit les deux fabrications simultanément. Il mélange le gluten à ses pâtes ordinaires au fur et à mesure que celui-ci sort de l'amidonnière ; il obtient ainsi des pâtes aussi riches et plus blanches que celles qui proviennent des blés les plus glacés. On verra plus loin, lorsque je m'occuperai de l'amidonnerie, par quels moyens s'effectue la séparation du gluten et de l'amidon.

Les blés durs et les blés tendres.

Je ne veux pas examiner ici les avantages et inconvénients que présente l'emploi soit des farines, soit des semoules pour la fabrication des pâtes ; chacun devra prendre la matière première qui sera plus avantageuse, suivant les circonstances. Les blés durs certainement donnent de 40 à 60 0/0 de bonnes semoules, mais il faut, pour les réunir et les souder, les pétrir pendant une heure et demie au moins. Les blés tendres ne donnent que 25 à 26 0/0 de belles semoules, mais le pétrissage s'effectue en quarante-cinq minutes.

Pour le macaroni on prendra toujours des semoules grosses et bien épurées. Quant au vermicelle, je conseille des farines très rondes, tenant le milieu entre les semoules et les farines affleurées. On concasse le blé en gros gruaux qu'on sasse avec soin, et, lorsqu'ils sont très propres, on les remoud sans les trop diviser.

Les deux sortes fournissent de beaux produits : les pâtes de blé dur sont très bonnes, un peu grises, elles doivent pour cela toujours être légèrement safranées ; les pâtes de semoules de blé tendre conservent une belle teinte blanche naturelle. Enfin, avec des farines de gruaux et du gluten de bonne qualité, on obtient des pâtes égales au moins à celles des blés glacés ; c'est au fabricant, je le répète, à savoir profiter de sa position et des circonstances.

Coloration des pâtes.

Certains fabricants blanchissent leurs pâtes en y ajoutant de la fécule, d'autres remplacent la fécule par de la farine de maïs blanc, pour les pâtes non coloriées, de maïs jaune, pour les pâtes jaunies. Ces mélanges nuisent à la qualité des pâtes qui ne se soudent pas, résistent mal à la cuisson, troublent le bouillon et donnent mauvais goût.

La coloration des pâtes se fait avec du safran ou du curcuma. Le safran est employé pour les bonnes sortes et le curcuma pour les sortes inférieures. Leur pouvoir colorant et leur valeur diffèrent beaucoup.

Il faut quinze fois plus de curcuma que de safran, lequel coûte cent fois plus que le curcuma ; l'emploi de celui-ci est donc sensiblement économique, mais il ne donne pas une teinte aussi favorable, elle est terne et un peu verdâtre. Le safran, au contraire, est d'un jaune clair, citronné, recherché par les ménagères qui ne savent pas que le blanc et le gris naturel sont préférables à la coloration artificielle. Le safran et le curcuma s'emploient en poudre fine qu'on jette dans l'eau bouillante destinée au pétrissage. Le meilleur safran est celui du Gâtinais, il est préférable à celui d'Espagne, trop gras et plus difficile à pulvériser. On doit l'acheter en feuilles et le broyer chez soi au pilon, car, si on le reçoit en poudre il peut n'être pas pur.

Le curcuma a trop peu de valeur pour qu'on le fraude.

Enfin, après le choix des grains et des semoules, le vermicellier s'attachera à hâter la fabrication. Plus le travail marchera vite, meilleures seront les pâtes. Si au contraire on laisse celles-ci attendre, les produits seront aigrelets. C'est cette précipitation dans la transformation qui a fait longtemps la supériorité des pâtes fabriquées à Paris avec des blés qui certainement ne valaient pas ceux employés dans d'autres contrées.

Usine de M. Boudier fils à Paris.

Pour terminer et compléter ce chapitre sur la vermicellerie, je crois utile de donner l'état d'un matériel bien disposé et habilement organisé d'une fabrique qu'on peut considérer comme modèle ; c'est celle que M. Boudier fils avait organisée à Paris et qui n'existe plus aujourd'hui par suite d'expropriation :

1° Un pétrin mécanique pétrissant à la fois la pâte de trois presses ;

2° Une harpie ;

3° Six presses verticales à vermicelle et macaroni ;

4° Une presse horizontale à petites pâtes (petite presse) ;

5° Un broyeur à couteaux pour diviser les croûtes et déchets et les mettre en état d'être repris ;

6° Deux bluteries à farine ;

7° Une scie circulaire pour les emballages ;

8° Deux moulins à tapioca ;

9° Une machine à vapeur de 8 chevaux entraînant tout le mécanisme ;

10° Un calorifère chauffé par un foyer spécial ;

11° Un calorifère chauffé par la vapeur d'échappement ;

12° Puis enfin, un tire-sacs, les chauffoirs et étuves suffisants pour une fabrication de 2,500 à 2,800 kilogrammes par jour.

V

AMIDONNERIE

___

Réglementation des amidonneries.

La fabrication de l'amidon a été longtemps réglementée en France ; de nombreux édits, ayant pour but de protéger l'alimentation et la salubrité publiques, ainsi que d'assurer la perception d'un droit assez considérable, défendaient d'employer d'autres matières que des résidus de moutures, remoulages, déchets, etc.... et de s'établir ailleurs que dans les villes et bourgs dans des emplacements désignés par la police. Aujourd'hui cette industrie est complètement libre de traiter les matières qui lui conviennent, elle reste seulement soumise à la réglementation qui atteint tous les établissements industriels dont le voisinage peut être, pour les citoyens ou leurs propriétés, une cause de danger, d'insalubrité ou d'incommodité.

Les amidonniers qui fabriquent par la fermentation sont placés, par le décret du 15 octobre 1810, dans la première classe des ateliers dangereux et insalubres; ils ne peuvent conséquemment s'établir sans une autorisation administrative. Les amidonniers qui pratiquent le mode de la séparation du gluten par le lavage de la pâte avec écoulement des eaux, sans fermentation, sont également soumis à une autorisation, mais leurs fabriques font partie de la deuxième classe, parce que leur travail n'occasionne pas d'émanations nuisibles.

La fécule et l'amidon.

Les matières amylacées que les végétaux renferment dans les cellules qui concourent à la formation de leurs divers tissus offrent une composition identique, qui ne diffère que par leur structure et leurs caractères physiques; cependant on les distingue par deux qualifications différentes. Les matières amylacées des céréales et des graines légumineuses sont de l'*amidon*, et on applique à la matière amylacée qu'on extrait des tubercules et des tiges de certaines plantes le nom de *fécule*, etc. L'extraction de l'amidon et de la fécule s'effectue aussi par des moyens tout à fait différents.

L'amidon du blé.

Quoique l'amidon se trouve en quantité considérable dans toutes les céréales et les légumineuses, on n'extrait généralement que celui du blé, du riz, du maïs et de la féverole. En France on fabrique surtout de l'amidon de blé, les Anglais font beaucoup d'amidon de riz et les Américains de grandes quantités d'amidon de maïs. Les produits de ces derniers grains reviennent certainement à meilleur marché que l'amidon du froment, mais ils ne se fluidifient pas autant, et, au lieu de se répartir également dans l'épaisseur des tissus et de leur donner du corps comme l'amidon de blé, ils restent à leur surface et forment un apprêt extérieur qui les rend brillants et en modifie les nuances.

Cependant chacun d'eux a des propriétés propres. Le prix élevé de la pomme de terre, qui continue à être malade, a, depuis peu de temps, déterminé des fabricants de glucose à employer de l'amidon de maïs à la place de la fécule. Déjà plusieurs amidonneries de maïs sont en bonne marche, et on peut prédire que cette industrie est destinée à prendre un grand développement.

Extraction par la fermentation.

L'amidon du blé s'obtient au moyen de deux procédés bien distincts, qui sont la fermentation ou la séparation par le lavage. Autrefois, on ne travaillait que par la fermentation : ce mode exigeait six semaines pour obtenir des produits utilisables ; le gluten devenu soluble était perdu complètement ; les issues, réduites à la partie ligneuse, n'avaient plus de valeur, quoiqu'elles conservassent encore une proportion notable d'amidon. Ce procédé, très-simple d'ailleurs, et qui ne nécessitait que des cylindres concasseurs et des baquets, n'est plus applicable désormais, si ce n'est pour l'utilisation des blés avariés.

Extraction par séparation immédiate.

Le procédé par la séparation immédiate nécessite un matériel un peu plus compliqué, mais il laisse le gluten intact, donne de l'amidon plus blanc et en plus grande quantité. J'ai dit ailleurs ce qu'était le gluten, j'ai donné sa composition et sa valeur nutritive ; on peut l'employer à des usages nombreux : humide, il s'unit facilement aux pâtes à pains et à vermicelle et permet de donner à ces dernières une richesse égale à celle des pâtes

provenant des blés les plus glacés ; on en fait, en le mélangeant
avec des issues de toutes sortes, un excellent pain pour les
bestiaux. A l'état sec, il se pulvérise, donne des semoules et
des farines qui servent à faire du pain qui convient à des
affections malheureusement trop communes. Enfin, les dro-
guistes, les imprimeurs sur étoffes, les fabricants de colle forte
et de nombreux industriels en font des applications très-utiles.
Mélangé frais avec une certaine quantité de farine de blé ordinaire (10 kilog. de farine avec 5 kilog. de gluten), il forme
une pâte qu'on divise en grumeaux, lesquels sont ensuite
étuvés et concassés pour être employés en potage ; c'est ce
qu'on appelle *gluten granulé*. La conservation et l'utilisation
du gluten est donc un bénéfice que ne fournit pas l'ancien
mode, et, quand bien même on ne trouverait à l'utiliser que
comme engrais, il resterait à ce système l'avantage que j'ai
signalé, celui d'augmenter le rendement et la blancheur de
l'amidon.

On fait cependant des objections. Certains amidonniers ne
veulent pas acheter des farines, ils préfèrent employer des
blés grossièrement moulus en boulange. D'autres trouvent plus
commode de faire tremper du blé entier jusqu'à ce qu'il soit
crevé et de le broyer sous des meules verticales ; beaucoup,
enfin, craignent de n'avoir pas l'emploi immédiat du gluten,
parce qu'il passe à l'état de putréfaction très-promptement.
C'est là un inconvénient qu'il est facile de faire disparaître en
mélangeant le gluten frais avec des déchets de mouture, des
farines inférieures de céréales de toutes sortes, des légumineuses broyées et même des fourrages hachés ; on ajoute
un peu de sel et l'eau nécessaire, et on fait du tout une pâte
qui, cuite, donne, je le répète, un excellent pain pour les bestiaux ; il peut se conserver très-longtemps, et conséquemment
se transporter au loin.

La fabrication de l'amidon par la séparation immédiate au

moyen du lavage est bien facile : on prend de la farine ordinaire de froment que l'on pétrit comme pour faire de la
pâte à pain ; on la laisse reposer ou prendre de l'apprêt pendant vingt à quarante-cinq minutes, suivant la saison, et on
la place en pâtons allongés dans l'amidonnière où elle est
arrosée continuellement. L'amidonnière se compose ou de
galets verticaux marchant dans une auge circulaire, ou d'un
cylindre cannelé roulant par un mouvement de va-et-vient
dans une auge demi-cylindrique. La pâte, malaxée, comprimée
et agitée incessamment, se délaye dans les auges maintenues
continuellement pleines, c'est-à-dire jusqu'à des ouvertures
garnies de toiles métalliques ou de tissus de crin. Les granules amylacés tenus en suspension passent au travers de
ces tissus et sont entraînés par l'eau dans une cuve d'où une
pompe les élève sur les tables de dépôt. Quant au gluten, il
s'agglomère dans les auges, on le retire à la main lorsqu'il
ne blanchit plus l'eau, car, alors, la séparation est complète. Les tables de dépôt sont des auges en bois de 1^m,20
de largeur sur 10^m,00 de long ayant à chaque extrémité des
vannes qu'on lève au fur et à mesure que la couche d'amidon
s'épaissit, et qui fournissent le moyen d'écouler l'eau avec la
pente nécessaire pour que le dépôt ait le temps de s'effectuer.

Lorsque la couche d'amidon est à son point, on le retire,
on le lave dans des cuves munies d'agitateurs et on le fait
passer au travers de tamis garnis de tissus de soie ; il tombe
ensuite dans des baquets d'un petit diamètre, au fond desquels
il dépose. Quand l'amidon forme au fond une masse suffisamment consistante, on retourne les baquets sur une aire en
plâtre absorbant ; le disque que forme la matière agglomérée
est coupé transversalement en quatre parties égales qui ne
tardent pas à prendre sur l'aire en plâtre absorbant la densité nécessaire pour être mises au séchoir à l'air.

Ces pains ainsi débarrassés par le plâtre et l'air de la

plus grande partie d'humidité, sont portés dans une étuve où
ils achèvent de se sécher ; c'est ainsi que s'obtient l'amidon
de première qualité. Mais il est resté sur le tamis des matières qui en contiennent encore ; on les lave de nouveau à
plusieurs reprises dans une eau bicarbonatée et on fait déposer comme précédemment ; puis, enfin, les déchets sont réunis
dans des toiles et comprimés sous des presses à percussion
qui extraient la plus grande partie de l'amidon commun.
Le rendement n'est pas toujours le même. Les blés tendres
fournissent plus d'amidon et moins de gluten que les blés
demi-tendres et, à plus forte raison, les blés durs ; mais, en
moyenne, avec les blés des environs de Paris, 100 kilogrammes
de farine donnent 58 pour 100 d'amidon fin et 10 pour 100
d'amidon commun. Les amidons communs se transforment
souvent en amidons grillés soit dans un four, soit dans un
cylindre muni d'un agitateur trempant dans un bain d'huile
et placé directement sur un foyer qui entretient une chaleur
régulière de 180°.

On rencontre dans le commerce des amidons bleus ou azurés,
ils se préparent de deux manières différentes, l'une à sec et
l'autre à l'état liquide. Pour azurer à sec, on fait arriver, simultanément, dans une bluterie, l'amidon et la dose de poudre
d'outre-mer nécessaire ; pour l'amidon en pain, on prend du
bleu de Prusse liquide, le même que celui qu'on emploie pour
le linge, on en met une cuillerée dans chaque tonneau avant
le dernier tamisage. On fait aussi de l'amidon en brins de la
grosseur du moyen vermicelle ; on obtient cette sorte en pressant de l'amidon en pâte dans une passoire et en le laissant
s'étendre et prendre consistance sur des plaques très-légèrement chauffées. Lorsque la température est élevée, on peut
même se dispenser de chauffer les plaques avant de les mettre
à l'étuve ; car, dans tous les cas, il est indispensable d'étuver.

Outillage des amidonneries.

Pour compléter ces instructions, je termine par un état de tous les objets et organes nécessaires pour une amidonnerie pouvant transformer un sac de farine de froment de 100 kilogr. à l'heure :

Un pétrin mécanique ;

Une amidonnière ;

Une machine à diviser le gluten ;

Trois petits cuves à gluten ;

Quatre cuves de divers grandeurs ;

Trois pompes ;

Deux réservoirs avec agitateurs, pour le service des tables ;

Deux systèmes de tables superposées sur trois rangs ;

Deux tamis mécaniques ;

Deux tables pour le dépôt des amidons tamisés ;

Deux réservoirs pour le dépôt des tables ;

Une cuve avec démêleur pour les amidons solides ;

Une table bitumée sur le sol, pour le repassage ;

Un moulin et sa bluterie pour moudre le gluten sec.

Un réservoir enterré, divisé en trois sections ;

Un puits ;

Un réservoir en tôle un peu élevé, pour la distribution d'eau :

Un moteur (eau ou vapeur) de quatre chevaux ;

Trois supports pour l'égouttage des amidons dans les bachots ;

Deux petites presses pour les amidons communs ;

Un calorifère pour les étuves.

Une partie de ces travaux doit s'effectuer sur place et avec les matériaux de la localité.

Extraction de l'amidon des grains autres que le froment.

Ce matériel s'applique exclusivement à l'extraction de l'amidon *de froment ;* l'amidon des grains qui n'ont pas de gluten s'obtient par des moyens tout différents qui sont autant chimiques que mécaniques. Ces derniers sont les mêmes partout ; quant aux procédés chimiques ils varient et chacun affirme posséder des formules particulières qui, en définitive, sont des secrets de Polichinelle. Il est bien facile, après quelques tâtonnements, de parvenir à trouver les réactifs et les doses qui produisent les meilleurs résultats à chaque opération. Quant à moi, je préfère l'emploi des alcalis aux acides, chaque fois qu'ils sont également indiqués ; la séparation, qu'il faut précipiter, est moins exposée à être dérangée par la fermentation, que les acides développent plus rapidement, que par les alcalis. Je ne saurais trop le répéter, le grand point dans cette transformation, c'est la rapidité avec laquelle elle s'effectue. Cependant lorsqu'il s'agit d'amidon de maïs, il faut employer de préférence l'acide sulfurique, qui a une action très-puissante sur la matière résino-albumineuse phosphatée à laquelle ce grain doit sa dureté. Cette matière qui paraît remplir le rôle de ciment entre les grains d'amidon et le réseau des matières qui constituent le périsperme, se dissout au contact d'une dissolution de gaz sulfureux qui n'altère pas les propriétés physiques du germe ; on gagnera donc beaucoup de temps en l'employant sur le grain entier de maïs pour hâter la séparation du germe et de la farine.

On fait hydrater les graines dans des citernes ou des cuves contenant de l'eau tiède à laquelle on a mélangé les acides ou les alcalis nécessaires. Lorsque ces grains sont assez ramollis on les broie dans des moulins horizontaux ayant un robinet au-dessus de l'œillard de la meule courante, afin de pouvoir mouiller à volonté.

La matière broyée, en quittant les meules, est portée par une pompe dans une cuve en bois munie d'un agitateur dont les palettes ne descendent qu'aux 3/4 de la profondeur. Cette cuve verse dans un premier tamis à pans mobiles recouverts de soie du n° 100. Le premier tamisage extrait les gros sons ; les autres produits se répandent sur une auge ou table de dépôt, où on les remue. On les élève au moyen d'une pompe dans un deuxième agitateur qui alimente un deuxième tamis recouvert de soie du n° 120 qui extrait les sons moyens. L'eau chargée d'amidon qui sort de ce deuxième tamis, va sur une deuxième table de dépôt semblable à la première.

Lorsqu'elle est pleine on remue le contenu, on le porte avec une pompe dans un troisième agitateur alimentant un troisième tamis recouvert de soie du n° 150. Ce troisième et dernier tamisage enlève les piqûres ; l'eau chargée d'amidon qui a traversé la soie s'écoule sur une troisième table qu'on laisse se remplir. On mélange, et au moyen d'une pompe on monte le liquide dans une dernière cuve à agitateur.

Il faut deux heures pour que les produits qui sont en rapport avec la capacité du quatrième agitateur s'écoulent sans interruption. On verse toutes les deux heures deux litres d'acide sulfurique à 66 degrés qui suffisent pour désagréger les matières azotées et ligneuses.

Quand la quatrième table est pleine, on laisse déposer, on enlève les parties légères qui sont à la surface et on décante. On coupe la couche d'amidon qu'on place sur des aires en plâtre ; enfin, on sèche comme la fécule et l'amidon de froment.

Les résidus sont livrés aux bestiaux en vert, ou comprimés en tourteaux qu'on étuve et donne aux chevaux après les avoir concassés.

Pour l'amidon de riz on ne prend que des brisures qui

coûtent beaucoup moins que des grains entiers, on les fait crever dans une eau alcaline et on les broie dans des moulins horizontaux. Les grains broyés se débarrassent très-bien de leurs matières azotées au moyen de lavages répétés dans de l'eau mélangée de soude caustique. A cet effet, on laisse les matières digérer plusieurs heures après les avoir agitées, et, lorsqu'on voit que les granules d'amidon vont se précipiter et rejoindre dans le fond les portions de tissus qui les ont devancés, on décante vivement. L'expérience apprend le nombre de lavages qui sont nécessaires et le moment propice pour décanter. On peut se guider sur une éprouvette remplie au même moment que chaque cuve, on décante aussitôt qu'on voit commencer le mouvement dans cette éprouvette.

Une bonne lessive caustique se compose de 25 kilos de chaux et de 50 kilos de sel de soude dans 450 litres d'eau. On peut faire fondre la soude à l'eau chaude. Cette formule est variable, mais il ne faut pas perdre de vue que, si on force en chaux, l'amidon se transformera en empois. Pour rester dans la limite, on se sert du papier de tournesol qui se maintient bleu tant qu'il n'y a pas d'excès. Le procédé qui convient pour le maïs et le riz s'applique, sauf de légères modifications que la pratique indique, à l'extraction de l'amidon de fèves et féverolles. Celui-ci est très translucide et produit une fois et demie d'empois en plus que le froment. L'amidon de froment s'emploie à l'eau chaude, il est plus fluide et entre dans l'épaisseur des étoffes auxquelles il donne du corps. Les amidons des autres graines se délayent à froid, ils sont moins fondus, moins liés et s'étendent sur la surface des tissus qu'ils lustrent, Les fabricants les préfèrent pour certaines sortes. Les blanchisseurs les recherchent pour le corps des chemises, mais ils empèsent les cols et les manches avec l'amidon du froment.

DÉCORTICATION DES LÉGUMINEUSES

La décortication des légumineuses (*pois, haricots, lentilles, fèves, etc.*) se développe sensiblement ; leur consommation s'accroît progressivement parce que, débarrassés de leurs enveloppes dures et comme parcheminées, ces grains sont plus faciles à digérer et plus rafraîchissants. Cependant M. Payen conseille de conserver à la lentille son enveloppe qui recèle, d'après lui, un arome particulier communiquant un goût agréable et une action rafraîchissante aux préparations alimentaires où elle figure, ainsi qu'à l'eau dans laquelle on la fait cuire. Il serait donc préférable, suivant l'éminent chimiste, de consommer cette graine avec son tégument plutôt que décortiquée. Quoi qu'il en soit, voici comment on opère pour décortiquer les légumineuses : il est bon d'en retirer préalablement les corps étrangers, soit en les passant sur table, soit en les criblant, ou, enfin, si on opère sur de grandes quantités, en les tamisant dans des tarares munis d'émottoirs et de cribleurs disposés pour chaque sorte. Mais pour que la coque se détache très facilement du cotylédon, il faut étuver les grains dans des tourailles semblables à celles qui sont en usage dans les brasseries; les graines restent une journée dans ces étuves, on les fait ressuer quarante-huit heures en sacs et on les passe dans des moulins composés de deux meules de 0^m,80 de diamètre marchant à une vitesse de 170 à 180 tours par minute. Les meules sont en granit. On se trouve bien de mettre à la courante une anille fixe à trois branches ; cependant, quelques fabricants qui savent tenir cette meule en bon équilibre se servent d'anilles oscillantes. Une paire de meules décortique environ 2 hectolitres de grains à l'heure, lorsqu'ils sont bien étuvés. Le granit est d'une qualité spéciale.

L'étuvement est la partie la plus difficile de cette fabrication ; il doit être progressif ; les légumineuses commencent à être soumises à 25°, 30° d'abord, pour finir à 45° et même 50° degrés qu'il ne faut pas dépasser.

Cette opération est destinée uniquement à vaporiser l'eau de végétation pour qu'elle vienne se condenser entre la surface extérieure des cotylédons et le tégument. Elle les détache et rend la séparation plus facile entre les meules. Si les grains sont trop chauffés, ils ne restent pas verts et sont d'une vente difficile.

Il est aussi très important que l'étuvement se fasse régulièrement et également, sans cela on a des légumes trop chauffés, mélangés à des légumes qui ne le sont pas assez et qui se débarrassent difficilement de leurs cosses.

Après l'étuvement, il est essentiel de faire ressuer convenablement les grains ; à cet effet, on les met en sacs à la sortie de la touraille, et non dans des cases comme le font à tort plusieurs fabricants. En sacs, ils occupent une position égale, ce qui n'arrive pas quand ils sont dans les cases même recouvertes d'étoffes de laine. Enfin on ne perdra pas de vue que la touraille ne doit pas cuire, mais seulement faciliter la séparation des cosses ; si cet enlèvement pouvait se faire sans chauffer cela vaudrait mieux.

Lorsque les pois sortent des meules, ils sont portés par un élévateur dans un tarare qui chasse les cosses, et dans un trieur qui divise les cotylédons entiers ou brisés en plusieurs numéros.

Dans une bonne fabrication on obtient sur 100 kilog. de pois décortiqués :

75 kil.	Beaux pois cassés.
12 »	brisures et farine.
7 » 500 gr.	coques.
5 » 500 »	déchets.

100 kil. 000 gr.

Les brisures et farines, si elles ne contiennent pas de corps étrangers, doivent être soumises à une injection de vapeur, puis étuvées. Lorsqu'elles sont sèches, on les passe dans des meules horizontales *en pierre meulière* qui les pulvérisent, et non en *granit* comme les meules à décortiquer. On blute ensuite dans des bluteries ordinaires.

Ces procédés de transformation des brisures conviennent également à la fabrication des farines de toutes les légumineuses; la vapeur les débarrasse du goût âcre naturel aux grains crus; elles sont alors très recherchées. Malheureusement les fabricants n'appliquant pas tous ces moyens, les bonnes qualités sont rares. Le point essentiel est de ne laisser les légumineuses sous l'action de la vapeur que le temps nécessaire pour que l'eau de végétation se vaporise et soit remplacée par de l'eau de condensation qui est sans goût. On ne doit pas non plus faire absorber aux légumineuses une plus grande quantité d'eau que celle qu'elles contiennent naturellement, car l'étuvement serait long et deviendrait trop coûteux. En se conformant à ces prescriptions on obtiendra des farines qui serviront à préparer des purées et des potages excellents. Déjà quelques fabricants chez lesquels j'ai installé ces procédés sont arrivés à des résultats qui ne laissent rien à désirer ; nul doute que cette industrie alimentaire ne devienne bientôt d'une grande importance.

FÉCULERIE

———

Le nom de fécule s'applique spécialement à la substance amylacée qu'on extrait des pommes de terre, de l'igname, des patates et de toutes autres racines tuberculeuses, des tiges de certains palmiers et des souches ou rhizomes du *maranta arundinacca*. Les moyens employés pour l'extraction de la fécule de pommes de terre sont en grande partie applicables aux autres tubercules.

La pomme de terre.

La pomme de terre est la racine tuberculeuse du *solanum tuberosum ;* elle est originaire d'Amérique ; ses variétés très-nombreuses se modifient suivant les sols, les engrais et les températures.

Introduite en Europe vers la fin du dix-septième siècle, c'est seulement lors de la famine de 1771-1772 qu'on songea à la cultiver en grand. Parmentier en répandit l'usage en France, la reconnaissance publique lui avait donné son nom, et je ne sais pourquoi on n'a pas continué à l'appeler *parmentière*. La pomme de terre est un aliment qui ne contient qu'une très faible proportion de matières azotées ; aussi, on la consomme le plus souvent mélangée avec des viandes, des graisses et des jus qui la rendent plus nutritive. Elle contient, suivant l'espèce et la qualité, de 13 à 25 0/0 de fécule, substance dont les applications s'accroissent continuellement. Elle fournit de la dextrine, des gommes employées dans l'apprêt des tissus, de la glucose, qui sert à la fabrication des bières et à l'amélioration des vins naturels. Elle peut, par la pureté qu'on est parvenu à atteindre, remplacer le sucre ordinaire dans la préparation des liqueurs, des sirops, etc.

Tapioca indigène.

La fécule se prête également à des imitations de différentes matières amylacées exotiques, et, notamment, du produit de la racine tuberculeuse du *manioc,* qui nous vient en général du Brésil et des Indes. Comme l'usage de ce *tapioca indigène* s'est considérablement répandu, je vais indiquer tout d'abord les moyens de le fabriquer. On prend de la fécule sèche de pomme de terre, on la mouille ; elle se met en mottes qu'on divise ensuite en les pressant sur un tamis en toile métallique du numéro cinq. Ainsi divisée, elle tombe sur une plaque de tôle mobile qui recouvre un calorifère dont la partie supérieure est concave. Un ouvrier agite continuellement la fécule, avec une spatule en bois, jusqu'à ce que la gomme soit formée, puis il la retire molle et élastique ; on la soumet à l'étuve sur ses plaques en tôle, elle y devient sèche et cassante. Les grumeaux sont ensuite concassés dans des cylindres, puis tamisés comme le tapioca des Indes auquel ce produit ressemble parfaitement ; si on a eu le soin de laver la fécule, conformément au procédé Martin, indiqué à la fin de ce chapitre, on lui enlève le goût désagréable dû à une essence propre à la pomme de terre.

Conservation des pommes de terre.

La fabrication de la fécule doit être autant que possible menée précipitamment, parce que les tubercules, s'échauffant dans les magasins, poussent des tiges et des radicelles qui transforment la fécule en cellulose. Mais on ne peut pas travailler la matière première au fur et à mesure qu'on la reçoit, il devient nécessaire de l'emmagasiner pour la conserver saine et la mettre à l'abri de la gelée.

On établit à cet effet, le plus près possible de la fabrique pour éviter des frais de transport, des silos ordinairement creusés dans la terre à une profondeur de 1 à 2 mètres sur une largeur de 1 à 2 mètres également ; on y verse les pommes de terre aussi sèches que possible, en ayant soin de mettre de côté celles qui ne sont pas saines ou qui seraient meurtries ou écrasées. Pour préserver les fruits de la gelée, on recouvre ces espèces de fossés d'une couche de terre assez épaisse, ou, ce qui est mieux, d'une toiture en chaume. Quelques féculiers construisent des hangars spéciaux dans lesquels ils placent des poêles qu'on allume dans les grands froids.

MM. Bloch et fils, qui ont une féculerie très-remarquable à Düttlenheim, ont établi un magasin souterrain qui conserve parfaitement les pommes de terre et les empêche de se gâter. C'est un canal double recouvert de planches de chêne, dans lequel il y a un courant d'eau faisant la navette, au moyen d'une roue à tympan qui soulève continuellement l'eau à son arrivée. Ce canal est surmonté de cheminées en bois, placées de distance en distance, qui remplissent en même temps l'office d'entonnoirs pour l'introduction de la pomme de terre dans le canal. Les pommes de terre, en tombant, sont entraînées, par le courant d'eau souterrain, à une chaîne à godets ; dans le trajet, par une différence de pente pratiquée dans le fond du canal, on obtient la séparation des cailloux et du sable ; un grillage latéral laisse passer l'eau chargée de terre et arrête toutes les matières d'une densité moindre que l'eau, telles que copeaux, radicelles, pailles, feuilles, etc. L'eau circule alors, avant de retourner au bout des magasins, pour entraîner les pommes de terre. On a donc, à des places destinées d'avance, le sable, les cailloux, les pailles, germes et la terre. Un seul homme suffit pour attaquer les parties du magasin qui menacent de se gâter.

Trempage et lavage.

Mais revenons à la fabrication usuelle.

Lorsque les pommes de terre sont très-chargées de terre, on les laisse tremper dans l'eau plusieurs heures ; ce trempage se fait dans des cuves munies de vannes, qui permettent la sortie des eaux sales et des pommes. Elles sont soumises à l'action d'un *épierreur-ébourbeur* et sont ensuite lavées dans un cylindre à jour, composé de deux plateaux circulaires montés sur un axe en fer et réunis par des tringles de fer ou de bois, séparées de $0^m,010$ à $0^m,015$, afin de laisser le passage à la terre et aux petites pierres échappés à l'épierreur-ébourbeur. Ce laveur est incliné de $0^m,03$ à $0^m,04$ par mètre, il plonge au tiers de sa hauteur dans l'eau et tourne à une vitesse de douze tours par minute. On comprend que les tubercules, en roulant les uns contre les autres et en se frottant aux tringles du cylindre, se nettoient parfaitement ; ils sortent à l'extrémité et roulent sur un grillage incliné qui les conduit à la râpe. Une vanne placée au bas du coffre permet de renouveler l'eau souvent. Dans certains établissements la cuve à tremper n'existe pas et on a deux laveurs qui reçoivent les pommes de terre successivement ; c'est plus commode et plus industriel.

Râpage et tamisage, dépôt.

La râpe est un tambour en fonte de $0^m,50$ à $0^m,60$ de diamètre et de $0^m,27$ à $0^m,32$ de large, armé, sur toute sa circonférence, de lames dentées, espacées de $0^m,10$, et retenues par des tasseaux en bois ou en fer formant coins ; ce tambour tourne de huit cents à mille tours par minute sur un axe dont les coussinets reposent sur un bâti en fonte. Au-dessus du tambour est une capote mobile en tôle, et au-dessous, une planchette inclinée. La pomme de terre est pressée contre le tambour au moyen d'une plaque à charnières et d'un levier ayant à son extrémité un poids, de telle sorte que, si un corps étranger et dur vient à se présenter, on puisse, en levant subitement le levier, arrêter la pression et empêcher les dents de se détériorer. Un robinet fournit constamment, pendant le râpage, un jet d'eau abondant, qui, en tombant sur le cylindre, délaye la pulpe et en facilite la sortie. La pulpe arrive en coulant sur la planchette, tombe dans un récipient d'où une noria (chaîne à godets), ou une pompe, la monte à un jeu de trois tamis cylindriques recouverts de toile métallique et ayant $1^m,30$ de long sur $0^m,60$ à $0^m,70$ de diamètre. Deux de ces tamis sont munis en tête d'un barboteur qui empêche la matière de déposer pendant son passage d'un cylindre dans l'autre. L'eau blanche qui a traversé les trois tamis se rend dans un quatrième recouvert de tissus plus fins qui dépose la fécule sur des tables semblables à celles que j'ai décrites au chapitre Amidonnerie. Chaque tamis est arrosé continuellement par un conduit placé en dehors et parallèlement à l'axe. Ce conduit est percé de petits trous qui fournissent l'eau nécessaire.

On a cherché à substituer aux tamis cylindriques des carcasses à pans ayant des cadres mobiles garnis de tissus métallique ou de soie ; l'arrosage se fait intérieurement et extérieurement ; c'est un système compliqué et coûteux, les cadres se pourrissent promptement.

Lorsque la couche est assez épaisse sur les tables, on enlève ce dépôt à la pelle, on le jette dans un mélangeur d'où une pompe le porte dans un tamis fin qui achève l'épuration. L'eau chargée de fécule est versée dans des bachots, on la laisse égoutter jusqu'à ce que la fécule ait pris assez de consistance. On monte les bachots au séchoir, on les retourne, la masse de fécule vient se poser sur le plancher qui est en plâtre absorbant. Quoique le plâtre se débarrasse promptement de l'humidité dont il s'est ainsi emparé, les charpentes ne s'en pourrissent pas moins très-vite. On peut donc, au lieu de se servir de l'aire du plancher même, avoir des cadres mobiles garnis d'une couche de plâtre de 0^m,15 d'épaisseur ; ils remplissent le même but.

Fécule verte.

La matière, après être restée pendant vingt-quatre heures sur la couche de plâtre, ne contient plus que de 35 à 45 0/0 d'eau ; elle constitue alors le produit désigné dans le commerce sous le nom de *fécule verte,* et, dans cet état, elle a déjà des applications très-nombreuses. Les déchets sont recueillis, comprimés dans des presses hydrauliques, à vis ou continues. Les tourteaux séchés à la touraille peuvent être conservés ou broyés pour être ensuite moulus. L'eau sortant des presses va dans des bassins qui reçoivent tous les égouts de la fabrication ou elle retourne dans la fosse à pulpe de la râpe.

Fécule sèche.

Lorsqu'on veut obtenir de la fécule sèche, on divise la fécule verte en mottes que l'on met à l'air sur des voliges horizontales placées dans des baies ménagées tout autour du séchoir. La fécule s'y débarrasse d'une partie de son eau. On divise ensuite les mottes trop grosses en grumeaux qu'on répartit sur des claies formées de cadres en bois garnis de toile ; on les place dans une étuve à air chaud qui ne doit pas dépasser d'abord 40°, et dont on augmente progressivement la température jusqu'à 80° ; la fécule y séjourne de vingt-deux à vingt-quatre heures ; après ce temps elle est suffisamment sèche. Au sortir de l'étuve, la fécule est écrasée au moyen d'un rouleau en pierre que l'on traîne sur un plancher, ou entre deux cylindres ; elle est, enfin, tamisée dans une bluterie semblable à celles qui servent pour la farine de blé ; c'est en cet état qu'on la livre au commerce.

Quelques féculiers ont remplacé le séchage sur les aires en plâtre et sur les haloirs par un hydro-extracteur ou turbine à force centrifuge ; mais ce moyen rend toujours difficile la séparation des résidus ; ils adhèrent trop fortement, par l'effet de la puissance centrifuge, à la fécule qu'on enlève difficilement et à grands frais. L'étuvement est certainement la partie de cette transformation qui occasionne le plus d'embarras et de difficultés ; jusqu'à présent on s'est servi d'étuves closes dans lesquelles on ne peut éviter la condensation ; il est difficile d'y répartir la chaleur également ; une grande partie du calorique s'en échappe pendant les continuelles entrées des ouvriers ; ceux-ci, d'ailleurs, souffrent beaucoup de ces alternatives incessantes de chaud et de froid. Mon étuve à air libre, qui permet de soumettre les matières progressivement à tous les degrés de chaleur, n'a aucun des inconvénients que je viens de signaler ; elle convient parfaitement au travail de la fécule qu'elle sèche aussi bien que la farine de froment.

Lorsque la fécule est destinée à l'alimentation, il est de toute nécessité de lui enlever l'odeur et le goût désagréables qui la distinguent des autres féculants ; on y parvient presque complètement en lui faisant subir deux lavages à la suite de ceux que j'ai indiqués, le premier avec une dissolution d'un centième de son poids de carbonate de soude dans 50 parties d'eau, le second dans l'eau pure très-abondante. C'est là le moyen imaginé par M. Martin.

Les eaux qui ont servi aux différentes opérations contiennent encore une certaine quantité de fécule qu'on a intérêt à recueillir ; toute féculerie doit donc avoir un ou plusieurs bassins fixes, faciles à vider et construits en béton ou en bitume pour recueillir toutes les eaux de l'usine ; de temps en temps, on les vide et on y trouve un dépôt qui n'est pas sans valeur. Ceux qui sont à court d'eau peuvent diriger ces égoûts dans la pulpe sortant de la râpe.

Utilisation des sons.

La pomme de terre est recouverte d'une pellicule qui représente 1,5 0/0 de son poids ; cette pellicule, lorsqu'elle est lavée et séchée, a une couleur qui se rapproche de celle du son de froment ; elle se trouve d'ailleurs mélangée de matières plus ou moins azotées et constitue un aliment qui convient aux bestiaux. Le plus souvent ces résidus sont enlevés par les nourrisseurs à l'état humide ; mais dans un certain nombre d'établissements, on en fait des mottes ou briquettes que l'on dessèche et qui peuvent être expédiées et vendues également pour la nourriture des bestiaux ; d'autres enfin, les soumettent à l'action de meules de moulin, après les avoir étuvées, puis, les divisent dans une bluterie à son et les livrent aux grainetiers qui les mélangent dans des issues de céréales. Dans ce cas, le féculier ne trompe pas son acheteur, puisque celui-ci connaît la nature du produit qu'il vient charger ; mais si le grainetier vend ces marchandises sans en faire connaître la provenance et la composition, il commet une véritable fraude.

Quelques considérations utiles.

Avant d'établir une féculerie on doit s'assurer qu'on pourra disposer d'une quantité d'eau *pure* suffisante ; 6 à 7,000 litres sont indispensables par heure pour une fabrication de 13 à 14,000 kilos de tubercules par jour ; plus on a d'eau plus le rendement est fort.

On prétend qu'on peut gagner de 1 à 1 1/2 0/0 en faisant le râpage des pommes à deux degrés. Le premier râpage est grossier, on tamise ; on râpe de nouveau la pulpe dans une râpe plus fine que la première. J'ai examiné ce système, je n'y ai pas constaté les avantages annoncés. Ce double râpage augmente sensiblement la dépense d'installation et de fabrication sans compensation appréciable.

Le matériel d'une féculerie est promptement détruit par la chaleur et l'humidité, le long chômage annuel le détériore également ; le renouvellement est donc fréquent et coûteux ; c'est une industrie qui exige la plus grande simplicité et la résistance la moindre ; si on emploie un moteur puissant et si les frais, tant pendant le travail que pendant le chômage, sont trop élevés, les bénéfices disparaissent parce qu'ils ne sont plus en rapport avec le capital engagé.

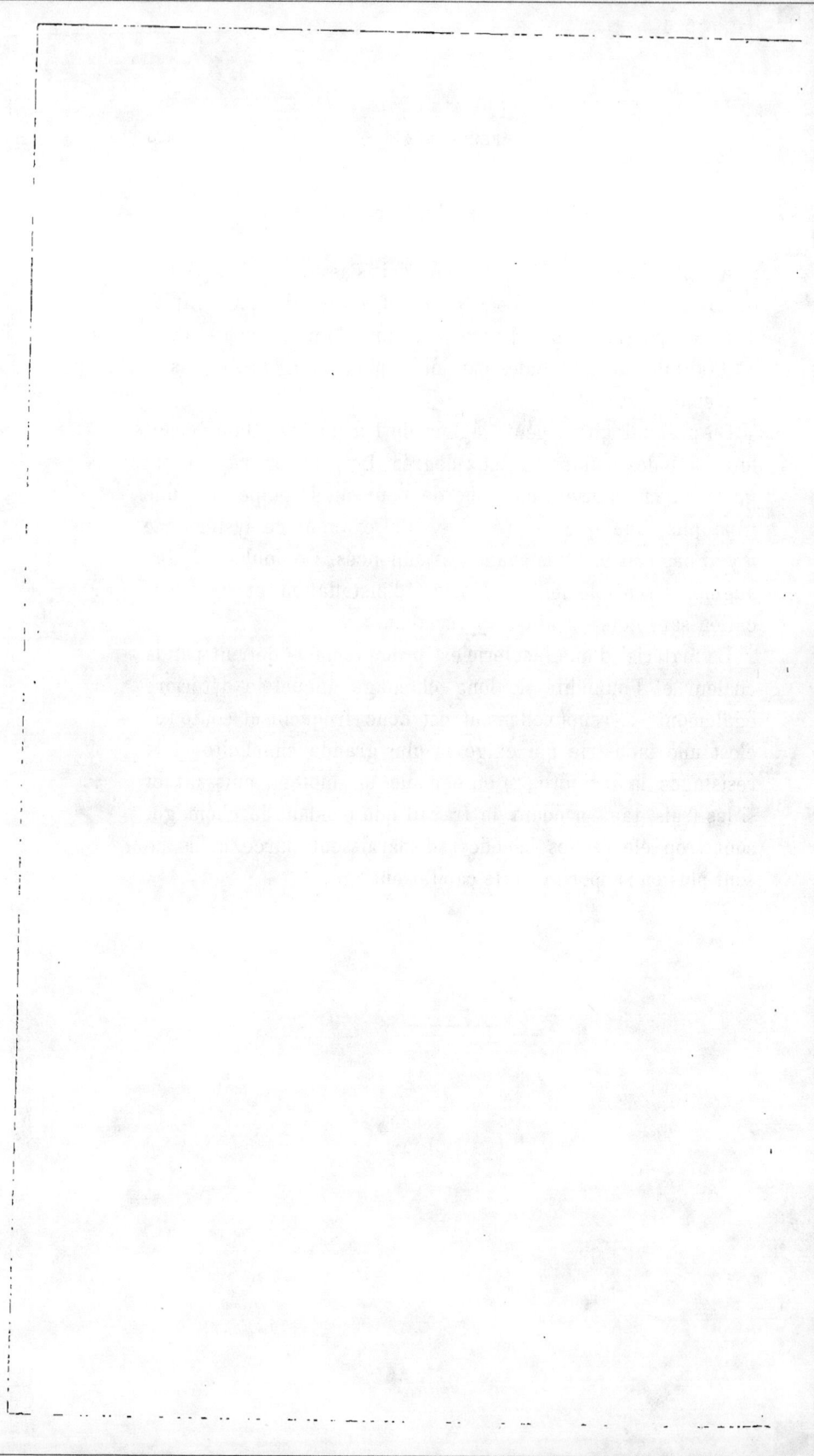

VIII

GLUCOSERIE

————

La fabrication de la glucose prend beaucoup de développement ; depuis quelques années ses applications deviennent de plus en plus nombreuses. C'est une industrie qui commence seulement et qui deviendra importante. Toutes les fécules et tous les amidons peuvent se transformer en glucose par les mêmes procédés que ceux employés pour le sirop de fécule de pommes de terre.

Pour décomposer la fécule, on commence par faire arriver de l'eau pure dans une cuve jusqu'au dessus du barbotteur, puis on introduit le tiers de l'acide sulfurique, soit 850 grammes à 1 kil. d'acide par 100 kil. d'eau à employer, et l'on fait bouillir.

On délaye la fécule avec de l'eau, 2/5 de fécule et 3/5 d'eau, dans le mélangeur ; on envoie le mélange sur le tamis, il coule dans la cuve.

On continue sans interruption, en ayant soin que le liquide déjà introduit soit maintenu à une température de 100 à 104 degrés sans interruption.

Le deuxième tiers de l'acide est introduit lorsque l'on a fait couler le tiers de la fécule à employer et le troisième tiers lorsque l'on a fait entrer les deux tiers.

On continue l'évaporation jusqu'à ce que la cuve soit pleine aux trois quarts, ce qui dure cinq à six heures. Alors on cesse d'introduire du mélange et on laisse bouillir.

Lorsque la décomposition est complète, ce qui arrive généralement 40 à 50 minutes après la dernière addition de fécule, on arrête la vapeur. On sature alors avec 1 kilog de craie, environ, pour chaque kilogr. d'acide introduit. La saturation est complète lorsqu'il n'y a plus d'effervescence et que le papier de tournesol bleu ne rougit plus.

On laisse reposer le jus pendant une demi-journée et quelques fois douze heures, puis on soutire le clair qui coule dans les réservoirs à sirop décomposé.

Le dépôt est ensuite versé dans des filtres à poches.

Le jus après la décomposition doit marquer de 14 à 16 degrés Beaumé.

On fait arriver le jus dans le monte-jus pour le porter dans les bacs à sirop à clarifier (chaudière à double fond à air libre). De la chaudière à clarifier, le jus coule dans les bacs au dessous d'elle et va de là sur les filtres.

Au sortir des filtres, les jus sont conduits par une gouttière jusqu'aux bacs à sirops filtrés ; ils doivent avoir encore de 14 à 16° Beaumé.

Les fonds des filtres s'écoulent dans un bac d'où ils sont pris par la pompe pour être dirigés dans les bacs à jus filtrés ou, au besoin, dans la chaudière à clarifier (chaudière à double fond). Lorsque les jus sont filtrés on les fait aspirer par l'appareil à cuire dans le vide, pour les évaporer, les cuire et les porter à 30° Baumé.

Certains sirops sont filtrés une seconde fois. Au sortir de l'appareil à cuire dans le vide, les sirops coulent dans les bacs à sirops cuits ; on les y laisse reposer pendant vingt-quatre heures avant de les embariller.

3,000 kilos de fécule verte donnent 2,500 kilos de sirop.

2,000 »   »   sèche   »   2,500   »   »

Chaque filtre prend par jour 100 kilos de noir, ce qui fait de 400 à 500 kilos, et, lors de la revivification, il y a une perte de 10 pour 100, environ.

Au sortir du fourneau, on passe le noir dans un cylindre dans lequel on introduit de la vapeur, afin de le débarrasser de matières sulfureuses qu'il est intéressant de décomposer.

Il faut pour la revivification 10 kilos de charbon par 100 kilogrammes de noir.

Ce sirop suffit pour les brasseurs et les fabricants de pain d'épice ; mais, si on veut du sirop blanc, on décante après vingt-quatre heures de repos et on filtre à froid sur du noir animal en grains. Pour obtenir la glucose massée, on augmente la dose d'acide, on va jusqu'à 60 kilos pour 2,000 kilogrammes de fécule, on concentre le sirop jusqu'à 34 degrés bouillant correspondant à 39 degrés de froid ; puis on le verse dans un rafraîchissoir où on laisse la cristallisation commencer. Enfin, on fait couler le sirop épais dans des tonneaux où il se solidifie.

On fabrique, pour la confiturerie, la conservation des fruits et différents sirops, un sirop dit impondérable et presque incolore. On opère comme ci-dessus, mais on réduit la dose d'acide à 14 ou 15 kilos pour 2,000 kilos de fécule. On filtre à chaud, le sirop concentré à 35° bouillant (représentant 40° froid), au travers de noir animal en grains contenu dans des filtres munis d'une double enveloppe où circule de la vapeur qui maintient la fluidité du sirop qui s'épaissirait en refroidissant.

IX

RIZERIE

Diminution de l'importance de cette industrie en France.

La décortication du riz a été longtemps une industrie importante en France ; on y consommait alors habituellement une quantité considérable de ce grain ; la ménagère en préparait journellement des pâtisseries et des potages. Ce goût a passé ; les pâtes et fécules exotiques ont remplacé le riz. Fabriquées avec de la farine de froment, les pâtes sont très nutritives et bien préférables au riz pauvre en principes azotés, en matières grasses et en sels minéraux. Quant aux fécules, elles constituent un aliment exclusivement respiratoire, qui ne s'assimile pas et qu'on a grandement tort de donner aux enfants et aux vieillards dans le but de les fortifier ; on trompe leur estomac et on les affaiblit.

La pomme de terre dont le pouvoir nutritif égale très approximativement celui du riz, lui fait également une grande concurrence, son prix est beaucoup moins élevé, elle s'assimile aussi facilement que lui à des matières azotées et grasses.

C'est de la Belgique que nous vient la presque totalité du riz que nous consommons encore ; la législation actuelle lui donne des avantages qui la mettent à même d'empêcher toute concurrence française. Les droits d'entrée élevés écrasent *les riz bruts* arrivant en France par *navires étrangers*, tandis que les Belges peuvent entrer en France leurs riz travaillés en payant un droit proportionnellement et sensiblement moindre que celui qui frappe les *riz bruts* que nous importons. En effet nous sommes obligés, faute de cargaisons par navires français, de prendre des chargements sous pavillons étrangers et de payer 2 fr. 10 par 100 kilog. de droit sur *les riz bruts*, tandis que les *riz travaillés à l'étranger* ne payent que 2 fr. 40 à l'entrée en France. Or cette faible différence de 0 fr. 30 par 100 kilog. ne représente nullement la part des frais et des déchets et nous met bien réellement en infériorité de un franc par quintal de riz.

Cet avantage en faveur de l'industrie étrangère au préjudice de la nôtre est déplorable ; espérons que la législation, lors du renouvellement des traités de commerce, sera réformée et que la rizerie française reprendra un jour son importance. Dans cet espoir, je vais exposer le travail à faire pour effectuer ce qu'on appelle la décortication et le glaçage du riz.

Décortication et glaçage du riz.

Le riz brut est d'abord passé dans un trieur qui en retire les corps étrangers et le divise en deux sortes : les gros riz et le petit riz. Le gros riz ou rizon (c'est ainsi qu'on appelle le grain recouvert de sa balle colorée) va directement dans un moulin horizontal qui détache l'enveloppe. En sortant du moulin, les grains sont fortement ventilés et conduits dans des pilons-agitateurs ; de ceux-ci ils passent dans des Barley-Mills ou blanchisseurs, à la sortie desquels ils sont encore ventilés. Enfin ils sont soumis à l'action du polissoir.

En dernier lieu, on les divise par grosseur suivant les besoins de la consommation.

Quant aux grains de riz qui ne sont plus dans leurs balles, ils vont, en sortant du trieur, directement aux pilons agitateurs, au lieu de passer sous les meules horizontales. Ils sont soumis ensuite aux mêmes opérations que les grains recouverts. Lorsqu'on travaille des riz ordinaires qui sont peu en paille, on les met de suite au pilon au lieu de les porter à la meule horizontale qui fait toujours des brisures, et que, pour ce motif, on doit employer le moins possible.

Le polissoir est une enveloppe formant un cône tronqué fixe qui a 1^m, 50 de diamètre en haut, 1^m en bas et 1^m,60 de hauteur ; elle est composée d'une toile en fils de fer verticaux reliés par des attaches en fer plat. Dans cette enveloppe tourne à deux cents tours un tambour également conique recouvert de peaux de mouton (les meilleurs peaux sont celles qui proviennent de moutons piémontais tués dans le mois d'août). Le grain frotté vigoureusement par la laine contre l'enveloppe en fil de fer se polit. Mais le glaçage ne serait pas suffisant si on ne faisait pas arriver du gros son de froment ou un peu d'huile dans l'appareil pendant le travail. Ces moyens ont fait la fortune de ceux qui les ont appliqués les premiers, ils sont maintenant partout en usage.

Les meules horizontales ont 1^m,80 de diamètre et font de 150 à 170 tours par minute, elles sont en grès très fin, provenant d'Angleterre ou de Belgique. La meule courante doit être sur anille rigide à trois branches pour diminuer la brisure. Certaines espèces de riz, — ce sont les meilleures, — ont, à une de leurs extrémités, un bout allongé qui nuirait à leur transformation si on ne le faisait pas disparaître ; on y parvient à l'aide d'une ramonerie énergique.

Dans les contrées où on consomme le riz sur place et où on l'expédie non glacé, on peut à la rigueur se borner à employer le Barley Mill ; on en construit de trois dimensions :

1° Meule de 1^m,10 de diamètre sur 1^m de largeur ; il blanchit une charge de 45 kilog. dans un délai de 60 à 90 secondes, d'après la nature du riz, avec une force de 3 à 4 chevaux vapeur. On pourrait, en chargeant moins, prendre un peu moins de force, mais on augmenterait les brisures.

2° Meule de 1^m,10 de diamètre sur 0^m,55 de largeur. Charge de 25 kilog. ; il blanchit 1,000 kilog. à l'heure avec 2 chevaux vapeur. Ce numéro est préféré, il donne des produits mieux décortiqués.

3° Meule 0^m,70 de diamètre sur 0^m,50 de largeur, 1 cheval vapeur de force, produit 400 kilog. à l'heure.

Alcool et vinaigre de riz.

J'ai dit que les brisures de riz sont très bonnes pour fabriquer de l'amidon. On peut également en faire de l'alcool, et, avec cet alcool, obtenir un très bon vinaigre.

On extrait l'alcool par les moyens suivants : On jette le riz dans une cuve en bois, dans laquelle on a fait arriver de l'eau en quantité suffisante (500 kilog. de riz pour 15 hectolitres d'eau). On a préalablement versé dans la cuve 4 kilog. d'acide sulfurique pour 100 kilog. de riz. Un serpentin communiquant avec une chaudière à vapeur amène de la vapeur qui s'échappe au milieu du mélange par l'extrémité supérieure du tuyau.

Lorsque l'on juge que la décomposition du riz est à son point on fait passer le mélange dans une autre cuve destinée à la saturation de l'acide sulfurique ; dans cette seconde cuve on a placé du carbonate de chaux (1/3 de carbonate de plus que l'acide sulfurique). Le mélange étant bien complet et l'acide éliminé, on ajoute de la levure (8 kilog. pour 500 kil. de riz) destinée à faire fermenter toute la masse. Au bout de vingt-quatre heures la fermentation est terminée ; on prend alors le mélange et on le distille *pour en retirer l'alcool.*

On fait un mélange de 10 0/0 d'alcool et 90 0/0 d'eau, on verse le liquide alcoolisé dans un petit baquet placé sur la partie supérieure d'une cuve dans laquelle on a mis des copeaux de hêtre. Le baquet communique avec un tourniquet hydraulique construit en bois et fixé dans la cuve ; il est destiné à arroser les copeaux alternativement. A la partie inférieure de la cuve il existe un espace vide dans lequel tombe le liquide qu'un robinet permet de tirer au fur et à mesure, et qu'on rejete trois ou quatre fois dans le petit baquet pour que toutes les parties d'alcool s'acidifient. Le vinaigre ainsi remis dans le baquet facilite l'acidification du liquide alcoolisé et accélère la fabrication. On emploie toujours du vinaigre complètement acidifié pour commencer la transformation dans la cuve.

Les résidus de l'amidon de riz peuvent également, par les mêmes moyens, produire du vinaigre.

X

HUILERIE

———

Plantes oléagineuses.

On extrait l'huile de beaucoup de graines et de substances d'origine animale ; je ne m'occuperai ici que des huiles végétales qui, à l'exception de l'huile d'olive se fabriquent toutes par les mêmes procédés. Les principales graines sont : le colza, l'œillette ou pavot, le lin, le chènevis, l'arachide et le sésame. Les huiles de navette, d'œillette, d'arachide et de sésame, sont seules comestibles lorsqu'elles sont épurées.

Le rendement en huile est le suivant :

Arachides	de	30	à	32	pour	100.
Sésame	»	45	»	48	»	100.
Colza	»	35	»	40	»	100.
Lin	»	33	»	36	»	100.
Coton	»	14	»	19	»	100.
Palmiste	»	40	»	»	»	100.
Coco ou Copra	»	45	»	48	»	100.

L'huile d'olive, je le répète, s'extrait par des moyens différents que je décrirai à la fin de cet article.

Étude d'une huilerie à huit presses.

Ainsi que je l'ai fait pour les industries qui précèdent, je vais traiter l'huilerie d'après un programme industriel et s'appliquant à une fabrique importante composée de huit presses de rebat, organisée conformément aux procédés les plus nouveaux, munie des appareils les plus parfaits dont la destination ressortira de l'exposé de la transformation complète.

Le travail que l'on peut produire dans une huilerie de cette importance travaillant vingt-quatre heures, c'est-à-dire le rendement en huile, s'établit facilement d'après les données que nous avons recueillies dans les usines que nous avons installées.

Les comptes de fabrication ont habituellement pour bases les quantités de graines nécessaires pour fournir une tonne d'huile pesant 91 kilogrammes ; il faut, en moyenne, pour les principales qui sont :

Colza. . . . . 3 hect. 55 à 3 hect. 80
Œillette. 3   »   80 à 3   »   95
Lin. 4   »   00 à 5   »   20

La provenance et les conditions de la récolte influent sur le rendement et peuvent le modifier sensiblement.

Ceci posé, comme une pression dans les conditions ordinaires exige 7 minutes, 8 presses donneront donc $\dfrac{8 \times 24 \times 60}{7} = 1{,}646$ pressions en 24 heures qui produiront $1{,}646 \times 5 = 8{,}230$ tourteaux.

100 kilogrammes de tourteaux, correspondant environ à 85 tourteaux, on obtient donc en 24 heures un poids de tourteaux de $\dfrac{8{,}230 \times 100}{85} = 9{,}682$ kilogrammes.

Conséquemment, 3 hect. 60 de graine pesant 288 kilogrammes donnent 91 kilogrammes d'huile et 197 kilogrammes de tourteaux.

Un poids de 9.682 kilogrammes de tourteaux correspond donc à une production de $\dfrac{9,682}{197} = 49$ hectolitres d'huile de colza en 24 heures.

C'est le résultat couramment obtenu.

En appliquant au lin les mêmes calculs, on trouvera qu'on peut fabriquer avec 8 presses de 33 à 34 hectolitres d'huile.

Presses perfectionnées à compensateur.

Ces résultats de fabrication sont remarquables, et proviennent de presses perfectionnées et de l'effet de la bâche d'injection. Si on les compare avec ceux obtenus dans diverses usines travaillant avec des presses d'un autre système, ou avec les anciens coins, la différence est fort remarquable.

Le principal défaut des anciennes bâches actionnant directement les presses, est de donner une pression très-inégale et variable.

Rien de semblable ne peut se produire avec les bâches agissant sur un réservoir de pression ; celui-ci est une véritable soupape de sûreté à larges dimensions, et qui, constamment, donne la même pression ; l'abondance des rendements est due à l'application du compensateur. Il arrive en effet ceci : c'est que, le compensateur étant mis en communication avec la presse par un robinet, le piston de la presse, au lieu de monter par secousses comme cela arrivait avec les anciennes bâches d'injection, monte graduellement avec une rapidité plus grandé, puisque la presse est en communication continuelle avec le récipient d'eau. On arrive donc plus vite au degré de pression qu'avec les anciens systèmes, et on y reste ; ce résultat n'est pas possible avec les anciennes bâches, car, aussitôt qu'on avait atteint la limite de pression, une soupape de sûreté neutralisait l'effet du piston de pompe et produisait le retour immédiat de l'eau injectée à chaque coup. Avec le compensateur, au contraire, on peut conserver indéfiniment la même pression sous le piston de la presse ; il suffit, pour cela, de laisser le robinet de communication ouvert. Cette pression est constante ; elle ne subit aucune variation, puisqu'il y a équilibre entre la résistance que présentent les tourteaux et l'effet exercé par le piston du compensateur, effet qui est déterminé par le nombre de kilogrammes dont est chargé le piston.

Or, le véritable bénéfice du fabricant se trouve précisément dans ces quelques gouttes d'huile qui s'écoulent du tourteau pendant qu'il subit la pression maxima à laquelle il est soumis pendant 3 minutes 1/2 environ sur 7 minutes, durée d'une pression. Dans cet intervalle de 7 minutes, l'ouvrier n'a pas un instant à perdre ; il a deux presses à conduire, et, pendant que l'une est en pression, il faut qu'il dépresse l'autre, qu'il enlève les tourteaux de leurs sacs pour une nouvelle pression et qu'il remplisse la payelle (cuve du chauffoir).

Ce qui est surtout remarquable, c'est que, grâce à la durée de la pression, on arrive à des rendements satisfaisants sans qu'il soit besoin de faire sous le piston de la presse des efforts considérables ; c'est-à-dire sans fatiguer les appareils d'injection et sans absorber beaucoup de force.

En effet les pistons de la presse, ayant ordinairement 0,300 de diamètre, présentent par suite une surface de 70,685 millimètre carrés. La pression par millimètre carré est réglée à raison de 1 kil. 000 à 1 kil. 100, soit 1 kil.; la pression sous le piston n'est donc que de 70,685 kilogrammes. D'autre part, la surface de chaque tourteau est celle d'un trapèze de 0,600 de hauteur et $\dfrac{0,195}{0,140}$ de côté ; ce qui donne une surface de 100,500 millimètres carrés, le tourteau n'est donc pressé qu'à raison de 0 kil. 703 par millimètre carré, ce qui est loin d'être une forte pression.

Presse à double compensateur.

Tout l'avantage réside donc dans la persistance et dans la régularité de la pression. Primitivement on se servait du compensateur simple ; mais il occasionnait une perte de travail considérable, parce que la bâche d'injection portait deux pistons égaux en diamètre qui envoyaient l'eau dans un seul compensateur. En effet, le compensateur étant chargé de manière à donner sur le piston de presse un effort déterminé soit 80,000 kil., lorsqu'on le met en communication avec la presse, les matières oléagineuses sont loin de présenter la résistance de 80,000 kil.; l'eau qui s'introduit a donc été injectée dans le compensateur avec le même travail que s'il s'agissait de lui faire produire la pression sus énoncée. Elle est utilisée uniquement à faire monter de la moitié ou des deux tiers de sa course un piston dont la résistance va croissant, mais, qui, tout d'abord, ne nécessite qu'un faible effort parce que les graines à presser abandonnent facilement la matière qu'on veut en extraire.

Il y a donc perte de travail.

L'inventeur du réservoir de pression s'est aperçu de cet inconvénient et l'on retrouve dans les usines qu'il a établies dans le Midi deux compensateurs, l'un portant un gros piston, l'autre un petit. Le gros piston est faiblement chargé (environ à 0 kil. 250 ou 0,300 grs. par millimètre carré). Le petit piston est chargé à 1 kil., 1 kil. 100, 1 kil. 150 gr., suivant la pression qu'on veut obtenir. Chaque compensateur correspond à un piston d'injection de dimensions proportionnelles aux siennes et chargé de l'alimenter ce qui fait deux compensateurs ayant chacun un piston sur la bâche.

La manière d'opérer est la suivante : L'ouvrier met sa presse en communication, d'abord avec le gros compensateur (moins chargé), le piston monte et le remplissage se fait. L'huile commence à sortir et la pression devient nécessaire ; alors, par une simple manœuvre de robinets, la presse est isolée du gros compensateur et mise en communication avec le petit ; celui-ci presse, il termine et achève le travail.

Le résultat de l'emploi de deux appareils est une économie de force qui est environ de 30 0/0 sur celle dépensée par l'emploi d'un seul compensateur et de deux pistons égaux à la bâche ; cette économie amortit donc rapidement le prix d'acquisition, peu élevé d'ailleurs, de ce second compensateur.

Enfin, un dernier avantage du compensateur est celui-ci : il constitue avec la bâche d'injection un outil solide et duquel on est sûr ; sa simplicité de construction assure sa bonne marche, tandis que la bâche, réduite à deux corps de pompe de fortes dimensions et à deux boîtes à clapets de large surface, offre des garanties certaines de durée. Les anciennes bâches étaient trop compliquées, c'étaient des véritables pièces d'horlogerie délicates, sujettes à de fréquentes réparations et nécessitant un entretien très coûteux.

En somme, on obtient avec le compensateur :

Pression régulière,

Travail rapidement exécuté,

Économie de force,

Et la certitude d'une bonne marche avec peu de frais.

Le complément nécessaire du compensateur est l'appareil dit de déclinche.

Je m'explique :

Il arrive que, les pompes agissant, le compensateur n'a à

fournir d'eau à aucune presse, ou en reçoit plus qu'il n'en dépense ; il monte, et irait jusqu'à ce qu'il soit sorti de son corps de pompe ; mais, arrivé à une certaine hauteur, il vient buter contre un contre-poids suspendu au bout d'une chaîne. Il soulève ce contre-poids, et, la chaîne, se relevant au moyen de leviers placés à son autre extrémité, permet à ceux-ci d'agir pour soulever la soupape d'aspiration de la pompe, ou des pompes, suivant qu'on a un ou deux compensateurs ; il arrive alors que le piston de pompe refoule, dans la bâche même, l'eau qu'il aspire, et ne recommence à refouler dans le compensateur que lorsque le piston de celui-ci a permis, en baissant, au contre-poids, d'agir librement et de relever, par l'intermédiaire de la chaîne, le système des leviers.

En adoptant les presses à compensateur, mues par une machine à détente variable à condensation munie d'un bon générateur, on arrive à ne consommer qu'un demi-hectolitre de charbon par tonne d'huile fabriquée. Le générateur ayant en outre à alimenter les chauffoirs, il ne faut pas compter rigoureusement qu'une fabrication de 50 tonnes d'huile n'occasionnera qu'une consommation de 25 hectolitres de charbon par vingt-quatre heures ; mais en réalité, ce chiffre ne sera guère dépassé, surtout si l'on a soin de munir ses chauffoirs de bons appareils de retour d'eau, et de les réunir sur un ballon de retour automate.

Détail du matériel.

Cette supériorité des presses à compensation bien comprise, il ne me reste plus qu'à terminer par un état détaillé du matériel mécanique nécessaire pour traiter de 5,000 à 5,500 kilogrammes de colza en vingt-quatre heures. Avec ce matériel on pourra travailler les principales plantes oléagineuses.

1° Une machine à vapeur de 12 chevaux et un générateur de 20 chevaux ;

2° Une pompe de puits attelée directement sur la machine ;

3° Un mécanisme pour un jeu de meules verticales, deux plateaux en fonte tournée et polie, deux meules en granit de 2 mètres de diamètre, un gîte de meule également en granit de 1^m, 800 de diamètre dressé sur une face ;

4° Une bâche d'injection (pour presses hydrauliques) à deux corps de pompe inégaux, deux compensateurs et les tuyaux de raccordement de la bâche aux compensateurs ;

5° Une pompe hydraulique de froissage à 6 tourteaux en trois étages ;

6° Quatre presses de rebat à 5 tourteaux avec coffres rabotés ;

7° Un grand chauffoir à vapeur pour le froissage ;

8° Deux chauffoirs à vapeur pour le service des presses de rebat ;

9° Un cylindre, pour le nettoyage des grains, placé dans son coffre, garniture en toile métallique, trémie en bois, un ventilateur placé à la sortie du cylindre. Un tarare avec concasseur pour travailler les arachides ;

10° Un cylindre émietteur placé entre les chauffoirs, pour émietter les galettes ;

11° Une paire de cylindres pour concasser la graine ;

12° Un robinet double d'injection pour la presse de froissage ; quatre robinets triples d'injection, de pression pour les presses de rebat ; neuf vis d'arrêt pour isoler les diverses presses des conduites générales d'injection. Tuyaux étirés (en fer) pour l'injection aux presses, y comprenant ceux en cuivre pour relier les presses à la conduite principale, et celui pour le retour d'eau ;

13° Un élévateur allant au premier étage et une vis conduisant la graine du cylindre cribleur à la trémie.

Épuration de l'huile.

Les huiles en sortant des presses sont plus ou moins chargées d'une substance mucilagineuse et d'autres matières étrangères. On les clarifie en partie en laissant déposer les matières
en suspension, mais ce repos est insuffisant dans beaucoup de
cas ; on emploie alors la filtration et des procédés chimiques.
Les uns se servent d'alcalis, d'autres d'alcool ; enfin, le procédé le plus usité est le battage de l'huile avec de l'acide sulfurique à 66 degrés, à la dose de deux centièmes du poids de
l'huile. On agite avec de l'eau, froide ou chaude ; on laisse
reposer 24 heures, on ajoute ensuite un volume d'eau pure à la
température de 45 à 55 degrés égal aux 2/3 de celui de l'huile :
on agite de nouveau jusqu'à ce que le mélange ait une apparence laiteuse. On laisse déposer pendant 15 à 20 jours et on
décante. Comme l'huile épurée conserve une forte proportion
d'eau, on sature l'acide avec du carbonate de chaux. MM. Grou-
velle et Jaunez ont imaginé un appareil agitateur qui donne les
meilleurs résultats. En sortant de l'agitateur, on filtre par
feutre, charbon, coton ou papier.

Fabrication de l'huile d'olive.

Mon procédé pour l'extraction de l'huile d'olive ne ressemble nullement aux moyens barbares en usage en Italie, en
Espagne et dans quelques contrées du midi de la France. Je
suis parvenu à séparer complètement la chair des noyaux
et à obtenir ainsi une huile d'un goût exquis, et en plus grande
proportion. Une sorte de séparation se fait aussi en Espagne,
mais c'est au préjudice du goût : on y laisse fermenter les
olives en tas, et, lorsque la chair est assez rance pour se détacher du noyau par un simple pelletage, on remue et on entasse

de nouveau en lançant la matière à la volée. Les noyaux étant presque cylindriques et plus lourds que la chair, roulent en grande partie à la base du tas, où on les enlève ; on presse ensuite la chair qui, à cause de son état de fermentation, donne une huile infecte à laquelle les Espagnols se sont habitués.

Voici comment j'opère : les olives sont soumises à l'action d'un moulin dont les meules coniques sont espacées de manière à détacher la chair sans broyer les noyaux. Ce broyage va ensuite dans un blutoir à brosses recouvert d'une tôle percée suffisamment pour laisser passer la chair seule ; les noyaux s'en vont tomber à l'extrémité complètement dépouillés. La chair est, en dernier lieu, pressée comme les graines oléagineuses. On peut, toutefois, remplacer les presses hydrauliques par des presses à percussion pour obtenir l'huile vierge, et on réserve les presses hydrauliques uniquement pour l'huile destinée à des usages industriels.

XI

CHOCOLATERIE

Le cacao.

Le chocolat est le produit du cacao torréfié et broyé avec du sucre. Le cacao est la graine du cacaoyer. Cet arbre, de la famille des byttnériacées, croît dans toute la région tropicale de l'Amérique. Il existe un grand nombre de variétés qui sont nées de la diversité du sol, du climat et de la culture. Elles consistent dans la hauteur de l'arbre, qui varie depuis un jusqu'à dix et douze mètres, et dans la forme, la couleur et la qualité du fruit. Celui-ci est plus petit et plus rare dans les cacaoyers qui croissent naturellement que dans les cacaoyers cultivés, auxquels on s'efforce de donner une hauteur moyenne qui rend la cueillette des fruits et l'émondage des branches plus faciles. Le cacaoyer porte des feuilles, des fleurs et des fruits en toute saison. La récolte est donc incessante ; cependant, on recueille les fruits en plus grande abondance à deux époques de l'année, Noël et la Saint-Jean. La dernière récolte, qui se fait dans des conditions atmosphériques meilleures que l'autre, donne une graine mieux nourrie et plus pesante que le commerce préfère. Le cacaoyer a besoin de beaucoup d'eau, et, à cet effet, on creuse dans le sol des rigoles qui entretiennent partout une humidité constante. Il faut aussi le protéger contre les bêtes fauves et les rafales au moyen de haies solides formées de citronniers et de bananiers. Le cacaoyer ne résisterait pas aux brûlantes ardeurs du soleil si, à des distances déterminées par la nature du sol et par les espèces, on n'établissait pas des rangées de bananiers et de bucarres dont les rameaux touffus garantissent l'arbre à tous les âges et principalement dans sa jeunesse. Il ne fleurit qu'au bout de deux années ; à trois ans, il donne quelques fruits, et c'est seulement à cinq ans qu'on peut compter sur une bonne récolte, et, cela, pendant vingt-cinq à trente ans.

Les feuilles sont ovales, acuminées, entières, et les fleurs d'un rose vif. Les fruits ont une forme ovoïde allongée et sont marqués de côtes bosselées d'un jaune doré ou pourpre. Ils renferment cinq loges qui contiennent chacune huit à dix graines subréniformes de la grosseur d'une fève revêtues d'un arille charnu.

Fraîches, les graines sont âpres et amères. Après la cueillette on les met en tas ; on les enterre pour qu'elles fermentent et que l'arille se sépare, puis on les fait sécher au soleil. Alors on brise les écorces, on ouvre les cobosses avec des couteaux et on retire les amandes qu'on dépose dans un magasin, où elles se débarrassent de la substance visqueuse qui les entoure. Une nuit suffit pour cela ; elles achèvent ensuite de sécher au soleil. On les emmagasine pour les faire ressuer.

Le ressuage est une opération capitale, car, si la fermentation est insuffisante les amandes deviennent rouges sèches et se moisissent promptement ; les insectes les attaquent facilement. Si la fermentation est poussée à point les amandes prennent une couleur foncée, sont plus lourdes et conservent tous leurs principes aromatiques. Enfin on les fait sécher une dernière fois au soleil et on livre au commerce.

Triage du cacao.

Les graines se composent d'une coque renfermant deux cotylédons, et d'un germe desséché et devenu stérile. Elles arrivent mélangées de mottes, de pierres et de mauvais cacaos qu'il est nécessaire d'éliminer. Dans les petites fabrication, on trie à la main sur table ; dans les chocolateries industrielles, le triage se fait au moyen de cylindres dont les dimensions sont proportionnées aux quantités à passer. Après ce premier triage, qui n'a pu séparer les fèves avariées dont le volume égale celui de la bonne graine, on effectue un nouveau triage à la main et on torréfie.

Torréfaction du cacao.

Cette importante opération de la torréfaction est certainement la plus délicate de celles qui constituent la transformation. Elle se fait dans des brûloirs en tôle cylindriques ou sphériques ; je préfère cette dernière forme. Il faut confier cette opération à un homme soigneux qui la conduise attentivement ; parce que, si la chaleur est trop forte, on brûle une partie de la matière grasse qui prend mauvais goût et on diminue les propriétés alimentaires et l'arome du cacao. Si au contraire la torréfaction est insuffisante, le mélange et le broyage se font mal, la pâte est insuffisamment divisée et peu agréable.

En sortant du brûloir la coque est friable et l'amande en partie cuite ; il s'agit de les séparer. On laisse refroidir, on fait passer les graines entre deux cylindres concasseurs à pointes qui brisent les coques, détachent les germes et concassent les cotylédons ; le tout s'écoule sur un plan incliné à l'extrémité duquel un ventilateur chasse les coques.

Un nouveau triage retire les incuits et les germes restés avec les cotylédons, qui, seuls, devraient entrer dans le chocolat. Cependant ces incuits et ces germes ne sont pas perdus, on les passe dans les chocolats communs. Comme les cylindres broyeurs ne les diviseraient pas suffisamment, on les broie dans un moulin à meules horizontales qui, chauffées, les transforment en une matière sirupeuse s'assimilant parfaitement à la pâte dans le mélangeur. Ce moyen diminue considérablement le déchet et permet d'utiliser les cacaos inférieurs.

Broyage, moulage et séchage.

Les cotylédons mélangés à un poids égal de sucre sont soumis à l'action énergique d'une machine dite mélangeuse, qui fait une pâte grossière, homogène, à laquelle on ajoute la vanille, les aromates, les parfums et toutes autres matières qu'on veut y introduire. On transporte cette pâte dans les trémies des broyeuses.

Alors le chocolat est comprimé à la main ou dans une boudinière qui le rend compact et le pousse en un boudin qu'on coupe régulièrement à la longueur correspondant très approximativement au poids de 250 grammes. On pèse cependant pour faire le poids exact, et chaque demi-livre est mise dans un moule qui, placé sur une table tapoteuse, lui fait prendre sa forme.

Les moules pleins sont descendus dans des caves ou autres locaux frais, dans lesquels les tablettes durcissent et deviennent en état d'être retirées facilement.

Enfin, on les entoure d'une feuille d'étain qu'on recouvre d'une feuille de papier cachetée, et on livre à la consommation.

Qualités et valeur nutritive du chocolat.

La qualité du chocolat dépend du choix des matières premières, de l'épurement des graines (*cacao* et *sucre*), de la torréfaction et du broyage. On ne peut apporter trop de soins dans les triages si on veut obtenir de bons produits.

Le meilleur chocolat est d'une digestion laborieuse pour beaucoup d'estomacs, parce que la graine contient 50 0/0 d'une substance grasse qu'on appelle *beurre de cacao*; il a son emploi en pharmacie et en parfumerie.

Voici la dernière analyse faite par Payen :

Substance grasse (beurre de cacao)	52 0/0
Albumine, fibrine et autre matière azotée . .	20 »
Caféine	2 »
Amidon	10 »
Cellulose	2 »
Matière colorante, essences aromatiques (traces)	» »
Substance minérale	4 »
Eau hygroscopique	10 »
Total :	100 »

Chocolats dégraissés.

Si cette analyse démontre la valeur nutritive du cacao, elle indique aussi pourquoi il est indigeste pour certaines personnes. Pour parer à cet inconvénient, on fabrique des chocolats dégraissés. Voici comment on opère : on prend des amandes de cacao torréfié, on les comprime sous une presse à vis ou hydraulique dont on chauffe les plaques métalliques ; une grande partie du beurre s'écoule. Les tourteaux sont ensuite réduits en poudre soit au moyen de cylindres, soit par des pilons ; ce produit prend le nom de cacao en poudre. C'est réellement un

29

aliment d'une digestion facile, conservant toutes les propriétés
alibiles du chocolat en tablettes et son arome. D'autres
opèrent de la manière suivante : Ils versent le cacao torréfié
dans le mélangeur, mais sans sucre, et le soumettent ensuite
à une broyeuse à cylindres. La pâte sortant de la broyeuse est
mise dans deux toiles en fort coutil et portée sous une presse.
Lorsque le beurre est extrait, on concasse les tourteaux dans
le mélangeur qui les broie et y mélange le sucre. Enfin le mélange est moulu entre la broyeuse. On laisse refroidir et on
tamise. Si on veut du cacao non sucré, on broie les tourteaux
à froid et on blute au sortir de la broyeuse.

Importance de la chocolaterie.

Aucune industrie alimentaire ne s'est autant développée que
celle de la chocolaterie. En 1820, le chocolat était un aliment
de luxe à la portée exclusive de quelques privilégiés, aujour-
d'hui il est en usage dans toutes les classes de la société, et,
fait, pour le déjeuner du matin surtout, une concurrence très
sérieuse au café au lait ; il faut se féliciter de ce résultat, qui
est favorable à l'hygiène publique. Cette préférence est due à
la perfection des machines créées en France pour cette fabrication, au choix des cacaos et aux mélanges bien proportionnés
des produits de toutes les fabriques importantes. Il serait difficile de faire une différence entre les produits de ces grandes
maisons, qui atteignent toutes la même supériorité.

En 1860, l'industrie chocolatière française consommait
5,000,000 de kilog. de cacao ; en 1867, 7,000,000 ; en 1878,
10,000,000 ; où ce progrès s'arrêtera-t-il ? Nous avions bien
raison de dire qu'aucun aliment ne s'était généralisé en France
comme le chocolat, auquel nos voisins commencent également
à prendre goût ; les Anglais principalement, chez lesquels plusieurs chocolatiers français ont établi des succursales.

Les cacaos de provenances diverses.

Voici l'ordre dans lequel on doit classer les différentes provenances, si on pense comme moi que l'arome et le parfum sont les principales conditions que le fabricant doit rechercher pour obtenir la préférence de la consommation :

Le *Soconusco;* il croît au Mexique, mais il est très-rare et n'arrive qu'en quantité insignifiante en Europe (Mémoire) ;

Les *Caraques*, venant de Vénézuela, de la Gue et de Porto Cabello ; il y a le petit et le gros caraque. Ils sont moins gras que le Maragnan, mais plus fins de goût ;

Le *Maracaïbo* et le *Magdeleine*, autrefois supérieurs aux caraques, mais beaucoup dégénérés ;

Le *Guayaquil;* il convient mieux pour les chocolats communs à cause de sa saveur très-prononcée ;

Les cacaos *Trinitad*;

Le *Maragnan* et le *Para*, provenant du Brésil ;

Les cacaos de la *Guayane* désignés sous le nom de *Cayenne*. On en distingue plusieurs sortes : le *démérari sianasnaci, aravri, macopa*, etc. Ils sont peu estimés ;

La dernière sorte comprend, sous le nom de *Cacaos des Iles*, les provenances d'Haïti, de la Guadeloupe, de la Jamaïque, de la Martinique, de Sainte-Lucie, de Bourbon, etc., qui ne peuvent entrer que dans la fabrication des chocolats à bon marché.

XII

FABRICATION DES CONSERVES

Des procédés divers employés pour la conservation des produits alimentaires.

La plupart des denrées alimentaires sont susceptibles d'être conservées plus ou moins longtemps. Depuis un temps immémorial on emploie, pour la chair des animaux, le boucanage ou fumàge et le salage ; mais, l'usage trop exclusif de ces préparations offre de sérieux inconvénients pour la santé. La salaison, en outre, altère la viande, elle produit une saumure qui renferme les principes du bouillon concentré et conséquemment diminue considérablement son pouvoir nutritif.

On obtient d'assez bons résultats avec la glace, dont on couvre la viande fraîche pendant l'été, et avec la marinade dans laquelle on la met tremper.

M. Runge conseille l'acide acétique à 7° acidimétriques versé au fond d'une terrine en terre cuite. On pose un gril en bois qui est au-dessus du liquide de quelques centimètres, et on y place la viande crue. On couvre la terrine avec un couvercle de même matière dont on ferme hermétiquement le joint avec du papier collé ou une bande de pâte à pain. L'acide se volatilise, remplit tout le vide et tue les ferments. Lorsqu'on veut consommer la viande on l'expose pendant deux heures à l'air avant de la faire cuire, le goût acide disparaît. Ces deux derniers procédés ne sont pas industriels et ne conviennent que pour une alimentation menagère.

Le prix élevé de la viande en Europe a donné l'idée d'en faire venir des contrées de l'Amérique du Sud, où elle est à vil prix. Le froid est le moyen qui semble le plus efficace pour la conserver pendant le voyage. A cet effet on a construit des navires dans lesquels on a établi le procédé de M. Tellier. Ce dernier a armé un bâtiment, le *Frigorifique*, qu'on a dirigé sur un des points où la matière première est commune et facile à charger. Les résultats n'ont pas été satisfaisants ; la viande n'était pas altérée, mais elle avait en arrivant un goût sauvagin répugnant ; il m'a été impossible d'en avaler une bouchée ; mes amis ont éprouvé le même dégoût. Cela provient bien certainement de ce que les animaux de ces contrées vivent en liberté. Il faudra désormais aller s'approvisionner dans les contrées où les bestiaux sont à l'état domestique. Dans l'ouest des États-Unis et au Canada, on trouverait des animaux de boucherie qui reviendraient à des prix raisonnables ; c'est là une étude commerciale à faire, car la conservation est incontestable.

On emploie aussi pour conserver la chair musculaire un moyen basé sur l'exclusion de l'air atmosphérique. On la foule dans des boyaux de bœufs préparés exprès et imprégnés d'huile d'olive qui sont solidement noués à chaque extrémité. Ce même procédé convient parfaitement aussi pour la conservation du beurre et de toutes autres graisses fondues au bain-marie qu'on coule dans de semblables intestins. Ils se conserveront très longtemps sans rancir. Ce mode est appelé à rendre de grands services aux armées en campagne.

Procédé Appert.

Mais la préparation qui convient le mieux pour conserver la chair des animaux et les produits des plantes alimentaires est celle d'Appert. On enferme la substance cuite aux 3/4 dans des vases en verre ou en fer-blanc qu'on remplit le plus possible, puis on ferme hermétiquement avec des bouchons en liège ou de la soudure d'étain. On met les boîtes en fer dans des autoclaves dont la température varie suivant le degré d'altérabilité des substances. La durée du chauffage dépend du volume des boîtes.

Quant aux vases en verre on les met dans des armoires en tôle, dans lesquelles on introduit la vapeur nécessaire.

On fait préalablement blanchir les légumes dans une bassine à double fond ou dans une cuve en bois, chauffée à la vapeur ; suivant la nature des produits à traiter, on les rafraîchit ensuite dans des réservoirs à eau froide.

Pour obtenir de bons résultats, voici comment on doit opérer pour chaque sorte :

Les pois. — On met dans la bassine de l'eau, dans laquelle on a jeté le gros sel nécessaire ; elle doit être suffisante pour couvrir les pois de 5 centimètres et on y introduit ceux-ci lorsqu'elle est bouillante. On laisse bouillir 15 à 20 minutes jusqu'à ce qu'ils se trouvent en peu farineux sous les doigts. Aussitôt retirés de la bassine on les rafraîchit.

Pour le jus qui est destiné à remplir les boîtes, on met dans une bassine de l'eau qu'on fait bouillir 1/2 heure, après y avoir ajouté cinq ou six oignons, deux laitues, du persil et 750 gr. de gros sel par 30 litres d'eau ; on passe au travers d'un linge.

Les haricots verts. — On verse dans la bassine l'eau néces-

saire pour qu'ils puissent baigner, on attend pour les introduire que le liquide, dans lequel on a également mélangé
la proportion de gros sel, soit en ébullition et on les retire
aussitôt qu'il fléchissent sous la pression des doigts. Alors on
les rafraîchit. Quant au jus on le fait froid en dissolvant
750 gr. de gros sel dans 30 litres d'eau.

Les flageolets. — Opérer comme pour les pois ; mais il
faut, pour les blanchir, 25 à 30 minutes, et ne pas craindre
de les laisser sur le feu. Même jus que pour les haricots
verts.

Asperges. — On les coupe de la longueur de la boîte, on
les gratte, on les lave et on en fait des petites bottes. Il n'y a
que le pied de l'asperge qui trempe dans l'eau, de 4 à 5 centimètres. Si l'eau voulait s'élever, il faut arroser la pointe ;
35 à 40 minutes suffisent pour les blanchir. Il est nécessaire
que le panier contenant les asperges soit placé dans la bassine
de façon que, quand le pied est assez cuit, on puisse le laisser
descendre afin que la pointe reçoive un bouillon de 2 ou 3 minutes. Enfin, on fait rafraîchir.

Remplissage et soudage des boîtes. — Quand les légumes
sont rafraîchis on laisse égoutter et on procède au remplissage des boîtes qu'on se hâte de souder et de fermer hermétiquement, l'élévation de la température à laquelle ont été
soumis les produits étant encore suffisante pour décomposer
l'air.

Pour faciliter le chargement et le déchargement des bas-
sines et des cuves, et le transport des légumes dans les réservoirs à eau froide, on établit, au-dessus de ces appareils, un
système de moufles roulant sur des rails.

Il est indispensable de pouvoir enlever les légumes aussitôt
qu'ils sont suffisamment blanchis ; à cet effet, au lieu de les
verser directement dans la bassine ou la cuve, on les place dans
des paniers en tôle galvanisée percée de trous ; il est facile

alors, au moyen des moufles, de faire descendre ou remonter promptement chaque panier quand la cuisson est arrivée à son point.

Degré de cuisson. — Lorsque les boîtes sont soudées, on les range dans un panier qu'on dirige, à l'aide des moufles et des rails, dans l'autoclave qui a préalablement reçu la quantité d'eau nécessaire pour recouvrir toutes les boîtes. On laisse ensuite arriver la vapeur dont la pression doit être suffisante pour que la cuisson soit complète. Cette température varie, ainsi que la durée de l'ébullition, suivant la nature des produits à cuire.

Voici les indications qui s'appliquent aux principaux aliments :

Pois.

				minutes d'ébullition
Pour la 1/2 boîte on monte à	117° et on laisse pendant			5
Pour la boîte pois fins —	117°	—	—	10
— moyens —	117°	—	—	13 à 14
— 2 litres —	117°	—	—	20

Haricots verts.

				minutes d'ébullition
Pour la 1/2 boîte on monte à	112° et on laisse pendant			5
Pour la boîte entière —	112°	—	—	10

Flageollets.

				minutes d'ébullition
Pour la 1/2 boîte on monte à	112° et on laisse pendant			7
— boîte —	117°	—	—	15 à 16
— 2 litres —	117°	—	—	24 à 25

Asperges.

				minutes d'ébullition
Pour la 1/2 boîte on monte à	112° et on laisse pendant			4 à 5
— boîte —	112°	—	—	8

Compotes de pêches, prunes, abricots, etc., EN BOITES EN FER BLANC.

					minutes d'ébullition
Pour boîtes de 5 kil. on monte à 115° et on laisse pendant					15
—	10	—	115°	— —	20
—	15	—	115°	— —	25
—	20	—	115°	— —	30

Viandes, gibiers, etc.

					minutes d'ébullition
Pour petites boîtes on monte à 121° et on laisse pendant					15
— moyens	—	—	121°	— —	30
— grands	—	—	121°	— —	45

On ne met les boîtes dans la chaudière autoclave que lorsque l'eau est aux trois quarts chaude.

Quand on veut faire des conserves en bocaux, au lieu de les introduire dans la chaudière autoclave on range les bouteilles ou bocaux sur des plaques en tôle étagées dans une armoire dont on élève la température aux degrés indiqués plus haut.

Les légumes tels que carottes, navets, choux, oignons, enfin tous ceux qui ne sont pas en grains, passent préalablement suivant leur grosseur dans un laveur.

Les petits pois sont simplement soumis à un trieur.

Conserves comprimées et séchées (Procédé Masson).

Mais le procédé Appert élève le prix des légumes conservés de manière à en faire des aliments de luxe qui ne peuvent entrer dans le régime du soldat et de l'artisan. Les mêmes denrées desséchées et comprimées par le système Masson se conservent longtemps et apportent une grande économie dans l'alimentation domestique pendant la saison d'hiver, elles rendent de grands services aux armées de terre et de mer, aux établissements publics, aux collèges, séminaires, etc., etc. Cette fabrication, qui a été perfectionnée successivement par MM. Chollet, Dardelle et Prevet, s'opère par les moyens suivants :

Après le lavage on monte les légumes au premier étage. On verse les racines dans la trémie d'un coupe-racine qui les coupe grossièrement et alimente une machine à cylindres destinée à les diviser en petites bandes pour julienne. Les légumes en feuilles ne sont pas soumis à l'action du coupe-racines, ils vont directement dans la machine à cylindres composée d'un cylindre formé de lames circulaires séparées les unes des autres par des disques en plomb ou en étain ; un second cylindre, également en plomb ou en étain, ayant, en face de chaque lame du premier cylindre, une rainure très-peu profonde (1 $^m/^m$ environ ; *cette rainure se forme par le travail, le cylindre livré par le mécanicien étant plein*), limite la dimension des bandes de légumes. Un couteau à dents placé au-dessous du premier cylindre, détache et fait tomber les morceaux qui sont serrés entre les lames.

On reçoit les légumes ainsi divisés dans des wagonnets que l'on conduit près des armoires. On les étend en une couche de 15 à 20 ^{mm} sur des petits châssis en fer galvanisé recouverts de toile métallique n° 8 ou 9, en fer également galvanisé et ayant des rebords, de 25 à 30 ^{mm} de hauteur. On introduit ces châssis dans les armoires que l'on ferme, puis on laisse pénétrer la vapeur qui est amenée par un robinet placé à la partie inférieure. La vapeur qui est à cinq atmosphères se détend en entrant.

Au lieu d'armoires verticales, on peut employer avantageusement des armoires placées horizontalement et dans lesquelles on introduit directement les wagonnets sur lesquels sont rangés les clayons. On diminue ainsi la main d'œuvre en supprimant un chargement et un déchargement ; les wagonnets roulant sur des rails entrent très-facilement dans les armoires et en sont retirés de même.

Un seul homme peut faire le service de cinq armoires verticales ; il les emplit successivement et, lorsqu'il a terminé le chargement de la dernière, il commence à décharger la première dont les légumes ont eu le temps de cuire.

L'emplissage, la cuisson et le déchargement de chaque armoire verticale durent 45 minutes ; la cuisson, à elle seule, demande environ 25 minutes.

Au fur et à mesure qu'on retire les clayons, on les pose sur un wagonnet pour les conduire au monte-charge, qui les élève au premier étage où se trouvent les étuves recevant l'air chaud d'un calorifère placé au-dessous. On garnit chaque étuve de la même manière que les armoires.

Des aspirateurs attirent l'air chaud provenant du calorifère et le forcent à passer au travers des clayons ; cet air vaporise l'humidité dont les légumes sont chargés, et s'échappe au dehors. On peut, à volonté, au moyen de portes à coulisses, isoler chaque étuve, soit pour la charger, soit pour la décharger, sans arrêter la circulation d'air chaud dans les étuves contiguës.

L'observation faite précédemment au sujet des armoires s'applique également aux étuves, dont la forme peut être telle que l'on puisse y introduire directement les wagonnets chargés de clayons.

L'étuvement des légumes dure environ le même temps que la cuisson dans les armoires.

Au sortir de l'étuve, les clayons sont portés près d'un trieur, dans la trémie duquel on les vide. Ce trieur, qui n'est percé que de trous ronds, comme celui qui sert au triage des pois, laisse passer les tranches sèches qui n'adhèrent plus les unes aux autres et verse à la queue les agglomérations qui n'ont pu se désagréger par l'étuvement et le mouvement de rotation du cylindre trieur. On porte ensuite les légumes au magasin, où ils sont classés soit pour être livrés en vrac dans des grands sacs en toile, soit pour être empaquetés.

Quand on doit livrer sous forme de pains ou galettes, on porte les clayons devant des presses hydrauliques, sur le plateau desquelles on pose des formes en fonte qui ont environ $0^m,30$ de longueur sur $0^m,20$ de largeur et $0^m,15$ de hauteur, dimensions que devront avoir les pains pour un poids donné. On les remplit d'un mélange de différents légumes.

Les proportions qui composent le mélange varient suivant la nature et la qualité de chaque légume ; c'est une affaire de goût qui ne s'acquiert qu'avec la pratique. Cette compression a l'inconvénient de briser une partie des légumes et surtout la pomme de terre, qui s'écrase facilement ; cet inconvénient ne modifie pas la valeur des aliments, mais seulement l'aspect.

On remarquera qu'on n'emploie que fort peu d'oseille, et parfois pas du tout; cela provient de ce qu'il est très difficile d'empêcher ces feuilles de se transformer en bouillie pendant la cuisson dans les armoires, et de leur conserver une forme à peu près présentable. On est obligé de prendre de grandes précautions et de diminuer le degré de la vapeur introduite ; il y a là un tâtonnement à faire pour chaque nouvelle récolte.

Procédé pour conserver aux légumes leur couleur verte.

La température à laquelle sont soumis les légumes détruit la chlorophylle et leur donne un vilain aspect, c'est pour remédier à cet inconvénient que l'on ajoute à l'eau de blanchissage du sulfate de cuivre qui peut avoir de graves inconvénients pour la santé des consommateurs. On peut remplacer avantageusement cette préparation malsaine par de la chlorophylle extraite des végétaux alimentaires; elle donnent aux légumes une belle couleur verte que ceux-ci conservent. On traite les épinards et même le feuillage des légumineuses par des lessives de soude

caustique ; la liqueur ainsi obtenue donne, avec l'alun ordinaire, une laque de chlorophylle qu'on débarrasse du sulfate
de soude en la lavant soigneusement.

Pour solubiliser cette laque on a recours aux phosphates
alcalisés et alcalino-terreux. On obtient ainsi un composé soluble assez instable dans lequel entrent de la chlorophylle, de
l'alumine et de la soude phosphatée. Cette liqueur, ajoutée au
blanchissage, cède la chlorophylle aux légumes, qui en retiennent d'autant plus que le contact est plus prolongé. La mise en
boîte et l'ébullition se continuent de la façon ordinaire.

Conservation des œufs.

Le meilleur moyen de conserver les œufs est de les placer
le jour même de la ponte dans une poudre très fine de *talc*. On
prend des caisses en bois ou des tonneaux, on commence à
faire un lit de cette poudre, dite poudre de savon; on y range
des œufs, et, lorsque la couche est complète, on la recouvre de
poudre, on continue jusqu'à ce que le logement soit garni
complètement. Ce procédé permet d'ajouter chaque jour à la
provision et d'y puiser sans découvrir les œufs qui restent. Il
faut avoir soin de donner quartier, de temps en temps, aux
caisses, et de rouler les tonneaux pour changer les œufs de
côté ; sans cette précaution, le jaune finit par entrer dans le
blanc, jusqu'à la coquille, et fait ce qu'on appelle des œufs
tachés.

XIII

FABRICATION DE LA MARGARINE

Adultération du beurre.

Depuis un temps immémorial, on a adultéré le beurre en y mélangeant de la graisse de boucherie et de charcuterie, principalement celles des parties qui entourent les rognons. Dans mon enfance, j'ai vu fabriquer chez mon père l'appareil à cylindres en bois dit *lisseur*, le meilleur instrument, encore en usage aujourd'hui, pour mélanger les graisses et les rendre homogènes. Ces mélanges n'étaient pas justifiés par le bon marché relatif de la marchandise, car le consommateur croyait acheter du beurre pur et payait en conséquence ; le vendeur seul y gagnait d'une façon très répréhensible.

Qualités spéciales de la margarine.

Cependant la graisse à laquelle on a donné le nom de margarine pourrait rendre de grands services, non seulement aux classes nécessiteuses, mais aussi à celles qui ont les moyens de consommer des beurres de qualité supérieure.

Sans admettre les exagérations de ceux qui ont appliqué les procédés de MM. Demarson et Mége-Mouriès et qui annoncent que leurs graisses sont supérieures au beurre et peuvent servir pour tous les usages culinaires, je suis d'avis qu'elles suffisent dans beaucoup de cas. Nos ménagères prodiguent le beurre, elles l'emploient toujours, alors que souvent elles pourraient lui substituer la margarine, qui est d'un prix beaucoup moins élevé. Certainement on ne remplacera jamais le bon beurre, pour la table, parce qu'il n'est pas possible de donner à la graisse le goût et l'arome qui rendent si friand le pain sur lequel on l'étale ; mais, pour la préparation des légumes secs, la margarine bien faite est préférable au beurre qui doit être réservé pour les légumes verts. L'huile est également meilleure que le beurre pour la préparation d'un grand nombre de mets sautés ou frits, notamment pour la volaille. Enfin, une cuisinière habile et économe emploie le beurre à propos, et non pas à tout propos comme cela se fait généralement.

La répugnance qu'on éprouve pour la graisse de boucherie provient de sa composition : elle contient de l'oléo-margarine qui fond comme le beurre à 20 et 22 degrés, et de la stéarine, corps ferme et indigeste qui s'attache au palais, et qu'il convient d'éliminer.

On ne peut séparer ces deux corps qu'à l'aide d'appareils et de machines qui constituent un matériel important.

Plusieurs établissements créés dans ce but, depuis plusieurs années, sont tombés presque tous, parce que les exploitants n'ont pas compris que la première condition pour réussir était de faire connaître au consommateur la véritable origine du produit et ses avantages réels. C'était une double faute de lui donner l'apparence et la couleur du beurre en concurrence avec lequel on le présentait au public, et de ne pas lui conserver son véritable nom. On commettait un délit en dissimulant la nature de la marchandise, en lui donnant l'aspect d'une denrée qui lui est supérieure et en exagérant sa valeur, alors qu'il y avait place, en même temps, pour la graisse de boucherie bien épurée, dont les qualités auraient été promptement appréciées, et pour le beurre.

En agissant déloyalement, on a fait que la margarine n'a eu qu'un succès de curiosité très-éphémère. C'eût été bien différent si les fabricants, au lieu de la présenter comme préférable au beurre, avaient au contraire fait ressortir les propriétés spéciales et distinctes des deux denrées, et les usages auxquels chacune d'elles devait servir. Croyant, comme on le lui annonçait, qu'il achetait du beurre excellent, le consommateur ne tardait pas à s'apercevoir que la margarine n'avait avec celui-ci de commun que la couleur, il ne recommençait pas l'expérience. — Si on l'avait prévenu, au contraire, qu'il ne devait pas s'attendre à trouver dans la margarine l'arome du beurre, arome qui disparaît en grande partie pendant la cuisson des aliments auxquels on l'associe, il aurait persisté et s'y serait habitué.

Je suis convaincu que, en présence de l'élévation progressive du prix du beurre, la fabrication de la margarine se développera un jour au profit de l'agriculture, de l'économie domestique et même de l'hygiène, et que cette substance deviendra d'un usage général pour les cas que je viens de signaler. C'est ce qui m'a déterminé à faire connaître les formules qui sont appliquées dans les fabriques que j'ai montées depuis plusieurs années, formules qui donnent les meilleurs résultats.

Composition du suif.

Le suif en branches est composé des produits suivants :

Stéarine . . . . . 35.32 p. 100 environ.
Margarine . . . . 9.68 — —
Oléine . . . . . . 35. » — —
Membranes, fibres, etc. 20. » — —

La stéarine fond à 62 degrés centigrades, l'éther et l'alcool la dissolvent, mais l'eau ne la modifie pas.

Traitée par les alcalis, elle produit de la glycérine et de l'acide stéarique.

La margarine fond à 48 degrés, elle se décompose par saponification en acide margarique et en glycérine.

Le beurre en contient 68 p. 100.

L'oléine, substance incolore, transparente, insoluble dans l'eau, fluide à la température ordinaire, ne fige qu'à $+ 7$ degrés centigrades.

La glycérine est soluble dans l'eau, elle est liquide et incolore.

L'oléo-margarine est fusible de 22 à 28 degrés ; le suif brut en contient environ 45 p. 100.

La consistance du suif varie suivant l'espèce et l'âge des animaux ; le suif de mouton est plus ferme que celui du bœuf. Dans les différentes parties du corps la dureté varie également.

La graisse de porc est celle qui contient la plus grande quantité d'oléine, ce qui la rend plus fluide que les autres graisses. Le poids spécifique du suif est de 0.941.

Fonte de la graisse. — Repos.

Le suif frais, en branches, arrive à un monte-charge, qui le porte au premier ou au deuxième étage.

Pendant l'été on le place sur des claies au premier étage, et on alimente le déchiqueteur avec le suif placé au deuxième.

On le jette d'abord sur des grandes tables pour le nettoyer, retirer les os, enlever le sang, etc., et le laver, si cela est nécessaire. Lorsqu'il est débarrassé de ces impuretés, on le soumet au déchiqueteur. Les cylindres du déchiqueteur sont chauffés intérieurement par de la vapeur qu'on n'introduit ordinairement qu'au moment de terminer l'opération du broyage, afin de faciliter le nettoyage des cylindres. Il ne faut pas fournir aux cylindres des morceaux de graisse ayant plus de 10 à 15 centimètres, afin de ne pas les engorger ni en arrêter la marche. Le suif déchiqueté et broyé tombe sur des plans inclinés en bois qui le conduisent dans une ou plusieurs cuves à fondre, munies d'un serpentin en plomb, dans lesquelles on a introduit de l'eau à une hauteur de 30 centimètres et 250 à 300 grammes de carbonate de potasse par 100 litres d'eau. Cette proportion de potasse représente très-approximativement 140 à 145 grammes par 100 kilogrammes de graisse fondue.

En résumé, ces quantités se modifient selon la nature du suif à travailler ; il faut obtenir la séparation des fibres et tissus de la graisse, c'est là le but.

Si celle-ci n'est plus fraîche, on ajoute dans la cuve 10 gr. d'éther œnanthique par 100 litres d'eau. On chauffe le mélange au moyen de la vapeur introduite par le serpentin, et on élève la température de 55 à 62 degrés, suivant la fusibilité de la stéarine contenue dans le suif que l'on travaille. Le suif broyé, tombant dans le liquide chaud, fond ; la graisse, sous l'influence de la chaleur et de la potasse, se dégage et monte à la surface ; les fibres, déchets, etc., tombent au fond et restent en partie en suspension dans l'eau. Si le suif venait à bouillir, il faudrait diminuer l'arrivée de vapeur.

Lorsque la graisse est rance, on emploie pour la fondre, à la place du bicarbonate de potasse, de la soude caustique de 18 à 20 degrés Baumé, dans la proportion de 250 grammes environ pour 100 litres d'eau.

La fonte dure environ 45 minutes ; on s'aperçoit qu'elle est terminée lorsque les fibres sont détachées de la graisse et qu'elles ne surnagent plus. On laisse alors reposer une heure et demie environ cette graisse qui a l'apparence de l'huile et on la maintient pendant ce temps à la température de 60 à 65 degrés pour l'empêcher de figer. Lorsque le repos est suffisant, on soutire la graisse liquide, au moyen d'un robinet qui déverse dans la cuve de repos, et d'un tuyau en fer étamé qui coule sur un entonnoir en fer.

La cuve de repos est en tôle galvanisée, elle est disposée en bain-marie ; l'eau qui entoure le réservoir intérieur destiné à contenir la graisse liquide est maintenue de 60 à 65 degrés par de la vapeur que fournit un serpentin.

Soutirage et cristallisation.

On laisse séjourner la graisse dans la cuve de repos pendant deux à trois heures environ afin qu'elle s'éclaircisse. Quand elle est suffisamment claire, on la soutire au moyen de seaux que l'on vide dans les moulots. Ces seaux et les moulots sont en fer galvanisé. Chaque moulot contient 16 kilogrammes de graisse fondue. On porte ces moulots dans l'étuve pour faire grener ou cristalliser. La température de l'étuve doit être maintenue de 25 à 30 degrés centigrades au moyen d'un réchauffoir à vapeur.

Le grenage ou la cristallisation (on se sert indistinctement de ces deux dénominations) dure plus ou moins longtemps suivant la température ; en temps ordinaire, il faut douze heures environ.

Quand la fabrication est bien en train, on laisse cette transformation s'opérer pendant la nuit; la cristallisation est à son point lorsque la matière a l'apparence grenue de la graisse d'oie.

Si on laisse le grenage durer trop longtemps, la chaleur s'élève trop, la graisse redevient en huile ; il faut alors recommencer l'opération entière, c'est-à-dire refondre.

Presses.

Le grenage étant à son point, on porte les moulots sur la table placée devant les presses. L'ouvrier prend un cadre en bois ayant en longueur et en largeur les dimensions proportionnées au sixième d'une des plaques destinées à être placées sur le plateau de la presse. Il pose ce cadre sur une toile qu'il a préalablement étendue sur la table ; cette toile sera assez large pour entourer complètement le pain de graisse qu'elle doit renfermer.

L'ouvrier prend la graisse avec sa main directement dans le moulot et remplit le cadre de manière à former un pain rectangulaire qu'il enveloppe avec la toile; il enlève le cadre en bois qui sert successivement à mouler les autres pains. Les plaques sur lesquelles on pose les pains sont en tôle galvanisée. Avant de s'en servir on les place dans un réservoir à eau chaude, qui les maintient à une température égale à celle de la graisse contenue dans les moulots.

Pour extraire la plus grande quantité d'oléo-margarine, il faut presser méthodiquement, vivement en commençant, puis après en ralentissant. La pressée dure environ une heure, y compris les repos et reprises. Il faut compter autant pour charger et décharger la presse ; chaque opération dure donc environ deux heures.

L'oléo-margarine qui s'écoule de la presse tombe dans un

seau en fer galvanisé dont on verse ensuite le contenu dans une baratte.

Si le local le permet, il est préférable d'avoir un réservoir chauffé au bain-marie et placé au-dessus ou à côté des barattes pour emmagasiner l'oléo-margarine et la tenir à une température régulière de 40 à 45 degrés.

Barattage.

Ce réservoir alimente alors les barattes au fur et à mesure du battage. Quand le local ne le permet pas, on verse le contenu des seaux directement dans la baratte. L'écoulement de l'oléo-margarine à la sortie des presses s'effectuant promptement, elle n'a pas le temps de se refroidir dans la baratte. Avant de l'y introduire on a eu soin d'y verser de la crème ou du lait qui a été chauffé dans une chaudière ou réservoir en tôle galvanisée à double fond et maintenu par la vapeur à une température de 35 à 40 degrés ; ce lait forme une masse suffisante pour que la température ne baisse pas notablement pendant le remplissage.

Le chargement d'une baratte est d'environ 250 kilogrammes dont 125 kilogrammes de lait et 125 kilogrammes de margarine (la quantité de lait n'est pas absolue, elle varie suivant la qualité qu'on veut donner au produit, qui est d'autant meilleur qu'on met plus de lait ou de crème).

Les tourteaux de stéarine restés sur les plaques de la presse dans les toiles sont portés dans un magasin spécial où on les dépouille de leurs enveloppes ; le contenu est emmagasiné et les toiles sont classées pour être lavées à l'eau chaude, puis séchées pour servir à nouveau au même usage.

Lorsque le chargement de la baratte est suffisant, on y introduit une quantité d'huile nécessaire pour que la matière atteigne la mollesse qui convient. L'huile d'arachide est celle qu'on emploie de préférence, la proportion varie de 5 à 10 kilogrammes pour 100 kilogrammes de mélange suivant la saison. En hiver rigoureux, on atteint le maximum de 10 kilogrammes ; par un temps ordinaire, on ne dépasse pas 5 kilogrammes. Quelques fabricants remplacent l'huile d'arachide par œlle d'œillette en conservant les mêmes doses. On verse aussi dans la baratte 2 ou 3 grammes d'éther butyrique par 100 kilogrammes de mélange, ils donnent le goût du beurre. On ajoute également 500 grammes de sel fin par 100 kilogrammes du contenu de la baratte.

On colore en mélangeant du rocou préparé dans la proportion de 45 à 50 grammes par 100 kilogrammes de la matière contenue dans la baratte.

Pétrissage et mise en pains.

Le barattage dure plus ou moins longtemps, suivant la température. En temps ordinaire il prend 30 à 35 minutes ; pendant la grande chaleur, il faut parfois 1 h. 1/2. La température, à l'intérieur de la baratte, doit être tenue à 25 degrés.

Le barattage terminé, on extrait le contenu de la baratte et on le verse dans les pétrins qui servent à laver le beurre avec de l'eau très fraîche.

On fait sortir le petit-lait en pétrissant le beurre avec les mains, ou au moyen de spatules ; tant que l'eau de lavage devient blanche, on la remplace par de l'eau pure et l'on continue ainsi jusqu'à ce qu'elle ne se trouble plus.

Le pétrissage terminé, la margarine est retirée du pétrin et posée sur la table placée près du lisseur.

En hiver, on jette le beurre sur le conduit incliné qui alimente le couteau déchiqueteur placé au-dessus des cylindres lisseurs. En été, le beurre étant mou, il n'est pas nécessaire de le soumettre à l'action du couteau ; on le dépose directement dans la trémie alimentant les cylindres lisseurs qui sont en bois.

Après son passage entre les lisseurs, le beurre tombe dans une boîte placée au-dessous, on le reprend et on le fait passer de nouveau entre les cylindres, jusqu'à ce qu'il soit homogène. Quand on reconnaît que la pâte est suffisamment lissée, qu'elle ne contient plus de grumeaux, qu'elle est d'une teinte égale, on la porte à l'atelier, pour lui donner la forme de pains, ou de mottes, etc., qui, descendus ensuite à la cave, y séjournent au moins douze heures avant d'être livrés à la consommation. La cave doit être aussi fraîche que possible ; sa température ne doit pas s'élever au-dessus de 10 à 12 degrés centigrades.

Coloration.

La coloration s'obtient à l'aide de diverses substances dont voici la nomenclature :

1° du rocou préparé au gras avec de l'huile d'œillette ;

2° des fleurs de soucis conservées soit avec du sel, soit sans sel ;

3° du suc de carotte ;

4° du safran infusé ;

5° des baies d'asperges ;

6° du suc de mûres ;

7° de la racine d'orcanette.

XIV

FABRICATION DE LA MOUTARDE

Qualités de la moutarde.

Moutarde, anciennement Moustarde, vient de *moust* parce que le suc de raisin entrait dans la composition de ce condiment. Bien faite et prise en petite quantité, la moutarde stimule l'appétit et facilite la digestion.

On emploie deux sortes de graines : la graine blanche, dite d'*Alsace*, et la graine noire dite *de la Rochelle*. Celle-ci est très-petite, et mélangée de semences brunes et noirâtres. Elle est âcre, éminemment rubéfiante et convient seule pour préparer les synapismes.

Plus forte et d'un prix moins élevé que la blanche, elle doit être préférée pour la moutarde au vinaigre ; elle permet d'introduire une plus grande quantité de matières de peu de valeur absorbant beaucoup de liquide. Quant à la graine blanche, elle est employée surtout pour la moutarde de Dijon, qui est pure et tamisée. La médecine en fait également usage : 15 ou 20 grammes en grains pris avant le repas, ou le soir en se couchant, stimulent, dit-on, les organes et activent la digestion.

Moutarde de droguerie.

La droguerie écrase la graine dite *de la Rochelle* avec des cylindres en fonte de vitesses différentielles, on l'y repasse à deux et même à trois fois pour obtenir de la farine ; elle opère de même sur la graine de lin et se sert du même moyen pour pulvériser deux semences dont les propriétés sont bien différentes. Si l'on veut obtenir des synapismes énergiques, on comprime la farine de moutarde, après l'avoir broyée, pour en extraire l'huile grasse ; elle devient beaucoup plus active ; c'est le procédé *Rigolot*.

Moutarde de table.

La moutarde de table est broyée dans des moulins horizontaux dont les meules d'une seule pièce en pierre meulière sont d'une nature toute spéciale qui ne doit pas être trop vive. Ces meules ne sont pas rayonnées, mais on pratique dans la courante, dont la vitesse est de 20 à 25 tours, une entrée courbe en forme de virgule qui va en diminuant de profondeur et de largeur jusqu'à la moitié de la surface de la meule. Généralement on a au moins deux moulins, l'un pour dégrossir, l'autre pour finir. Les meules de ce dernier, sont d'une pierre plus pleine, rhabillées avec plus de soin et plus rapprochées l'une de l'autre que pour dégrossir.

Avant de mélanger la graine dans son jus, il est indispensable de la nettoyer dans un émottoir et un cylindre à poussière en toile métallique ; c'est la première opération.

Si on n'a qu'un moulin, on dégrossit d'abord et on re-passe ensuite dans les mêmes meules, qu'on rapproche davantage.

On appelle rhabillage l'opération qui consiste à redonner de l'énergie aux meules lorsque leurs surfaces se polissent par le travail. On reconnaît le besoin de rhabiller les meules lorsqu'elles ne donnent plus la quantité de marchandise habituelle et quand il devient nécessaire de trop les serrer pour atteindre la graine, ce qui les fait chauffer d'une manière nuisible à la qualité. Alors on les lève, on les lave avec une brosse de chiendent, et, à l'aide d'un marteau à pannes tranchantes, semblable à ceux en usage dans les moulins à farine, on pratique sur les parties les plus lisses et les plus pleines des petites tailles dans le sens du rayon, et on rafraîchit le sillon courbe qui facilite l'entrée.

En cas d'embarras sur ce point, le premier garde-moulin venu donnera les instructions nécessaires.

Pour préparer la moutarde au vinaigre dite aux fines herbes, on prend un tonneau ordinaire dans lequel on verse simultanément :

Eau	54 kilogs	»	grammes	
Sel	7 »	»	»	
Poivre	0 »	700	»	
Graine	20 »	»	»	
Farine de riz ou de maïs.	22 »	»	»	Riz en été, mais en hiver
Curcuma	0· »	400	»	
Gingembre	0 »	700	»	
Piment	0 »	020	»	
Vinaigre	48 litres	»		

Total . . . 152 kilogs 820 grammes

On mélange le tout énergiquement en l'agitant avec une pelle à farine et on laisse ce mélange deux ou trois jours avant de l'employer, ayant soin de remuer toutes les trois ou quatre heures.

Quand le moment de passer sous la meule est arrivé, on rapproche le tonneau du moulin, on y puise, à l'aide d'une grande cuillère en bois, la matière mélangée et on la verse dans la cuvette en faïence placée au centre du moulin à dégrossir. Le résultat du broyage tombe par l'anche dans un baquet d'où il est repris, au moyen d'une cuiller semblable, et versé dans la cuvette du moulin destiné à finir. Si on n'a qu'un moulin, la marchandise dégrossie est recueillie dans une tinette pour être reprise ensuite comme il est dit plus haut.

Dans les localités où la consommation préfère la moutarde grosse, on ne la fait passer qu'une fois sous les meules ; alors chaque moulin fait le même produit. Lorsque, au contraire, on a le placement de moutarde excessivement fine, on fait repasser une troisième et même une quatrième fois.

L'ouvrier qui alimente les moulins devra agiter son mélange de temps en temps avant de puiser dans le tonneau. Quand on veut travailler de continu on a toujours trois mélanges faits à l'avance, un pour chaque jour, et on prend toujours le plus ancien.

La formule qui précède s'applique à la moutarde la plus commune, appelée moutarde d'épicier. Lorsque l'on veut s'élever en qualité on y arrive progressivement, en remplaçant tout ou partie de l'eau par du vinaigre, et les matières absorbantes par de la graine ; on établit ses prix en conséquence. On ajoute aussi au mélange : de l'estragon pour la ravigote, des anchois et tous autres assaisonnements qui font autant de sortes différentes ; car la moutarde est une sauce qui peut varier suivant le goût des consommateurs.

Pour la moutarde de Dijon, on fait dans un tonneau le mélange suivant :

Graine (d'Alsace autant que possible) .	25 kilogr.
Sel	5 »
Acide tartrique en cristaux	1 »
Eau	60 litres.
	91 kilogr.

On laisse également reposer ce mélange pendant quarante-huit heures. Il est indispensable, pour cette sorte, de faire la mouture à deux degrés.

Au sortir de la seconde mouture on prend la matière broyée et on la jette sur le tamis mécanique, non pas d'une manière continue, mais par charge de 5 à 6 kilogr. à la fois. Ce tamis est muni d'un ramasseur formé d'un rouleau d'un côté et d'une palette de l'autre ; il porte légèrement sur le crin, pousse au travers du tissu l'amande broyée qui traverse en pâte laiteuse, et tombe dans le baquet qui lui sert de bâti. Le son reste sur la surface du tamis. Lorsqu'il est suffisamment épuisé, ce qu'on reconnaît à sa couleur brune se rapprochant de la teinte de la graine, on le retire au moyen d'une spatule en bois et on recharge de nouveau le tamis.

Il est important de ne pas laisser longtemps la graine broyée sans la tamiser ; elle perdrait sa teinte jaune-citron et sa qualité en restant en contact avec le son. Comme le résidu contient encore des parties d'amandes, on l'utilise dans la moutarde au vinaigre ; il tient lieu d'une partie de la graine : 4 kilog. de son égalent 1 kilog. de graine. Il faut l'employer promptement ou le vinaigrer et le saler, sans cela il fermenterait.

La moutarde de Dijon, il y a quelques années, provenait exclusivement de la Bourgogne ; elle est aujourd'hui fabriquée en grand, avec avantage, à Paris. J'y ai fondé une usine spéciale, reprise et dirigée avec intelligence par M. Bornibus, qui est parvenu à en faire une affaire importante.

M. Bornibus fabrique aussi la moutarde en poudre, il la

comprime et la moule en tablettes qui se conservent longtemps. Mais, nous le répétons, nous préférons, sous tous les rapports, la moutarde liquide.

La moutarde reste généralement amère pendant trois ou quatre jours ; il faut laisser passer ce goût avant de la livrer.

La moutarde d'épicier est distribuée dans des tinettes de différentes dimensions qu'on renouvelle toutes les semaines. Les petits débitants et les consommateurs ont un vase dont ils connaissent la contenance ; on le leur remplit tous les six ou sept jours. Il ne faut jamais attendre plus longtemps, car la marchandise tournerait.

La moutarde fine se conserve très longtemps, parce qu'elle est composée uniquement de graine et de vinaigre de vin ; on la met dans des pots en faïence ou en verre bien clos, dans lesquels elle garde très longtemps sa qualité.

Moutarde anglaise.

Les Anglais broyent la graine à sec et en font une farine qu'ils délayent dans de l'eau, du vin blanc ou du vinaigre, au moment même de la consommer. Cette préparation est très à la mode dans toute l'Angleterre, où on est plus habitué que nous aux condiments énergiques. La fabrication de la maison Colmann y est très estimée. Voici comment on obtient ce produit : la graine, après avoir été nettoyée, est écrasée entre des cylindres en fonte, elle est ensuite soumise à des pilons et en dernier lieu tamisée. C'est un travail très facile, mais ce produit n'entre presque pas dans la consommation française qui préfère la moutarde aux fines herbes et la moutarde de Dijon.

XV

BROYAGE DES ENGRAIS

Les nombreuses matières fertilisantes dont l'agriculture fait un usage qui s'accroît de plus en plus, ont besoin d'être divisées pour que leur assimilation soit plus prompte et plus efficace. C'est là un axiome admis depuis un temps immémorial qu'il est toujours bon de rappeler ; mais aucun contemporain ne peut s'attribuer le mérite de son invention ; il est aussi ancien que les principes les plus élémentaires de l'agriculture. Déjà en 1808, un agronome très-distingué de Provins, M. de l'Epinois, fabriquait des amendements artificiels dans un moulin situé près de la ville. Mon père lui avait monté des meules verticales qui cassaient les matières, celles-ci étaient ensuite pulvérisées sous les meules horizontales du moulin. Il ne faut pas cependant exagérer la pulvérisation, car on arriverait à augmenter considérablement le prix de revient des engrais. Si la mouture de matières tamisées au n° 50 coûte les mille kilogrammes fr. 6 », elle reviendra à 8 fr. au tamis 65, à 12 f. au tamis 80, à 17 fr. au tamis 100, etc. ; quoique la finesse soit toujours un avantage, il ne faut cependant pas aller jusqu'à un degré qui élèverait la dépense sans compensation.

On a essayé bien des systèmes pour diviser les engrais et les corps durs ; depuis quelques années surtout on a cherché à remplacer les anciens moyens par des broyeurs métalliques de toutes formes qui n'ont pas donné de bons résultats. On a dû revenir aux meules verticales pour dégrossir et aux meules horizontales pour finir. Beaucoup de produits, à leur sortie des meules horizontales, sont tamisés dans des bluteries dont les tissus ont des numéros en rapport avec la finesse qu'on veut obtenir.

Les meules verticales et horizontales étaient tombées dans un véritable discrédit à cause de leurs mauvaises dispositions et aussi parce que les réparations étaient pour ainsi dire impossibles. Les meules verticales roulaient dans des auges profondes ; il s'y formait des couches de macadam qui les portaient et annihilaient leurs effets.

J'ai remplacé l'auge par une plate-forme qui permet à la matière de s'écarter sous l'action du galet. La partie de cette plate-forme qui correspond au passage du galet est mobile et peut se changer instantanément à volonté lorsqu'elle est usée.

Le galet, ou meule verticale, est cerclé comme une roue de voiture ; le cercle peut se remplacer facilement. Ces dispositions donnent à la machine une durée pour ainsi dire éternelle et mettent le fabricant à l'abri des chômages. Ces deux inconvénients qu'on reprochait aux anciens systèmes disparaissent complètement et font de la meule verticale le meilleur des broyeurs. Agissant par son poids, elle s'use peu et donne généralement, du premier jet, 25 à 30 pour 100 de poudre qu'on a soin d'extraire avant de soumettre aux meules horizontales les parties insuffisamment atteintes. Quant aux moulins horizontaux ils sont exactement semblables aux moulins à farine, à l'exception des meules qui sont d'une qualité spéciale et d'une épaisseur que les pierres de La Ferté ne peuvent donner.

Les bluteries que nous ajoutons dans beaucoup de cas sont aussi établies comme les bluteries des moulins à farine, lorsque les matières à bluter ne sont pas d'un poids spécifique trop élevé ; mais pour celles qui sont relativement très lourdes, les carcasses des bluteries sont doubles et permettent de placer deux chemises concentriques. La première, celle qui est plus près du centre, est composée de toile métallique d'un large numéro (de 8 à 10 au pouce), elle reçoit le choc de la matière qui se divise en la traversant pour se rendre dans la deuxième chemise éloignée de 12 ou 15 centimètres et qui est composée de tissus fins de soie ou de toile métallique. Tels sont les bons procédés de broyage et de pulvérisation, ils donnent des résultats que n'atteindront jamais les broyeurs à cylindres, à mâchoires, à force centrifuge ; d'ailleurs tous les appareils dont les surfaces sont métalliques, sont promptement hors d'état de fonctionner. Leurs surfaces qui sont rugueuses et énergiques dans le début s'émoussent promptement, les angles se polissent et s'arrondissent au point de nécessiter des remplacements incessants. Organisées comme nous venons de le dire, nos meules verticales et horizontales résistent et sont d'un entretien très peu coûteux. Les mêmes machines sont également celles qui conviennent le mieux pour l'albâtre, le talc, le spath, le sulfate de baryte, enfin. pour toutes les matières dures et sèches à pulvériser.

MODIFICATIONS

AUX

RÈGLEMENTS DES MARCHÉS AUX BLÉ, SEIGLE ET AVOINES

DE PARIS

Votées par la commission et applicables à dater du 1ᵉʳ septembre 1879

Règlement du marché au blé.

1° Les blés anglais ne seront admis au marché de Paris que moyennant une réfaction d'un franc par quintal.

Subiront la même réfaction que les blés anglais, les provenances reconnues à l'expertise comme présentant par leur nature les mêmes défauts, ainsi que tout lot contenant un mélange quelconque de ces blés.

Les certificats d'expertise et les filières des lots sujets à réfaction porteront une mention indicative.

Note de la Direction. — A partir du 1ᵉʳ septembre prochain, tout lot de blé antérieurement reçu devra être soumis à une nouvelle expertise. Cette expertise sera gratuite et ne portera que sur la question de réfaction.

2° Seront recevables au marché de Paris les blés jaunes tendres de Pologne et de Hongrie ;

3° L'article 6 sera modifié ainsi qu'il suit :

La présence dans le blé de plus de deux pour cent de grains durs ou demi-durs, mitadins, poulards ou gros blés suffit pour le rendre refusable.

Il en est de même s'il contient, indépendamment des grains durs ou demi-durs, mitadins, poulards ou gros blés, plus de cinq pour cent de criblures, petit blé, blé cassé, grains, graines ou autres corps étrangers se rencontrant naturellement avec le blé, mais à la condition qu'au-dessus de trois pour cent il sera bénéficié au preneur :

1 0/0 si le blé contient de 3 à 4 0/0 de déchet ;
2 0/0 — — de 4 à 5 0/0 —

Toutefois le poids total de tout ce qui est corps étranger au blé ne doit pas excéder deux pour cent.

La détermination du déchet sera faite à la main en ce qui concerne les corps étrangers et au moyen d'un crible approuvé par la Commission (déposé à la direction) pour le petit blé et le blé cassé. Les certificats d'expertise et les filières indiqueront la quotité du déchet quand il dépassera trois pour cent.

Règlement du marché au seigle.

1° L'article 3 est modifié ainsi qu'il suit :

Une tolérance de trois kilogrammes par hectolitre sera accordée au livreur, mais il aura à bonifier :

1/2 0/0 si le seigle pèse entre 72 »/» et 71 1/2 k.
1 0/0 — — 71 1/2 et 71 »/» k.
1/2 0/0 — — 71 »/» et 70 1/2 k.
2 0/0 — — 70 1/2 et 70 »/» k.
2 1/2 0/0 — — 70 »/» et 69 1/2 k
3 0/0 — — 69 1/2 et 69 »/» k.

Règlement des marchés aux blé, seigle et avoine.

1° Le nombre des experts en expertise préalable sera porté à cinq.

Paris, le 25 avril 1879.

FIN

TABLE ALPHABÉTIQUE DES MATIÈRES

B

Q

R

ERRATA

Page 120, ligne 29. — Lire : *blanchit*, au lieu de : *lauchit*.

Page 146, ligne 2. — Lire : *jusqu'à* 10 *kilog.*, au lieu de : *jusqu'à* 100 *kilog*.

Page 248, ligne 12. — Lire : *quand les prix*, au lieu de : *quand le prix*.

Page 293, ligne 15. — Lire : *on devrait procéder,* au lieu de : *on devrait rocéder*.

Page 373, ligne 7. — Lire : *nous les avons*, au lieu de : *nous l'avons*.

Page 461, ligne 29. — Lire : *elle donne*, au lieu de : *elle donnent*.

2013-79. — Saint-Ouen (Seine). — Imprimerie Jules Boyer (Société générale d'imprimerie.